HUMAN ERROR AND SAFETY

휴먼에러와 안전

휴먼에러와 안전

초판 발행 2025년 8월 18일

지은이 정진우
펴낸이 류원식
펴낸곳 교문사

편집팀장 · 책임진행 성혜진 | **디자인 · 본문편집** 신나리

주소 10881, 경기도 파주시 문발로 116
대표전화 031-955-6111 | **팩스** 031-955-0955
홈페이지 www.gyomoon.com | **이메일** genie@gyomoon.com
등록번호 1968.10.28. 제406-2006-000035호

ISBN 978-89-363-2691-3(93530)
정가 35,000원

저자와의 협의하에 인지를 생략합니다.
잘못된 책은 바꿔 드립니다.

!

불법 복사·스캔

저작권법 위반으로

처벌대상입니다

HUMAN ERROR AND SAFETY

휴먼에러와 안전

정진우 지음

교문사

머리말

인간은 누구라도 많든 적든 에러를 저지르기 마련이고, 에러를 저지르지 않는 사람은 존재하지 않는다. 인간이 인간인 이유는 에러를 저지르는 것이라고 해도 과언이 아니다. 그렇다고 하면, 우리들은 에러가 사고·재해로 이어지지 않도록 하는 것이 중요하다고 할 수 있다. 조직이든 개인이든 에러를 저지르고 싶어서 저지르는 것은 아니지만, 부지불식간에 그 함정에 빠지고 있는 것이 엄연한 현실이다. 즉 우리는 다양한 에러를 경험하면서 일상생활과 사회생활을 보내고 있다. 중요한 것은 에러로부터 배우고 그 교훈을 살려나가는 것이다. 이를 위해서는 휴먼에러의 특성과 그 방지에 대한 지식이 필수불가결하다.

휴먼에러는 안전 분야에서 오래전부터 많이 회자되는 이슈이고 사고·재해를 예방하는 데 있어 가장 기초적이고 중요한 주제이기도 하다. 그런데 우리 사회의 휴먼에러에 대한 인식과 이해의 정도는 전반적으로 매우 빈약한 수준에 머물러 있다. 이 문제는 휴먼에러에 관한 기본서라고 할 만한 책조차 나와 있지 않고, 휴먼에러에 관한 심도 있는 학문적 논의가 거의 이루어지지 않고 있으며, 휴먼에러에 대해 이렇다고 할 만한 연구실적을 가지고 있는 학자들도 좀처럼 보이지 않는 현실을 그대로 반영하는 것이라고 할 수 있다. 젊은 연구자가 배출되고 있지 않은 것은 휴먼에러에 관한 학문의 미래 전망까지를 어둡게 하고 있다. 겉멋만 부리는 우리나라 안전학계의 부끄러운 민낯이 휴먼에러 분야에서도 발견되고 있는 것이다.

천학비재한 필자가 오래전부터 휴먼에러에 관한 책을 저술해야겠다고 마음먹은 가장 큰 이유도 여기에 있다. 실무 차원에서 수박 겉 핥기 식의 말만 무성한 휴먼에러에 대하여 학문적 저변을 확산하고 이론적 논의를 활성화하는 촉매제가 되었으면 하는 바람에서 본서를 집필하기 시작하였다. 본서가 휴먼에러에 관한 기본서로서의 역할을 충실히 수행할 것을 기대하는 이유이기도 하다.

신문, TV 등의 매스컴은 거의 매일 같이 많은 사고를 보도하고 있다. 이들 보도된 사고의 많은 것은 휴먼에러가 관련되어 있다. 특히 산업분야에서는 휴먼에러가 조직의 운명을 좌우할 수도 있는 시대에 살고 있다. 휴먼에러 방지는 조직에게도 개인에게도(자신을 위해서도,

주변을 위해서도) 중요한 과제가 아닐 수 없다.

휴먼에러를 저감하고 시스템의 안전성을 높이는 것에 대한 사회적 요구는 점점 커지고 있다. 이 요구에 답하기 위해서는 안전부서 담당자는 물론 경영자, 관리 · 감독자, 현장 제일선의 작업자들 모두가 휴먼에러의 특성, 휴먼에러 발생 메커니즘, 휴먼에러가 사고에 기여하는 구조 등에 대한 지식을 습득할 필요가 있다. 그런데 현실은 기업의 안전관계자뿐만 아니라 안전을 공부하는 학생, 안전을 가르치고 있는 학자들마저 휴먼에러에 대하여 대부분 피상적으로 알고 있을 뿐이다. 다른 안전영역과 마찬가지로 휴먼에러에 대해서도 그 이론적 수준은 허약하기 이를 데 없는 것이 부정할 수 없는 엄연한 현실이다.

본서에서는 휴먼에러의 개념, 종류 등 기초적인 사항부터 휴먼에러에 관한 법적 쟁점, 휴먼에러의 분석과 방지기법 등 고도의 전문적인 부분까지 휴먼에러 전반을 포괄하고자 하였다. 그리고 휴먼에러의 연구영역이 실로 방대한 점을 고려하여 휴먼에러와 그 방지에 대한 여러 지견을 다각적이고 체계적으로 소개하였다. 나아가 휴먼에러를 둘러싸고 오래전부터 국제적으로 논의되어 온 다양한 이슈도 심도 있게 다루었다.

이 책은 총 15장으로 구성되어 있다. 제1장에서는 휴먼에러의 전제적 논의로 인간 행동의 원리를 인간의 정보처리과정, 즉 정보수신으로부터 행동에 이르기까지에 대해 인간의 인지적 특성의 관점에서 개설하고, 나아가 인간의 행동을 좌우하는 요인에 대하여 설명한다.

제2장에서는 휴먼에러의 개념, 휴먼에러를 바라보는 시각, 휴먼에러가 사고 발생으로 이어지는 메커니즘 및 휴먼에러의 다양한 요인 등 휴먼에러의 기초에 해당하는 사항에 대해 고찰한다.

제3장에서는 휴먼에러를 비중 있게 다루고 있는 인간공학의 발전과정, 인간공학의 활약의 모습 그리고 인간공학과 밀접한 관련을 가지고 있는 학문으로서 최근에 크게 발전하고 있는 Human Factors에 대해 소개한다.

제4장에서는 휴먼에러에 대한 깊이 있는 이해를 위하여 휴먼에러의 다양한 종류에 대하

여 각각의 해당 사례와 함께 구체적으로 고찰하고 있다.

제5장에서는 위반을 포함하여 휴먼에러를 유발하는 것으로 알려져 있는 여러 요인에 대해 살펴본다.

제6장은 산업현장에서 위반을 포함하여 휴먼에러를 둘러싸고 도전적으로 제기되고 있거나 난제로 여겨지고 있는 중요한 쟁점에 대하여 상세히 분석한다.

제7장에서는 휴먼에러의 세부 유형별로 각각의 특성, 실제 사고 사례와 함께 이에 대한 다양한 방지방안을 자세하게 제시한다.

제8장은 위반과 관련되어 있는 대표적인 사고인 체르노빌 사고와 제브뤼헤 사고를 소개하고, 규칙과 관련된 다양한 위반으로서 숙련 기반 수준의 위반, 규칙 기반 수준의 위반 및 지식 기반 수준의 위반을 살펴본다.

제9장에서는 불안전행동을 바라보는 네 가지 관점으로서 전염병 모델, 인적 모델, 법적 모델, 시스템 모델을 소개하고, 각 모델에 대해 어떻게 접근해야 하는지를 검토한다. 아울러 휴먼에러의 함정과 사고 재발 시나리오의 요소와 이에 대한 대처방안을 설명한다.

제10장에서는 중대사고 조사의 변천과정과 중대사고 조사에 대한 올바른 접근방법을 제시하는 한편, 사고 조사와 사고 수사의 차이와 둘 간의 관계를 법적 쟁점을 포함하여 구체적으로 분석하여 설명한다.

제11장에서는 확률론적 안전성 평가기법으로서 FTA, ETA, FMEA · FMECA를 소개하고, 인적 신뢰성 분석 · 평가의 동향과 상황에 대해 살펴본다.

제12장에서는 행동형성(유발)요인인 PSF가 무엇인지를 구체적으로 설명하고, PSF 분석기법에 해당하는 4M 분석, SHELL 분석, 5Why 분석을 소개하는 한편, PSF에 의한 휴먼에러 발생 가능성의 평가에 대해 고찰한다.

제13장에서는 휴먼에러, 나아가 사고 · 재해를 예방하는 데 있어 집단의 주의 깊음과 개인의 주의 깊음이 왜 중요한지를 살펴보고, 개인 및 팀 레벨의 대책, 작업장 및 작업 차원의 대책 및 조직적 대책을 설명한다.

제14장에서는 휴먼에러에 대한 고전적 견해와 새로운 견해를 소개하고, 휴먼에러를 관리하는 데 있어 견지해야 할 원칙은 무엇인지를 제시한다. 또한 휴먼에러 관리 또는 방지를 위한 다양한 방법과 활동을 설명하고, 휴먼에러에 대한 대처방법의 흐름을 단계적으로 제시

한다.

제15장에서는 협의의 휴먼에러 관리에 해당하는 휴먼에러 감소, 휴먼에러 억제를 위한 활동을 효과적으로 관리(휴먼에러 관리의 관리)하는 것이 필요한 이유와 그 구체적 방안으로 리질리언스 추구방안을 제시한다.

본서는 "휴먼에러는 그 예측도 예방도 완전하게는 불가능하다."는 입장에서 사람은 왜 에러를 저지르는 것인가, 그리고 에러에는 어떠한 종류가 있고, 각각에는 어떤 특성이 있는 것인가, 그리고 이들 에러를 방지하여 큰 사고 · 재해로 이르지 않도록 하기 위해서는 어떠한 대책을 강구해야 할지를 알기 쉽게 설명하고 있다.

다만, 안전관리, 안전심리에 대한 기초적인 지식이 없으면 이 책의 내용을 이해하는 데 다소 어려움이 있을 수 있으므로, 이 책을 읽기 전에 졸저인 《안전관리론(교문사)》, 《산업안전관리론(중앙경제)》, 《안전심리(교문사)》를 먼저 읽어 보기를 권한다.

바라건대, 본서가 '사람은 왜 에러를 저지르는지에 대해 의문을 품고 있는 분', '에러에 대해 골머리를 앓고 있는 분', '기업의 안전관계자, 안전에 대해 책임을 지고 있는 위치에 있는 현장작업자, 관리 · 감독자, 경영자'에게 에러 문제를 해결하는 통찰력을 제공했으면 한다. 또한 필자는 본서가 안전을 공부하는 학부생, 대학원생, 기술자, 연구자, 안전전문기관 종사자 등에게 휴먼에러의 기초적인 사항뿐만 아니라 휴먼에러 관리를 통한 사고 · 재해 방지방안을 구체적이고 깊이 있게 학습하는 데 많은 도움이 될 것으로 기대하고 있다.

이 책의 완성도를 높이는 데 여러분의 도움이 있었다. 성혜진 편집팀장님은 감탄사를 연발할 정도의 놀라운 솜씨로 거칠었던 초고를 아주 정확하고 세련되게 교정해 주는 수고를 마다하지 않았다. 세종사이버대학교 산업안전공학과 최재광 교수와 서울교통공사 이세형 부장도 바쁜 일정에도 불구하고 자신의 일처럼 원고를 다듬는 데 많은 도움을 주었다. 필자 연구실의 김태경 조교는 복잡하고 난해한 그림을 능숙하게 그려주었고 그림의 완성도를 높여주는 코멘트도 해주었다. 마지막으로 사회학 박사로서 끊임없이 필자에게 학문적 영감을 주고 있는 아내에게도 고마움을 전하고 싶다.

2025년 8월 공릉동 연구실에서

정진우

차례

제2장
휴먼에러의 기초

제3장
인간공학과 휴먼에러

제6장
불안전행동을 둘러싼 주요 쟁점

제7장
휴먼에러 유형별 특성, 사고 사례 및 방지방안

제8장
위반과 규칙 관련 행동의 다양성

제9장
불안전행동에 대한 관점

제10장
중대사고의 조사: 사후확신 편향을 넘어

제11장
인적 신뢰성 분석

제12장
PSF에 의한 휴먼에러 분석

제13장
집단과 개인의 주의 깊음과 휴먼에러 대책

제14장
휴먼에러 관리

제15장
휴먼에러 관리의 관리

제1장

인간 행동의 원리: 정보수신으로부터 행동에 이르기까지

제1장

인간 행동의 원리: 정보수신으로부터 행동에 이르기까지[1]

1. 인간의 정보처리과정

1) 인간의 정보처리과정의 기본

인간과 기계를 협동하여 목적을 달성하는 하나의 시스템으로 보는 경우, 인간과 기계는 상호 간에 인터페이스를 통해 정보가 흐르는 관계로 이해된다. 이 정보의 좋은 흐름이 인간 · 기계시스템(Man-Machine System)의 목적을 달성하는 것으로 이어진다. 휴먼에러의 개념을 올바르게 이해하기 위해서는 인간공학의 중심적 개념인 인간 · 기계시스템을 이해할 필요가 있다.

인간 · 기계시스템에서의 정보의 흐름은 기계의 상태 등 기계 측의 정보가 (기계가 인간에게 정보를 전달하는) 표시기기(계기, 램프 등)의 인터페이스를 통해 인간(이용자)에게 보인다. 인간은 이 정보를 수신하여 처리하고 판단하며 행동한다. 이 행동은 (인간이 기계에 의사

1 이하의 내용은 J. Rasmussen, *Information Processing and Human–Machine Interaction: An Approach to Cognitive Engineering*, Elsevier Science Ltd, 1986, p. 48 이하; L. P. Goodstein, H. B. Andersen and S. E. Olsen(eds.), Tasks, Errors and Mental Models: A Festschrift To Celebrate The 60th Birthday Of Professor Jens Rasmussen, Routledge, 1988, p. 17 이하; 岡田有策,『ヒューマンファクターズ概論: 人間と機械の調和を目指して』, 慶應義塾大学出版会, 2005, p. 40 이하 참조.

를 전달하는) 조작기기(스위치, 버튼 등)의 인터페이스를 통해 기계 측에 전달되며 기계의 상태가 변한다. 나아가 그 변화한 기계의 상태는 재차 표시기기의 인터페이스를 통해 인간에게 전달되고, 새로운 인간의 행동으로 연결되어 간다. 이 인간 · 기계시스템의 설계가 인간의 사용 용이성, 에러의 방지 등에 중요하다.[2]

인간이 정보를 수신하고 나서 행동에 이르기까지를 인간의 정보처리과정이라고 한다(그림 1-1).

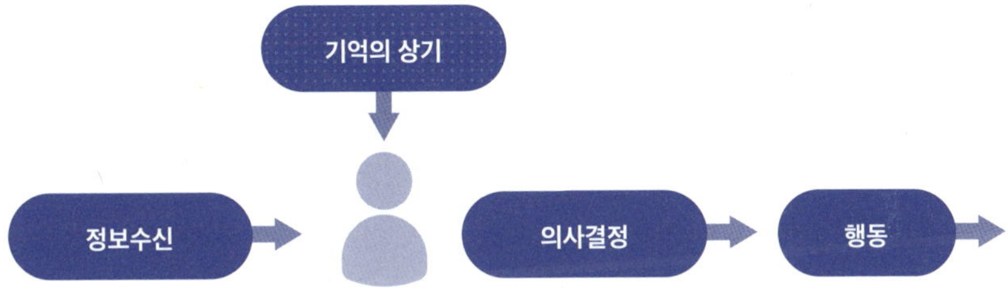

그림 1-1 정보수신에서 행동에 이르기까지의 기본적 흐름

인간의 정보처리과정은 크게 나누어 그림 1-2와 같이 ① 감각단계, ② 지각단계, ③ 판단단계, ④ 행동단계 네 가지로 되어 있다.

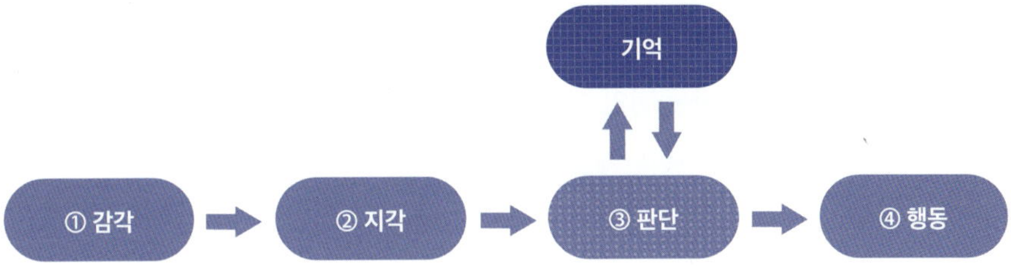

그림 1-2 인간의 정보처리과정

2 인간·기계시스템에 대해서는 제3장 제2절에서도 설명하고 있다.

① 감각단계

입력되는 물리적인 자극을 눈, 귀 등으로 받아들여 신경회로에 전달하는 단계이다. 이 단계는 어디까지나 외부로부터의 자극에 인간의 감각기(시각, 청각, 촉각 등의 오감)가 반응할 뿐이고, 아직 뇌에는 전달되고 있지 않다. 따라서 이 시점의 정보는 감각정보라고 불리며, 정보 자체의 의미를 인간이 알고 있지는 못하다.

② 지각단계

여러 감각기에서 얻어진 정보를 통합하는 단계이고, 이들 감각정보 중에서 특징적인 것을 추출하며, 기억 내의 정보와 대조하여 확인한다. 인간은 이 단계에서 수신한 정보의 의미를 처음으로 어느 정도 알 수 있다. 단, 이것은 얻어진 정보에 대한 과거의 지식이라는 기억을 가지고 있는 경우로 국한되고 지식을 가지고 있지 않으면 단순히 받은 자극을 통합한 것으로 포착하는 데 지나지 않는다. 예를 들면, 'tera'라는 표시가 있는 경우, 지식이 없으면 단지 알파벳 4문자의 표시로밖에 지각되지 않는다. 엄밀한 의미에서 정보의 의미부여를 하는 것은 다음 사고단계이지만, 이 단계에서도 기억과 합치하는 정보에 관해서는 의미를 포함하여 포착한다.

③ 사고·판단단계

지금까지의 지각, 경험을 토대로 지각된 정보로부터 행동의 내용을 정하는 단계이다. 여기에서는 학습, 의사결정, 이해(해석), 의사 형성, 방법 선택, 추론이라는 복잡한 정보처리를 수행한다. 이 단계에서도 지식이 이용된다. 그리고 이 단계에서는 행동에 관한 이미지(어떤 행동을 할까라는, 움직임을 수반한 동적인 이미지)가 형성된다. 이 동적인 이미지를 정신모델이라고 한다. 지각단계와 사고·판단단계를 합쳐 인지단계라고 부른다.

④ 행동단계

사고·판단단계에서의 정보처리가 종료된 후, 그 결정된 의사에 따라 실제로 움직임이 이루어지는 단계이다. 이 단계가 되어 비로소 다른 사람한테 보이는 상태가 된다. 즉 손, 다리 등 인간의 운동기관이 변화한다. 이 운동은 조작기기 인터페이스에 대해 이루어져 기계로 전달된다.

이와 같은 접근방법이 기본이지만, 실제에 있어 감각과 지각의 구별은 어렵고, 여기에서 설명한 감각과 지각을 합쳐 지각이라 부르기도 한다.

2) 단기기억과 장기기억

인간의 정보처리과정에서 중요한 열쇠의 하나가 기억이다. 이것은 지각단계에서 정보에 대한 의미부여, 나아가 사고·판단단계에서 의사결정의 기초가 되는 지식에 해당하는 것이다.

기억에는 단기기억과 장기기억이 있다. 단기기억이란 그 명칭대로 짧은 기간 동안 기억되는 경우로, 시간이 어느 정도(약 20초) 거치면 망각된다. 또 많은 수를 단기기억으로 저장하는 것은 불가능하다. 지금까지의 연구에 따르면 단기기억할 수 있는 수는 대략 7±2 정도라고 알려져 있다. 단, 기억할 개개의 정보를 연결시킴으로써 기억할 수 있는 양을 늘리는 것은 가능하다.

단기기억은 단기간에 기억에서 사라지지만, 즉 망각되어 버리지만, 기억을 유지시키기 위해 여러 번 반복하거나 상기함으로써 망각을 방지할 수 있게 된다. 이와 같은 행위를 반복함으로써 장기간의 기억인 장기기억으로 유지하는 것이 가능하다. 장기기억은 거의 영구적으로 기억되는 것으로서 그 내용은 지식·경험이 된다.

인간의 정보처리과정에서 외계에서 받은 감각자극은 감각기를 통해 지각되는데, 그것은 단기기억으로 저장된다. 그리고 그 단기기억된 정보를 지식인 장기기억과 대조하여 확인함으로써 의미 부여, 판단·사고가 이루어진다.

정보처리과정을 진척시키면 행동에 이르지만, 반드시 행동이 이루어지는 것은 아니라는 점은 용이하게 상상할 수 있다. 즉 행동하는 것을 잊어버리는 경우이다. 이것은 지각된 정보가 단기기억된 후 바로 이용되지 않거나 망각을 방지하는 일을 하지 않아 단기기억에서 탈락했기 때문에 일어났다고 설명할 수 있다.

3) 감정·정동에 의한 영향

인간의 의사는 수신한 정보와 지식만으로 결정되지 않는다. 판단 당시에 여러 요인에 의해 영향을 받기 때문이다. 그 대표적인 것이 인간의 감정, 정동(情動)[3]이다.

예를 들면, 냉정한 상태라면 자신의 기억으로부터 적절한 지식을 선택하고 상황에 관한 정보와 대조하여 확인함으로써 적확한 판단을 하는 것이 가능할 것이다. 그러나 뭔가 초조감, 긴장감이 있으면 그것에 의해 의사결정이 냉정한 상태 때와는 달라지는 경우가 있다.

적신호의 예로 생각해 보자. "신호가 적색이다."라고 지각한 정보와 "적신호에서는 멈춰야 한다."라는 지식에 의해 "신호가 초록색으로 바뀔 때까지는 횡단보도 건너는 것을 기다려야 돼."라는 의사결정을 하는 것이 일반적이다. 그런데 "약속에 늦을 것 같다.", "우산이 없는데 비가 내리고 있다."와 같은 다른 요인이 있는 경우, 그것 때문에 초조함, 조바심과 같은 심리가 파생된다. 그와 같은 심리가 작용하면, 정보를 빠뜨리거나 맥락을 무시한 지식만으로 판단하거나 잘못된 조작을 하는 일이 생기기 쉽다. 그리고 "적신호라도 차가 오고 있으면 주의해 건너면 횡단해도 된다.", "갑자기 뛰어나가지 않으면, 차가 횡단자를 보고 멈출 것이다."와 같은 다른 지식이 "적신호에서는 멈춰야 한다."라는 지식보다도 우선하여 "적신호라도 횡단보도를 건너자."라는 행동을 선택하는 경우도 있다.

이와 같이 동일한 정보가 주어져도 그 당시의 인간 심리에 의해 판단, 의사결정은 달라지기도 한다(그림 1-3). 휴먼에러로 대표되는 바람직하지 않은 행동(불안전행동)의 다수는 이와 같은 흐름으로 발생한다. 아무리 보기 쉽게 적절한 정보제공을 하더라도 휴먼에러가 발생하거나 바람직하지 않은 행위가 발생하는 것은 이 때문이다.

---

3 일시적으로 왈칵 치솟는 감정을 의미한다. 타오르는 듯한 애정이나 강렬한 증오 같은 것이 이에 해당된다.

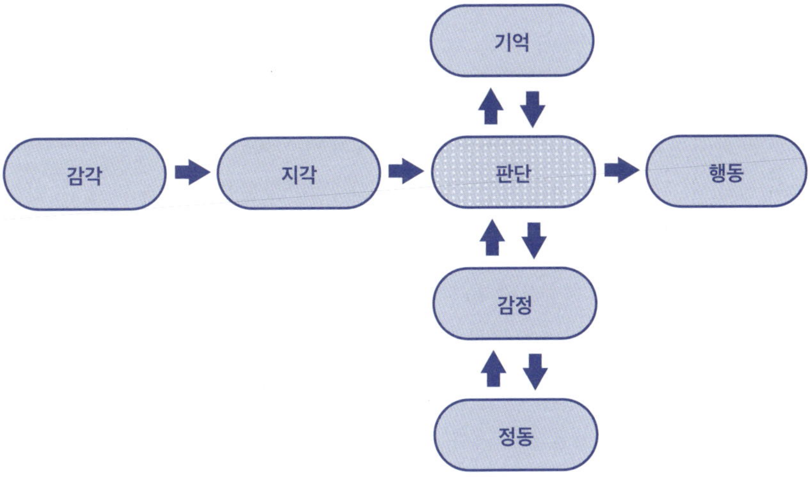

그림 1-3 감정·정동을 포함한 정보처리과정

4) 결과로서의 인간의 행동

인간·기계시스템을 생각할 때 가장 주목해야 할 것은 그 당시의 인간 행동이라는 점은 말할 필요도 없다. 그러나 행동은 결과에 지나지 않는 것 또한 사실이다. 바람직한 행동을 유도하기 위하여 행동에만 주목하여 행동 개선 대책을 강구해선 충분한 효과를 얻을 수 없는 것은 그 때문이다.

먼저 해당 작업에서의 인간의 정보처리과정을 아는 것이 중요하다. 나아가 그 행동에 대하여 영향을 주는 여러 요인을 검토하고 결과로서의 행동이 유도되는 메커니즘을 분명히 해야 한다. 이러한 인간 행동에 영향을 주는 요인을 행동형성요인 또는 행동유발요인(Performance Shaping Factors: PSF)이라고 한다.

2. 정신 모델

"어떤 행동을 할까"와 같은 인간의 의사는 "…을 하자"와 같은 말만으로 표현되는 것일까? 일견 이것은 올바르게 보이지만, 실은 그렇지 않다. 인간은 머릿속에서 행동을 생각할 때, 그림 또는 동화(動畫)와 같은 이미지를 떠올린다. 예컨대 "횡단보도를 건너자"와 같은 의사는 '횡단보도를 걷고 있는 모습'의 이미지로 존재한다.

이와 같이 인간은 실제로 행동으로 옮기기 전에 머릿속에서 행동을 이미지화하고 그 이미지에 따라 행동한다고 한다. 이 이미지를 정신 모델(mental model)이라고 한다(그림 1-4). 단, 정신 모델이 항상 생성되는 것은 아니다. 지식 · 경험이 없이는 이미지화할 수 없기 때문이다. 지식 · 경험이 부족한 경우에는 정신 모델이 불충분한 상태로 형성된다. 그리고 이용해야 할 지식 · 경험을 적절하게 선택할 수 없으면, (적절한 선택을 한 경우의 정신 모델과는) 다른 형태의 정신 모델이 형성된다.

환언하면, 적확한 정신 모델을 신속하게 형성할 수 있는 것이 바람직한 행동의 실현에 크게 기여한다.

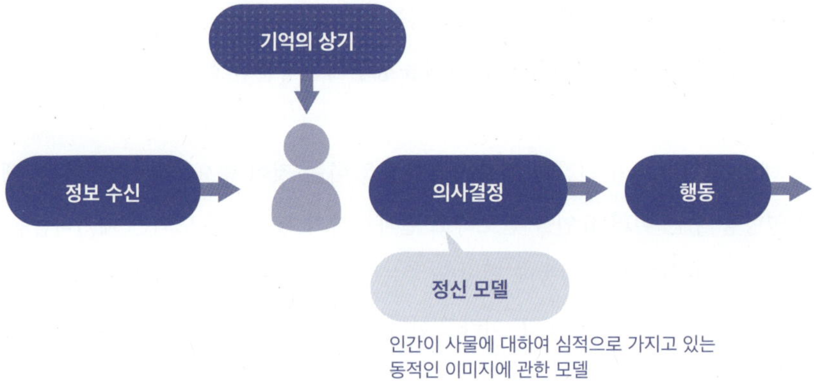

그림 1-4 정신 모델

주어진 정보가 동일하더라도 사람에 따라, 즉 지식 · 경험의 차이에 의해 형성되는 정신 모델은 다를 수 있다(그림 1-5). 정신 모델이 다르면 당연히 행동도 달라지게 된다. 그 결과, 휴먼에러[예: 착각(mistake)]와 같은 부적절한 행동이 발생하거나 정보수신자에게 부담을 주게 된다. 정보수신자의 이용성을 생각할 때, 정보발신자는 정보수신자가 적확한 정신 모델을 형성할 수 있도록 할 필요가 있다.

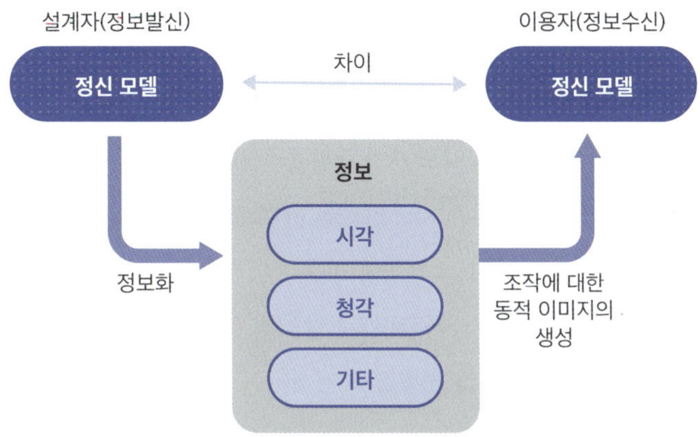

그림 1-5 정신 모델의 차이

정보발신자와 정보수신자의 관계는 디자이너와 이용자, 제조자와 이용자 간에도 적용될 수 있다. 제품에는 매뉴얼이 포함되어 있다. 어떤 사람이 그 제품을 처음으로 사용할 때는 매뉴얼을 보면서 조작을 할 것이다. 이때 매뉴얼에 기재되어 있는 내용이 인간이 수신하는 정보이다. 매뉴얼에 기재되어 있는 내용이 이해하기 어렵거나 모르는 용어가 포함되어 있다면 당연히 행동에 관한 이미지(정신 모델)가 올바르게 형성되지 않는다. 그 결과, 이용자는 사용하기 어렵다는 인상을 느끼게 된다.

그러나 알기 어렵거나 오해되는 매뉴얼을 의도적으로 만드는 것은 있을 수 없다. 문제는, 매뉴얼을 작성한 사람의 지식 · 경험에 기반하지 않으면 매뉴얼에 기재되어 있는 내용으로부터 사용방법을 이미지화할 수 없게 된다는 점이다. 매뉴얼을 읽는 사람의 지식 · 경험은 매뉴얼을 작성하는 사람의 그것과는 다르다. 따라서 매뉴얼을 작성하는 사람은 어떤 정보를 제공함으로써 이용자가 적절한 정신 모델을 형성할 수 있도록 할 것인가라는 관점에 입각하여 매뉴얼에 이용할 표현을 검토해야 한다.

매뉴얼을 작성하는 사람은 그 제품에 대해 정통하다. 따라서 이러한 것은 당연하다는 생각(선입관도 포함되어 있다)이 형성되어 있는 경우가 있다. 예를 들면, 브라우저라든가 URL이라는 단어는 컴퓨터를 일상적으로 사용하는 사람들에게는 상식이지만, 그렇지 않은 사람에게는 의미가 불명확한 단어일 수 있다. 매뉴얼을 만드는 사람이 그 사람의 지식을 기준으로 정신 모델을 매뉴얼에 표현하면 자신 주변의 상식으로 작성해 버릴 수 있다. 매뉴얼을 작성한 사람과 같은 지식을 공유하고 있는 사람이라면, 그 매뉴얼을 읽고 매뉴얼을 작성한 사람과 동일한 정신 모델을 형성할 수 있을 것이다. 그러나 매뉴얼을 작성한 사람이 가지고 있는 지식을 갖고 있지 않은 사람이 매뉴얼을 읽으면 그 내용을 이해할 수 없거나 오해하게 된다. 그 결과, 적절한 정신 모델이 형성되지 않게 되고 제품을 제대로 사용할 수 없게 된다.

반대로, 매뉴얼을 작성한 사람이 그 제품을 사용하는 상황에 대해 그다지 지식이 없으면, 사용하는 과정에서의 필요한 정보가 누락되거나 잘못된 정보가 포함될 수 있게 된다. 그 경우 이용자는 매뉴얼에 기재되어 있지 않거나 잘못 기재되어 있기 때문에 과거의 경험 등으로부터 제멋대로 정신 모델을 형성하고 잘못된 사용방법을 취할 수 있다.

이와 같이 설명서의 용어 의미를 잘 모르거나 알고 싶은 사용방법이 어디에 기재되어 있는지 모르는 것은 모두 매뉴얼을 작성한 사람의 정신 모델과 매뉴얼을 읽는 사람의 정신 모델에 차이가 생기고 있기 때문이다. 이 정신 모델의 차이를 방지하려면, 매뉴얼을 작성한 사람이 매뉴얼을 읽는 사람을 잘 이해하여, 매뉴얼을 읽는 사람이 어떤 유형의 이용자이고 기본적으로 어떤 지식을 가지고 있는지를 아는 것이 필요하다. 즉 스스로의 지식에 따라 자신의 정신 모델을 매뉴얼에 표현하는 것이 아니라 그 매뉴얼을 읽을 가능성이 있는 사람의 지식에 맞추어 스스로의 정신 모델을 표현해야 한다. 그렇게 하면, 매뉴얼을 읽은 사람이 매뉴얼을 작성한 사람과 동일한 정신 모델을 형성하는 것이 가능하게 된다.

예를 들면, 가전제품의 경우 가전을 실제로 사용하는 주부를 잘 조사하여 그것을 토대로 매뉴얼을 작성하는 것이다. 정신 모델이 원활하게 형성되면 사용 용이성, 쾌적성 등이 향상된다. 그리고 휴먼에러가 발생할 가능성도 줄일 수 있다. 각각의 상황에서 이용자가 어떻게 적확한 정신 모델을 원활하게 형성할 수 있을는지는 인간 · 기계시스템을 생각하는 데 있어서 중요한 사항이다.

시스템 설계와 제품 설계에 있어서는 그것을 이용하는 이용자의 특성을 충분히 고려해야 한다. 그것은 이용자가 다르면 이용자가 가지고 있는 지식, 경험이 다르기 때문이다. 그리고 그 지식, 경험이 다르면 동일한 정보라도 형성되는 정신 모델이 달라지는 것으로 이어진다. 그 결과, 정보발신자가 의도하지 않은 행동을 정보수신자인 이용자가 행하게 된다.

경험자와 미경험자는 지식의 양에 차이가 있다. 컴퓨터, 차, 세탁기 등의 사용 경험에 따라 지식이 많거나 적거나 또는 특수한 지식을 갖고 있거나 갖고 있지 않거나 한다. 예를 들면, 자주 컴퓨터를 사용하는 사람에게는 조금의 정보를 주는 것만으로도 판단이 용이하게 이루어지고 바로 조작할 수 있을지 모르지만, 컴퓨터에 익숙하지 않은 사람에게는 동일한 정보가 입수되더라도, 그것에 관련된 지식이 없어 조작에 시간이 소요될 것이다.

자신이 그 기계를 이용한 적이 있으면 적절한 조작 이미지가 쉽게 떠오르므로 조작도 원활하게 이루어진다. 그러나 이용한 적이 없는 기계는 어떻게 행동하면 좋을지에 대한 이미지가 떠오르기 어려우므로 조작이 곤란해지게 된다. 따라서 이용자에게 제공하는 정보 표시의 경우, 이러한 점을 감안하여 단순히 이용자에게 보기 쉬운 표시로 할 뿐만 아니라 적확한 정신 모델의 형성이 촉진될 수 있도록 배려하는 것이 중요하다.

매뉴얼에 전원을 넣으라고 기재되어 있는 경우, 전원 버튼이 어디에 있는지 알지 못하면, 전원 버튼을 넣는다는 정신 모델이 형성되지 않는다. 물론 매뉴얼에 제품 도면을 첨부하여 화살표를 부가함으로써 정신 모델의 형성을 지원할 수 있지만, 제품 디자인을 통해 전원 버튼을 알기 쉽게 하는 것이 보다 적절한 정신 모델의 형성을 촉진한다. 전원 버튼의 위치가 제품의 알기 쉬운 장소에 배치되어 있거나, 전원 버튼의 색깔만 다른 버튼의 그것과 다르게 되어 있거나, 전원이라는 표시가 크게 쓰여 있는 것과 같은 궁리가 이에 해당한다.

인간과 기계의 조화를 도모하기 위해서는, 이용하는 사람의 정신 모델 형성과정을 정확하게 파악하고, 그것을 지원하는 방안을 강구해야 한다. 이를 위해서는, 정신 모델 형성의 흐름, 형성에 영향을 미치는 요인 등 다양한 관점에서의 검토가 필요하다. 여기에서 말하는 요인은 전술한 PSF와 동일하다고 할 수 있다.

3. 정보처리 모델

인간의 행동을 결정하는 메커니즘은 '인간에 관한 요인(인적 요인)'과 '인간을 둘러싼 환경에 관한 요인(환경적 요인)'으로 구분하면 이해하기 쉽다. 독일 태생의 미국 사회심리학자인 레빈(Kurt Lewin)은 '장(場) 이론(field theory)'에서 인간의 행동은 인적 요인과 환경적 요인의 관계에 의해 결정된다고 제안하였다.[4] 따라서 인간의 행동을 이해하려면 인적 요인에 해당하는 인간이 가지는 특성에 대해서도 이해해야 한다.

위에서 살펴본 것처럼 인간의 정보처리과정은 매우 복잡하다. 이대로는 매우 어렵기 때문에, 목적에 맞추어 쓸데없는 것을 버리고 간단하게 "이렇게 생각하면 알기 쉽다"는 식으로 이해를 돕는 것이 모델이다.

그림 1-6은 인간의 정보처리 모델을 제시하고 있다. 인간의 정보처리는 프로세스의 각 단계에 따라 다르다.

① 인간은 자신을 둘러싼 물리적 환경에 있는 물체의 형태, 색 또는 냄새, 소리 등의 물리적, 화학적 자극을 감각기관으로 검출한다(지각).

② 그다음에 그것이 무엇인지를 장기기억 등을 참조하여 이해한다(인지). 이해하여 머릿속에 구축한 세계를 심리적 공간이라고 한다. 이 심리적 공간을 기반으로 현상을 이해하고 장래를 예측한다(예측).

③ 몇 개의 선택지가 있는 경우에는, 이것들의 이익과 손실을 비교하여 최종적으로 어떻게 할지를 정한다(의사결정).

④ 그것을 실행한다(행동).

이들 프로세스는 명확하게 구분되지는 않지만, 사람의 머릿속에서 이루어지는 것을 이상과 같이 크게 구분하면 이해하는 데 도움이 된다. 이것은 그림 1-6에 제시되어 있는 의식적

---

4 이하의 내용은 주로 K. Lewin, "Field Theory and Experiment in Social Psychology", *American Journal of Sociology*, 44(6), 1939, pp. 868~896 참조.

작업영역에서 이루어진다. 당사자는 행동을 결정할 때 이것이 '올바르거나 합리적'이라고 생각한다.

이 일련의 프로세스에 인간 행동에 관련된 여러 특성(지각단계의 특성, 인지 · 예측단계의 특성, 의사결정단계의 특성 등)이 존재한다.[5]

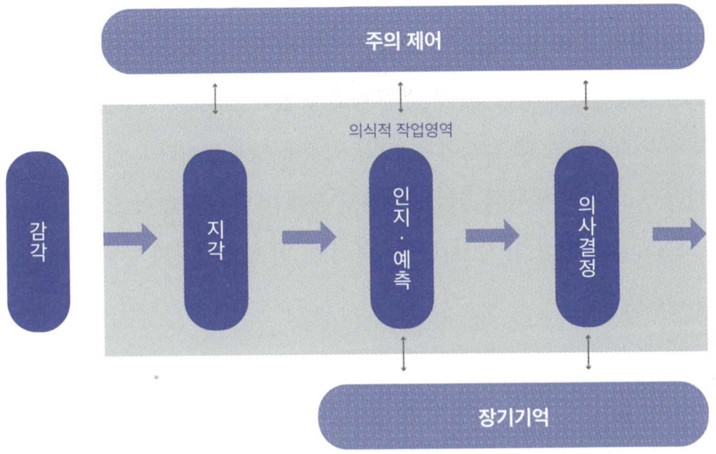

그림 1-6 **정보처리 모델**

1) 지각단계의 특성

지각의 단계는 인간의 행동에 영향을 주는 가장 중요한 단계이다. 보거나 듣거나 냄새를 맡는 것 등이 불가능하면 환경을 인지할 수 없다. 일반적으로 우리들은 연령의 증가, 신체의 상태에 따라 감각기관의 능력이 예리해지거나 둔해진다.

5 河野龍太郎,『医療現場のヒューマンエラー対策ブック』, 日本能率協会マネジメントセンター, 2018, p. 30.

(1) 시각

안구에 들어온 빛은 망막에 있는 시세포에 의해 전기신호로서 뇌에 보내진다. 이것은 인간의 정보처리과정의 제1단계이고, 여기에서 포착되지 않으면 이후의 처리는 불가능하다. 빛이 없는 곳에서는 망막에 투영되지 않으므로 그 후의 처리가 불가능하다. 그리고 수정체가 탁하거나 망막의 감도가 나쁘면 외부의 자극을 올바르게 받을 수 없다.

시세포에는 어두운 곳에서 기능하는 간상세포와 밝은 곳에서는 기능하는 원추세포가 있다. 밝은 곳에서 갑자기 어두운 곳으로 이동하면 눈이 익숙해지는 데 시간이 걸린다. 이것을 암순응이라고 하고, 완전히 순응하는 데 약 30분 정도 걸린다. 반대로 어두운 곳에서 갑자기 밝은 곳으로 이동하면 적응하는 데 시간이 걸린다. 이것을 명순응이라고 하고, 순응하는 데 약 10분 정도 걸린다. 노화가 진행됨에 따라 이러한 순응에 더 많은 시간이 소요된다.

전도(넘어짐), 전락(굴러 떨어짐) 사고를 방지하려면, 먼저 당사자가 주변 환경을 시각으로 지각하는 것이 필요하다.

(2) 청각

우리는 소리를 고막의 진동으로 감지하고 그 정보가 뇌에 보내진다. 소리에는 크기, 높이, 음색 등이 있고, 그 속성에 따라 식별할 수 있다.

소리의 크기는 저역에서는 감도가 나쁘고, 주파수가 증대함에 따라 감도가 상승하며, 3~4kHz 부근에서 가장 감도가 좋은 것으로 알려져 있다. 경보는 어느 일정한 소리의 크기가 없으면 알아듣는 것이 불가능하다. 야간의 수면을 방해하지 않도록 의료기기의 알람을 작게 해 놓으면 환자의 중대한 활력(생명) 징후(vital sign)[6]의 변화를 간과할 가능성이 있다.

소리는 거리가 멀어지면 에너지가 확산되기 때문에 작아진다. 그리고 문 등으로 차단되거나 하면 지각할 수가 없다.

어떤 소리가 울려도 다른 소리가 그것을 차폐(masking)하는 경우가 있다. 소리의 크기에는 순응이 있고, 정상적인 소리를 오랫동안 계속 들으면 그 소리의 크기에 대한 인상이 감소

---

6 사람이 살아 있음을 보여주는 혈압, 맥박, 호흡, 체온을 가리킨다.

하거나 소실되는 경우가 있다. 중요하지 않은 경보라고 생각하고 경보를 그대로 놓아두면, 소리에 익숙해져 중요한 경보를 놓칠 수 있다. 음색은 경적, 벨 등 경보의 차이를 나타내는 단서로 사용된다.

(3) 후각

후각은 인류의 진화과정에서 가장 오래된 감각기관이라고 알려져 있다. 코로 흡입된 분자와 수용기의 분자의 상호작용에 의해 냄새의 감각이 생기므로 화학적 자극이라고 생각되고 있다.

일반적으로 동물은 매우 예리한 후각을 갖고 있는 경우가 많지만, 그것에 비해 인간의 후각은 그다지 감도가 좋지 않다. 그렇지만 인간의 후각이 이상의 발견에 많은 도움을 줄 수 있는 것은 사실이다. 그러나 감기에 걸려 코의 점막이 콧물 등으로 덮이면 후각이 정상적으로 기능하지 못한다.

후각은 복용하고 있는 약제의 영향을 받는 경우도 있다. 그리고 긴 시간 동일한 냄새가 나는 물질에 노출되면 최초에 비해 후각은 감퇴한다. 후각을 이용하여 이상을 감지할 수 있도록 하기 위해 프로판가스에는 인간이 싫어하는 냄새가 첨가되어 있다.

(4) 미각

미각은 후각과 마찬가지로 화학적 자극에 의해 발현하는 감각으로서 미각과 후각 모두 화학적 감각이라고 불린다.

화학적 감각은 생명유지에 필요한 섭식행위의 조정에 중요한 역할을 한다. 미각은 섭취한 음식물이 생체에 괜찮은지 선별하는 데 큰 역할을 한다. 유해한 물질의 경우는 신맛, 쓴맛 등의 혐오성 맛을 지니고 있는 경우가 많다. 생체는 이들 맛에 대해서는 매우 민감하고, 저농도의 것이더라도 감지하여 섭취를 본능적으로 피할 수 있다.

맛에는 단맛, 짠맛, 신맛, 쓴맛, 감칠맛, 지방맛[7]이 있다. 미각은 혀에 있는 미뢰(味蕾)라고

---

7 마요네즈나 잘 구워진 기름진 고기를 먹으면 '고소하다'라고 느끼는 맛이 바로 '지방맛'이다. 이 지방맛은 인간이 느끼는 맛 중에서 유일하게 후천적으로 습득되는 맛이다.

하는 세포가 화학적 물질을 감지하여, 그 정보가 뇌에 전달되어 해석된다.

미각이 상실된 상태를 미각 소실(ageusia)이라 하고, 미각이 완전히 소실되지는 않았지만 정상보다 감소된 상태를 미각 감퇴(hypogeusia)라고 하며, 미각이 정상과 다르게 느껴지는 상태, 예를 들면 단맛이 쓴맛으로 느껴지는 경우를 이상 미각(dysgeusia)이라고 한다. 한편, 미각이 정상보다 증가된 상태도 있을 수 있으며 이를 미각 과민(hypergeusia)이라고 한다.

미각의 역치는 연령과 함께 올라간다. 특히 60세 이상에서는 모든 역치가 급격히 올라간다. 신맛의 역치는 연령에 관계없이 여성이 남성보다 낮은 수치를 보인다.

(5) 평형감각

평형감각은 귀에 있는 이석에 의해 감지된다. 작은 이석의 주변에 작은 털이 나 있고, 이 이석의 위치를 감지하여 그 정보가 뇌에 전달된다. 몸이 움직임을 감지하는 데 중요한 작용을 한다. 평형감각은 가속도, 체위의 영향을 받는다. 노화와 함께 평형감각은 저하된다.

(6) 피부감각

피부감각은 피부 표면에 퍼져 있는 감각점이 자극을 받아서 일어나는 감각이다. 피부감각에는 촉각, 압각, 온각, 냉각, 통각, 진동감각이 있으며, 이들이 복합되어 간지러움, 가려움 따위의 감각을 유발한다.

2) 인지·예측단계의 특성

인간이 가지고 있는 인지 · 예측단계의 특성으로서 휴먼에러에 큰 영향을 미치는 많은 특성이 존재한다.[8] 여기에서는 그중 대표적인 것만을 소개한다.

8 인지·예측단계의 특성에 대한 상세한 설명은 정진우, 『안전심리(5판)』, 교문사, 2025, pp. 287~333을 참조하기 바란다.

(1) 보고 싶은 것을 본다

인간은 외부의 물리적 자극을 그대로 이해하는 것은 아니다. 보고 싶은 것을 보는 경향이 있다. 애매한 정보가 있으면, 전후의 자극으로부터 그 애매한 정보를 자기 입맛대로 해석해 버린다. '13'과 'B' 등은 경우에 따라서는 반대로 이해될 가능성이 있다. 예를 들면 B의 전후에 수치가 12, B, 14로 나란히 있으면 13으로 해석되고, 13의 전후에 알파벳이 A, 13, C로 나란히 있으면 B라고 해석될 가능성이 높아진다.

중요한 것은 우리들이 어떤 것을 볼 때 그대로 보는 것이 아니고, 보는 행위는 적극적인 인지 행동이라는 점이다. 따라서 애매한 문자로 쓰여 있는 지시서라도 베테랑 작업자는 어렵지 않게 이해할 수 있게 된다.

A　　13　　C

12　　13　　14

그림 1-7　**전후의 자극으로 애매한 정보를 해석한다**

(2) 기대 청취

사람은 장시간 기다리면 다음은 자신의 차례라는 기대가 높아져, 다른 비슷한 사람의 이름이 호명되었는데도 자신의 이름이라고 반응하고 마는 일이 종종 발생한다. 그리고 전화 연락 등에서 'B'와 'D'는 소리가 비슷하여 펌프 B의 기동명령을 기다리고 있는데, 펌프 D의 기동명령이 떨어지면, 펌프 B의 기동명령이라고 오인할 가능성이 높아진다.

이러한 일은 기대 청취(wishful hearing)라고 하는 인간의 기본적 특성이 휴먼에러를 일으킨 것에 해당한다.[9] 기대 청취는 자신에게 익숙한 언어, 자신이 기대하고 있는 바대로의 언어로 듣거나(받아들이거나) 들리는(받아들여지는) 것을 말한다.

9　御領謙, 「注意と認知」, 大山正·東洋編, 『認知心理学講座 第1巻』, 東京大学出版会, 1984, pp. 121~141.

따라서 우리들은 물리적 자극이 주변환경 또는 상황에 따라 엉뚱한 것으로 인식될 가능성이 있다는 점을 충분히 고려하여 용어, 커뮤니케이션 방법을 확립해 놓아야 한다. 작업자를 관찰할 때도 '뭔가 이상이 있지 않은가'라고 생각하면서 보지 않으면, 이상한 점을 간과할 가능성이크다.

(3) 억지 해석[10]

이 특성은 일상이나 직장에서 자주 발현되는데, 중대한 사고로 이어진 사례가 매우 많다. 일반적으로 인간은 다양한 정보를 수집한다. 그리고 수집된 정보가 자신이 생각하고 있는 것과 다르거나 정보 간에 상호 모순되는 것이 있으면 불안해진다. 그래서 불안감을 줄이고 그러한 정보를 자의적으로 해석하여 전체를 편리하게 설명할 수 있는 '이야기'를 만들어 내고 안심하는 경향이 있다. 이것을 '억지(자의) 해석(story building strategy)'이라고 한다.

예를 들면, 1999년 1월 11일(월요일) 요코하마 시립 대학병원에서 환자를 착각한 사고에서는 수술실에 환자가 잘못 들어왔음을 나타내는 정보가 몇 가지 있었지만, 관계자들은 이들 징후를 자신들 편의에 맞게 해석을 하고서 엉뚱한 환자를 수술하였다. 의사는 환자의 머리카락 길이가 금요일에 보았을 때와 비교하여 짧다는 것을 알아차리고 수술하려는 환자와 다르지 않나 하고 의문을 가지기도 했지만 "이 사람, 토요일이나 일요일에 이발을 했나 보군."이라며 편한 대로 해석해 버렸다. 그리고 폐동맥압, 폐동맥쐐기압의 수치가 수술 전과는 달리 정상인 것에 대해서는 "폐동맥압, 폐동맥쐐기압이 내려간 것은 마취약에 의해 말초혈관이 이완되었기 때문이다."라고 생각하고, 말초혈관의 확장으로 승모변의 역류가 개선되어 폐동맥압이 정상화된 것 같다고 판단하였다. 게다가 경식도(經食道) 초음파 소견이 수술 전의 소견과 달리 좌방(左房)의 확장이 보이지 않고 승모변의 역류가 경도(輕度)인 것에 대해서는 "드문 일이지만 지난 번 검사와 이번 검사 사이에 병상(病狀)이 변화했기 때문일 것이다."라고 해석하고 의심하지 않았다.

한편, 인간은 성가신 것에 대해서는 한번 납득할 수 있는 해석을 하게 되면, 그것 이상의 원인 또는 다른 원인이 있는지를 더 이상 알아보지 않게 되는 경향이 있다.

---

10 河野龍太郎, 『医療現場のヒューマンエラー対策ブック』, 日本能率協会マネジメントセンター, 2018, p. 34.

3) 의사결정단계의 특성

인간이 가지고 있는 의사결정단계의 특성으로서 휴먼에러에 큰 영향을 미치는 특성이 많이 있다.[11] 여기에서는 대표적인 것을 중심으로 소개한다.

(1) 괜찮다고 생각하고 싶다

인간은 원래 보수적이어서 이상(異常) 상태에 맞닥뜨렸을 때에도 이상을 인정하려 하지 않고, 부정적인 정보를 가능한 한 낙관적인 방법으로 해석하여 행동을 하지 않거나 명확한 증거가 없으면(애매하면) 심각하지 않은 상황으로 생각하거나 낙관적으로 상황을 해석하는 경향이 있다. 다시 말해서, 인간에게는 인지(認知)의 편견(편견에 의한 인식의 왜곡)이 작용하여 현실을 받아들이지 않는 성향이 있는데, 인간은 이 편견 때문에 뇌가 위기 상황이라는 인식으로 바뀌지 않는 상태에 빠지기도 한다. 이것을 '정상화 편향(normalcy bias)'이라고 한다.

정상화 편향은 사람들이 재난의 발생 가능성과 영향에 대하여 과소평가하거나 무시하고 대책을 세우지 않는 등 행동을 하지 않는 현상을 일컫는 심리학 개념이다. 이는 그동안 경험하지 못한 일은 앞으로도 없을 것이라고 믿는 심리를 말하는 것으로서, 커다란 위험에 놓여 있거나 위험이 임박하였음에도 지금 상황이 평소와 다름없는 정상적인 상황이라고 생각하며 애써 현실을 회피하면서 대응불능 또는 무대응의 상태에 빠지게 된다. 쉽게 말해서, 비상시에 '설마 이런 일이 일어날 리가 없어', '아마 괜찮을 거야', '중요한 것은 아니야' 등과 같이 생각하는 경향이 있다.[12]

예를 들면, 화재 때 겨우 구조된 사람 중에는 "화재 경보가 있었지만 대수롭지 않게 생각하고 실내에 가만히 있었습니다."라고 말하는 사람이 있다. 1986년 4월 26일에 구소련에서 발생한 체르노빌 원자력발전소 사고 때에도 관계자들은 당초 사태의 심각성을 이해하지 못했

---

11 의사결정단계 특성에 대한 상세한 설명은 정진우, 『안전심리(5판)』, 교문사, 2025, pp. 314~332, 380~425를 참조하기 바란다.

12 정상화 편향의 반대개념은 정상으로부터의 사소한 이탈도 재난이 임박하고 있다는 신호를 보내는 것으로 여기는 '최악의 상황을 생각하는 편견(worst case thinking bias)' 또는 과잉반응(overaction)이다. 이러한 성향을 가지고 있는 사람은 공황장애, 광장공포, 고소공포, 폐소공포 등에 걸리기 쉽다.

다. 단지 '시스템의 어딘가에 작은 문제가 일어났겠지'라고 가볍게 생각하였던 것으로 분석되고 있다.

정상화 편향에 대한 대표적 사례 중의 하나는 2차 대전 때 유태인들에게 닥쳤던 사건이다. 미국 투자전략가인 비그스(Barton Biggs)는 그의 저서 《Wealth, War and Wisdom》에 다음과 같이 기록하였다. 히틀러가 총리가 되자, 1935년 말까지 10만 명의 유태인들은 위험을 느끼고 독일을 떠났지만, 45만 명은 최악의 경우가 지났다고 생각하거나 그렇게 희망하여 독일에 남았다. 그들은 오랫동안 독일에 살면서 자리를 잡았고 문화, 예술 등 다방면에서 만족스러운 삶을 유지해 온 당장의 안락함 때문에 자신에게 닥친 위기를 믿을 수 없었다. 그들은 나치의 반유대주의가 일시적 현상이라고 믿었지만, 사태는 점점 빠르게 그리고 심각하게 전개되어 갔다. 결국 이들은 재산과 기업체를 모두 압류당하고 대다수가 강제수용소로 끌려가 생명까지 잃게 되었다.

정상화 편향의 또 다른 대표적인 사례는 1982년 7월 23일 일본 나가사키에서 발생한 재난이다. 그날 비는 좀처럼 그칠 기미를 보이지 않았다. 이미 11일 동안 60cm의 비가 내리고 '호우 경보'까지 내려져 있던 터였다. 점심때가 지나자 마치 하늘에 구멍이라도 뚫린 듯 빗줄기는 더욱 굵어졌다. 일부 주민들은 상황이 심상치 않다고 느끼기 시작했다. 오후 4시 55분, 정부는 이 지역에 홍수 경보를 발령하고 긴급히 대피할 것을 권고했다. 그러나 밤 9시 정부가 주민 대피 현황을 점검한 결과, 대피한 주민은 13%에 불과했다. 대다수 주민들은 큰 문제는 없을 것이라고 생각하며 대피하지 않고 그 지역에 남아 있었다. 결국 3일간 쏟아진 폭우로 홍수가 발생하면서 이 지역에서만 265명이 사망하고, 34명이 행방불명되는 참사가 벌어졌다.

또한 2005년 9월 20일 미국 뉴올리언스에 허리케인 카트리나가 접근해 오기 하루 전에 그 도시를 떠나도록 명령받았음에도 불구하고, 수천 명의 사람들은 그 명령을 무시하고 여전히 거주지에 남아 있었던 사례(1,464명 사망), 1980년 5월 미국 워싱턴주에 위치해 있는 세인트헬렌스 산(Mount St. Helens)에서 거대한 화산폭발의 우려가 있었음에도 불구하고, 많은 사람들이 그 주위를 어슬렁거리고 있었던 사례(57명 사망), 1987년 11월 영국 킹스크로스역(King's Cross station)의 지하 터널에서 연기가 눈에 보이게 피어오르고 있었음에도 불구하고 사람들이 분별없이 일과를 수행하거나 화염에 휩싸인 복합빌딩 안으로 몰려든 사례(31명 사망) 등에서도 정상화 편향이 작용하였다는 것을 알 수 있다.

이 외에도, 정상화 편향은 미국 뉴욕의 9.11 테러 당시 여객기가 세계무역센터 빌딩에 충돌한(2001년 9월 11일) 후 계단을 내려갈 때까지 한동안 빌딩 내의 많은 사람들이 엄청난 위험이 실제로 발생하고 있다는 것을 믿지 않으려 하고 지체했던 사례, 거대한 태풍이나 화산폭발 등이 임박하였다고 과학자들이 경고하였음에도 불구하고 지역주민들이 이를 들으려 하지 않고 대피하지 않은 많은 사례 등에서 발견된다.[13]

정상화 편향의 부정적인 면은 재난관리의 4단계(준비,[14] 경고,[15] 대응, 복구)를 효과적으로 실시함으로써 방지될 수 있다.[16] 개인적으로는 마음의 비상 스위치를 켜(ON) 두는 자세가 필요하다.

(2) 집단의 압력(동조 편향)

같은 팀의 다른 구성원 모두가 자신과 다른 의견을 제시하고 있을 때, 그래도 자신의 의견을 당당히 말할 수 있을까? 폴란드 출신의 미국 심리학자인 애쉬(Solomon E. Asch)는 1955년에 개인과 개인, 개인과 집단 간의 상호작용으로 나타나는 사회적 영향(동조성에 대한 사회적 압력의 영향) 과정을 밝히기 위해 간단한 집단 실험(동조 실험)을 하였다.[17]

집단을 이룬 피실험자 8명에게 카드 두 장을 보여 주었다(그림 1-8). 한 장에는 선분이 1개만 그려져 있고(표준 자극), 또 다른 한 장의 카드에는 각각의 길이가 다른 선분 3개가 그려져 있다. 피실험자들에게 3개의 선분 가운데 어떤 선분이 표준 자극과 같은 길이인지를 판단하도록 요구하였다. 피실험자는 한 명씩 순서대로 답하도록 되어 있었는데, 8명 중 진짜 피실험자는 1명뿐이고, 나머지 7명은 가짜 피실험자였다. 가짜 피실험자들은 미리 결정된 대로 '3번'이라고 잘못된 답변을 하도록 되어 있었다. 그리고 진짜 피실험자가 대답할 차례는 마지막 또는 마지막에서 두 번째로 설정하였다.

---

13 T. Clark, *Nerve: Poise Under Pressure, Serenity Under Stress, and the Brave New Science of Fear and Cool*, Little, Brown and Company, 2011, p. 245.

14 재난의 발생 가능성을 공개적으로 인정하고 비상시 대책을 수립하는 것을 포함한다.

15 분명하고 명확하며 잦은 경고를 발하는 것과 공중(公衆)이 경고를 이해하고 믿도록 돕는 것을 포함한다.

16 "Normalcy bias", Wikipedia.

17 이하의 내용은 S. E. Asch, "Opinions and Social Pressure", *Scientific American*, 193(5), 1955, pp. 31~35 참조.

그림 1-8 제시된 두 장의 카드

실험 결과, 진짜 피실험자들 중 약 1/3이 다수자인 가짜 피실험자들과 동일한, 즉 잘못된 답변을 하였다. 이 실험을 통해 주위의 사람이 겨우 6명 정도라도 자신과 다른 의견을 제시하면, 자신의 의견을 주장하는 것이 매우 어렵다는 사실이 드러났다.

모두가 그렇다고 하니까 자신도 주위의 의견에 따르게 되는 동조 편향(conformity bias) 현상은 다수 의견이 올바르다고 하는 다수파 동조 편향의 형태로 나타나는 경우가 많은데, 이는 일상적 업무 장면에서도 일어나기 쉬운 일이다.[18]

그리고 이 동조 편향 현상은 재난이 발생하였을 때 사람들이 주변사람들의 행동을 따라 하게 되는 모습으로도 나타나고, 많은 사람이 같이 있으면 과학적 근거 없이 두려워하지 않는 심리에서도 찾아볼 수 있다. 재난 발생 시에 혼자만 있는 경우에는 자신의 판단으로 대응을 하지만, 집단으로 있을 때에는 무의식적으로 서로에게 동조를 하여 타인과 다른 행동을 쉽사리 취하지 않고, 안심감(安心感) 때문에 대피 등의 행동 타이밍이 늦어진다.

18 여론이 형성되는 과정에서 자신의 입장이 다수의 의견과 동일하면 자신 있게 의견을 표방하고, 소수의 의견에 속하는 경우에는 부정적 평가를 받거나 고립되는 것을 염려하여 침묵하는 현상을 설명하는 '침묵의 나선 이론(spiral of silence theory)'도 동조 편향과 맥락을 같이한다. 침묵의 나선 이론은 독일의 커뮤니케이션 학자이자 여론조사기관 알렌스바흐 연구소의 소장이었던 노이만(Elisabeth Noelle Neumann)에 의해 1971년에 주장되어 1974년 심리이론으로 정립되었다.

이러한 동조 편향의 실제 사례는 2011년 3월 11일에 발생한 동일본 대지진 때 사람들이 취한 극과 극의 대응에서 찾아볼 수 있다. 미야기현(宮城県)의 한 어촌마을인 유리아게(閖上)에서는 지진 경보에 바로 대피하지 않고(지진과 쓰나미 사이에는 70분이 있었다) 많은 사람들이 서로의 태도에 동조하다가 희생자 수가 커진 사례(700여명 사망)가 있었다. 당시에 마을의 거리에 나와 보니 대피하는 사람이 없고 다들 집에 가만히 있는 것 같아서, 많은 사람들이 다른 이들을 따라 집에 머물렀던 것으로 분석되고 있다. 반면에 지진이 발생하면 제일 먼저 피하라는 교육을 받아 온 이와테현(岩手県) 가마이시시(釜石市)에 있는 한 중학교 학생들은 지진이 나자 교사의 피난 지시가 있기도 전에 대피를 시작하였고, 이 모습을 본 길거리에 있던 초등학생들도 덩달아 피난 행렬에 동참한 결과, 이 지역에 거주하는 초 · 중학생의 생존율이 99.8%(학교 관리하에 있었던 학생의 경우 100%)였다고 한다.[19]

우리나라 대구지하철 화재사고(2003년 2월 18일) 때에도 전동차 안에 연기가 자욱했는데도 동요하지 않거나 피난하려고 하지 않은 사람들이 많았던 것도 다른 사람들이 행동하지 않았기 때문일 것이다. 세월호 침몰사고(2014년 4월 16일) 때에도 마찬가지이다. 주위의 많은 친구들을 보면서 큰일이 발생하였다고 생각하지 못했을 것이다.[20]

동조 편향의 부정적인 면은 반복적인 교육훈련을 실시하는 것과 위험감수성을 향상시키는 것으로 방지할 수 있다. 개인적으로는 용기를 내어 솔선행동을 취하는 자세도 필요하다.

(3) 권위 기울기

복수의 인간이 함께 있으면, 거기에는 사회적인 인간관계가 성립된다. 그 인간관계가 인간의 행동, 판단에 영향을 미친다. 인간의 개입이 많은 시스템에서는 특히 큰 영향을 받는다.

어떤 신입직원이 선배의 장비 조작에 의문을 가지고 있었다. 그것을 선배에게 말하는 것이 좋을 것이라는 점은 알고 있었지만, 자신이 잘못 지적한 것이라면 선배가 틀림없이 화낼 것이라고 생각하여 말하지 않았다. 그 결과, 사고가 발생한 사례가 있다.

---

19 片田敏孝, 『人が死なない防災』, 集英社, 2012, pp. 57~58, 64~72 참조.

20 이 사고들에서는 '지하철에서 화재 같은 것이 일어날 리 없다', '이렇게 큰 배가 전복될 리 없다'와 같이 생각하는 '정상화 편견'도 복합적으로 작용하여 피난행동이 늦어지게 되었을 것이다.

유사 사례는 여러 곳에서 발생할 수 있다. "의문이 있으면 말하는 것이 좋지 않을까?"라고 생각할지 모르지만, 그것은 상당히 어려운 것이다.

일반적으로 사람은 권위를 가지고 있는 사람에게 지시 · 명령을 받으면, 자신의 의견에 반하여 그것에 따르는 경우가 많다. 미국 심리학자 밀그램(Stanley Milgram)이 실시한 '권위에 대한 복종' 실험에서는, 매우 위험하여 평소에는 할 수 없을 조작을 실험이라는 명목으로 권위 있는 사람으로부터 명령을 받으면 매우 많은 사람이 조작을 하고 만다는 것을 증명해 보였다.[21] 이 실험은 별칭 '아이히만 실험'이라고 불린다.[22]

(4) 사회적 태만

"자신이 확인을 하지 않아도 다른 누군가가 확실히 할 것이다."고 생각하고 확인하지 않아 사고가 발생한 사례가 있다. 이와 같이 자신이 하지 않아도 다른 누군가가 할 것이라고 생각하고 날림으로 하거나, 팀으로 작업을 할 때 단독으로 할 때보다도 열심히 하지 않는 현상을 '사회적 태만'이라고 한다.[23]

사회적 태만의 현상을 최초로 발견한 것은 프랑스의 농공학자 링겔만(Maximilien Ringelmann)이다. 그는 1명, 2명, 3명 그리고 8명으로 줄을 당기도록 하고, 그 힘을 측정하여 1명당 당기는 힘을 계산했다. 그 결과, 1명이 줄을 당기는 힘을 100%라고 하면, 2명일 때는 각 개인이 93%, 3명인 때에는 85%, 8명인 때는 49%의 힘밖에 쓰지 않았다는 것을 알게 되었다. 1명당 작업량은 단독 작업상황보다 집단 작업상황에서 저하한다는 것이다. 이것을 '링겔만 효과'라고 부른다.[24]

---

21 S. Milgram, "Some Conditions of Obedience and Disobedience to Authority", *Human Relations*, 18(1), 1965, pp. 57~76.

22 아이히만은 제2차 세계대전 당시 나치 독일의 유태인 대량 학살 과정에서 실무 책임자로서 주된 역할을 담당했다. 아이히만 실험은 상식적으로 도저히 할 수 없는 잔혹한 행위가 왜 가능했는지를 이해하는 데 있어 시사하는 바가 매우 많은 실험이다.

23 B. Latané, K. Williams and S. Harkins, "Many hands make light the work: The causes and consequences of social loafing", *Journal of Personality and Social Psychology*, 37(6), 1979, pp. 822~832.

24 A. G. Ingham, G. Levinger, J. Graves and V. Peckham, "Ringelman Effect: Studies of Group Size and

그림 1-9는 확인하는 사람 수와 신뢰성의 관계를 나타내고 있다. 이론적으로는 다중도(확인 인원)를 늘리면 휴먼에러의 발견율이 상승한다고 생각되지만, 실험 결과는 반드시 상승하지는 않고 하강하는 경우도 있다는 것을 보이고 있다. 이것은 사회적 태만의 사고방식으로 이해할 수 있다. 먼저 첫 번째의 사람은 뒤에 확인하는 4명이 있으므로 설령 자신이 잘못 확인해도 누군가가 발견해 줄 것이라는 마음으로 일을 한다. 두 번째의 사람은 "앞의 사람이 확실히 확인했을 것이므로 문제없을 것이다. 그리고 아직 뒤에 3명이 확인할 것이므로 내가 대충 해도 괜찮을 것이다."라고 생각한다. 세 번째 사람은 "앞의 2명이 이미 확인했고 뒤의 2명이 또 확인할 것이므로 내가 철저하게 하지 않아도 문제없을 것이다."라고 생각한다. 네 번째, 다섯 번째 사람도 동일하게 이 상호의존성 때문에 확인이 철저히 이루어지지 않을 가능성이 있다.

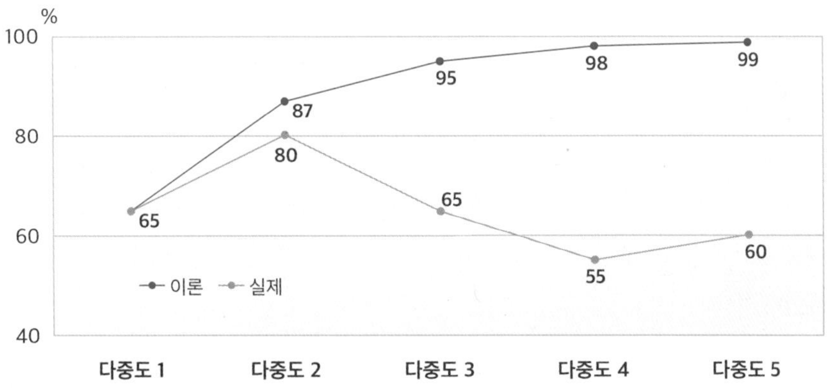

그림 1-9 확인의 다중화와 휴먼에러의 발견율[25]

Group Performance", *Journal of Experimental Social Psychology*, 10, 1974, pp. 371~384; 白樫三四郎, 「社会的手抜き」, 三隅二不二·木下富雄編,『現代社会心理学の発展 2』, ナカニシヤ出版 1991, pp. 155~176.

25 島倉大輔·田中健次, 「人間による防護の多重化の有効性」,『品質』33(3), 日本品質管理学会, 2003, pp. 104~112.

(5) 모험 이행

집단토의가 빠지는 마이너스 측면으로서 '집단의 결정은 개인의 결정보다 위험한 선택을 한다'고 하는 모험 이행(risky shift) 현상이라는 것이 있다.

와라크(M.A. Wallach)와 코간(N. Kogan)의 실험에서 다음과 같은 문제에 대해 한 명씩 개별적으로 답변을 받은 경우와 집단으로 토의하고 나서 전원 일치의 답변을 받은 경우를 비교하였다.[26]

"중한 심장병에 걸린 사람이 있고, 대수술을 받지 않으면 보통 생활을 포기해야 한다. 그러나 그 수술은 원활하게 진행되면 완치되지만, 실패하면 생명을 잃게 된다고 한다. 수술할지 하지 말지 망설이고 있다." 이 문제에 대한 집단토의의 결과는 최초의 개인결정보다도 위험해졌고, 토의 후의 개인결정도 토의 전의 그것보다 위험한 방향으로 되었다. 그리고 토의 전의 위험감수(risk taking) 정도와 집단토의에서의 영향력 간에 정(正)의 상관관계를 보였다. 즉 위험한 선택을 하는 사람일수록 토론에서 적극적인 역할을 하는 것이 발견되었다.

(6) 집단사고

사람들이 모여 의사결정을 할 때 개개인이 아무리 우수한 사람들이라고 하더라도 큰 실패를 범하는 경우가 있다. 미국 심리학자 재니스(Irving L. Janis)는 한 사람 한 사람은 우수한 사람들인데도 집단적으로 어리석은 의사결정이 이루어지는 과정을 '집단사고(groupthink)'라고 명명하였다.[27]

1961년 4월 1,400명의 쿠바 망명부대가 미국 해군, 공군, CIA 지원하에 쿠바의 피그만에 침공하였다. 목적은 혁명정부를 무너뜨리는 것이었다. 그러나 모든 것이 계획대로 진행되지 않고 작전은 큰 실패로 끝났다. 이 계획은 매우 우수한 집단으로 평가받던 케네디 정권에 의해 승인되었다.

---

26 M. A. Wallach, N. Kogan and D. J. Bem, "Group Influence on Individual Risk Taking", *The Journal of Abnormal and Social Psychology*, 65(2), 1962, pp. 75~86.

27 I. L. Janis, *Victims of Groupthink: A Psychological Study of Foreign-Policy Decisions and Fiascoes*, Houghton Mifflin, 1972.

왜 이 같은 일이 발생하는가에 대해 재니스는 다음과 같이 설명하고 있다.

① 자신들이야말로 유일의 올바른 판단력을 가지고 있다고 과신하는 것
② 외부의 비판적인 정보의 평가를 경시하는 한편, 그와 같은 외부정보를 지지하는 멤버를 신뢰하지 않는 것
③ 그 결과, 다른 집단과 정보로부터 고립되고, 잘못된 최초의 가정과 그것에 근거한 결정을 변경하지 않은 채 행동에 옮기는 것

그리고 이와 같은 집단사고를 방지하는 방법으로서 다음 네 가지를 지적하고 있다.

① 집단의 리더는 구성원에게 중요한 평가자로서의 역할을 부여하고, 집단이 반대와 의심을 표현하는 것을 가치 있게 여기도록 한다.
② 리더는 처음부터 자신의 바람이나 희망을 제시하여 어느 특정 입장에 있는 것을 밝혀서는 안 된다.
③ 복수의 집단에 동일한 문제에 대해 정책결정을 하게 한다.
④ 집단 내에 비판자의 역할을 할 사람을 두거나 하위집단으로 나누어 심의하게 하는 것도 효과적이다.

우리들은 이와 같은 집단사고의 특성을 이해하고, 집단이 때때로 잘못된 판단을 할 가능성이 있다는 점을 알아둘 필요가 있다.

4. 주의 제어

"주의해 주세요.", "확실히 주의하고 있으면 에러는 발생하지 않는다."와 같이 주의를 환기시키는 것이 얼마나 효과가 있을지는 주의의 성질을 고려하여 판단해야 한다.

주의에 대해서는 매우 많은 접근방법과 모델이 제안되어 있다. 그러나 어느 것이 가장 적

절한가라는 점에 대해서는 연구자 간에 의견이 다르다. 단, 주의의 특성에 대해서는 대략 네 가지가 있다고 전해지고 있다. 휴먼에러와 관련하여 이하에서 이 네 가지에 대해 설명한다.

① 용량에 한계가 있다 어떤 것에 집중하면 할수록 다른 것에 대한 주의는 약해진다. 예컨대 어느 하나의 작업을 하고 있을 때 다른 작업에 대한 주의는 소홀해진다.

② 선택적이다 관심이 있는 것에는 주의를 기울일 수 있다. 우리의 뇌는 많은 소리 중에서 자신에게 필요한 정보를 무의식적으로 선택할 수 있는 기능을 가지고 있다. 이것을 '칵테일 파티 효과(cocktail-party effect)'[28]라고 한다. 음성의 선택적 청취(selective listening to speech)라는 것으로서 선택적 주의의 대표적인 예이다. 주의를 의식적으로 기울이는 것은 바람직한 일이지만, 어느 하나에 주의를 기울이면 다른 것에는 주의를 빼앗길 수 있다.

③ 방향성이 있다 눈앞의 것은 인식하지만 후방에는 주의가 미치지 않고, 어느 한 방향에 주의하면 다른 방향에 주의가 미치지 않는다.

④ 강도가 변화한다 주의는 동일한 수준에서 지속시킬 수 없다. 동일한 작업을 연속적으로 행하면, 처음에는 확실하게 처리할 수 있지만 점점 휴먼에러가 개입해 들어올 가능성이 높아진다.

경험적으로 보면 바쁜 일이 끝난 후에 휴먼에러가 발생하는 경우가 적지 않다. 예를 들면, 항공관제관 사이에서는 '바쁜 후에 주의하라'는 말이 있는데, 레이더 스코프에 가득 보이는 항공기를 열심히 처리한 후에, 단 2대밖에 보이지 않는 항공기를 놓치는 일이 발생한 적이 있다.

주의에만 의존하는 대책에는 한계가 있다는 것을 현실로 받아들여야 한다. 그러나 어디에서 휴먼에러가 발생하기 쉬운지에 대한 지식이 있으면, 그 부분에 선택적으로 주의를 기울일 수 있다.

---

28 1953년에 영국의 인지심리학자인 체리(E. Colin Cherry)에 의해 제창되었다. 칵테일파티처럼 많은 사람이 잡담하고 있는 가운데에서도 자신의 이름이나 자신이 관심을 갖고 있는 것에 대한 이야기 등은 자연스럽게 알아들을 수 있다. 이와 같이 인간은 소리를 처리하여 필요한 정보만을 재구축할 수 있다(E. C. Cherry, "Some Experiments on the Recognition of Speech, with One and with Two Ears", *The Journal of the Acoustical Society of America*, 25(5), 1953, pp. 975~79 참조).

5. 행동 메커니즘

휴먼에러를 알기 위해서는 행동을 이해하는 것이 중요하지만, 인간의 행동 메커니즘을 이해하는 것은 간단하지 않다. 왜냐하면 인간은 상황에 따라 여러 가지 다른 복잡한 행동을 취하기 때문이다.

복잡한 것을 간단하게 이해하기 위해서는 그 도구로 모델을 사용할 필요가 있다. 의사결정을 하는 인간의 행동에 대해 심리학에서는 앞에서 설명한 모델(정신 모델, 정보처리 모델)을 구체화하는 모델로서 다음과 같은 모델을 소개하고 있다.

1) 레빈 모델

레빈은 사람의 행동을 이해하려면 인간에 관한 요인과 환경에 관한 요인이라는 두 가지의 요소로 나누어 생각하면 알기 쉽다고 설명했다. 그는 '장 이론'에서 다음의 행동모델[29]을 통해 인간의 행동은 인간에 관한 요인과 환경에 관한 요인의 관계에 의해 결정된다고 제안하였다.

$$B=f(P, E)$$

여기서, B: 행동(behavior), P: 인간(person), E: 환경(environment)

이 모델이 중요한 것은 인간이 행동을 결정하려면 '인간에 관한 요인'과 '인간을 둘러싼 환경에 관한 요인'이라는 두 가지 요인이 있다고 말하는 점이다. 환언하면, 인간의 행동을 이해하기 위해서는 '사람의 요인'과 '환경의 요인'으로 나누어 생각하면 알기 쉽다고 설명하고 있는 것이다.

인간에 관한 요인이란, 예컨대 장면(상황)행동, 억지해석 등의 인지적 요인, 피로, 고령, 수면 부족, 질병 등의 생리적 요인, 인간관계, 동조 편향, 커뮤니케이션 등의 사회심리적 요인이

29 레빈의 행동모델에 대해서는 뒤에서 자세히 설명하기로 한다.

해당한다. 환경에 관한 요인이란, 기계 · 설비적 요인, 작업 · 환경적 요인, 관리적 요인을 가리킨다.

이 모델을 이해할 때는 인간에 관한 요인과 환경에 관한 요인을 다이내믹하게 포착하는 것이 중요하다. 이 두 가지 요인은 특정 상황의 정적인 관계가 아니라 시간을 고려한 상호작용으로 이해하여야 한다.

2) 코프카 모델

독일의 심리학자인 코프카(Kurt Koffka)는 행동 메커니즘을 다음과 설명한다.[30]

눈이 쌓인 평원을 말을 타고 있던 나그네가 어떤 집에 여러 가지 곡절 끝에 겨우 도달하여 하룻밤 묵을 것을 요청하였다. 그 집의 주인은 나그네가 지나온 길을 듣고 나그네의 무모함에 깜짝 놀랐다. 주인으로부터 그 이유를 들은 나그네는 더 놀라고 말았다. 왜냐하면 눈이 쌓인 평원이라고 생각하고 예사롭게 지나온 길은 실은 평원이 아니라 눈이 쌓여 있던 빙상의 호수였다는 것을 알았기 때문이다. 그 지역의 사람들은 그 호수가 박빙(薄氷) 상태인 경우가 많아 무서워 지나다니는 길이 전혀 아니었던 것이다.

그럼 왜 나그네는 이 위험한 호수 위를 지나온 것일까? 코프카는 그 이유를 다음과 같이 설명하였다.

사람은 주위에 있는 실재(實在)의 물리적 환경을 지각 · 인지하여 이해하고 머릿속에 세계를 구축한다. 여기에서는 이 인간을 둘러싼 물리적 환경을 '물리적 공간', 머릿속에 구축한 세계를 '심리적 공간'이라고 부르기로 한다. 물리적 공간에서 심리적 공간으로 옮겨 묘사하는 프로세스를 매핑(mapping)이라고 말한다.

인간의 행동을 이해하려면 당사자의 입장이 되어 생각하는 것이 중요하다. 나그네에게 눈앞은 눈 덮인 평원이었다. 호수의 존재를 몰랐기 때문에 그의 심리적 공간에는 호수가 없었다. 즉 나그네의 입장이 되어 생각해 보면 지극히 자연스러운 행동이었던 것이다.

---

30 K. Koffka, "Perception: An Introduction to the Gestalt-theorie", *Psychological Bulletin*, 19, 1922, pp. 531~585 참조.

이 사례로부터 코프카는 "인간이 행동을 결정할 때는 실재의 물리적 공간이 아니라 물리적 공간에 있는 여러 자극을 지각 · 인지하고, 기억 등을 이용하여 이해하며, 머릿속에 구축한 심리적 공간에 터 잡고 있다."고 설명하였다. 다른 표현으로 말하면, 인간의 행동은 심리적 공간의 제약을 받고 있는 것이다.

그림 1-10 (a) 나그네는 눈이 덮인 평원으로 이해하고 있다 (b) 실제는 호수 위였다

3) 저울 모델

휴먼에러에 대한 이해를 심화하기 위해서는 당사자의 입장에서 생각하는 것이 중요하다. 사람은 심리적 공간에 터 잡아 행동을 결정하는데, 결과적으로 휴먼에러가 된 행동을 한 당사자는 그 당시 스스로 '잘못하고 있다'고 생각하지 않고 오히려 '합리적이다'고 판단한다는 점에 착목할 필요가 있다.

한편, 올바르지 않다는 것을 의식하고 행동하는 경우도 있다. 예를 들면, 절차를 지키지 않으면 안 된다는 것을 알고 있어도 결정된 절차를 생략하고 마는 경우이다. 이것을 당사자의 입장에서 생각해 보면, 절차를 지키지 않는 것이 자기 자신에게 '합리적'이라고 판단하는 것이다. 절차를 지켜 부담이 증가하는 손실과 절차를 생략하는 것에 의한 부담 경감이라는 이익을 저울에 달아 절차를 생략하는 것이 합리적이라고 판단한 것이다. 손실과 이익을 저울에 달아 자신에게 가장 사정이 좋은 쪽을 선택한다는 것이다. 즉 인간이 행동을 할 때 심리적 공간에 터를 잡아 지식, 경험을 기반으로 하여 종합적으로 판단하여 '합리적이다', '유리하다' 등 당사자에게 가장 사정이 좋다고 생각되는 행동을 선택한다고 설명하는 것이 가능하다.

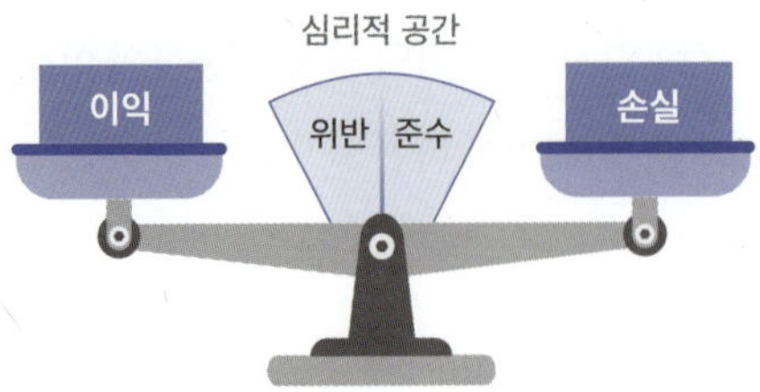

그림 1-11　행동 선택의 저울 모델

6. 정신적 기능의 '청사진'

그림 1-12는 정신적 기능의 기본적인 구성요소의 개요를 나타내고 있다. 이 그림은 배선도나 뇌 해부도가 아니라, 중요한 요소들과 이것들의 상호관계를 매우 간략하게 나타낸 '시스템 표현'이다.

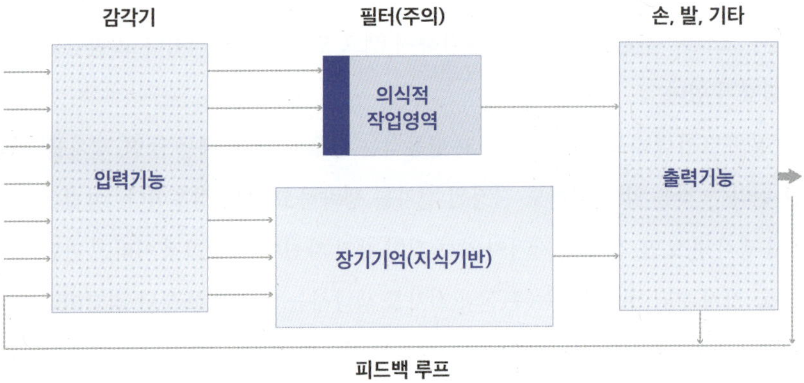

그림 1-12　정신적 기능의 간략한 '청사진'

감각 데이터는 수많은 입력기능을 매개로 하여 뇌에 도달한다. 입력기능은 시각, 청각, 미각, 촉각, 후각이라는 오감 및 여러 위치와 운동 감각기이다. 시각은 다른 감각으로부터 받은 모순된 정보를 압도할 만큼 가장 우세한 감각이다.

이용 가능한 모든 지각 데이터는 주의 필터에 의해 선별된 후 그 일부가 의식적 작업영역[31]에 들어온다. 여기에서는 선별된 데이터가 연산적으로(computationally) 강력한(느리고 노력을 요하는) 사고, 추론 및 판단이라는 프로세스에 의해 분해, 추가 또는 결합된다. 이 의식적 작업영역은 손, 팔다리, 발, 말 등과 같은 여러 출력기능에 직접 작용하여 일정한 행동(말을 포함한다)을 하도록 그것들에 명령한다.

입력 데이터의 일부는 지식 기반으로서의 장기기억으로 직접 넘어간다. 장기기억은 고도로 전문화된 지식구조 또는 스키마(schema)[32]가 작용하는 장(場)이다. 의식적 작업영역이 모든 종류의 감각 데이터에 대한 '개방 장소'인 반면, 장기기억은 그것에 저장된 지식구조에 관련된 정보부분만을 찾는다. 각 스키마는 특별히 관련되는 정보 단편(斷片)만을 선별한다. 따라서 고양이를 식별하기 위한 스키마는 일정한 크기와 형태, 네 발, 날카로운 발톱, 모피, 수염 등을 가진 것에만 관심을 갖는다.

장기기억으로부터의 정보는 다음 두 가지 길을 따라 간다.

- 첫째, 정보는 사전 준비된 지시(instruction) 분출(burst)이라는 형태로 출력기능[33]에 직접 갈 수 있다. 공학 용어로는 의식적 작업영역을 매개로 하는 동작 제어를 피드백 구동(feedback-driven)[34]이라고 하는 반면, 장기기억을 매개로 하는 동작 제어는 피드포워드 구동(feedforward-driven)[35]이라고 한다.
- 둘째, 장기기억은 정보를 계속해서 의식적 작업영역으로 보낸다. 이 정보는 의식적

---

31 지각한 입력정보와 장기기억정보를 아울러서 추론, 판단, 확인 등의 사고를 하는 장(場).

32 과거의 경험에 입각하여 만들어진 심리적 틀, 패턴화된 인식.

33 대량의 데이터를 합쳐 전달하는 것.

34 결과를 참고하여 행동을 수정하고 보다 적절한 것으로 해나가는 제어방식.

35 제어계에 들어오는 자극을 검지하여 자극의 영향이 미치기 전에 이것을 없애는 제어방식.

인 검색 메커니즘에 의해 의도적으로 찾아지지만, 정보 항목들은 흔히 자연스럽게 순식간에 의식에 들어온 것처럼 보인다. 그러나 실제로는 '유사성 매칭(편향)(similarity matching)'(어떤 것의 정체를 판별할 때 부분적인 몇 개의 유사한 점으로 판단하는 것)과 '빈도 모험(편향)(frequency gambling)'(두 개 이상의 사항이 유사성을 기초로 놓여 있을 때, 가장 빈번하고 최근에 사용된 것을 선택하는 것)이라는 두 가지의 기본적인 검색 규칙에 의해 지배된다.[36] 이렇게 하여 도달된 정보 항목은 생각, 이미지 또는 동작일 것이다.

의식적 작업영역과 장기기억이 통상 절묘한 조화를 이뤄 작용함으로써 자신이 의도하는 방식으로 행동을 하도록 한다. 가끔 일이 잘못되는 경우도 있지만, 이런 경우는 비교적 드물게 발생한다. 이 두 가지 제어 메커니즘의 특성은 표 1-1에 요약한 것처럼 서로 눈에 띄게 대조를 이룬다.

표 1-1 의식적 작업영역과 장기기억의 특성 비교

의식적 작업영역의 특성	장기기억의 특성
일반적인 문제해결을 함	분화된 전문지식의 방대한 수집
한정적인 자원	기억의 용량 및 시간 면에서 정해진 한계가 없음
의식할 수 있는 내용(물어지면 그것을 표현할 수 있음)	대체로 무의식적인 프로세스(생성물은 아님)
순차적인 정보처리(즉 한 번에 하나씩)	병렬적 정보처리(즉 많은 일이 동시에 진행됨)
느리고 힘듦	빠르고 힘들지 않음
새로운 일에 필수적	익숙한 일상적인 일과 습관적인 일을 처리함

표 1-1이 나타내는 바와 같이, 의식적 작업영역과 장기기억의 중요한 차이는 의식적 작업영역의 용량이 상당하게 제한되어 있다는 점이다. 사람이 전화번호를 찾고 전화할 때까지 기억하고 있는 것은 이 의식적 작업영역에 의존한다. 암산은 답을 찾을 때까지 기억에 저장된 여러 사항을 유지하고 있어야 하는 또 하나의 상황이다. 의식적 작업영역은 대략 1.5초라는

36 J. Reason. *Human Error*, Cambridge University Press, 1990, pp.130~131.

시간적 제약을 가지고 있고, 쏟기 쉬운 양동이처럼 작용한다. 새로운 정보 또는 생각의 단편(斷片)이 오래된 정보 항목을 대신한다. 의식적 작업영역의 한계는 작업에 중요한 시사점을 제공한다. 작업 중단과 기타 주의를 산만하게 하는 것은 작업절차 누락과 기타 기억의 실패를 쉽게 야기할 수 있다.

두 가지의 상호보완적이고 상호작용하는 정신적 구조, 즉 의식적 작업영역과 장기기억의 대조적인 특성은 다음에서 설명하는 두 가지 다른 종류의 행위 제어모드, 즉 의식적 제어모드와 자동적 제어모드를 낳는다.

7. 제어모드와 상황

우리들의 행동방법은 두 가지 사항, 즉 머릿속에서 진행되고 있는 것과 주위에서 일어나고 있는 것의 복합 기능이다. 인지심리학의 대부분은 이 중요한 두 가지 영향요인이 어떤 식으로 작용하여 행동을 형성하는 것인가를 이해하려고 하는 것과 관련되어 있다. 전술한 바와 같이 인간의 행동은 여러 제어모드에 의해 구동된다. 이것은 그림 1-13에서 제시하는 바와 같이 양쪽 끝과 중간에 있는 양자의 혼합으로 되어 있는 연속체로 가장 잘 표현된다.

그림 1-13 동작 제어의 연속체

한쪽 끝에는 의식적 제어모드가 있다. 여기에서 우리들은 자신의 행동에 매우 면밀하게 주의를 기울여야 하고, 하려고 하는 것과 그것을 하려고 하는 방법에 대해 신중하고 용의주도한 의사결정을 해야 한다. 이 제어모드는 느리고 순차적이며 제약이 있고 휴먼에러를 일으키기 매우 쉽다(시행착오에 의한 학습은 우리들이 새로운 기량을 획득하기 위한 중요한 수단이다[37]). 그러나 연산적으로 매우 강력하다. 간단히 말하면, 조건이 옳으면 우리들은 이 모드를 이용하여 어떠한 일이라도 솜씨 있게 처리할 수 있다. 이것은 새로운 문제, 새로운 상황에 대처하기 위해 필수적이다. 그러나 이 모드는 고된 일이고 우리는 이것을 별로 좋아하지 않는다.

다른 끝에는 자동적 제어모드('자동조종')가 있다. 이 모드는 매우 빠르고 힘이 들지 않아, 우리는 이것을 좋아한다. 이 모드는 우리가 매일 수행하는 일상적이고 능숙하며 매우 숙달된 행위를 하는 데 사용된다. 우리가 이 모드에서 일하는 때에는, 다른 것에 대해 생각할 수 있다(그리고 '생각해야 하는' 경우도 자주 있다). 전술한 대로, 사실 습관적인 동작에 과도하게 의식적인 주의를 기울임으로써 오히려 그 동작에 큰 지장이 초래될 수 있다. 반대로, 너무 주의를 기울이지 않으면, 우리의 행동은 많이 다니긴 했지만 현재는 의도하지 않은 길을 따라 가게 됨으로써 우리의 의도에서 일탈하고 만다.

이 양쪽 끝 모드의 중간에서는, 우리는 이 2개 모드 사이를 이동하면서 일련의 행동들을 무의식적으로 행하고, 다음에 무엇을 할 것인지에 대해 의식적으로 생각하며 진행상황을 체크하는 방식으로 공간을 채운다. 우리는 대부분의 시간을 이 혼합 제어모드에서 일한다. 우리가 최선을 다하는 것은 혼합 제어모드에서이다. 힘든 의식적 모드나 무엇도 생각하지 않는 자동적 모드의 어느 하나에서만 활동해야 하는 경우는 매우 드물다.

우리들이 생활하고 일하는 상황도 연속체에서의 여러 위치에 그것을 배치함으로써 설명될 수 있다. 이것은 그림 1-14에 제시되어 있다. 한쪽 끝에는 매우 익숙한 일상적이고 어떤 문제도 없는 상황이 있다. 이것은 오피스, 작업장, 목욕탕, 침실, 부엌 등에서 매일 반복되는 행동들을 가리킨다. 중간에는 예상되거나 기대되는 문제를 일으키는 상황이 있는데, 우리들은 그 문제에 대해 훈련받아 왔고 장기기억 속에 저장된 해결책을 가지고 있다. 다른 한쪽의 끝에는 곤란하고 종종 잠재적으로 위험한 문제를 야기하는 완전히 새로운 상황이 있다. 여기

---

37 자동차의 왕 포드(Henry Ford)는 "어떤 실수로부터 아무것도 배우지 못하는 것, 그게 바로 진짜 실수다."라고 말했다.

에서는 우리들은 미리 준비된 해결책을 다 써버려 곤란을 해결하는 방법을 현장(즉석)에서 찾아야 한다.[38]

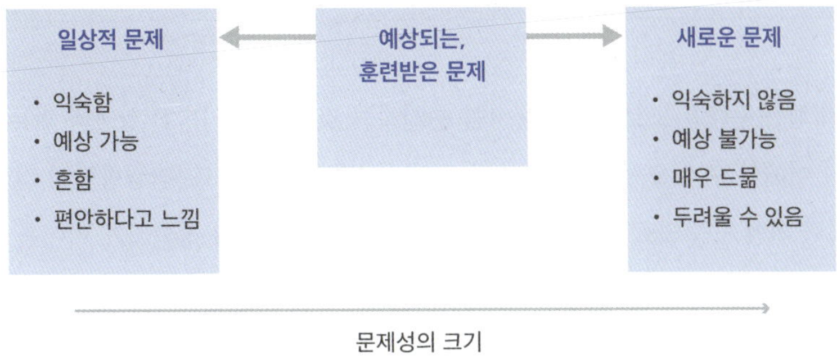

그림 1-14 연속체에 따른 상황의 분류

8. 3개의 행동 수준

덴마크의 시스템안전, Human Factors 및 인지시스템(cognitive systems) 공학 연구자인 공학자인 라스무센(Jens Rasmussen)은 공학자에게 이해되기 쉽고 대부분의 인지심리학자(그들은 모든 것에 대해 모두 동의하는 것은 결코 아니다)에게도 수용되기 쉬운 방법으로 인간 행동의 세 가지 수준을 정의하고 위험한 업무 및 인적 요인의 세계 양자에 매우 큰 공헌을 했다.[39] 이 세 가지 수준은 숙련 기반(Skill Based: SB), 규칙 기반(Rule Based: RB), 지식 기반(Knowledge Based: KB)이라고 명명되고, 그 주요한 특징은 표 1-2에 정리되어 있다. 이것은 인간의 신뢰성에 대해 깊은 관심을 가지고 있는 항공, 원자력발전, 석유탐사·제조, 기타 분야에서 산업표준과 같은 것이 되어 왔다.

---

38 J. Reason and A. Hobbs, *Managing Maintenance Error*, Ashgate, 2003, pp. 25~27.

39 J. Rasmussen, "Human errors: A Taxonomy for Describing Human Malfunction in Industrial Installations:, *Journal of Occupational Accidents*, 4, 1982, pp. 311~335.

표 1-2 의식적 작업영역과 장기기억의 특성 비교

수준	특징
숙련 기반(SB)	도로상황을 즉시 체크하면서 숙달된 일상작업을 자동화된 컨트롤에 의해 행한다.
규칙 기반(RB)	훈련받은 문제에 미리 준비된 규칙 또는 해법을 패턴 매칭한다.
지식 기반(KB)	'직면한' 새로운 문제를 해결하기 위해 의식적이고 느리며 노력을 요하는 시도를 한다.

세 가지 행동 수준은 도로에서 자동차를 운전하는 것과 같은 익숙한 활동과 결부시킴으로써 가장 잘 이해할 수 있을 것이다. 숙달된 운전자에게 있어 스피드, 진행방향의 컨트롤은 전적으로 숙련 기반 수준으로 이루어진다. 그들이 당신에게 얼마나 정확하게 기어를 바꾸거나 핸들을 조작하는지를 설명하는 것은 거의 불가능할 것이다. 아마도 그들이 운전의 주된 절차에 대해 설명하는 것은 가능할 수 있지만, 얼마나 정확하게 제어장치를 조작했는지를 말로 설명할 수는 없을 것이다.

운전에 관련된 문제의 대부분은 다른 운전자와의 관계에서 발생한다. 주위의 차와의 관계에서 어떻게 행동해야 하는지에 대해서는 교통규칙과 도로교통법에 명확하게 규정되어 있다. 따라서 도로 사용의 사회적 측면에 관련되는 대부분의 일은 규칙 기반 수준의 행동에서 발생한다. 거의 모든 상황은 다음과 같은 규칙에 의해 커버된다. 즉 '만약 상황 X가 일어나면 행동 Y를 하거나 하지 않는다'는 규칙이다.

그러나 가끔 미리 계획되지 않은 문제에 대처하기 위해 주의를 기울여야 하는 경우도 있다. 예를 들면, 실시간 길안내 기능이 작동하지 않는 상황에서 간선고속도로를 주행하고 있는데 전방에 도로 정체가 있다는 것을 라디오로 들었다고 가정하자. 만약 처음에 결정한 길을 따라 그대로 계속 주행하면, 확실히 많이 늦어지게 될 것이다. 그래서 대안을 찾아야 하지만, 대부분의 사람은 이 같은 상황에 놓이더라도 지도를 보기 위해 차를 세우지 않는 경향이 있다. 많은 사람은 계속하여 운전하고, 머릿속에서 문제를 해결하려고 할 것이다. 이것은 앞의 도로 지도에 대한 불완전하고 아마도 부정확한 '정신 모델'을 이용하는 것과 관련된다. 이러한 많은 노력이 필요하고 잘못되기 쉬운 '정신적 작업(mind-work)'은 지식 기반 수준에서 발생할 것이다.

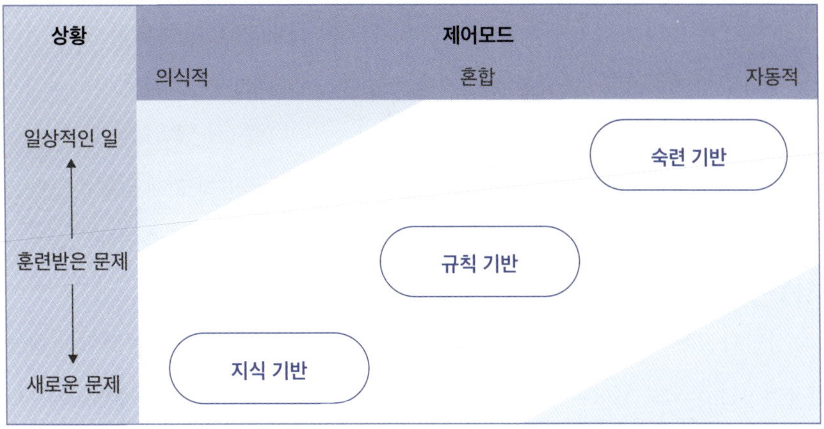

그림 1-15 활동공간을 이용한 세 가지 행동 수준 정의

여기에서 강조하고 싶은 것은 이 세 가지 수준의 행동은 상호 간에 배제적인 것은 아니라는 점이다. 전술한 운전의 예가 제시하듯이, 이들 세 가지는 동시에 작동될 수 있다. 이를테면, 앞길이 막히는 운전자는 다른 길을 찾으면서(지식 기반 수준), 동시에 차의 속도와 방향을 컨트롤하는 한편(숙련 기반 수준), 교통신호를 처리하고 다른 도로 이용자를 피하여 운전할 것이다(규칙 기반 수준).

이 운전자 예가 유용하지만, 세 가지 행동 수준을 정의하는 좀 더 체계적인 방법이 있다. 이 방법은 그림 1-15와 같다.

이 좀 더 복잡한 그림에서 앞의 그림 1-12와 그림 1-13에서 나타낸 연속체를 사용한다. 이것은 '활동공간'이라고 불린다. 이 공간 위에 세 가지 수준의 행동을 그릴 수 있다. 그림의 오른쪽 상단에는, 익숙하고 어떤 문제도 없는 일에 대해 거의 자동화된 방식으로 대처하는 숙련 기반 수준이 위치해 있다.

그림의 가운데에는, 우리가 어떤 변화 또는 문제를 알게 되어서 우리의 거의 자동화된 행동을 수정하는 규칙 기반 수준이 있다. 그러나 이상의 문제는 대처하는 훈련을 받아 왔거나 전에 경험했거나 무엇을 해야 할지에 대해 절차서가 있는 것이다. 아무튼 우리는 다음과 같은 저장된 규칙을 적용한다. 즉 '만약 X(어떤 상황)이면 Y(어떤 행동)를 한다.' 이 저장된 규칙을 적용할 때에, 우리는 주로 자동적인 패턴 매칭으로 처리한다. 즉 우리는 무의식중에 이용 가능한 사인과 표시를 뭔가의 저장된 해결책에 맞춘다(match). 이렇게 한 후에(전혀 그렇지 않은 경우도 때때로 있다) 올바른 해결책을 적용했는지를 확인하기 위해 의식적인 생각을 한다.

그림 왼쪽 하단에는 우리가 이미 마련해 놓은 해결책을 다 써버리고 새로운 방안을 생각해 내야 한다고 생각하는 지식 기반 수준이 위치하고 있다. 이것은 느리고 휴먼에러를 야기하기 쉬운 업무이다.

왼쪽 상단과 오른쪽 하단 코너(삼각형 부분)에는 2종류의 병적이거나 부적합한 행동이 있다. 전자에서는 고도로 일상화된 작업에 의식적인 생각을 적용한 결과 실패하고 만다. 후자에서는 주의 깊은 생각을 필요로 하는 상황에 자동적인 반응을 적용한다. 이것은 우리가 패닉에 빠질 때 저지르는 것이다. 우리는 거칠고 과도하게 학습된 반응에 의지한다. 요컨대, 우리는 "원을 그리며 달리고 비명을 지르며 소리친다."

요컨대, 어느 한 순간에 세 가지 행동 수준, 즉 숙련 기반, 규칙 기반 및 지식 기반 중 어느 수준이 지배적일지는 제어모드와 상황 쌍방에 의존한다. 세 가지 행동 수준은 개인의 숙련 정도에 크게 의존한다. 이것은 후술하는 휴먼에러 분류의 기초가 된다.

9. 주의

1) 주의의 특징

일상적인 언어로 '주의'라고 부르는 것은 의식적 작업영역의 작용과 매우 유사하다. 주의는 아래 열거하는 것과 같은 많은 특징을 가지고 있다.

- 주의는 한계가 있는 필수품이다. 만약 어느 특정 사항에 강하게 이끌리면, 필연적으로 다른 경합하고 있는 관심사로부터 멀어진다.
- 주의의 용량 제한은 주의에 선택적인 성질을 부가한다. 이용할 수 있는 지각 데이터의

극히 일부분에 대해서만 주의를 기울일 수 있다.

- 무관계한 사항에 주의를 빼앗길 수 있다. 즉 요구가 많은 어떤 지각 정보에 사로잡히거나 현재의 어떤 생각이나 걱정거리로 인해 주의가 산만해진다.
- 주의 집중은 일반적으로 몇 초 이상 지속되기 어렵다.
- 집중력은 현재의 주의 대상에 대한 본질적인 관심에 매우 크게 의존한다.
- 행동이 숙련되어 있거나 습관적일수록 요구되는 주의는 줄어든다. 숙련된 행동은 그것에 과도한 주의가 기울여지면 오히려 방해받을 수 있다.
- 정확한 행동에는 주의의 적당한 균형이 필요하다. 너무 많아도 너무 적어도 좋지 않다.

처음에는 의도가 작용하여 자신의 뜻대로 주의력을 집중시킬 수 있다. 그러나 우리는 주의 집중을 항상 긴 시간 동안 지속할 수 있는 것은 아니다. 주의를 집중할 수 있는 것은 어떤 다른 관심사에 이끌리거나 주의가 다른 방향으로 향하기 전까지 기껏해야 몇 초에 불과하다. 주의는 매우 적응력이 높다. 주의의 방향이 계속적으로 바뀌지 않는다면, 우리는 세상의 내막을 끈질기게 캐는 시야를 가질 것이다. 그런데 우리는 많은 다양한 것에 주의가 끌릴 수 있다. 내적인 몰두 또는 외적인 교란에 빠질 수도 있다. 장기기억의 지식구조(또는 스키마)는 감정, 그것의 새로워짐 또는 빈번한 사용에 의해 환기될 수 있다. 스키마가 환기되거나 활성화될수록 그 스키마는 주의(집중)를 요구할 가능성이 더욱 커진다. 해당 스키마가 진행 중인 업무에 관련되어 있다면 문제가 없지만, 스키마는 전혀 다른 것(집안의 걱정거리 또는 부분적인 교란)에 관련될 수도 있다. 이와 같은 일이 발생하면 업무 중의 주요 순간에 집중력의 상실을 초래하여 휴먼에러를 일으킬 수 있다.

업무를 시작하고 나서 선택점까지는 목표를 달성하는 데 공통적으로 적용되는 방법인데, 선택지 중 하나는 현재 의도하고 있는 올바른 방법이고, 다른 하나는 자주 적용해 왔던 방법이다. 주의가 적절한 순간에 선택점에 집중되지 않으면, 행동은 가장 강력하게 습관화된 잘못된 방법을 선택하기 쉽다.

2) 경계심 감퇴

제2차 세계대전 중에 업무를 시작하고 나서 20분 정도 지나면 레이더 감시원은 점차 분명한 타깃을 놓치게 되는 경향이 있다는 점이 발견되었다. 감시원이 레이더 스크린에 열심히 집중함에도 불구하고, 감시원이 발견하지 못한 레이더상의 광점(光點)을, 근처를 지나가는 누군가가 우연히 알아차리는 일이 종종 발생하곤 했다. 이것은 '경계심 감퇴'라고 알려져 있는 문제인데, (모니터링 대상이) '포착(hit)'되는 경우가 비교적 드문 많은 모니터링 업무가 이에 해당된다. 예를 들면, 내시경에 의한 검사, 의료용 X선의 체크, 공장에서의 품질관리검사 등은 모두 경계심 감퇴가 일어날 수 있는 영역이다. 이러한 경계심은 휴식을 취하는 횟수를 늘리거나 일에 다양성을 갖게 함으로써 회복시킬 수 있다. 또한 경계심은 사회적으로 관심이 모아지는 환경에서 높아지는 경우가 많다. 이것은 아마도 이러한 상황이 인간을 보다 주의 깊게 하기 때문일 것이다.

3) 주의와 습관

우리의 행동이 숙달되거나 습관적이 될수록 행동의 디테일까지 의식하여 주의할 필요가 없어진다. 습관(생각과 인지의)과 숙달된 행동은 장기기억 속에 미리 프로그램화된 일련의 명령으로 저장된다. 이것은 정신적 생활의 '소프트웨어'라고 할 수 있다.

'자동화' 프로세스(즉 점점 '자동조종'에 의해 제어되는 행동)는 우리 생활의 모든 면에 적용된다. 즉 암산, 자동차 운전, 외국어를 말하는 것, 익숙한 장비 분해, 우리 생각의 많은 부분, 사회적 행동에까지 적용된다. 장기기억에 저장된 '프로그램'은 일상생활의 반복적이고 되풀이되는 행동을 안내한다. 이 프로그램 덕분에 전술적 디테일보다 광범위한 전략에, 그리고 새로 발생하는 문제(예컨대 예정 작업량의 변경)에 대처하는 데 의식적 작업영역을 자유롭게 집중시키는 것이 가능하다. 그러한 제어의 (자동화 프로세스로의) 이전은 생활에 필수적이다. 확실히 그것은 인간의 마음이 갖는 가장 큰 장점 중 하나이다. 그러나 인간의 마음은 부정적인 면도 가지고 있다. 즉 계획과 다른 행동[행위착오(slip)], 망각(lapse)과 같은 것이 때때로 발생한다.

기량을 습득하는(숙달되어 가는) 과정에서 흥미 있는 특징 중 하나는 행동이 주로 언어적 또는 '디지털' 제어모드(행동을 통해 스스로에게 말하거나 교관에게 그것을 하게 하는 것)에 의해 안내되는 것에서 주로 무의식적인 '아날로그' 모드에 의해 안내되는 것으로 전환한다는 점이다. 예를 들면 테니스 코치, 비행 교관이 설명을 그만 두고 "내가 하는 것을 잘 봐." 또는 "내가 하는 대로 해 봐."라고 말하는 경우가 있다. 간단히 말해, 숙달된 사람들은 그들의 행동을 더 이상 말로 설명할 수 없다. 이것은 '전문가의 패러독스'라고 불린다. 만약 당신이 견습생에게 나사를 조이는 방법을 설명하려고 하는 경우, 당신은 곧 오른손으로 드라이버를 돌리면서 "이렇게 하는 거야."라고 말하고 있는 자신을 발견할 것이다. 동전의 이면과 같은 것은, 만약 습관적인 행위의 디테일에 과도하게 집중하면 오히려 거의 틀림없이 실패하는 것으로 끝날 것이라는 점이다. 타이핑을 하면서 당신의 왼손의 중지가 무엇을 하고 있는지를 생각해 보라. 또는 더 바보스러운 것으로 계단을 뛰어 내려갈 때 당신의 발이 무엇을 하고 있는지를 자문해 보라.

10. 기량(숙련)을 습득하는 단계

지금까지 검토한 것을 통해 행동 수준은 개인이 갖고 있는 기량(숙련)과 훈련의 정도에 크게 의존한다는 점을 분명히 알 수 있다. 숙련 기반 수준은 숙련된 행동이 도달할 수 있는 가장 높은 성취 단계이다. 그리고 숙련 기반 수준과 지식 기반 수준의 구별은 전문지식에 달려 있다. 전문가는 특정 종류의 문제를 해결하기 위해 방대한 규칙을 기억하는 사람이다. 전문지식을 다 써버린 경우에는 지식 기반 수준으로 전환된다.

기량 습득은 인간의 행동을 이해하는 데 있어 매우 중요하기 때문에, '거장'과 '견습생'을 구분하는 여러 발전단계를 확인하기로 한다. 기량 습득의 주된 단계는 그림 1-15와 같이 요약된다.

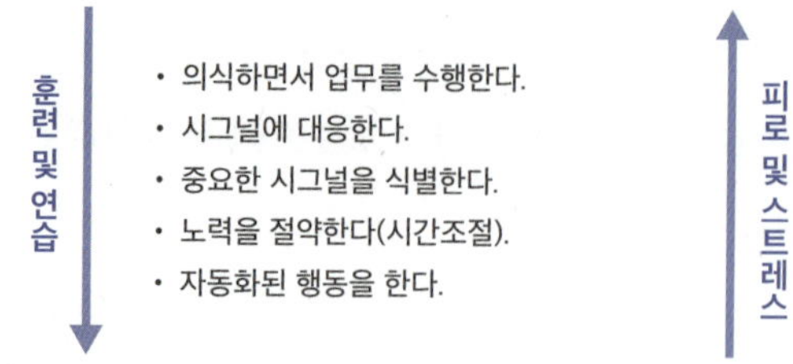

그림 1-16 기량 습득의 주요 단계

새로운 기량을 학습하기 시작하는 경우에는, 스스로를 통해 줄곧 이야기하든지 교관의 말을 듣든지 간에 말에 의존하는 부분이 매우 크다(언어구동단계). 그다음 단계에서는 우리의 행동을 업무 관련 여러 시그널에 결부시키는 것을 배운다(지각구동단계). 당초에는 모든 시그널이 동등하게 중요하게 보이지만, 점차 시그널에 포함된 여분의 부분(redundancy)을 알게 된다. 이에 따라 모든 시그널에 대응할 필요가 없다는 것을 깨닫는다. 그렇게 되면, 더 이상 아주 바쁘게 움직일 필요가 없어진다. 행동에 여유를 가질 수 있게 된다. 요컨대, 숙달된 사람의 특징을 갖게 되는 것이다. 모든 것이 손 안에 있는 상태가 된다. 결국 많은 연습을 거친 후에 개별 동작을 의식하지 않고도 기량을 발휘할 수 있게 된다. 초심자로부터 전문가로의 전환은 '피드백 제어'(주로 의식적 작업영역을 이용한다)가 지배적이었던 것에서 '피드포워드(feedforward) 제어'[40](장기기억에서 산출된다)의 분출을 수반하는 제어로의 변화로 표현되기도 한다.

흥미롭게도, 피로와 스트레스의 정도는 기량을 습득하는 프로세스와 반대 양상을 나타낸다. 피로와 스트레스와 관련하여 가장 먼저 해야 할 일은 시간 조절과 행동의 경제[41]이다. 불행하게도, 피곤한 사람들은 무슨 일이 일어나고 있는지를 항상 알고 있는 것은 아니며, 자신들의 행동이 지금까지처럼 변함없이 좋을 것으로 생각한다.

---

40 상황이 일어나기 전에 결과(결함)를 미리 예측하여 정정하는 제어.

41 불필요한 행동을 하지 않는 것.

11. 피로, 스트레스 요인, 각성 및 정보처리의 과부하

1) 피로

'피로'는 어떤 것은 빠르게, 어떤 것은 느리게 나타나는 다양한 영향을 커버하는 일반적인 단어이다. 그 영향에는 피로감, 생리적인 변화 및 노동의 길이, 1일의 시간대와 관련된 행동 변화가 포함된다. 1일 시간대의 영향은 상대적으로 알기 쉬우므로, 여기에서는 그것에 초점을 맞춰 설명한다. 그림 1-17은 24시간 주기 리듬(circadian rhythm)에 관련된 주된 변화를 나타내고 있다.

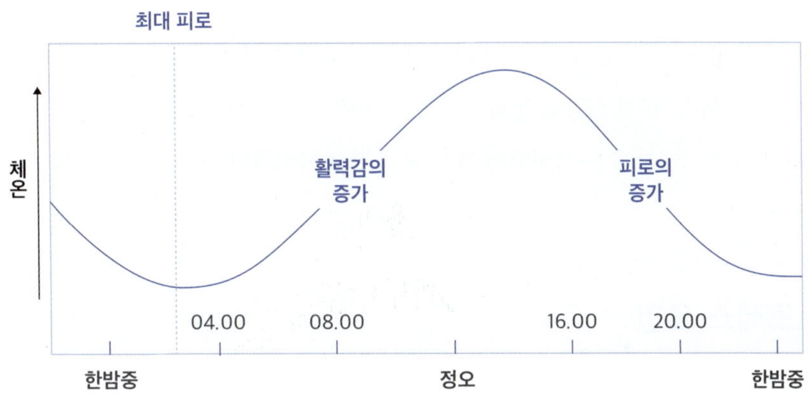

그림 1-17 24시간 주기의 영향과 피로

인간의 체온은 24시간 주기로 변화한다. 체온이 가장 낮게 되는 것은 오전 3시경이고 가장 높은 피크는 14시경으로 나타난다. 그 온도 차는 0.5°C이다. 그리고 피로감은 조기 시간대에 그 피크를 맞이한다. 피로감은 감소하고 활력이 넘치는 느낌은 정오를 조금 지날 때까지 증가하고, 이른 아침시간 동안 저점에 근접하면서 감소한다.[42] 이러한 변동은 24시간 주기

42 2025년 5월 19일 SPC 삼립 시화공장에서 50대 여성 근로자가 냉각 컨베이어벨트에 윤활유를 뿌리는 작업을 하던 중 기계에 상반신이 끼이는 사고를 당한 것도 오전 3시경이었다.

리듬의 한 예이다. 행동은 24시간 주기의 체온 사이클에 밀접하게 동조(同調)하여 변화한다. 몇몇의 사고와 참사를 유발한 휴먼에러가 이른 아침 시간에 발생한 것은 우연의 일치가 아니다(스리마일 섬 원자력 발전소, 보팔 폭발, 체르노빌 원자력 발전소, BAC 1-11기의 창 파열, B737기의 엔진오일 상실, A320기의 스포일러 고장 등의 사고). 24시간 주기 리듬은 개인차가 크고 아침에 최상의 일을 하는 사람이 있는가 하면, 오후와 저녁에 최상의 일을 하는 사람도 있다.

24시간 주기 리듬은 시차 여행(비행기를 이용한 장거리 여행 시 시차로 인한 피로감)과 작업 교대와 같은 외적 요인에 의해 교란될 수 있다. 시차 여행을 한 경우의 회복에는 평균적으로 약 하루를 필요로 한다. 일반적으로 동서(東西) 여행(수면/기상 사이클의 단계 지연)으로부터의 회복은 서동(西東) 여행(단계 전진)보다 빠르다. 한편, 집으로 향하는 여행 시 시차 회복이 목적지로 향하는 여행보다 대개 빠르다. 유사하게, 일근에서 야근으로 교대할 때(단계 지연)의 신체의 순응은 야근에서 이른 아침 근무로의 교대(단계 전진)의 그것보다 빠르다. 규칙적인 교대 근무는 신체 리듬을 변화시키지만, 윤번 교대는 신체 리듬을 변화시키지 않는다. 그러나 윤번 교대는 효율 사이클이 가장 낮고 피로 사이클이 가장 높은 단계에서 일하는 것을 의미한다.

2) 스트레스 요인

'스트레스'는 넓은 범위에 걸치는 복잡한 영향을 커버하는 또 다른 일반적 단어이다. 작업 중에 직면할 수 있고 행동에 부정적인 영향을 미칠 수 있는 다양한 유형의 스트레스 요인은 다음과 같이 요약된다.

- 물리적 스트레스 요인: 열, 습도, 밀폐공간, 소음, 진동 등
- 사회적 스트레스 요인: 걱정, 집단 압력, 인센티브 체계, 징계 등
- 약물류: 알코올, 니코틴, 약제 등
- 작업속도: 지루함, 피로, 중단 및 시간 압박
- 개인적 요인: 가정의 걱정거리, 쑤시고 아픔, 컨디션이 좋지 않은 상태

이혼, 경제적 걱정과 같은 생활상의 중요한 문제에 기인하는 스트레스는 심신 전반에 악영향을 미치고 병에 걸리기 쉽게 할 가능성이 있다. 이들 개인적 트러블의 영향은 직장 내 문제로 이어질 수도 있다. 그러한 일을 경험하는 사람은 떠오르는 생각에, 특히 업무량이 적을 때 주의가 산만해질 수 있다. 나아가 결혼문제, 경제문제 등 생활상의 여러 문제에 의해 초래되는 감정적인 스트레스를 받게 되면 더 큰 위험을 무릅쓸 수 있다. 예를 들면, 심각한 생활상의 스트레스에 직면하고 있는 개인의 경우 운전 시에 안전벨트를 착용할 가능성이 낮다고 알려져 있다.[43]

3) 각성

각성이란 스트레스, 생물학적 요인 및 동기유발적 영향에 대한 신체적 반응이다. 각성은 매우 낮은 각성 수준(수면, 무기력, 졸음)부터 매우 높은 각성 수준(흥분, 극단적 감정, 패닉)에 이른다. 너무 낮거나 너무 높은 각성은 그림 1-18이 보여주듯이 최적 수준의 행동보다 낮은 질을 보인다.

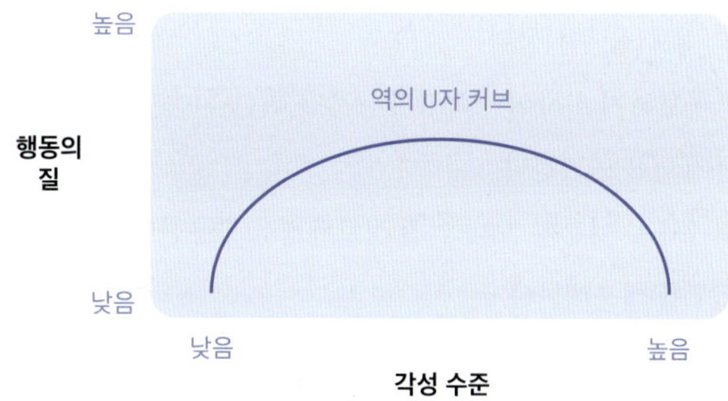

그림 1-18 각성과 행동의 질의 관계

43 A. Schichor, A. Beck and B. Bernstein and B. Crabtree, "Seat Belt Use and Stress in Adolescents", *Adolescence*, 25(100), 1990, pp. 773~779.

각성은 주의력에 중대한 영향을 미친다. 낮은 수준의 각성 상태에서는, 주의를 집중하기 어려운 경향이 있고, 지루하면 기분전환을 추구하듯이 주의가 업무와 무관계한 정보로 쉽게 이동할 수 있다. 반대로, 높은 수준의 각성 상태에서는, 주의가 너무 집중되어 주변적이지만 업무에 관련된 단서를 무시하거나 간과하는 결과를 초래한다. 반복하지만 이 경우에도 개인차가 있다. 예를 들면 외향적인 사람은 내향적인 사람보다도 느긋한 경향이 있다. 그 결과, 외향적인 사람은 압박을 받고 있는 상황에서 내향적인 사람보다 일을 잘할 수 있지만, 내향적인 사람은 지루한 일에 대한 주의를 유지하는 데 있어 외향적인 사람보다 우수할 수 있다.

4) 정보처리의 과부하에 대한 대처

기계와 인간의 중요한 차이 중 하나는 기계는 과부하가 되면 돌연 정지하는 반면, 인간은 서서히 기능을 떨어뜨리는 경향이 있다. 이 경향은 인간이 증가하는 정보처리요구에 직면하였을 때에 특별히 그렇다. 예를 들면, 인간은 정보의 부하를 줄이기 위하여 여러 전략을 사용한다. 다음에 제시하는 것은 인간이 정보의 과부하에 대처할 때에 이용하는 단계적인 방안이다.

- 선택된 입력(정보)을 무시한다.
- 처리속도를 확보하기 위하여 정확성과 균형을 취한다(속도-에러 역관계).
- 한산할 때까지 일을 연기한다.
- 정보 식별의 수준을 낮춘다(보다 거친 정보매칭을 수용한다).
- 가능하면 업무를 재분배한다.
- 업무를 완전히 그만둔다.

12. 성격의 유형

인간은 능력에 차이가 있을 뿐만 아니라 기본적인 성격에도 차이가 있다. 다른 성격 유형은 특징적 행동 유형과 연관되어 있다. 이 성격 유형은 고대부터 생리학적 또는 신체적인 기초를 갖는 것으로 간주되어 왔다. 예를 들면, 히포크라테스 체액 이론은 네 가지의 체액의 어느 것이 우세한지에 대한 이론에 따라 사람을 분류하였다. 혈액 과다의 사람은 '다혈질', 점액 과다의 사람은 '점액질', 흑담즙이 많은 사람은 '우울질', 황담즙이 많은 사람은 '담즙질'이라고 표현되었다. 이들 용어는 현대 언어에도 남아 있다.

아이젠크(Hans Jurgen Eysenck)의 성격 이론을 위시하여 현대 심리학자는 성격 유형의 비교 분류를 창안했다. 창안된 분류법은 두 가지의 독립된 특성, 즉 '내향적-외향적'(신경계가 외부 자극을 요구하는 정도에 근거한다)와 '안정-불안정'(각성 수준에 근거한다)을 기초로 형성되어 있다. 전체적으로, 이 두 가지 특성은 앞의 체액이론과 매우 밀접하게 부합하는 네 가지 카테고리로 이루어져 있다. 이들 네 가지 특성은 그림 1-19와 같이 요약된다.

불안정-내향적 인간은 우울질 유형에 해당하고, 불안정-외향적 인간은 담즙질 유형에, 안정-내향적 인간은 점액질 유형에, 안정-외향적 인간은 다혈질 유형에 해당한다. 사고 경향의 개념(어떤 사람은 다른 사람에 비하여 일관되게 사고를 일으키기 쉽다는 생각)은 더 이상 그다지 지지되지 않고 있지만, 불안정-외향적 인간은 다른 유형의 성격에 비해 사고에 연루될 가능성이 더 높다는 점을 제시하는 약간의 증거가 있다. 각각의 성격 유형은 각각의 직업에 적합하다. 점액질의 인간(안정-내향적)은 우수한 마취의나 항공관제관이 되는 경향이 있고, 다혈질의 인간은 우수한 외과의나 조종사가 되는 경향이 있다. 그러나 이와 같은 구별은 결코 고정 불변인 것은 아니다. 지능지수와 마찬가지로 성격 유형은 정규분포 또는 종형의(bell-shaped) 빈도분포를 따르는 경향이 있다. 대부분의 사람은 내향적-외향적 축과 안정-불안정 축의 중간에 위치해 있고, 극단적인 위치에 있는 경우는 비교적 드물다.[44]

---

44 이상은 주로 J. Reason and A. Hobbs, *Managing Maintenance Error*, Ashgate, 2003, pp. 30~35를 참조하였다.

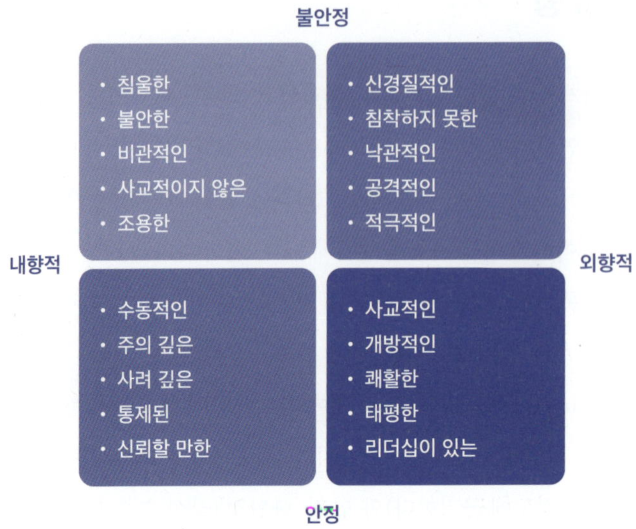

그림 1-19 내향적-외향적 및 안정-불안정 관점에 근거한 네 가지 성격 유형

13. 사고(thinking)와 의사결정의 편향

업무에 관한 모든 의사결정은 이상적으로는 미리 모든 선택지를 검토하고, 그 하나하나를 차례차례 검토하며, 그다음에 행위방침을 선택하는 식으로 신중한 합리적 프로세스를 따른다. 그러나 현실에서는 상황이 다소 다르다. 작업장 의사결정은 여러 요인에 의해 치우치거나 왜곡될 수 있다. 우리는 모든 대안을 검토하지 않거나, 해결책에 도달하기 위하여 수고를 줄이는 지름길 사고(thinking)를 하는 경우가 종종 있다. 감정적 또는 시간적 압박하에서, 우리는 '단락반응(短絡反應)'[45]을 하고, 그 결과 자신들이 놓인 상황에 적합하지 않은 행동방침에 따라 결정을 하는 일이 많다. 이하에서는 많이 알려진 두 가지의 의사결정 문제를 개략적으로 설명한다.

45 욕구 불만이나 갈등에 빠졌을 경우, 상황을 합리적으로 해결하기 위해 우회하거나 견디려 하지 않고 충동적, 직관적으로 일으키는 반응.

1) 확증 편향

사고(thinking)를 방해할 가능성이 있는 강력한 요인은 '확증 편향(confirmation bias)'으로 알려져 있는 경향이다. 애매하거나 잘 정의되지 않는 문제를 해결할 필요성에 직면할 때, 우리들은 대부분 이 상황을 설명하기 위한 이론을 만들어 낸다. 일단 이러한 생각을 하면, 이상하다고 생각하는 것이 진실하다고 입증해 주는 정보를 찾는 경향이 있다. 사람은 자기 자신이 틀렸다는 것을 증명하려고 하는 경우는 거의 없다. 사실 자신의 생각과 모순되는 정보를 무시하는 경우도 종종 발생한다. 예를 들면, 결함을 수리할 때 무언가를 가장 유력한 원인으로 결정하고, 그다음에 이것이 문제라는 것을 입증하려고 할 수 있다. 최초의 부정확한 결함 진단은 다른 가능성을 검토하는 시도를 방해할 수 있다. 예를 들면, 항공기가 브레이크를 걸면 왼쪽으로 움직인다고 보고되었다. 보수직원은 브레이크가 왼쪽 바퀴의 하나에 끼어 있기 때문이라고 생각했다. 문제를 해결하기 위하여 시간이 많이 걸리는 성공하지 못한 시도 끝에 결국은 전혀 다른 문제가 발견되었다. 오른쪽 브레이크가 작동하지 않았던 것이다.

2) 감정과 의사결정

욕구불만과 공격성 간에는 명확한 연계성이 있다. 이 연계성은 강고하고, 만약 상황 때문에 욕구불만이 계속되면, 여분의 저장된 저항력과 동기를 동원하는 '공격 모드'로 이행할 것이다. 아마도 수천 년 전에, 아마도 욕구불만과 공격의 연계가 선조들이 야생동물과 싸우고 식량을 획득하며 기타 석기시대 문제를 해결하는 것을 도왔을 것이다. 불행하게도, 우리들이 지금 살고 있는 세계에서는 완력보다는 주의 깊은 행동이 요구된다. 그럼에도 우리들은 이 원시적인 문제해결시스템을 여전히 우리 안에 지니고 있다. 적절한 도구의 결여, 작업의 지연, 불합리한 압력과 같이 작업에서 욕구불만을 느끼게 하는 상황들은 결합하여 감정을 사로잡아 판단을 흐리게 할 수 있다.

이상에서 설명한 것처럼, 인간 행동에 영향을 주는 요인으로는 24시간 신체 리듬과 그것과 연관된 피로와 에너지, 스트레스를 유발하는 요인, 각성과 행동의 질의 관계, 정보 과부하에 대처하는 방법, 성격의 차이, 의사결정의 편향 등 다수의 여러 가지 요인이 있다.

안전 확보를 위한 대처의 성격을 흥미로운 표현으로 설명한 것이 영국 맨체스터대학의 리즌(James Reason) 교수이다. 그는 안전 확보를 위한 대처를 '안전전쟁'이라고 설명하고 있다.

그럼 어떠한 전쟁인가 하면, 최종의 결정적 승리 없는 장기(長期) 게릴라전이라는 것이다. 즉, 안전전쟁은 ① 최종적으로 승리하기 어렵다, ② 결코 끝나지 않는다, ③ 적이 잠복하고 있어 발견이 어렵다, ④ 해야 할 일을 하지 않으면 패한다, ⑤ 리턴매치가 없다 등의 특징을 가지고 있다.

최종적으로 승리하기 어려운 것은, 하나의 문제를 해결하면 근처에서 다른 문제가 불쑥 나타나기 때문이다. 안전 확보를 위한 대처가 일시적인 것이 아니라 지속적인 과정이어야 하는 이유이다.

결코 끝나지 않는 이유는 인간의 오류와 시스템의 잠재적 결점은 사라지지 않을 것이기 때문이다. 그렇지만 이것들은 관리될 수 있고 최소화되도록 관리되어야 한다. 이것이 안전관리가 필요한 이유이다.

특히 곤란한 것은 '해야 할 일을 하지 않으면 패한다'는 점이다. "오랫동안 재해가 발생하지 않았으니 앞으로도 재해가 발생하지 않을 거야."라고 생각하면서 불안전한 상태를 방치하거나 정해진 절차를 건너뛰거나 생략하면, 순식간에 허점을 찔려 재해가 발생할 수 있다. 장기간 재해가 발생하지 않은 것이 평화(재해 발생 요인의 부재)가 찾아온 신호 또는 징후는 아니다. 사고가 없는 기간은 좋은 소식이 아니라 단지 소식이 없을 뿐이라고 이해해야 한다. 안전수준이 높은 조직은 무재해기간이 길어지면 길어질수록 오히려 위험이 증대되고 있다고 생각하고 안전관리활동 점검과 안전대책을 강화한다.

'리턴매치가 없다'는 점에도 유의할 필요가 있다. 잃은 생명과 영구장해는 원래의 상태로 돌아오지 않는다. 나중에 회복되는 재해라고 하더라도 재해를 입었을 당시에 겪은 고통은 비가역적이다. 패하면 회복이 불가능할 정도로 큰 타격을 입을 수 있다.

'적이 잠복하고 있다'는 것도 곤란하게 하는 점이다. 게릴라는 잠복하고 있으므로 발견능력이 없으면 놓치게 된다. 재해와의 전쟁에서도 재해 발생 요인의 발견능력이 매우 중요하다. 따라서 발견능력을 기르고 향상시키는 노력을 게을리해서는 안 된다. 의지만으로는 역부족이다. 실효성 있는 안전관리활동을 지속적으로 전개해야 하는 이유이다.

안전 확보를 위한 노력이 전쟁이라면, 전쟁의 바이블로서 '손자병법'을 학습할 필요가 있다. 손자는 중국의 춘추전국시대의 사람으로 전쟁의 달인이다. 손자가 쓴 '손자병법'은 서점의 비즈니스 코너에 많은 책이 진열되어 있을 만큼 스테디셀러이다.

'손자병법'에는 많은 유명한 말이 간결하게 쓰여 있는데, 그중에서도 특히 유명한 말이 "지피지기 백전불태(知彼知己 百戰不殆)"이다. 전쟁에서 이기기 위한 이 이론을 발전적으로 해석하면, ① 적을 아는 것, ② 나를 아는 것, ③ 정보를 기초로 하는 것을 제시할 수 있을 것이다.

① 적을 아는 것: 안전전쟁에서 적이란 재해 유발 환경(상태)을 가리킨다. 먼저 재해 유발 환경이 무엇인

(계속)

46 정진우, 안전저널, 2024. 9. 11.

지, 재해는 어떻게 해서 발생할 수 있는지 등과 같은 기본적 지식을 이해하는 것이 필요하다.

② 자기를 아는 것: 안전전쟁에서 자기란 자신들의 인지적 특성, 생리적 특성, 사회심리적 특성과 같은 개인적 특성과 자신들이 보유하고 있는 지식·기능과 같은 역량을 가리킨다. 안전전쟁에서 이기려면 자기 자신이 가지고 있는 특성과 역량을 정확하게 이해하는 것이 필수불가결하다.

③ 정보를 기초로 하는 것: 전쟁에 있어서 가장 중요한 것이 정보이다. 전쟁에서 정보의 중요성을 증명하는 사례는 무수히 많다. 승자는 공통적으로 패자보다도 정확한 정보를 가지고 있었다. 사실을 파악하여 정보에 근거하는 것이 중요하다. 재해와의 전쟁에서는 실제로 발생한 크고 작은 재해뿐만 아니라 재해의 씨앗에 해당하는 아차사고가 발생하였을 때에도 재발 방지를 생각하지 않으면 안 된다. 이를 위해서는 일차적으로 데이터에 근거한 사고·재해 분석이 필요하고, 분석을 통해 정보(교훈)를 얻어 내는 것이 중요하다.

안전을 전쟁에 비유해서 설명해 보았다. 이를 통해 안전의 특징과 안전 확보 과정에서 유의할 사항을 잘 알 수 있게 되기를 기대해 본다.

제2장

휴먼에러의 기초

제2장

휴먼에러의 기초

1. 인적 리스크

1) 시스템 관점 갖기

일상적으로 발생하는 휴먼에러의 실태에 직면할 경우, 각 사고의 국소적(local) 세부사항에 매몰되어 큰 그림을 보지 못하기 일쑤이다. 우리는 에러를 범하는 사람에게 화를 내고, 어떻게 그처럼 무책임하고 부주의하거나 어리석을 수 있는지 의문을 품는다(예: 작업자의 망각에 의해 매우 심각한 피해를 입었을 때). 이것은 자연스럽고 이해할 수 있는 반응이지만, 관리자들이 휴먼에러 문제에 대처하는 방법에 있어 근본적으로 잘못된 결론에 이르게 한다.

휴먼에러 관리 자체도 에러가 발생하기 쉽다. 휴먼에러가 인간의 본성 그 자체인 것은 명백하다. 개인 또는 집단이 잘못을 저질러 작업자의 안전과 제3자의 생명을 위험에 빠뜨리는 일은 흔히 발생한다. 그 경우, 휴먼에러를 저지르기 직전의 개인의 심리적 요인으로 곧장 나아가고, 휴먼에러의 재발을 방지하기 위해 필요하다고 생각되는 모든 것을 실시하려고 하는 충동이 생긴다. 그런 대책은 통상 징계조치, 절차서 추가, 비난, 창피 주기 및 재교육의 형태를 취한다.

그러나 이것은 휴먼에러에 대한 두 가지 중요한 점을 간과하고 있다. 첫째, 휴먼에러는 피할 수 없다는 점이다. 모든 사람은 에러를 저지르지만, 누구도 에러를 의도적으로 일으키지는 않는다. 둘째, 휴먼에러는 결과이고 원인은 아니라는 점이다. 휴먼에러는 사람의 마음 속의 '독립(격리)된' 문제에 의해 발생하는 것이 아니다. 오히려 휴먼에러는 현장의 상황, 즉 작업, 도구·장비, 작업장에 의해 실현(구체화)된다. 우리가 이들 상황적 요소의 중요성을 이해하려고 하면, 에러를 저지른 사람의 머릿속에서 빠져 나와 시스템 전체로서의 성질을 고려해야 한다. 인간 조건(human condition)을 바꾸는 것보다 상황과 시스템을 바꾸는 것이 용이하다. 고도로 훈련되고 동기부여도 높은 사람들은 특히 그렇다.

2) 인적 요소를 포함한 시스템

조직은 그 자체가 시스템이다. 시스템이란 상호 관련된 실체 또는 요소의 집합이다. 시스템은 자연물(예: 태양계)일 수도 있고 인공물일 수도 있다. 인공물은 대부분의 경우 인간 및 기술공작물로 구성되어 있다. 인공시스템은 특정 목적을 위해 조직되어 있고 경계를 가지고 있는 경향이 있지만 그 경계는 일반적으로 침투될 수 있다.

인적 요소를 가지고 있는 시스템에는 여러 형태가 있다. 다음에 열거하는 것은 인적 요소를 가지고 있는 시스템의 예이다.

- 대도시
- 도로망
- 외과센터
- 축구장
- 공공기관
- 보수조직(maintenance organization)

3) 인간 관련 부정합

내부에 인간을 포함하고 있는 모든 시스템은 인간 관련 부정합(不整合, disturbance)으로 골머리를 앓는다. 이것은 뭔가의 바람직한 기준으로부터 원하지 않은 일탈이다. 이 일탈은 다양한 종류의 인간 행동의 경향을 기반으로 한다.

인간 관련 부정합은 여러 형태를 취할 수 있는데, 각 시스템은 우세한 타입을 갖는 경향이 있다.

- 대도시에서는 사람에 대한 상해, 정도 등의 범죄와 종종 약물 사용 또는 매매와 관련된 범죄
- 도로에서는 위험하거나 무모한 운전 방식(젊은 사람들에게서 두드러지게 보인다)
- 외과센터에서는 특정 수술 절차에 대한 수술 실력의 결여
- 축구장에서는 지지자들 간의 폭력적 충돌 위험을 동반하는 대규모 관중의 물리적 혼잡
- 공공기관에서는 공무원의 부정부패
- 보수조직에서는 휴먼에러

4) 각 부정합에는 역사가 있다

인간 관련 부정합은 인간의 머리에서 이미 만들어진 상태로 출현하는 것은 아니다. 부정합에는 시스템 내에 역사[47]를 가지고 있다. 즉 부정합은 상호작용하는 많은 상황적 요소들의 결과이다.

47 어떤 일이나 현상, 사물이 진행되거나 존재해 온 과정이나 추이.

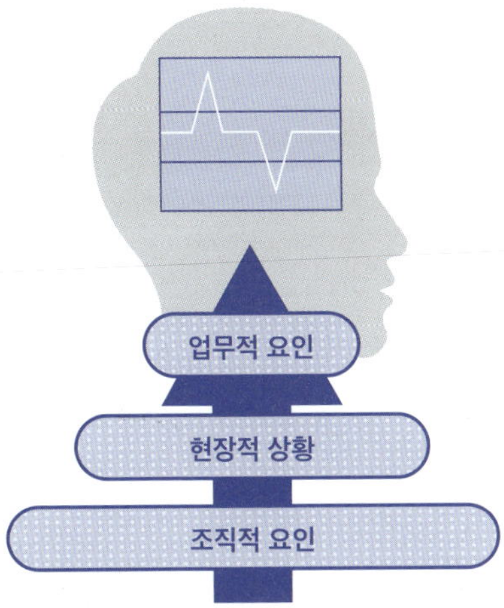

그림 2-1 인간 관련 부정합의 발생과 관련된 요소들

부정합의 성질과 가능성은 그 당시에 행해지고 있던 것, 주변상황 및 시스템 전체의 특성에 의존한다. 이러한 요소들이 휴먼에러와 같은 인간 관련 부정합에 영향을 미친다.

5) 예견 가능한 부정합에 대한 방호수단

대부분의 확립된 시스템에서는 주된 부정합의 성질이 이미 잘 알려져 있고, 대부분 예견 가능하다. 그 결과, 예상되는 부정합으로부터 시스템을 보호하기 위해 방호수단이 마련된다. 방호(barrier) 및 안전장치(safeguard) 준비는 시스템을 관리하거나 지배하는 자들의 책임이다. 경험은 하나의 방호수단으로는 불충분하다는 것을 말해 주고 있다. 따라서 다중 방호수단(defences-in-depth)에 의존하는 것이 보다 일반적이다. 그것은 인간 관련 부정합과 시스템의 취약한 부분 사이에 위치한 많은 보호층을 가리킨다. 이상적으로는, 방호수단은 다중성(redundancy, 다중의 백업)과 다양성(다양한 안전장치)을 갖추어야 한다. 그러한 방호장치는 현대 기술시스템의 전형이고 그림 2-2에 나타내어 있다.

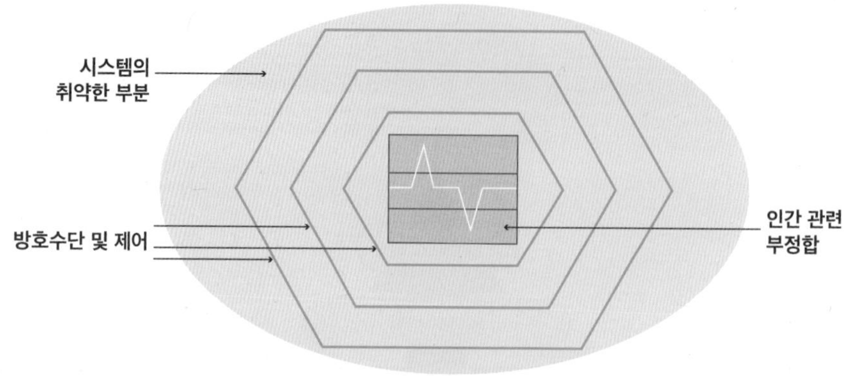

그림 2-2 인간 관련 부정합과 시스템의 취약한 부분 사이에 다중 방호수단이 있다

방호수단들의 구성은 시스템의 성질에 의존한다. 예를 들면, 대도시에서는 방호수단은 법집행기관, 법원 및 교도소로 구성된다. 그러나 보수조직에서는 '하드적(hard)' 방호수단과 '소프트적(soft) 방호수단의 조합으로 구성된다. 하드적 방호수단은 다양한 공학적 안전장치, 즉 물리적 안전방호, 감지장치, 경고 · 경보시스템을 포함한다. 소프트적 방호수단[인간과 서류 기반 조치(paper-based measure)의 조합을 수반하기 때문에 '소프트'라는 표현을 사용한다]은 규칙, 규제, 절차서, 감독적 확인, 서명 승인, 감사, 교대 인계 절차, 작업허가시스템 및 품질보증요원과 같은 수단을 포함할 것이다.

6) 방호수단도 실패할 수 있다

어떤 방호수단도 하나하나로는 완전히 온전하지는 않다. 항상 구멍과 균열이 존재하기 마련이다. 방호수단은 잘못하기 쉬운 사람에 의해 설계되고 제공된다. 어떤 사람이라도 부정합의 모든 가능한 조합을 예상할 수 없다.

인공시스템에서 나쁜 결과 또는 재해가 발생하려면 다음 두 가지의 조건이 충족될 필요가 있다. 첫째, 어떤 형태든 초기 부정합이 발생될 필요가 있다. 둘째, 시스템 방호수단이 그 부정합의 발생을 발견하지 못하거나/못하고 나쁜 결과를 억제하지 못한다. 참사가 발생하려면, 많은 방호층이 동시에 파괴될 필요가 있는 경우가 자주 있다. 많은 방호수단이 기능하고 있기 때문에, 일반적으로 나쁜 결과는 잠재적으로 위험한 부정합의 수보다 훨씬 적다.

특정한 나쁜 사건을 피할 수 있었다고 돌이켜 말하곤 한다. 그러나 이것은 어떤 의미에서만 진실이다. 방호의 실패는 예방할 수 있었을지 모르지만, 방지하려 했던 인간 관련 부정합은 예방하기 어렵다. 폭력, 무모, 범죄행위 및 오류 가능성은 인간의 심리에 깊게 뿌리 박혀 있는 것이고 대체로 고정적인 것이다. 그것들은 완화될 수는 있지만, 완전히 제거될 수는 없다.

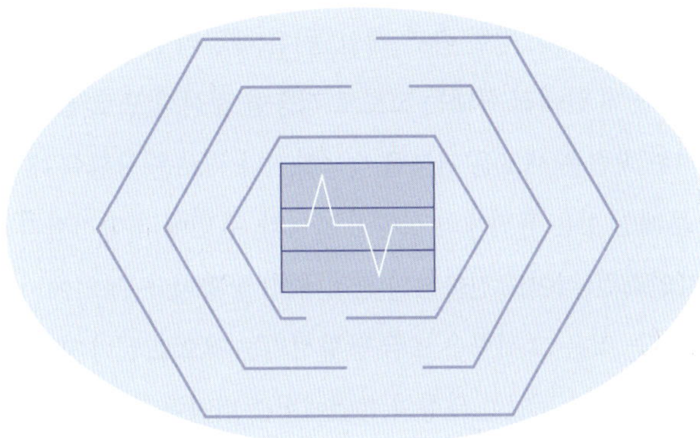

그림 2-3 방호수단은 결코 완전하지 않다: 각 방호수단은 구멍과 균열을 갖고 있다

7) 도덕의 문제

인간의 완벽성에 대한 강한 믿음을 가지고 있는 사람들에게는 이상과 같은 견해는 수용할 수 없을 만큼 숙명론적으로 보일 것임에 틀림없다. 그러나 이 반론은 개개인과 인류 일반의 차이를 간과하고 있다. 개인은 변할 수 있지만, 인류는 그렇지 않을 수 있다. 진화는 우리에게 상당히 혼합된 기량을 선사해 주었다. 즉 매우 놀랄 만한 창조력, 의사소통능력 및 구성능력을 상당히 원시적인 동물적 충동 및 본능과 결부시키는 기량이 그것이다.

그러나 도덕적 고려가 문제를 애매하고 혼란스럽게 할 가능성이 가장 높은 것은 휴먼에러와 관련된 경우이다. 거기에는 두 가지의 관련된 문제가 있다. 첫째 문제는 휴먼에러를 다른 유형의 인간 관련 부정합과 구별하지 못하는 것에서 생긴다. 둘째 문제는 휴먼에러는 본질적으로 나쁜 것이라고 생각하는 것에서 기인한다. 어떤 사고 또는 재해의 원인을 찾을 때, 많은 시스템 관리자들은 모든 인간 관련 부정합을 비난받아야 할 행위라고 취급하고 그에 따라 그것들을 제재한다. 인간 관련 부정합 중 일부는 명백히 도덕적으로 수용할 수 없는 행위이다(예컨대 범죄행위, 군중폭력, 위험한 운전). 그러나 휴먼에러는 그 자체만으로는 그렇지 않다. 휴먼에러는 보편적이고 의도하지 않은 것으로서 꽤 다른 종류의 부정합이다. 인간의 마음에서 생긴 설계 결함이라는 의미에서 본질적으로 나쁜 것은 아니다. 휴먼에러는 뇌를 가지고 있는 것의 부정적 측면에 지나지 않는다.

휴먼에러 경향(부주의, 망각, 강한 습관 개입 등)은 예금이 많은 정신적 대차대조표의 차변 측에 있다. 반복되는 휴먼에러 형태는 고도로 적응한 정신적 프로세스에 원인이 있다. 게다가 시행착오에 의한 학습은 새로운 기능을 습득하거나 새로운 상황에 대처하는 데 있어 필수적인 절차이다. 문제인 것은 휴먼에러 경향이 아니라, 휴먼에러가 저질러지는 비교적 허용되지 않으면서 부자연스런(적어도 진화론의 관점에서) 상황이다. 부엌에서 전기포트 대신에 토스터의 스위치를 넣는 것은 그 사람을 조금 당황시키는 것으로 끝나지만, 항공기의 정비 격납고에서 저질러지는 완전히 동일한 유형의 휴먼에러는 비참한 결과를 초래할 수 있다. 휴먼에러는 동일하지만 상황이 다를 뿐이다.

왜 우리는 상황보다는 사람을 비난하는 경향이 강한가? 답의 일부분은 심리학자가 '기본적 귀인오류(fundamental attribution error)'라고 부르는 것과 관계가 있다. 이 경향은 인간 본성에 깊이 뿌리박고 있고 관찰자와 행위자 간의 관점 차이와 관련되어 있다. 누가 에러를 일으키는 것을 보거나 들으면, 우리는 그 에러를 그 사람의 성격 또는 능력, 즉 개인적 자질 탓으로 돌린다. 우리는 그가 어리석거나 부주의, 무능, 무모 또는 경솔하다고 말한다. 그러나 휴먼에러가 발생한 이유를 당사자에게 물으면, 그는 거의 틀림없이 현장의 상황이 자신을 그렇게 행동하게 만들었다고 말할 것이다. 물론 진실은 중간의 어디쯤에 있을 것이다.[48]

이 '비난 사이클'에서 벗어나기 위해서는, 인간의 행위가 그의 직접적인 통제를 넘어서는

---

48 S. T. Fiske and S. E. Taylor, *Social Cognition: From Brains to Culture*, 4th, SAGE Publications, 2021, p. 254.

요인들에 의해 거의 항상 제약을 받는다는 점과 애당초 저지르려는 의도가 전혀 없었던 행위는 피하는 것이 어렵다는 점을 인식할 필요가 있다. 물론 사람은 부주의하고 어리석게 행동할 수 있고 실제로 그렇게 행동한다. 우리 모두는 언젠가 그러한 실수를 범하기 마련이다. 그러나 어리석거나 부주의한 행동을 한다고 반드시 어리석거나 부주의한 사람이 되는 것은 아니다. 모든 사람은 넓은 범위의 행동을 할 능력을 가지고 있다. 때로는 영감을 받은 듯한 훌륭한 행동을 하고 때로는 어리석은 행동을 하는데, 대부분의 행위는 그 중간의 어딘가에 있다. 가장 우수한 사람도 때로는 최악의 잘못을 할 수 있다는 것이 휴먼에러 관리의 기본원칙 중 하나이다.

휴먼에러의 불가피성을 불충분하게 인식하고 있기 때문에, 동시에 문화적으로 비난과 제재에 전념하기 때문에, 많은 조직은 그들의 한정된 자원의 대부분을 작업자 개인 수준의 휴먼에러 방지 대책에 집중한다. 많은 조직은 다음과 같은 것을 인식하지 못한다.

- 충고 및 제재에 지나치게 의존하는 대책은 매우 한정된 효과밖에 없다. 많은 경우 이것은 이롭기보다 해롭다.
- 안전상 중요한 휴먼에러는 '현장 제일선'에서뿐만 아니라 시스템의 모든 계층에서 발생할 수 있다.
- 행위착오(slip), 망각(lapse) 또는 착각(mistake)은 여러 원인들이 조합된 산물인데, 이 여러 원인들 중에서 개인의 심리적 요인, 즉 순간적 부주의, 망각, 잘못된 판단 등이 '휴먼에러 사슬(human error chain)'의 마지막이자 가장 관리하기 어려운 고리인 경우가 많다.
- 사고·재해는 에러를 저지르는 경향이 있는 사람보다는 에러를 유발하기 쉬운 상황의 결과인 경우가 더 많다.

그 결과, 많은 조직은 다음과 같은 것을 목표로 한 대책을 무시하는 경향이 있다.

- 작업, 팀, 작업장 및 조직의 휴먼에러를 유발하는 특성을 저감하는 것
- 앞으로도 발생할 휴먼에러들의 나쁜 영향을 제한하거나 억제하는 방호수단을 강화하

거나 개선하는 것

요컨대, 많은 조직은 작업자가 일하는 환경을 바꾸고, 휴먼에러를 작업 중 발생이 예견되는 것, 예견할 수 있는 것으로 취급하여야 함에도 불구하고, 인간 조건을 바꾸려고 하는 경향이 있다.

8) 휴먼에러는 모기와 같다

모기에 대처할 때 한 마리씩 잡으려고 할 수 있다. 손바닥이나 파리채로 찰싹 때리거나 살충 스프레이를 뿌릴 수 있다. 하지만 모기는 계속해서 나타난다. 말라리아(모기에 물리면 감염된다)가 발병하지 않도록 하기 위한 유일한 효과적인 대책은, 첫째 모기가 번식하는 습지를 말리는 것이고, 둘째는 효과가 입증된 여러 가지 방호수단, 즉 모기장, 모기 살충제 및 키니네제제(quinine-based pill)[49]를 사용하는 것이다.

휴먼에러에 관하여 말하면, '습지'는 에러를 일으키는 작업, 팀, 작업장 및 조직적 요인이다. 방호수단은 휴먼에러가 해로운 결과를 초래하기 전에 휴먼에러를 발견하고 복구하는 시스템 방호(barrier) 및 안전장치(safeguard)이다. 이 두 가지 프로세스(휴먼에러를 조장하는 상황을 제거하는 것과 방호수단을 개선하는 것)는 효과적인 휴먼에러 관리 프로그램의 가장 중요한 두 가지 부분을 형성한다. 개별 작업자들에 의해 저질러지는 각각의 에러들에 조직의 한정된 자원의 대부분을 집중하는 것은 모기들을 한 마리씩 찰싹 때리거나 스프레이를 뿌리는 것과 같다.

49 남미산 기나나무 껍질에서 얻는 약물.

2. 휴먼에러란 무엇인가

1) 개설

위험한 일을 설계하고 만들고 운영하고 유지하고 관리하며 방호하는 것은 사람이다. 따라서 사람이 사고의 발생과 방지에서 중요한 역할을 하는 것은 놀라운 일이 아니다.

모든 대형사고의 80~90%에 휴먼에러가 관련되어 있다는 주장이 널리 퍼져 왔다. 이러한 주장은 아마도 사실에 가깝겠지만, 사고가 왜 그리고 어떻게 발생하는지에 대한 이해에는 거의 도움이 되지 않는다. '휴먼에러'라는 말은 모든 불안전행동이 하나의 범주로 묶일 수 있다는 인상을 준다. 그러나 휴먼에러의 발생 형태는 여러 가지이고, 심리적 배경도 다르며, 시스템의 여러 부분에서 발생하고, 그 관리에도 여러 방법이 필요하다.

게다가 이러한 주장은 산업현장에서의 인간 행동은 일상생활에서보다 훨씬 더 제약되어 있다는 것을 인정하지 않는다. 조종사, 선박항해사, 제어실 운전원과 같은 사람들의 행동은 경영 · 규제상의 통제에 의해 강하게 지배된다. 위험한 시스템의 경우 이러한 관리적 통제가 중요한 부분을 차지하는데, 이것은 두 가지로 구성되어 있다.

- 외적 통제는 어떤 행위가 허용되고 어떻게 수행하여야 하는지에 대해 상세하게 규정된 규칙, 기준 및 절차로 구성되어 있다. 이 같은 문서에 기반한 통제는 어떻게 업무가 수행되어야 하는지에 대한 집단적 지혜를 구현한다.
- 내적 통제는 훈련과 경험을 통해 습득된 지식과 원칙으로부터 얻어진다.

외적 통제는 문서로 작성되어 작업자가 소정의 작업을 실시할 때 쉽게 손닿는 곳에 비치되어 있어야 한다. 반면에 내적 통제는 주로 개인의 머릿속에 존재한다.

2) 휴먼에러 개념의 기원

휴먼에러라는 용어를 산업안전, 사고에 관련된 전문용어로서, 언제 그리고 누가 최초로 사용했는지는 알 수 없다. 휴먼에러라는 개념은 Human Factors, 인간·기계 인터페이스와 같은 인간공학적 개념과 깊은 관계가 있으므로,[50] 아마도 1950년대나 1960년대에 탄생한 것이라고 추측된다.

휴먼에러는 1970년대 초에 신뢰성공학에서 파생된 인간 신뢰성(human reliability) 개념과도 깊은 관계에 있다. 신뢰성이란 뒤집어 말하면 사고, 고장의 확률이다. 사고의 확률이 10^{-6}이라면 신뢰성은 $1-0.000001=0.999999$가 된다. 원자력발전소 등의 복잡한 시스템의 신뢰성은 전체 시스템을 구성하는 하위시스템의 신뢰성으로부터 계산되고, 하위시스템의 신뢰성은 하위시스템을 구성하는 설비, 장치, 부품의 신뢰성을 누적하여 평가된다. 당연히 이들 설비, 장치를 조작하거나 보수하거나 하는 인간의 신뢰성도 평가의 대상으로 하지 않으면 안 된다. 인간 신뢰성은 1에서 에러의 확률을 뺀 값이기 때문에, 인간 신뢰성을 계산하려면 휴먼에러의 확률을 계산할 필요가 있는 것이다. 에러 앞에 '휴먼'이 붙어 있는 것은 기계가 아닌 인간 측의 에러라는 것을 함의하고 있다.

인간의 에러를 예측하거나 그 확률을 추계하거나 대책을 검토하려면 인간의 인지·행동 특성을 연구할 필요가 있다.

Human Factors에 관한 최초의 교과서라고 말해지고 있는 책《Applied Experimental Psychology: Human Factors in Engineering Design》은 인간공학 개척자로 평가받고 있는 채파니스(Alphonse Chapanis)에 의해 1949년에 출판되었는데, 그 제목은 '응용실험심리학'이다.[51] 여기에서는 Human Factors를 "생산성이 높고 안전하고 쾌적하며 효율적인 사용을 위하여 인간의 행동, 능력, 한계, 기타의 특성에 관한 지견을 연구하여 도구, 기계, 시스템, 과업, 직업, 환경의 디자인에 응용하는 실천적인 연구영역"이라고 규정하고 있다. 이 책에는 휴먼에러에 관한 기술은 없지만, 1970년대부터 1980년대에 걸쳐 복잡화·대형화한 화학플랜트, 항공기에서 대규모 사고가 빈발하고 그 요인으로서 인간의 에러, 위반이 종종 지적되었기 때문에, 휴먼에러는 Human Factors의 중요한 연구대상의 하나가 되어 왔다. 동일한 시기에 신

---

50 인간공학과 Human Factors의 관계에 대해서는 제3장 참조.

51 A. Chapanis, *Applied Experimental Psychology: Human Factors in Engineering Design*, APA Books, 1949.

뢰성공학 중 인간 신뢰성 분석(Human Reliability Analysis: HRA)이 발전한 것은 우연이 아니다.

1980년대에 들어와서는 휴먼에러가 시스템의 안전을 위협하는 최대의 요인이고 대처해야 할 중요한 문제라고 폭넓게 인식하게 되었다. 그리고 1990년대 이후 휴먼에러는 항공, 화학플랜트, 원자력발전소 등 고도로 복잡한 시스템의 안전문제에 그치지 않고, 공장, 건설현장에서의 산업재해, 의료사고, 교통사고 등 모든 분야의 안전문제에서 중요한 문제로 간주되기에 이르렀다.

한편, 미국의 저명한 인지심리학자인 노먼(Donald Norman)은 1981년에 'action slips'의 발생 메커니즘을 인간의 인지 프로세스로 설명하는 논문[52]을 발표하고, 그 후 많은 심리학자가 휴먼에러 연구를 시작하는 계기가 되었다. 그중에서도 국제적으로 유명한 영국 맨체스터 교수 리즌(James Reason)은 휴먼에러에 관한 매우 완성도 높은 저서인 《Human Error》[53]를 1990년에 출간하여 휴먼에러에 대한 심리학적 접근으로 금자탑을 세웠다.

3) 휴먼에러 개념의 다양성

인간공학은 채파니스(Alphonse Chapanis)가 저술한 책의 부제(Human Factors in Engineering Design)에 표현되어 있는 것처럼 '공학과 디자인에서의 인적 요인(human factors)'을 생각하는 연구영역으로 시작되었다. 인간 · 기계시스템, 인간 중심 설계, 가용성(usability), 인간 · 기계(컴퓨터) 인터페이스 등의 개념이 Human Factors 속에서 탄생되고, 휴먼에러도 공학적 디자인, 시스템 전체 속에서 이를 저해하는 요인으로 자리매김되었다. 이러한 문맥에 따른 휴먼에러의 정의로서 전형적인 것은 인간공학자이자 산업 · 조직 심리학자인 샌더스와 맥코믹(Mark S. Sanders & Ernest J. McCormick)에 의한 "효율, 안전성, 시스템 성과를 저해하거나 저해할 가능성이 있는 부적절한 또는 바람직하지 않은 인간의 결정, 행동"이라는 정의

---

52 D. A. Norman, "Categorization of Action Slips", *Psychological Review*, 88(1), 1981, pp. 1~15.

53 J. Reason, *Human Error*, Cambridge University Press, 1990.

이다.[54]

동일한 정의로는, 미국의 또 다른 인간공학 개척자인 살벤디(Gabriel Salvendy)가 편집한 책인《Handbook of Human Factors and Ergonomics》중에 있는 "시스템에 의해 설정된 허용 가능한 행동의 한계(허용한계)를 넘는 일련의 인간 행동의 모든 요소"를 들 수 있다.[55]

1980년대 무렵부터 인지심리학자에 의해 휴먼에러 발생 메커니즘이 활발하게 연구되기 시작했다. 인지심리학자에 의한 휴먼에러 정의는 인간공학자의 그것과는 다르다. 그 대표적인 리즌은 "원하는(의도한) 결과를 달성하기 위하여 사전에 계획된 행위(행동)의 실패, 즉 의도한 결과를 달성하지 못한 계획된 행위로서 뭔가의 예상할 수 없거나 우연적인 작용의 개입이 없는 것"[56]이라고 정의하고 있다. 이 정의의 포인트는 인간 행동, 판단의 의도와 결과의 차이를 휴먼에러로 간주하고 있고, 시스템(이 설정한 허용한계)과 무관하게 정의되고 있다는 점이다. 이 정의문에서 리즌은 '휴먼에러'라고 표현하지 않고, '에러'라고 표현하고 있다. 《Human Error》라는 책의 본문에서는 책의 제목과는 다르게 '휴먼에러'라는 용어는 사용하지 않고 '에러'라고만 쓰여 있다.[57]

리즌의 정의를 조금 수정한다면, "휴먼에러란, 인간의 결정 또는 행동 중 본인의 의도에 반하여 사람, 동물, 물체, 시스템, 환경의 기능, 안전, 효율, 쾌적성, 의도, 감정을 손상하거나 저해하는 것"이라고 정의할 수 있다. 이 정의에 따르면, 산업사고, 산업재해를 일으키는 실수도, 일상생활 중에 깜박하는 실수도 휴먼에러에 포함되고, 위반은 본인의 의도에 반하는 것이 아니므로 휴먼에러에 해당하지 않는다.

리즌은 위반을 휴먼에러에서 제외하고 있지만 신뢰성공학, 인간공학에서는 의도하지 않은 실수와 의도적인 위반 모두 시스템의 성과를 저해한다고 보아 휴먼에러로 간주한다.

---

54 M. S. Sanders and E. J. McCormick, Human Factors in Engineering and Design, 6th ed., McGraw Hill, 1987.

55 G. Slavendy(ed.), *Handbook of Human Factors and Ergonomics*, Wiley, 1987.

56 J. Reason, *Human Error*, Cambridge University Press, 1990, pp. 9, 17; J. Reason, *Managing the Risks of Organizational Accidents*, *Ashgate*, 1997, p. 71. 여기에서 '무언가의 예상할 수 없는 사건의 개입이 없는 것'이라는 표현은 행운 또는 불운에 의한 행위를 제어 가능한(controllable) 행위와 분리하기 위한 것이다.

57 휴먼에러는 사람이 저지르는 에러이다. 사람이 아닌 기계에서도 고장이나 오작동과 같은 에러가 발생할 수 있지만 이 책에서는 사람이 저지르는 에러만을 상정하고 있으므로, 휴먼에러와 에러를 혼용하여 사용하기로 한다.

심리학에서는 의도한 행위와 의도하지 않은 행위는 인지 프로세스가 다르기 때문에, 두 가지를 구분하는 경향이 있다. 다만, 의도한 행위라고 하더라도, 그 의도가 의도치 않게 잘못 설정된 경우는 휴먼에러에 해당하고 '왜 의도치 않게 실수하였는가'에 관심을 기울인다.

요컨대, 위반을 제외한 휴먼에러란 인지적 특성(지각과 의사결정에 관한 인간의 특성), 생리학적 특성, 사회심리학적 특성 등 인간이 본래 가지고 있는 여러 특성(지식, 경험을 포함한다)과 인간을 둘러싼 광의의 환경이 잘 합치하지 않아 유발된 것으로서 어떤 기대된 범위로부터 일탈된 것이라고 정의할 수 있다.

휴먼에러를 일으키기 쉬운 환경이 인간이 본래 가지고 있는 특성과 상호작용하여 그 결과로서 휴먼에러가 유발된다고 볼 수 있다. 휴먼에러를 일으키기 쉬운 요인이 여러 개 있으면 요인들이 서로 얽혀 상승작용이 일어나고, 나아가 휴먼에러가 발생할 가능성이 높아진다.

휴먼에러를 원인이라고 보는 것이 틀린 것이라고는 할 수 없지만, 사고 수사 또는 책임 추궁의 관점이 아니라 사고 조사 또는 재발 방지의 관점에서 휴먼에러 발생 메커니즘으로 볼 때는 휴먼에러는 원인이 아니라 결과라고 할 수 있다.

4) 휴먼에러의 실용적 개념

휴먼에러에 대한 대책을 마련 · 이행하기 전에 휴먼에러가 무엇인지를 이해하는 것이 필요하다. 휴먼에러에 대해 많은 연구자에 의해 여러 정의가 내려져 있지만, 실용적인 정의를 내리면 다음과 같다.

① 인간의 어떤 행동이 있고, ② 그 행동이 의도치 않게 어떤 허용범위에서 일탈한(벗어난) 것으로서, ③ 우연에 의한 것은 제외된다.

③은 통제할 수 있거나 의도적인 행위를 단지 행운 또는 불운에 의해 야기된 행위와 구별하기 때문에 중요하다. 예컨대 갑자기 낙하하는 우주 잔해 조각에 맞는다면, 아마도 당시 의도했던 목적을 달성하지 못할 것이지만, 이것을 두고 휴먼에러를 저질렀다고는 말할 수 없다.

모든 휴먼에러는 무언가의 일탈-의도한 흐름으로부터의 행위의 일탈, 어떤 바람직한 목표를 향한 적정한 경로로부터의 일탈, 또는 적절한 작업절차로부터의 작업행동의 일탈-을 수반한다. 때로는 이들 일탈은 제한속도를 넘어 운전하는 것과 같은 위반을 포함한다. 전형적인 휴먼에러(위반을 제외한다)와 달리 어떤 행동이 의도적으로 허용범위에서 일탈한 것이라면 위반에 해당한다.[58]

계획된 행위가 그 당면 목표를 달성하지 못할 수 있는 세 가지 패턴은 기본적으로 다음 세 가지이다.

① 행위의 계획은 전적으로 적절하지만, 행위 그 자체가 계획대로 진행되지 않는다. 이러한 휴먼에러 유형은 숙련 기반 에러라고 불리고, 행위착오(slip), 발을 잘못 디딤, 걸려 넘어짐(이하에서는 발을 잘못 디딤, 걸려 넘어짐도 '행위착오'에 포함되는 것으로 본다), 망각(lapse)을 포함한다. 이들 행위의 실패는 주의(행위착오) 또는 기억(망각)과 관련되어 있다.

② 행위는 온전히 계획대로 진행되지만, 계획이 바람직한 목표를 달성하기에 부적절할 수 있다. 이들 휴먼에러 유형은 착각(mistake)이라고 불린다. 착각은 두 가지로 분류될 수 있다. 즉 규칙 기반 착각과 지식 기반 착각이다. 행위착오와 망각은 실행단계에서 발생하는 반면, 착각은 문제에 대처할 때 발생하고, 의도를 형성하거나 계획을 수립하는 수준에서의 실패와 관련된다.

③ 행위는 안전한 작업방법으로부터 의도적으로 일탈될 수 있다(위반). 위반은 정식의 규칙과 절차를 지키지 않는 것도 포함하지만, 기술되어 있지 않은 규범 또는 표준적인 관례로부터 벗어나는 것일 수도 있다.

작업 시에 발생하는 불안전행위의 대표적인 유형은 다음과 같다.

- 인지의 실패
- 망각
- 행위착오
- 습관의 에러
- 잘못된 가정
- 지식 기반 착각
- 위반

58 이 책에서는 특별한 언급이 없으면 휴먼에러에 위반이 포함되지 않는다고 보고 설명하는 것으로 한다.

휴먼에러의 정의에서 '휴먼에러는 행동의 결과이다'라는 점을 읽어내는 것이 중요하다. 따라서 휴먼에러를 이해하고 싶다면 먼저 앞 장에서 설명한 인간 행동의 메커니즘을 이해하는 것이 첫걸음이다.

어떤 행위가 먼저 있고 그 결과가 어떤 허용범위를 일탈하고 있다는 점에 주목할 필요가 있다. 휴먼에러가 먼저 있는 것은 아니다. 먼저 행동이 있고 그 결과로서 허용범위를 일탈한 휴먼에러가 있다고 할 수 있다. 따라서 허용범위가 변하면 어떤 행동은 휴먼에러가 아니게 될 수 있다. 그리고 우연히 발생한 것은 전술한 바와 같이 휴먼에러의 정의에서 벗어난다.

5) 휴먼에러를 바라보는 두 가지 시각

휴먼에러는 사람의 행동, 판단이 무언가의 기준에서 일탈한 것이다. 일탈하는 기준을 무엇으로 할지는 공학자와 심리학자 간에 차이가 있다. 공학자는 실행(performance)의 허용범위와 같은 객관적인 기준을 상정한다.[59] 따라서 밖으로 나타난 눈에 보이는 행위가 객관적으로 정해진 행위나 그 결과의 범위(실행범위)로부터 일탈하면, 그것을 휴먼에러로 간주한다. 그 경우, 행위자가 고의로 일탈했는지 여부는 묻지 않는다. 따라서 행위자가 고의로 위반하는 것에 의해 일탈한 경우라 하더라도, 동일하게 휴먼에러로 본다. 이에 반해, 심리학자는 어떻게 할 생각이었는가라는 의도를 기준으로 하는 경우가 많다.[60] 이 정의에 따르면, 위반은 실행범위로부터 일탈하려고 하는 의도대로 행해진 것이고 의도로부터는 일탈하고 있지 않다. 따라서 위반은 휴먼에러와는 구별되는 것이다. 이렇게 하려고 하는 의도와는 다른 행위나 결과가 되어 버린 것, 즉 의도로부터 일탈한 행위나 결과만을 휴먼에러라고 생각한다.

6) 휴먼에러와 위반의 구별

체르노빌 원자력발전소 사고 등 많은 중대사고에서 배우게 되는 중요한 교훈은 '휴먼에러'라

---

59 A. D. Swain and H. E. Guttmann, *Handbook of Human Reliability Analysis with Emphasis on Nuclear Power Plant Applications*, U.S. Nuclear Regulatory Commission, 1983, p. 2-7(Human Error).

60 J. Reason, *Human Error*, Cambridge University Press, 1990.

는 용어만으로는 인간이 중대사고를 일으키는 모든 경로를 포착하지 못한다는 것이다. 일탈행동(문자 그대로 '경로를 벗어나는 것')에 대한 적절한 프레임워크는 휴먼에러와 위반 사이의 구별을 필요로 한다. 양자는 동일한 연속적인 행위들 내에 존재할 수 있지만(종종 존재하지만), 독립적으로 발생할 수도 있다. 위반하지 않으면서 휴먼에러를 저지를 수 있고, 위반이 꼭 휴먼에러를 포함하는 것은 아니다.

휴먼에러에는 서로 구분되는 두 종류의 '일탈'이 있다. 하나는 자신도 모르게 의도에서 벗어나는 것(행위착오와 망각)이고, 다른 하나는 계획된 행동이 바람직한 목표를 향한 어떤 만족스러운 경로로부터 벗어나는 것(착각)이다. 그러나 이러한 휴먼에러 구분은 개인의 정보처리로 제한되어 있어 (발생할 수 있는) 다양한 일탈 행동에 대해서는 부분적인 설명밖에 제공하지 못한다. 대부분의 사람은 자신들의 행동을 '고립적으로' 계획하고 실행하는 것이 아니라, 통제되는 '사회적 맥락하에서' 그렇게 한다는 것을 인정하고 접근하는 분석이 위 휴먼에러 구분에서는 커버되지 않는 부분이다.

휴먼에러는 개인의 인지과정(지각하고 나서 의사결정하기까지의 흐름)과 관련된 것으로 정의할 수 있지만, 휴먼에러와 대비되는 위반은 행동이 작업절차, 실행지침, 규칙 등에 의해 지배를 받는 사회적 맥락을 고려할 때만 설명될 수 있다. 위반은 (설계자, 관리자 및 규제기관에 의해) 필요하다고 판단된 규칙으로부터의 의도적인 일탈(반드시 비난받을 만한 것은 아니지만)로 정의될 수 있다.[61]

휴먼에러와 위반은 심리적 메커니즘의 측면뿐만 아니라 방지대책의 측면에서도 구별할 필요가 있다. 휴먼에러는 정보처리의 문제에 기인한다. 휴먼에러는 개인과 관련하여 이해할 수 있고, 그것의 발생확률은 상당 부분 지식, 정보 등의 개선에 의해 감소될 수 있다. 위반은 동기부여의 문제에 기인하고, 사회적 맥락 속에서 이해할 수 있다. 위반의 발생확률은 모럴, 태도, 신념, 규범 및 조직의 안전문화 개선에 의해서만 저감할 수 있다.

휴먼에러와 위반의 경계는 개념적으로나 개별 사고 경위에서 결코 명확한 것은 아니다. 그러나 분명한 것은 위험한 일탈이 인지적 전통과 사회심리적 전통 중 어느 한쪽만으로는 온전히 연구될 수 없으며, 두 가지가 하나의 프레임워크 안으로 통합될 필요가 있다는 점이다.

---

61 J. Reason, *Human Error*, Cambridge University Press, 1990, pp. 194~195 참조.

7) 위반의 요인

(1) 규칙을 알지 못한다

규칙을 알지 못하면 작업자가 규칙을 지킬 리 만무하다. 규칙을 제정하거나 개정하고 나서 작업자에게 충분히 주지시키는 것이 필요하다. 그리고 이상 시 대응 규칙 등을 이전에 학습했지만 필요한 때 잊어버리는 경우도 있다. 따라서 작업자에게 반복적으로 주지시킬 필요가 있다.

(2) 규칙을 이해하지 못하고 있다

규칙을 알고는 있지만, 왜 그렇게 해야 하는지, 왜 그렇게 해서는 안 되는지에 대한 이유를 이해하지 못하고 있는 경우는 규칙 위반에 대한 심리적 브레이크가 걸리기 어렵다.

많은 경우 규칙에 따르는 것은 품이 들거나 우회를 해야 하거나 비용이 든다. 작업효율을 올리기 위하여 안전규칙이 방해가 되면, 이유를 잊어버리거나 이해되지 않고 있는 규칙은 안이하게 무시되거나 유명무실해지는 경향이 있다.

(3) 규칙을 납득하고 있지 않다

규칙의 필요성은 이해하고 있지만 마음속에서 찬성하고 있지 않은 사람은 위반을 저지르기 쉽다. "그렇게까지 엄격하게 하지 않아도 되지 않을까?", "그 정도 수고를 들이지 않아도 되지 않을까?"라고 생각하는 사람이 많으면, 아무래도 위반자가 나오기 쉽다. 넓고 앞이 확 트인 도로의 제한속도가 너무 낮은 경우, 너무 많은 공을 들여야 하는 다중체크 등을 그 예로 들 수 있다.

(4) 규칙을 지키지 않는 사람이 있다

규칙을 위반하는 사람을 보면, "나 자신도 지키지 않아도 괜찮지 않을까?"라고 생각하는 경우가 있다. 위반하고 싶다는 생각을 가지고 있는 경우, 다른 사람의 위반에 동조하는 행동을 취하기 쉽다. 특히 위반하는데도 지적되는 경우가 없으면 위반이 조직 전체로 전염될 가능성이 높다.

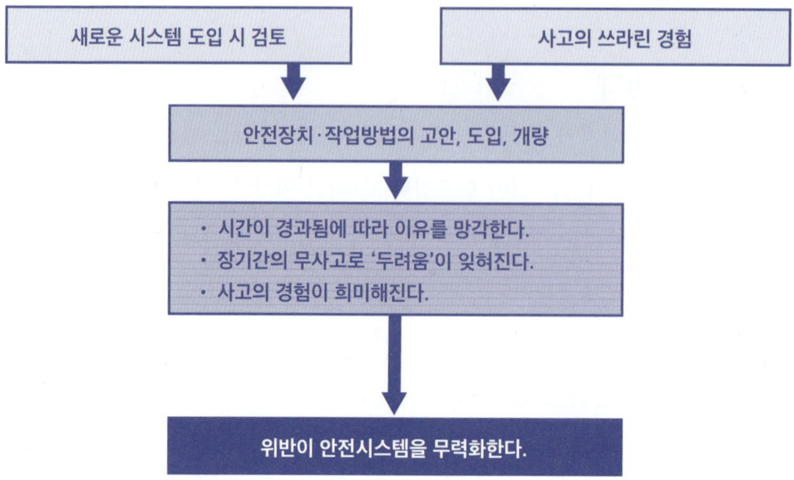

그림 2-4 **위반의 함정**

참고 | 휴먼에러에 의한 사고와 위반 간의 관계

위반은 몇 가지 점에서 휴먼에러에 의한 사고와 깊은 관계가 있다.

첫째, 위반을 함으로써 의도하지 않은 휴먼에러의 확률이 증대된다. 예를 들면, 제한속도가 40km/시인 커브를 60km/시로 돌게 되면, 핸들조작을 실패할 확률이 높아진다.

둘째, 위반을 함으로써 휴먼에러가 사고로 연결될 확률이 증대된다. 예를 들면, 핸들조작을 잘못해도 40km/시라면 사고가 나지 않을 수 있는데, 60km/시의 경우에는 커브를 완전히 돌지 못하고 도로에서 벗어나거나 차가 전복될 가능성이 높아진다.

셋째, 위반을 함으로써 사고의 손해 또는 피해가 커지게 된다. 예를 들면, 핸들조작을 잘못하여 사고를 일으킨 경우, 제한속도인 40km/시라면 부상을 입지 않고 끝날 수도 있지만, 60km/시에서 도로를 벗어나게 되면 부상을 입을 가능성이 높아진다. 또는 안전벨트를 착용하고 있으면 경상으로 끝나지만, 안전벨트를 착용하고 있지 않으면 중상을 입을 수도 있다.

넷째, 큰 문제인 것은 위반에 의해 휴먼에러 대책이 무효로 되는 경우가 있다는 점이다. 고소작업에서 발을 헛디디는 에러가 발생해도 사고로 연결되지 않도록 안전대를 착용하도록 되어 있는데, 그것을 착용하지 않고 작업하거나, 열차기관사가 적신호를 간과하여도 사고로 연결되지 않도록 경보가 울리도록 되어 있는 ATS의 스위치를 열차기관사가 아예 끄고 운전하는 경우 등을 그 예로 들 수 있다.

3. 휴먼에러와 사고 발생 메커니즘

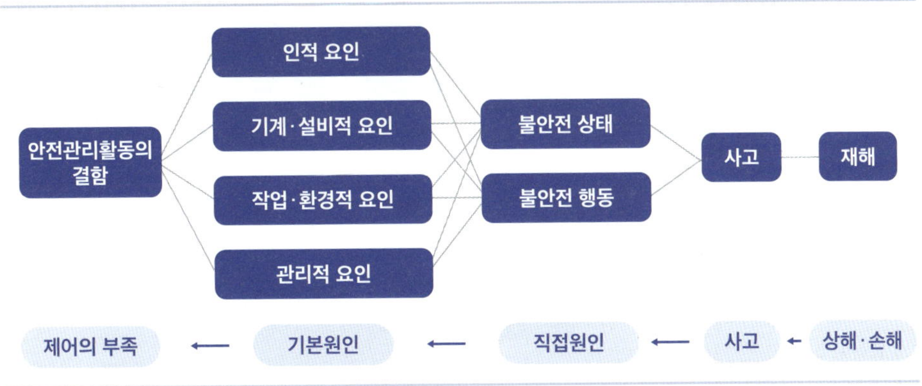

그림 2-5 재해 발생의 구조

재해를 초래하는 사고는 직접원인인 '불안전상태'와 휴먼에러(위반을 포함한다)의 결과에 해당하는 '불안전행동'에 의해 야기되고, 이것들은 기본원인인 인적 요인, 기계·설비적 요인, 작업·환경적 요인, 관리적 요인(4M 요인)에 의해서 초래되며, 이들 4M 요인은 궁극적으로 안전관리활동의 결함이 그 원인이라고 할 수 있다.

4M 요인
Man(인적 요인): 인지적 요인, 생리적 요인, 사회심리적 요인
Machine(기계·설비적 요인)
Media(작업·환경적 요인)
Management(관리적 요인)

위 그림에서 '안전관리활동의 결함'은 단일의 근본원인을 상정하거나 의미하는 것은 아니며, 기본원인에 해당하는 것들이 왜 발생하였는지를 (추가적으로) 심층적으로 탐색하여 파악할 필요가 있다는 의미를 가지고 있다.

산업재해의 상세한 원인분석 방법으로는 4M 방식과 5Why 법을 조합한 다음과 같은 도식을 생각해 볼 수 있다.

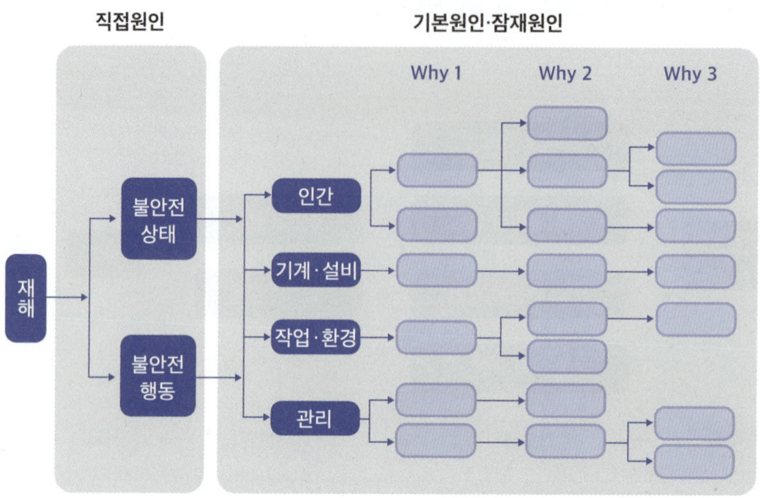

그림 2-6 산업재해 원인분석방법

인간의 행동은 환경의 자극에 의해 일어나고, 또 환경에 작용하기도 하는 식으로, 항상 환경과의 상호 관계 하에 전개되어 간다. 전술한 것처럼, 레빈은 그의 '장 이론'에서 다음 공식으로 이것을 나타내고 있다.

$$B = f(P, E)$$

여기서, B: 행동(behavior), P: 인간(person), E: 환경(environment)

인간의 특성적 요인 P는 그 사람이 태어나고 나서 현재에 이르기까지의 학습체험과 생활 환경에서 이미 형성되어 있는 것이지만 항상 일정하지는 않고 변화하고 있으며, 환경적 요인 E도 항상 변화 · 변동하는 것이고, 의도적으로 변화시킬 수도 있다.

이것의 의미는 인간의 특성 P도, 환경적 요인 E도 수학적으로 말하면 상수는 아니고 변수라는 것이다. 따라서 그 함수로서의 결과, 즉 행동도 항상 일정한 것은 아니다. 즉, 인간의 행동은 인간과 환경이라는 두 가지 변수의 함수관계에 의해 결정된다. 따라서 인간의 행동을 이해하려면, 부주의 또는 방심 등과 같은 생리적 · 심리적 상태만을 이해하는 것으로는 불충분하고, 인간과 환경을 다이내믹하게 이해하는 것이 중요하다. 즉 이 두 가지 변수는 어느 장면(場面)의 순간적 관계가 아니라 시간을 고려한 상호작용으로 이해해야 한다.

P와 E를 4M 요인에 적용해 보면, P는 인적 요인에 해당하고, E는 기계 · 설비적 요인, 작업 · 환경적 요인, 관리적 요인에 해당한다.

휴먼에러가 어떤 사람의 행동(B)이 허용범위에서 벗어난 것이라고 하면(이 중 우연에 의한 것은 제외한다), 휴먼에러 대책은 어떤 사람의 행동이 허용범위에 들어가도록 하는 것이라고 할 수 있다. 그렇다면, 휴먼에러를 방지하기 위해서는 ① 휴먼에러가 발생하기 어려운 환경을 구축하는 것과 ② 휴먼에러 유발 환경에 놓이더라도 그것에 패배하지 않을 내성을 몸에 익히는 것이라는 두 가지 대책이 도출된다.

4. 휴먼에러의 인적 요인과 환경적 요인

전술한 '장 이론'에서 설명하였듯이, 레빈은 인간의 행동을 B=f(P · E)로 나타내고 있다. 이에 따르면, 인간의 불안전행동은 ① 인간의 특성적 요인에 해당하는 인적 요인[62], 즉 인간의 특성으로서의 요인에 해당하는 인지적 요인, 생리적 요인, 사회심리적 요인과 ② 환경적(외적) 요인[63]에 의해 발생한다고 할 수 있다.

1) 인적 요인

인적 요인은 인지적 요인, 생리적 요인, 사회심리적 요인으로 나눌 수 있다.

---

62 재해 발생 메커니즘에서 일반적으로 재해의 네 가지 요인(4M)으로 일컬어지고 있는 인적 요인, 기계·설비적 요인, 작업·환경적 요인, 관리적 요인 중 인적 요인을 가리킨다.

63 재해 발생 메커니즘에서 일방적으로 재해의 네 가지 요인(4M)으로 일컬어지고 있는 인적 요인, 기계·설비적 요인, 작업·환경적 요인, 관리적 요인 중 기계·설비적 요인, 작업·환경적 요인, 관리적 요인을 가리킨다.

(1) 인지적 요인

휴먼에러는 복합적으로 발생하므로 그 원인을 인지적 요인에서만 구하는 것은 올바르지 못하지만, 인간이 관련된 부분의 많은 원인으로 인지적 요인이 관여하는 것은 분명하다.

기본적으로 인지기능은 복잡한 환경에 대응하기 위하여 효율적으로 정보를 처리하고 적절한 행동을 이끌어내기 위하여 적응적으로 진화해 온 것이라고 할 수 있다. 현대사회는 인류가 진화의 과정에서 경험한 적이 없는 복잡한 도구, 시스템, 조직을 이용해야 한다. 이와 같은 환경에서는 인간의 인지능력의 한계를 넘어서는 사태가 발생할 수 있는 것도 어떤 의미에서는 필연이라고도 말할 수 있다.

대표적인 인지적 요인에 해당하는 것을 제시하면 다음과 같다.[64]

- 장면(상황)행동
- 주변적 동작
- 망각
- 착오
- 잡념
- 무의식적 행동
- 억측 판단
- 인지적 편향

(2) 생리적 요인

신체의 조직이나 기능에 관련되는 요인인 생리적 요인도 휴먼에러 발생에 영향을 미친다. 대표적인 생리적 요인에 해당하는 것을 제시하면 다음과 같다.[65]

- 피로
- 수면부족
- 신체기능 등의 부적응
- 알코올
- 질병
- 스트레스
- 고령

---

64 인지적 요인에 대한 상세한 설명은 정진우, 《안전심리(5판)》, 교문사, 2025, pp. 287~332를 참조하기 바란다.

65 생리적 요인에 대한 상세한 설명은 정진우, 《안전심리(5판)》, 교문사, 2025, pp. 333~349를 참조하기 바란다.

(3) 사회심리적 요인

개인의 행동 · 생각 · 느낌에 심리적 영향을 미치는 사회적 상황요인 그리고 개인과 공동체 간의 상호작용에 심리적 영향을 미치는 요인으로서의 사회심리적 요인도 휴먼에러의 발생에 영향을 미친다. 대표적인 사회심리적 요인에 해당하는 것을 제시하면 다음과 같다.[66]

- 직장의 인간관계
- 리더십
- 팀워크
- 커뮤니케이션
- 알고 있어도 말할 수 없음
- 동조(同調) 편향
- 링겔만 효과
- 집단사고의 함정

2) 환경적(외적) 요인[67]

인간의 불안전행동에 영향을 미치는 인적 요인(인간의 특성적 요인) 외에 인간의 불안전행동에 영향을 주는 환경적(외적) 요인으로는 다음과 같은 것이 있다.

(1) 기계 · 설비적 요인

일반적으로 사고 · 재해의 직접적 원인으로 불안전행동 외에 불안전상태가 있다는 것에서도 알 수 있듯이, 인간의 불안전행동을 방지하기 위해서는 불안전상태에 충분히 대응하는 것도 필요하다.

불안전상태의 대표적인 요인인 기계 · 설비 등의 경우, 그 구조(재료, 강도 등), 기능(가동상태, 성능 등), 외관(형태, 위험부의 덮개 등) 외에, 작업성(부품 배치, 표시, 조작의 용이성 등), 보전성(점검 · 정비가 용이하고 적은 횟수로 끝나는 등), 신뢰성(고장, 트러블이 적은 등)의 문제 때문에, 이것이 인간의 불안전행동에 영향을 미치는 요인이 되는 경우가 적지 않다.

---

66 사회심리적 요인에 대한 상세한 설명은 정진우, 《안전심리(5판)》, 교문사, 2025, p. 350 이하를 참조하기 바란다.

67 정진우, 《안전심리(5판)》, 교문사, 2025, p. 83.

(2) 작업적 요인

인간의 불안전행동에 영향을 미치는 작업적 요인으로는 작업내용, 작업방법 · 자세, 작업강도 등 작업 그 자체에 관련된 요인과 작업을 실시하는 장소의 환경조건에 관한 요인(작업공간, 정리정돈, 조명, 온 · 습도 등)이 있는데, 이들 모두 인간의 불안전행동을 유발하는 요인이 된다.

(3) 관리적 요인

인간의 불안전행동의 요인에 대해서는 인적 요인이 직접적으로 관련되어 있지만, 이들 요인을 해소 · 억제하기 위해서는 안전관리조직의 구축, 안전관리계획의 작성 · 실시 · 평가, 교육훈련의 실시, 작업자의 적정 배치, 건강관리의 철저 등의 관리적 요인도 상당한 영향을 미치고 있고, 많은 사고 · 재해의 원인으로 제시되는 경우도 많다.

관리적 요인은 산업안전보건법령에서 중요사항으로 규정되어 있고 인적 요인과도 깊이 관련되어 있는 사항으로서, 이에 대하여 충분히 인식하고 대응하는 것이 필요하다.

제3장

인간공학과 휴먼에러

제3장

인간공학과 휴먼에러

1. 서설

인간은 스스로의 힘만으로는 이룰 수 없는 뭔가의 목적을 달성하고 싶을 때, 그 목적의 달성을 위한 기능을 가지고 있는 기계를 이용한다. 기계를 이용하는 목적은 다양한데, 기계에 대해 인간은 이용자의 입장에 있다. 가장 전형적인 형태가 차의 운전, 컴퓨터의 조작이라고 하는 조작자로서의 이용자이다. 단, 직접 조작하는 인간이 없는 기계, 예컨대 산업용로봇, 자동제어기를 포함하는 장치와 같은 것이라도, 그 기계의 시동 · 작동방법은 이용자인 인간에 의해 정해진다. 즉 여기에서의 이용이란 단순히 조작을 하는 것뿐만 아니라, 그 기계를 작동시켜 혜택을 받는 것까지를 포함하는 넓은 의미를 가지고 있다.

따라서 기계뿐만 아니라 이용자로서의 인간을 포함하여 하나의 계(系), 즉 시스템으로 포착하여 그 시스템 설계를 생각하는 것이 중요하다. 이와 같은 접근방법을 인간 · 기계시스템이라고 부른다. 이 인간 · 기계시스템의 접근방법을 기본으로 하여 인간과 기계의 조화를 이루어가는 학문이 Human Factors이다.

실은 Human Factors[68]를 인간공학과 같은 것으로 이해하는 연구자도 적지 않다. 실제

68 두문자를 소문자로 하여 'human factors'라고 표기하기도 한다.

인간공학의 영역(英譯)을 Human Factors라고도 한다. 그렇다면, 왜 인간공학과 Human Factors라고 하는 2개의 표현이 존재하는 것일까.

'인간공학'이라는 말은 Human Factors와는 달리 널리 알려져 있다. 그러나 인간공학이 어떤 학문인지, 어떤 분야에서 사용되고 있는지에 대해서는 실은 충분히 알려져 있지 않다.

인간공학이라는 말을 듣는 대표적인 예는 '사용하기 좋은 의자'라는 것을 "인간공학적 설계가 되어 있는 의자이다."라는 말로 표현하고 있는 카탈로그, 또는 TV에서 "인간공학을 생각한 건강기구이다."와 같은 상품의 부가가치적 선전문구이다. 그러한 사례를 통해 사람들이 떠올리는 인간공학은 '사용하기 쉽다', '쾌적하다'와 같이 제품을 사용하는 인간에게 바람직한 상태를 조성하는 기술과 같은 것이다.

인간공학은 물론 그러한 측면도 포함하지만, 그것뿐만 아니라 좀 더 다양한 분야에 관련되어 있다. '인간공학'이라는 글자를 보면 명백한 것처럼 '공학'이라는 말이 뒤에 붙어 있다. 따라서 공학계, 이과계의 학문으로 분류된다. 그러나 현재 인간공학은 이공계 분야뿐만 아니라 심리학계, 디자인계, 정보계 등 다양한 분야에서 폭넓게 채택되고 있다.

인간공학이라는 말은 해외에서 Ergonomics(또는 ergonomics) 또는 Human Factors(또는 human factors)라는 말로 표현되고 있다. 인간공학은 국제인간공학회(International Ergonomics & Human Factors Association), 다양한 전문가들의 정의를 토대로 "인간과 기계의 상호관계를 과학적으로 분석하고 인간의 여러 특성을 고려한 제품설계, 작업설계, 환경설계 등을 해나가기 위한 학문체계"라고 정의할 수 있다.

여기에서 말하는 인간의 특성이란, 인간의 신체적 특성(움직이는 방법, 근력 등), 생리적 특성(생리반응), 심리적 특성(사고, 감성), 능력 등을 가리킨다. 이와 같이 다양한 인간의 특성을 충분히 고려한 후에 사용자(user)로서의 인간과 그 인간이 사용하는 기계의 관계가 보다 조화되도록 기기, 환경의 디자인을 생각해 나가기 위한 학문을 총칭하여 인간공학이라고 부르고 있다.

2. 인간공학의 역사

인간공학적 연구가 본격적으로 시작된 것은 1940년대 이후, 즉 제2차 세계대전 이후라고 보는 것이 일반적이다.[69]

전쟁 중에는 주로 군사기기의 사용 용이성 등 전쟁 수행에 도움이 되는 방향으로 기기의 조작, 정보의 독해에 관한 인간공학적 검토가 이루어졌다. 인간의 손가락, 팔의 움직이는 방법을 고려한 조작기기의 설계, 무리한 자세를 강요하지 않는 기기 배치, 읽기 쉬운 계기(눈금, 지시침 등)와 같은 것이 그 예이다. 이와 같은 인간의 신체치수, 신체의 움직이는 방식에 입각한 기구의 설계를 행하는 접근방법은 이 무렵 그 기초가 확립되었다고 평가된다. 종전 후 인간공학은 적용 대상을 여러 공장 또는 장치산업으로 옮겨가면서 산업공학의 한 분야로 사회에 침투해 간다.

인간이 조작하는 스위치, 다이얼과 같은 조작기기와 인간이 보는 디스플레이, 계량기와 같은 표시기기를 인간의 신체적 · 생리학적 특징을 기초로 설계하기 위하여, 필요한 데이터의 수집, 평가방법의 개발, 그리고 이들 성과를 통합한 인간공학적 설계지침 등이 그 과정에서 탄생했다.

예를 들면, 사용하는 사람의 손의 크기에 맞지 않는 조작기기를 사용하면, 그것은 당연히 조작하기 어려워진다. 그리고 또 가속페달, 브레이크와 같은 발로 조작하는 것이라도 사람의 발 사이즈, 무릎과 발목의 움직이는 방법에 맞지 않으면 그것 또한 당연히 조작하기 어렵게 된다. 앉는 위치와 핸들 위치는 팔, 어깨가 움직이기 쉬운 거리로 유지되는 것이 바람직하다. 표시기기에 관해서도 동일하게 사용하는 사람의 시각 특성, 즉 보기 쉬운 것이 바람직하다. 인간의 눈의 특성에 맞춰 용이하게 볼 수 있는 표시 디자인으로 하는 것이 기계의 정보를 정확하게 얻을 수 있는 것으로 이어지고, 적절한 조작을 할 수 있게 되기 때문이다. 표시되는 글자가 작으면 당연히 보기 어렵게 된다. 그리고 너무 크면 화면에 담기 어렵게 되어 단어가 잘려

---

69 이하의 내용은 주로 G. Salvendy(ed.), *Handbook of Human Factors*, John Wiley & Sons, 1987; 村田厚生, 『人間工学概論』, 泉文堂, 1992, p. 5 이하; 横溝克己·小松原明哲, 『エンジニアのための人間工学』, 日本出版サービス, 2013, pp. 4~8 참조.

무슨 의미인지 알 수 없게 된다. 목을 크게 움직이지 않으면 볼 수 없는 위치에 표시기기가 존재하는 것은 피해야 한다.

이와 같은 인간의 신체적 · 기능적 특성을 토대로 한 연구는 국제적으로 1940년대부터 1960년대까지 활발하게 이루어졌다. 물론 이 시대 이후에도 이와 같은 인간의 신체적 특징을 토대로 한 연구는 계속되어 왔고, 신체공학이라는 새로운 공학과도 연계되어 여러 제품설계에 반영되었다. 이와 같은 성과가 그 후의 인간공학의 토대가 되어 왔다.

1960년대 중반을 지난 무렵부터 인간이 제어하는 대상(기계)이 대형화 · 복잡화되어 가면서, 그때까지 기계라고 불리던 것이 시스템으로 되어 간다. 인간이 제어해야 할 기계가 시스템화되어 가면, 단순히 인간이 접촉하는 기계만을 생각하는 것으로는 해결할 수 없는 문제가 점차 많아진다.

나아가, 컴퓨터에 관한 기술이 진보함에 따라 인간이 제어해야 할 대상의 거대화 · 복잡화는 한층 진척되어 왔다. 이와 같은 상황에 대한 접근방식의 기본이 된 것이 인간 · 기계시스템이라고 하는 개념이다. 이 접근방식을 한마디로 말하면 '인간과 기계를 하나의 시스템으로 이해하고 양자 간의 조화를 도모해 가는 사고방식'이 된다. 이 개념도의 기본은 그림 3-1과 같다.

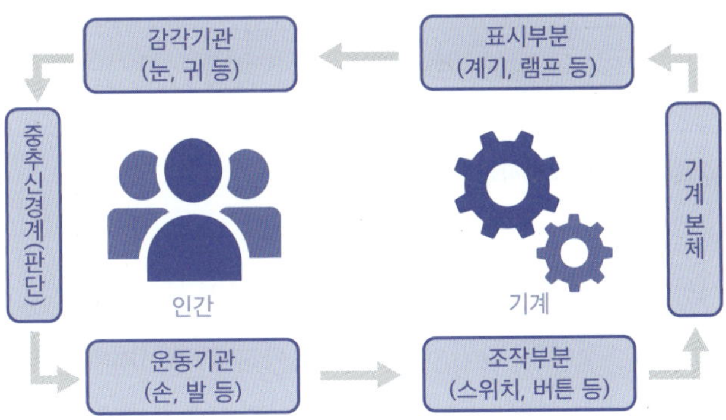

주: 인간과 기계의 관계를 하나의 시스템으로 간주하여 생각하기 위한 개념이다.
인간은 한 사람일 수도, 팀일 수도 있고, 기계는 기구, 장치, 제품 등 물체 일반을 가리킨다.

그림 3-1 인간 · 기계시스템의 개념도

1980년대를 지나면, 컴퓨터를 포함한 여러 과학기술이 비약적으로 진보하고, 단순히 인간과 기계라는 구조만을 생각하는 것으로는 불충분하고, 컴퓨터의 역할, 과학기술에 수반하는 인간의 사고·판단이라는 내면의 특성(인지적 특성이라고 한다) 등까지를 시야에 넣은 폭넓은 관점에서의 접근방법이 요구되게 된다.

예를 들면, 발전소, 항공기 등의 대규모 시스템에서는 50년 전에는 계량기, 스위치와 같은 기기가 중심이었지만, 지금에 와서는 표시는 컴퓨터·디스플레이, 조작은 화면상으로 손가락을 대는 것으로 조작하는 터치 조작 등 컴퓨터를 매개로 한 작업이 주류가 되고 있다.

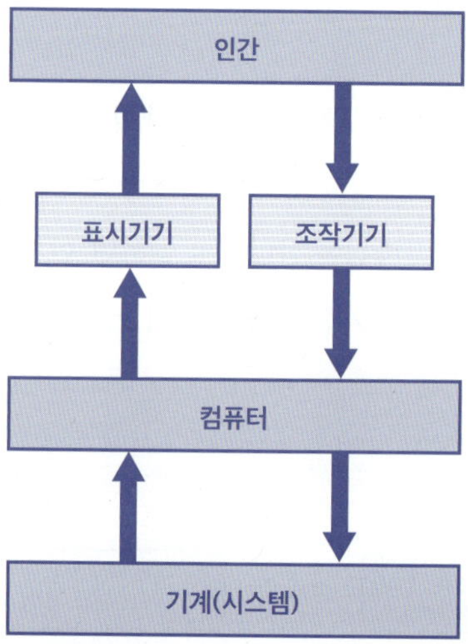

그림 3-2 인간·기계시스템(컴퓨터를 포함하는 경우)

인간공학의 기본적인 생각의 하나는 기계의 특성과 인간의 특성을 고려하여 사용하기 쉽고 쾌적한 디자인을 제창하는 것이다. 다만, 이것은 어디까지나 그 시대의 기술로 실현 가능한 디자인일 수밖에 없다. 그리고 그것은 그 시대의 인간의 특성을 토대로 한 것이다. 컴퓨터 기술처럼 과학기술이 변용되면 당연히 기계의 특성도 변한다. 또 컴퓨터가 보급된 사회에서는 생활환경, 노동환경도 매우 다양한 변화를 하고, 인간의 기본지식·경험·기술과 같은 능력, 기량도 변화해 간다.

지금은 많은 사람이 당연한 것처럼 컴퓨터를 매개로 인터넷을 이용하고, 이메일을 주고받는 것이 당연하게 여겨지지만, 40년 전만 해도 이와 같은 것은 상상하기 어려웠다. 즉 과거에는 컴퓨터라는 기계의 사용자가 특수한 과학계의 기술자, 프로그래머에 국한되었었지만, 지금은 일반인이라는 구조로 변화했다.

이와 같이 인간도 기계도 제각각 시대와 함께 변천해 가고 있다. 따라서 인간공학, 즉 인간과 기계의 조화를 도모하는 것은 그와 같은 인간, 기계의 변용에 맞추어 가는 것이 필요하다. 어느 시점에서 바람직한 디자인이 가능했다고 해서 그것이 영원히 바람직한 디자인이라는 보증은 없다.

인간공학은 시대의 과학기술에 민감하게 호응하면서 인간에게 있어 바람직한 디자인, 환경을 항상 제공할 수 있도록 해야 한다. 실제 1990년대부터는 후술하듯이 인간공학이 접근의 외연을 확장하며(종래의 인간공학 내용을 넘어) 인간에 관한 문제라면 무엇이라도 다루는 Human Factors로 발전해 왔다.

1940~1960

- 표시기기, 조작기기의 사양 연구가 활발 - 스위치와 다이얼의 시대
- 인간의 생리·운동기능을 고려한 설계

1960~1980

- 인간과 기계의 관련성을 하나의 시스템으로 포착 - 인간·기계시스템
- 인간과 기계의 각각의 특징을 충분히 고려한 설계

1980~

- 기기의 기능의 다양화, 시스템의 복잡화·대규모화·자동화
- 인간의 (인지)심리적 측면의 분석
- 휴먼에러의 다각적 검토(휴먼에러에 대한 사회적 관심 제고)
- 인간에 관한 문제라면 무엇이라도…

그림 3-3 인간공학의 흐름

3. 인간공학 활약의 모습

최근에 다루어지고 있는 인간공학의 주제를 보면, 다음 네 가지로 대별된다.

① 이용자에게 사용하기 쉽고(효율이 좋고) 쾌적(만족)한 제품을 만들고, 이용자가 기계를 에러 없이(효과적으로) 사용하기 위해 이에 필요한 인간의 여러 특성을 명확히 하는 것이다. 인간공학이라는 타이틀이 붙어 있는 서적의 중심적인 내용으로 이 분야의 기초라고 할 수 있다.

② 일반인이 일상생활에서 접하는, 기계 · 환경과 인간의 관계를 생각하여 구체적으로 제품설계, 환경설계를 행하는 것이다. '인간생활공학'으로도 불린다.

③ 일이라는 목적하에서 행해지는 사무실, 공장과 같은 곳에서 작업에서의 인간과 기계의 관계, 인간의 특성을 생각하는 것이다. 노동위생, 노동환경, 작업관리와 같은 내용도 포함한다.

④ 인간이 원인이 되어 발생하는 부적합 · 사고 · 재해와 같은 안전 문제로 이어지는 사상(事象, event)[70]의 방지와 해결에 관한 것이다.

이 ④의 영역을 Human Factors라고 한다. 반대로, Human Factors란 안전에 관한 분야에서 인적 요인을 검토하는 학문이라고 볼 수도 있다.

4. Human Factors과 인간공학의 관계

마이스터(David Meister)에 의하면, 인적 특성이라는 의미로 자주 이용되는 인적 요인은,

70 '사건'이라고 표현하기도 한다.

- 기계를 유효하게 사용하는 것에 영향을 미치는 요인
- 시스템을 작동해 나가는 데 있어서 어떤 기량·능력을 가진 사람이 필요한가와 같은 인적 여러 특성
- 인간이 기계·설비를 사용할 때의 행동특성과 그것에 의한 시스템에의 영향
- 일하는 사람의 행동, 건강, 의욕 등이 시스템에 미치는 영향

과 같은 것을 의미한다.[71] 그리고 Human Factors라고 하는 경우는 단순히 인간에 관한 여러 요인이라는 의미가 아니라 인적 요인을 논의하는 학문적 체계를 의미한다.

인간공학은 인간과 기계(시스템)의 상호관계를 과학적으로 분석하고, 인간의 여러 특성을 고려한 제품설계, 작업설계, 환경설계 등을 해나가는 학문체계를 의미한다. 이와 같이 보면 인간공학과 Human Factors는 거의 같은 의미이지만, 각각의 역사적 배경을 포함하여 생각하면 다음과 같다.

현재의 인간공학은 ① 이용자와 기계 · 제품의 관계, 나아가 그 연결에 초점을 맞춘 연구와 ② 작업자와 기계 · 제품뿐만 아니라 작업자를 둘러싼 시스템, 조직, 사회까지를 대상으로 하면서 그곳에서의 인간과 관련된 여러 요인을 종합적으로 해명하고 해결방안을 모색하는 연구로 구분된다.

전자는 1940년대 이후 인간공학이 사회에 침투해 가는 과정에서 주로 활약해 온 내용이다. 이 때문에 사회 일반에서의 인간공학에 대한 인식, 메시지는 대체로 이 부분이 되고 있다.

후자는 원자력, 항공, 철도 분야 등 주로 대규모 시스템을 대상으로 안전에 초점을 맞춰 논하여 온 내용을 기초로 하고 있다. 앞에서 말한 '④ 인간이 원인이 되어 발생하는 부적합 · 사고 · 재해와 같은 안전 문제로 이어지는 사상의 방지와 해결에 관한 것'이 전형적인 예이다. 즉 Human Factors로서 배양해 온 성과가 이 후자의 부분이다. 현재 Human Factors라고 말하는 경우는 이 후자와 같은 접근을 하는 학문을 지칭한다. 따라서 Human Factors는 사고 방지를 위한 인적 요인의 해명과 해결방안에 관한 학문이라는 의미로 이해할 수 있다.

---

71 D. Meister, *Human Factors: Theory and Practice*, John Wiley & Sons, 1971, p. 10 이하.

지금까지 Human Factors라는 용어, 접근방법은 주로 대규모 시스템에서의 안전에 관한 분야를 중심으로 이루어져 왔지만, 향후에는 여러 분야에서 인간공학이 이 Human Factors의 접근방법, 즉 보다 종합적인 시각에서 시스템 · 조직 · 환경 · 사회를 인간이라는 관점에서 논의하고 안전 · 품질 · 서비스 등 여러 분야의 요구를 보다 바람직한 방향으로 개선해 나가는 모습을 취하면서 그 외연을 넓혀 나갈 것으로 예상된다.

인간공학이라는 용어는 인간공학적 설계(ergonomic design)라는 단어로 상징되듯이, 사용하는 인간의 여러 특성에 맞추어 제품설계를 한다는 관점이 현재도 강한 것이 사실이다. 한편, Human Factors는 안전 관계 분야를 중심으로 발전해 왔기 때문에, 자연스럽게 앞으로도 종합적인 관점이 강조될 것으로 생각된다.

요컨대, Human Factors는 인간공학적 설계를 위한 인간공학이라는 내용을 넘어 종합적인 관점에 입각하여 인간과 기계의 조화를 도모하기 위한 학문(접근방법)으로서 그 영역이 확장되고 있다.

5. Human Factors의 실제

Human Factors라는 말이 주로 이용되고 있는 것은 사고 방지 등 안전의 향상을 목적으로 사고, 재해의 원인이 된 여러 인적 요인, 휴먼에러 등을 평가 · 분석하는 경우이다.

화학플랜트, 발전플랜트, 항공기, 철도 등에서는 안전에 관한 인적 사건을 분석하고 그 대책을 강구하는 활동을 인적 요인 연구라고 부르고, 그 성과를 축적해 나가고 있다. 최근에는 의료현장, 각종 공장 등에서도 안전관리뿐만 아니라 품질관리, 서비스관리의 향상을 위해서는 휴먼에러가 그 조직에 있어 해결되어야 하는 주된 문제가 되고 있고, 이에 따라 많은 영역에서 인적 요인이라는 접근방식에 대한 관심이 높아지고 현장에서의 적용이 활발해지고 있다.

Human Factors의 실천이 요구되는 경우, 종래의 인간공학적 검토뿐만 아니라, 심리학, 조직론 등 여러 분야의 식견을 보다 적극적이고 종합적인 관점에서 검토하지 않으면 충분한 해결을 도모할 수 없다.

Human Factors 연구자는 그 학문적 배경이 인간공학인 경우가 많다. 그러나 Human Factors 연구 자체는 Human Factors를 전문적으로 실천해 온 분야의 연구자, 나아가 심리학자, 사회학자 등 매우 다양한 분야의 전문가의 성과에 의해서도 뒷받침되고 있다. 즉 Human Factors를 연구하거나 이 분야에 관련되어 있는 사람은 매우 다양한 식견이 요구된다고 말할 수 있다.

인간이 마주 대하는 기계 · 시스템이 컴퓨터의 출현, 기계의 자동화 · 로봇화, 나아가 기계로부터 시스템이라는 형태로의 변화, 즉 거대화 · 복잡화 방향으로 변화하고 있다. 그 결과, 인간과 기계의 관계를 생각하는 것의 중요성이 더욱 커지고, 인간이 취급하는 범위가 점차 확대되고 있다. 이에 따라 인간공학만의 지견으로는 해결하는 것이 곤란한 문제도 많이 나오게 되었다. 이러한 문제의 해결을 위해 종래의 인간공학을 그 기초로 하면서 관련된 여러 학문의 지견을 받아들여 현대사회에 존재하는 기계와 인간의 관계를 보다 조화시켜 나가는 것을 목적으로 하는 학문이 Human Factors이다.

제4장

휴먼에러의 다양성

제4장

휴먼에러의 다양성

1. 휴먼에러의 분류

휴먼에러에 대해 보편적으로 합의된 하나의 정의는 없지만, 휴먼에러가 일종의 일탈을 수반한다는 것에 대해서는 많은 사람들이 동의한다. 여기에서 말하는 일탈이란 직립상태에서의 일탈(발을 잘못 디딤, 걸려 넘어짐), 의도로부터의 일탈(행위착오, 망각), 어떤 목적으로 향하는 적절한 방법으로부터의 일탈(착각)이거나, 경우에 따라서는 바른길로부터의 일탈(죄)을 포함하기도 한다.

휴먼에러에 관하여 몇 개의 가능한 정의가 있는 것처럼, 휴먼에러의 분류에도 여러 가지 방법이 있다. 휴먼에러의 분류법에는 각각의 목적이 있다. 어떤 분류법을 선택할 것인지는 휴먼에러의 네 가지 기본요소인 의도, 행위, 결과, 정황의 어느 것에 가장 관심이 있는지 또는 어느 것이 가장 실용적인지에 달려 있다.

휴먼에러에 관한 어떤 분류법을 선택하든, 휴먼에러의 다양한 종류 및 각 종류별 발생 원인과 메커니즘을 정확히 이해하여야 휴먼에러, 나아가 이로 인한 사고 · 재해에 대한 종합적이고 효과적인 대책을 수립할 수 있다. 휴먼에러에 대한 이해가 부족하면, 그 원인을 파악할 필요성 자체를 인식하지 못하거나 휴먼에러의 원인을 제대로 파악하지 못하고, 그 결과 휴먼에러와 사고 · 재해에 대한 부정확하거나 효과적이지 못한 대책으로 이어질 수 있다.

1) 의도(정보처리과정)에 착목한 휴먼에러 분류

휴먼에러를 일으키는 정신적 과정을 연구한 리즌은 의도(intention) 또는 정보처리과정(인지과정이라고도 한다)에 착목하여 휴먼에러를 분류한다. 이 분류방법에 따르면 휴먼에러가 다음과 같은 유형으로 구별될 수 있다.[72]

- 사전에 행위의 의도가 있었는가? 만약 없었다면 이것은 휴먼에러라기보다는 무의식적(involuntary) 행위 또는 자동증(automatism)[73]이다.
- 의도되었다면(사전에 행위의 의도가 있었다면), 그 행위는 계획대로 실행되었는가? 그러지 않았다면, 그것은 방심상태의 행위착오 또는 망각에 해당한다. 행위의 실행단계 또는 기억단계의 실패라고 할 수 있다.
- 행위가 의도한 대로 이루어졌다면, 그 행위는 바랐던 결과를 달성했는가? 그러지 않았다면(의도한 결과가 달성되지 않았다면), 그것은 착각이라고 하는 계획과정의 실패일 가능성이 높다. 행위 계획이 어떤 점에서 부적절하였기 때문에, 계획대로 행위가 이루어졌어도 그(행위 계획의) 목표를 달성하지 못한 것이다. 이것의 발생은 행위의 성질에 관련된 것일 수도 있고, 상황의 판단에 관련된 것일 수도 있으며, 둘 다일 수도 있다. 행위착오와 망각이 행위의 실행수준에서 발생하는 것인 반면, 착각은 계획을 세우는 훨씬 더 복잡한 과정에서 발생한다. 착각은 규칙에 기반한 것이거나 지식에 기반한 것이다.
- (행위가 의도한 대로 이루어지고) 의도한 결과가 달성된 경우, 그 행위가 표준작업절차로부터의 무엇인가의 의도적인 일탈을 수반했는가? 만약 그랬다면, 그것은 일종의 위반(violation)이다.[74]

---

72 J. Reason, *The Human Contribution:Unsafe Acts, Accidents and Heroic Recoveries*, Ashgate, 2008, pp. 29~30참조.

73 의식이나 의지의 통제를 벗어난 정신현상 내지 행동을 가리킨다. 본인은 그 행동을 하고 싶다거나 행하고 있는 것을 느끼지 않는다. 자동증의 예로는 운전하다가 깜박 조는 것, 누군가와 이야기를 나누면서 걷다가 무심코 적신호의 횡단보도로 건너가는 행동, 반사적 행동이 있다.

74 정신과정으로 볼 때 휴먼에러를 저질렀지만, 결과적으로는 위반이 되는 일이 적지 않다. 따라서 행동에 따라서는

- 재해에 따라서는 그것의 인적 원인으로 행위착오, 망각, 착각, 위반이 복합적으로 작용할 수 있다. 따라서 재해 발생의 원인을 분석할 때 이들을 택일적 관계로 보고 접근하는 것은 적절하지 않다.

행위착오(slip)

행위착오란 주의의 실패(attention failure)라고 하지만, 실제로는 감각정보의 선택과 행동의 선택의 실패를 커버하는 개념이다. 구체적으로는, 마음의 놓침, 행위의 순서, 타이밍의 잘못 등이 포함된다. 마음의 놓침은 다른 현저한 대상에 주의를 빼앗겨 본래 발견해야 하는 대상을 놓치는 경우, 잡념(mind wandering)이 발생하여 지각적 분리가 발생하고 외계의 대상에 주의가 향하지 않게 되는 경우에 발생한다.

망각(lapse)

망각은 기억의 잘못(memory failure)이라고 한다. 예를 들면, 일단 계획한 행동을 실행하는 것을 잊는 것 등이 포함된다. 기억을 보존하고 있는 기간에 작동메모리 중에서의 정보 활성화가 저하하는 것으로 설명할 수 있다. 그리고 필요한 때에 필요한 지식을 생각해 낼 수 없는 경우도 망각의 전형적인 예이다. 이것도 장기기억으로부터 적절한 정보의 선택에 실패한 상황이라고 할 수 있다.

착각(mistake)

착각은 의도의 잘못(intention failure)이다. 기본적으로는 잘못된 지식이 선택되는 것, 잘못된 감각정보에 근거하여 잘못된 판단이 이루어지는 것이 원인이지만, 나아가 선택한 지식, 판단이 '올바르다'고 하는 메타인지[75]가 작용하기 때문에 잘못을 깨닫기 어렵다.

정보처리과정, 즉 인지과정에 착목하여 분류된 휴먼에러(행위착오, 망각, 착각)에는 불안전행동 자체뿐만 아니라 그것의 인적 요인 중 하나인 인지적 요인도 포함되어 있다.

휴먼에러와 위반 둘 다에 해당하는 행동이 있을 수 있다. 그리고 행동을 할 때 위반의 의도는 없었지만 결과적으로 위반이 된[의도한 결과(준수)가 달성되지 않은] 행동(특히 착각)과 위반의 의도를 가지고 위반을 저지른(의도한 결과가 달성된) 행동은 구분되어야 한다.

75 메타인지(metacognition)는 1970년대에 미국의 발달심리학자인 플라벨(John H. Flavell)이 창안한 용어이다. 자신의 인지처리과정을 이해하고 인식하는 것으로 상위인지, 초인지라고도 하며, 쉽게 말해 '생각에 관한 생각'을 말한다. 자신의 생각(인지)에 대한 성찰로 스스로를 들여다보는 것이다. 메타인지를 높임으로써 자신의 생각(인지)을 살피고 점검하여 검증할 필요가 있다. 이를 통해 내 생각이 맞는 것인가 스스로 의심하면서 자신의 인지에 있을 수 있는 문제점을 찾아내는 것이 가능하다.

정보처리과정에 의한 분류는 휴먼에러라는 행동을 관찰하는 것만으로는 정확하게 이루어지기 어렵다. 예를 들면, A버튼을 눌러야 하는데 B버튼을 누른 경우, 그것이 착각(애초에 B버튼을 누르려는 의도가 있던 경우)인지, 행위착오(의도는 올바랐지만, 행위단계에서 무심코 B버튼을 누른 경우)인지는 작업자 본인한테 듣지 않으면 판단하기 어렵다.

휴먼에러를 정보처리과정의 관점에서 분류하기 위해서는 휴먼에러를 일으킨 당사자의 심리 데이터를 얻는 것이 필수적이다. 사고 또는 휴먼에러 보고서만으로는 분류가 불가능한 경우가 적지 않다. 이것은 휴먼에러를 정보처리과정의 관점에서 분류하는 경우의 어려움이라고 할 수 있다.

2) 행위에 착목한 휴먼에러 분류

어떤 경우에는 휴먼에러의 인지적인 여러 사정보다도 휴먼에러에 관련된 행위의 성질을 생각하는 것이 보다 유용하다. 행위에 착목한 분류법은 모든 활동, 업무 특성에 공통적으로 이용할 수 있다. 일반적인 분류의 예를 다음에 제시한다.[76]

① **생략** 필요하거나 계획된 조치가 의도한 시간에 실행되지 않음
② **개입** 원하지 않거나 의도하지 않은 행위가 불쑥 나타나는 것으로 대개 다른 행동의 일부임
③ **반복** 이미 실행된 불필요한 행위가 반복됨
④ **잘못된 대상** 올바른 행위가 실행되지만 대상이 잘못 선택됨
⑤ **잘못된 순서** 올바른 행위가 실행되지만 순서가 잘못됨
⑥ **잘못된 시기** 올바른 행위가 실행되지만 부적절한 시기에 실행됨
⑦ **혼합** 서로 다른 목표에 기여하기로 되어 있는 두 행위가 의도치 않게 섞여 실행됨

---

76 Ibid., pp. 31~32 참조

업무 특성별 분류에서는 카테고리가 당해 분야에 관련된 전문용어로 표현된다. 예를 들면, 수술 에러에서는 무엇이 잘못되었는지에 따라 혈관의 잘못, 신경의 잘못, 장기의 잘못, 잘못된 절제, 결절 불량, 지혈 불량 등으로 분류될 수 있다.

행위에 착목한 분류의 주요 장점의 하나는 일반적으로 분류자 간의 일관성이 높다는 점이다. 환언하면, 어떤 휴먼에러가 어떤 카테고리에 들어가는지에 대해 평가자 간의 일치도가 매우 높다.

이런 분류방식의 주된 결점은 에러 발생까지의 인지 프로세스에 관한 단서가 매우 적거나 없다는 점이다. 필요한 행위를 올바른 시기에, 올바른 순서로 그리고 올바른 장소에서 실행하기 위해서는, 다음과 같은 인지단계의 모두 또는 일부가 올바르게 완료될 필요가 있다.

① 계획 책정 행위를 실행할 의도를 책정하고 적절한 장소와 시간에 실시하도록 일정이 잡혀야 한다. 이들 행위는 당연히 어떤 목표의 달성에 기여하는 것으로 간주되어야 한다.

② 의도 저장 바로 실행되는 행위도 대부분의 경우 행위의 의도는 전망(미래) 기억(prospective memory)에 저장되어, 나중에 적절한 시간과 장소에서 상기된다.

③ 수행 행위는 계획대로 개시하고 실행해야 한다.

④ 모니터링 일련의 행위가 의도대로 진행되도록 하기 위해 정기적으로 확인될 필요가 있다.

생략은 이들 어느 단계에서도 일어날 수 있다. 계획 책정 시에 행위에 대한 필요성이 경시될 수 있다. 행위의 의도가 저장과정에서 소실될 수 있는데, 전망 기억[77]의 실패는 매우 흔한 일이다. 어떤 행위는 그 행위를 수행하는 동안 의도된 연속행동에서 누락될 수 있고, 진행상황 확인 시에 누락된 것을 놓칠 수 있다. 이처럼 생략은 모든 인지단계에서 다양하게 발생할 수 있기 때문에, 생략은 휴먼에러 세부유형 중 단일로는 가장 빈발하는 것으로 여겨지고 있고 실제로도 그러하다.

---

77 장래 행할 행위에 대한 기억.

3) 정황적 요인에 착목한 휴먼에러 분류

에러가 발생하는 정황은 휴먼에러의 발생을 촉발하고 휴먼에러의 형태를 형성하는 데 있어 심리적인 여러 사정만큼(그 이상은 아니더라도) 중요하다. 인간의 인지를 쉽게 바꿀 수는 없지만, 휴먼에러가 발생할 가능성을 낮추고 휴먼에러가 발생할 때 그 발견과 수정의 가능성을 높이는 정황을 만드는 것은 가능하다. 상황은 많든 적든 에러를 유발할 수 있다. 정황에 착목한 휴먼에러 유형의 목록을 제시하면 다음과 같다.[78]

① 사전행위 및 고집 이 휴먼에러는 앞으로 발생할 것, 과거에 발생한 것에 의해 명확하게 정해진다. 연기자와 아나운서는 특히 이런 종류의 휴먼에러를 일으키기 쉬운 경향이 있다. 예를 들면, 연기자는 다음 장면에서 말할 대사를 미리 말해버릴 수 있다. 이것은 나중의 대사와 지금의 대사가 내용, 음성 또는 상황의 점에서 유사하여 발생하는 사전행위 휴먼에러이다. 고집은 과거의 무언가를 부적절하게 그대로 반복하는 것과 관련된다.

② 예비정보 주기(priming)[79] 이 휴먼에러는 고집과 유사하지만, 일반적으로 발음, 행위의 반복에 관한 것이다. 유사한 소리를 반복하는 놀이에 의해 사람에게 에러를 일으키는 어린아이들의 놀이가 있다. 예를 들면 다음과 같다: 도토리는 어떤 나무에서 나오지?(oak) 개구리의 우는 소리는?(croak) 재미있는 이야기를 뭐라고 하지?(joke) 망토의 다른 이름은?(cloak) 모닥불에서 무엇이 피어오르지?(smoke) 그럼 달걀의 흰자위는(the white)? 여기에서 대부분의 사람은 'yolk(노른자위)'라고 답변할 것이다. 거의 피할 수 없다. 세 가지 정황적 요인이 조합하여 휴먼에러의 가능성을 높인다. 첫 번째는 음운(音韻)의 예비정보이다. 두 번째는 질문에 대한 올바른 답(white)이 질문 자체에 포함되어 있는 매우 이상한 질문이다. 세 번째는 또 하나의 올바른 답(albumin)은 우리들의 어휘에서 거의 사용되지 않는 단어인 반면, yoke(노른자위)는 '달걀'과 매우 강하게 관련되어 있다.

---

78 Ibid., p. 33 참조.

79 한 번 받은 앞선 자극이 나중에 받는 자극에 영향을 주는 것이라는 의미이기도 하다.

③ 중단과 주의산만 이것은 위치상실 에러[80]를 초래할 수 있다. 계획에 없던 중단 후에 원래의 일로 돌아올 때 실제 한 것보다도 더 많이 했다고 생각하고 조치를 생략하는 경우가 있다. 또는 실제보다 덜 했다고 생각하고 불필요한 반복을 하는 경우도 있다. 일련의 행위 속의 어떤 중요한 포인트에서 한정된 주의 자원을 빼앗겼을 때도 휴먼에러가 발생한다.

④ 스트레스 피로, 공포, 더위, 소음 등의 현장 스트레스는 휴먼에러를 일으키기 위한 필요조건도 충분조건도 아니다. 그러나 이들 스트레스의 존재가 사람이 잘못할 가능성을 높인다는 점은 의심할 여지가 없다.

4) 결과에 착목한 휴먼에러 분류

휴먼에러의 대부분은 중요하지 않은 것이다. 사실 많은 휴먼에러는 당사자도 그의 동료도 깨닫지 못하고 지나친다. 그러나 리스크가 큰 스포츠경기를 하거나 위험한 업종에서 접하는 환경과 같은 위험한 환경에서는, 휴먼에러는 나쁜 결과를 초래할 수 있고 실제로 초래한다. 이 경우 휴먼에러를 그 결과의 중대성에 따라 분류하는 것이 필요하다.

휴먼에러가 초래하는 결과는 대체로 심리적 선행요인보다는 상황(circumstance)에 의해 결정된다는 것이 강조될 필요가 있다. 전기주전자를 토스터로 착각하여 전기주전자의 스위치를 켜는 것은 약간 당황스럽긴 해도 웃고 넘어갈 수 있다. 그러나 1986년 체르노빌(Chernobyl) 원자력발전소 사고와 같이, 원자력발전소에서의 잘못된 조작은 비참한 결과를 초래하였다. 작업자에 의한 이 행위착오 자체는 원자로를 폭발시키기에 충분한 것은 아니었지만 대참사로 연결된 사건의 연쇄(concatenation of events)의 일부가 되었다.

경영자, 저널리스트, 법률가는 휴먼에러의 원인과 그 영향 간에 대칭성이 있다고 잘못 생각하는 경향이 강하다. 1~2명 정도의 사망사고를 초래한 의도하지 않은 행위가, 실제로는 아주 흔한 방심상태의 행위착오였던 경우에도, 터무니없는 실책의 결과로 흔히 간주된다. 물론 잠재적으로 리스크가 높은 분야에서 일하고 있는 전문가들에게는 그 동료, 고객에 대하여 '주의의무'가 있다. 이 주의의무에 따라 그들은 잠재적 위험요인을 인지하고 휴먼에러를 유발할

---

80 일련의 행위 속의 어디까지 끝마쳤는지를 알 수 없게 되는 휴먼에러.

것으로 알려진 상황에서 특별히 주의를 기울일 것이 요구된다. 즉 위험이 크면 클수록 '휴먼에러에 관한 예지(식견)'의 필요성이 점점 높아진다.

휴먼에러가 어처구니없고 무분별한 경우도 있을 수 있지만, 일반적으로는 휴먼에러를 윤리상의 문제로 취급하는 것은 큰 잘못이다. 휴먼에러가 무능력과 반드시 일치하는 것은 아니다(예컨대 의료관계자들 사이에서는 지금까지 이러한 견해가 강하게 유지되어 왔지만).

잘못을 저지르기 쉬운 것은 인간 조건의 일부분이다. 휴먼에러를 근절할 수는 없지만, 휴먼에러는 예측되고 그에 따라 관리될 수 있다. 인간 조건을 근본적으로 변화시키는 것은 불가능하지만, 휴먼에러를 줄이고 좀 더 쉽게 교정될 수 있도록 사람이 일하는 상황을 변화시키는 것은 가능하다.

휴먼에러의 결과는 그 중대성에 따라 대체로 다음과 같이 분류된다.

① 무료 교훈(free lesson)[81] 이것은 다른 상황에서는 나쁜 결과를 초래하였을 중요하지 않은 불안전행동이다. 이와 같은 모든 아차사고는 개인 수준에서도 조직 수준에서도 학습의 기회를 제공한다.

② 일탈(exceedance) 이것은 경우에 따라서는 휴먼에러라고 할 수 있지만, 반드시 휴먼에러인 것은 아니다. 일탈은 인간의 행동이 안전한계의 막다른 상황의 근처까지 탈선하는 상황들이다. 이와 같은 일탈은 심각한 재해(accident)의 발생요소가 된다. 예를 들면, 민간항공에서는 비행기 데이터가 컴퓨터로 분석되어 비행고도 이탈,[82] 진입속도 초과(부족), 경착륙 등의 일탈이 발견된다. 동일하게 철도에서는 정지신호무시진입(Signal Passed At Danger: SPAD)[83]과 관련된 정보를 오랜 기간 수집 · 분석하고 있다. 영국의 연구에 의하면, 일정 기간 동안 수집된 정지신호무시진입의 대부분이 일부 소수의 신호에서 발생하였다. 이것은 문제

---

81 대가를 지불하지 않고 얻어진 교훈, 즉 재해를 일으키지 않은 사고로부터 배우는 것으로 아차사고와 동일한 의미를 가지고 있다고 할 수 있다.

82 지정된 비행고도에서 위 또는 아래로 300feet(약 90m) 이상 벗어나는 것을 말한다.

83 철도차량이 자기에게 주어진 신호를 위반하고 신호기의 안쪽(위험한 쪽)으로 진입하는 것을 의미한다. SPAD를 예방하기 위해 각 국가의 철도는 ATS, ATC, ATP 등 신호보안장치를 설치하여 적용하는 등 엄격하게 관리하고 있다.

가 기관사의 정지신호무시진입의 경향에 있는 것이 아니라, 신호 표시의 보기 어려움, 나쁜 위치에의 설치에 원인이 있다는 것을 나타낸다.

③ 사고(incident) 이 용어는 광범위하게 사용되고 있지만, 그 의미에 대해 엄밀한 의견의 일치는 없다. 일반적으로 incident는 보고, 내부조사 중 어느 하나 또는 쌍방을 행할 만한 가치가 있는 중대한 '위기일발(close call)'의 사건(event)이다. Incident는 일시적인 피해 또는 비교적 적은 금전적 손실을 수반할 수 있다. 예를 들면, 의료에서 incident는 환자에게 작은 상처를 입히는 사건, 또는 심각한 위해가 운 좋게 회피되는 경우를 포함할 수 있다. 설령 몇 개의 방호수단(defence)이 건너 뛰어지거나 파괴되었더라도, 방호(barrier), 안전장치(safeguard)의 일부가 효과적으로 기능하여 중대사고에 이르지 않은 경우도 포함된다. 이들 사고 분석으로부터 방호요소(defensive element)의 취약성에 관한 중요한 정보가 명확해진다. 그리고 이것들의 분석으로부터 '위기(edge)'가 비교적 안전한 상태와 참사 사이에서 어디에 있는지를 알 수 있다. 예방접종이 질병의 예방에 도움이 되듯이, incident는 재해의 방지에 기여한다고 할 수 있다. 아주 조금의 해를 입히는 것이 시스템 방호수단을 강화하는 데 기여한다.

④ 재해(accident) 이것들은 부상, 자산의 손실, 환경피해 및(또는) 사망이라고 하는 중대한 부정적인 결과를 초래하는 사건들이다. accident는 개인재해(individual accident)와 조직재해(organizational accident)[84]라고 하는 명백히 다른 그룹으로 나누어진다. 전자는 발생빈도는 높지만 중요도는 낮은 사건이고, 며칠간의 휴업이 필요한 전도, 추락, 낙하, 충돌 등이다. 이들 휴업부상재해자수[정확하게 말하면, 일정 기간의 근로자 수로 정규화된 빈도(normalized frequency)]는 조직의 상대적인 안전지표 및 다른 조직 또는 업종과의 비교수단으로 자주 이용되고 있다. 한편, 조직사고는 발생빈도는 낮지만 중대한 사건이다. 폭발, (자동차) 충돌, (항공기) 추락, 붕괴, 독성물질의 누출 등을 동반하는 사건이다.

---

84 우리나라에서 'organizational accident'는 일반적으로 '조직사고'로 명명되고 있다. 이 책에서도 다른 곳에서는 조직사고로 표현하고 있다. 앞의 'individual accident'는 조직사고와 대비하여 일반적으로 '개인사고'로 명명되고 있다.

표 4-1 exceedance, incident 및 accident의 특성 비교

유형	양(빈도)	비용	정황 자료
일탈(exceedance)	매우 많음	매우 적음	적음
사고(incident)	중정도~많음	적음~중정도	중정도~많음
재해(accident)	적음~매우 적음	수용하기 어려울 정도로 높음	대부분의 경우 많음

표 4-1은 세 가지 사건의 특성을 양(빈도), 비용(사람, 자산, 환경의 손실) 및 '선행하는(upstream)' 기여요인을 파악하기 위하여 사용할 수 있는 정황에 관한 정보(contextual information)의 양으로 비교한 것이다. 이용 가능한 정황에 관한 정보는 일반적으로 부정적인 사건의 빈도에 반비례한다. 건수는 많지만 설명 정보가 매우 적은 일탈(exceedance)과는 대조적으로, 조직사고는 광범위하게 조사·보고된다. 전체적으로, 이들 사건은 되풀이되는 문제가 장소, 활동, 업무 및 관계자들의 어디에 있는지를 드러내 보이게 할 수 있다.

2. 행위착오와 망각

실행 문제를 인지의 실패, 주의의 실패 및 기억의 실패라는 세 가지 유형으로 분류하면 편리하다.[85] 인지의 실패, 주의의 실패는 행위착오에 해당하고 기억의 실패는 망각에 해당한다.

1) 행위착오

(1) 서설

익숙한 상황에서는 많은 행위가 '자동적인' 정해진 순서로 이루어진다. 작업자가 숙련도를 높이고 경험을 축적하면 축적할수록 상당히 복잡한 일을 점점 '정신적 자동조종(mental

85 이하는 주로 J. Reason and A. Hobbs, *Managing Maintenance Error*, Ashgate, 2003, pp. 40~49를 참조하였다.

autopilot)'으로 실시할 수 있게 된다. 예를 들면, 일상생활에서 차의 기어를 바꾸거나 신발 끈을 묶거나 머리를 빗는 것은 거의 의식적 주의 없이 실시할 수 있다. 작업 중에는 자동화된 기량의 일상적 사용이 이루어지고 있는 많은 익숙한 상황이 포함되어 있다. 미리 준비돼 있는 루틴이 없다면 작업은 아주 천천히 진행될 것이다. 유체의 보충, 회로차단기의 인출, 나사 조이기, 압력 확인과 같은 일은 비교적 예측 가능하고 반복적인 작업이기 때문에 무의식적으로 숙련 기반 행위에 맡겨질 수 있는 작업의 사례들이다.

사람은 작업을 이 같은 방법으로 수행하는 것을 반드시 선택하고 있는 것은 아니다. 좋든 싫든 자동화된 기량은 익숙한 상황에서 우리들의 행위를 장악할 수 있다. 우리는 전혀 의도하지 않은 것을 하게 되었을 때 비로소 배후에서 자동화된 프로그램이 작동하고 있다는 것을 가끔 알아차리게 될 뿐이다. 미국 심리학의 개척자인 제임스(William James)는 1890년 저작에서 익숙해진 행위를 어떻게 실시했는지를 물으면 대부분의 사람은 "대답할 수는 없지만, 나의 손은 결코 실수하지 않는다."라고 답변할 것이라고 주장하였다.

작업이 자동화된 수준에 달하고 있는지 여부를 증명하는 좋은 테스트는 그 작업의 실시 중에 대화할 수 있는지 여부를 검토하는 것이다. 경험이 부족한 운전수는 코너에 접근하거나 정체를 빠져나가려고 할 때에는 대화하는 것을 그만 둘 것이다. 그러나 기량이 일상화되고 나서 이 같은 상황에 대처하게 되면, 주의가 다른 곳으로 향할 수 있어, 차를 제어하면서도 대화를 하고 라디오를 들으며 저녁식사를 계획할 수 있게 된다.

행위착오는 우리의 자동화된 반복적인 일이 우리들이 의도하지 않았던 방식으로 우리의 행동을 제어할 때 발생한다. 예를 들면, 어떤 전기공은 유압의 ON/OFF 스위치의 어느 쪽이 선택되어 있는지를 나타내는 전구의 교환을 의뢰받았다. 그때 유압장치는 수리 중이었고, 그 전기공은 그 장치를 작동시키면 위험하다는 것을 인식하고 있었다. 그럼에도 불구하고 전구를 교환한 후 무엇을 하려고 하는지를 의식하기 전에 습관적인 처리 순서에 따라 전구가 켜지는지 여부를 테스트하기 위해 유압 스위치를 'ON'의 위치로 누르고 말았다.

일상생활에서 많이 경험하는 행위착오의 예로는 숱하게 많이 내려가 본 경험이 있는 계단을 내려가다가 발을 잘못 짚어 굴러 넘어지는 것, 몸에 익숙해질 대로 익숙해진 걷는 동작을 하다가 뭔가에 걸리거나 미끄러져 넘어지는 것, 매우 숙달된 행위인 운전을 하면서 뭔가에 주의를 빼앗기는 바람에 앞 또는 옆 차, 중앙분리대와 부딪치는 것 등을 들 수 있다.

기량의 일상화는 우리들의 행위를 지배하려고 잠복하여 기다리고 있는 하이재커와 같다. 숙련 기반 행위착오는 의식적인 마음상태라면 결코 할 것을 고려하지 않을 일을 무의식중에 해버릴 수 있기 때문에 특히 위험할 수 있다.

그림 4-1은 전형적인 행위착오에 수반되는 주요한 특징을 나타내고 있다. 마실 것을 준비하기 위해 전기포트로 물을 끓이는 것과 같이 상당히 숙달되어 있는 일상적인 일을 한다고 가정하자. 그리고 손님은 녹차를 주문했지만 당신은 습관적으로 커피를 마시는 사람으로 가정하자. 당신은 부엌으로 가 전기포트에 물을 넣고 물을 끓이기 시작한다. 그때 뭔가 중요한 현안에 대한 생각이 들기 시작한다. 그 결과, 당신은 분기점(선택점)을 간과하고 양 컵에 인스턴트 커피를 넣고 물을 붓는다. 이 경우 전기포트를 끓이는 차례는 좌측의 두꺼운 화살표 부분이다. 우측의 2개의 화살표 중 두꺼운 쪽은 커피를 넣는 일과이고, 가느다란 화살표는 녹차를 넣는 일과이다. 당신은 분기점을 간과하고 레일 위에서처럼 익숙한 경로에 따라 행위를 한다. 그런데 이번은 상황 변화 때문에 깜박하는 행위착오를 저지른다.

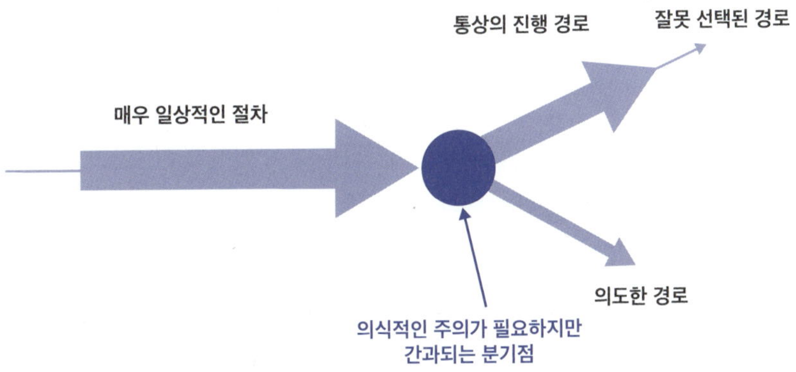

주: 회색 화살표 두께는 습관의 상대적인 강도를 나타냄

그림 4-1 행위착오와 관련된 전형적인 사건 패턴

행위착오의 일상적인 예로는 토요일 쇼핑하러 갈 생각이었는데 직장 쪽으로 차를 운전하는 경우이다. 또는 집에 돌아오는 길에 일용품을 사려고 마트에 들를 생각이었는데 지나쳐 버리는 경우도 있다. 전자는 '분기(分岐)에러(branching error)'이고, 후자는 '통과에러

(overshoot error)'이다.

'분기에러'는 2개의 다른 결과가 초기에 공통의 경로를 가지는 행위와 관련된다. 마실 것을 준비하는 앞의 예에서 전기포트로 물을 끓이는 것은 녹차를 만들거나 커피를 만들거나 야채 요리를 빨리 만드는 등 여러 가지 목표를 달성하기 위한 최초의 경로이다. 이런 종류의 행위착오의 본질적인 특징은 잘못된(즉 현재 의도하고 있지 않은) 경로가 선택된다는 것이다. 이 '잘못된 경로'는 대부분의 경우 그 당시 의도했던 경로보다도 익숙한 또는 빈번히 다니던 경로이다. 행위착오는 통상의 일상적인 일이 변경되는 것에 의해 야기된다(전술한 녹차를 넣을 때의 행위착오와 같이). 만약 변경이 없었다면, 행위는 주의를 빼앗기거나 다른 것에 몰두하는 것에 관계없이 자동적으로 통상적인 결과에 도달했을 것이기 때문에, 아마도 휴먼에러는 발생하지 않았을 것이다. '통과에러'는 통상적인 패턴에서의 어떤 의도적인 이탈이 누락된 것을 제외하고는 동일한 방식으로 발생한다.[86]

(2) 주의의 실패

주의는 한정된 자원이다. 어느 하나에 주의가 향하면 다른 것에는 주의가 향하지 않는다.[87]

① 강한 습관의 개입

지금 하고 있는 일과 관계없는 것에 '주의를 빼앗겼을 때'에 어떤 습관적인 행동이 의도치 않게 나오는 경우가 종종 있다. 강한 습관의 개입이다. 모든 방심상태의 행위착오 중 대략 40%는 강한 습관의 개입에 의한 것이다. 강한 습관의 개입은 현재 의도하고 있는 것과는 명백히 다른 활동에 속하는 손상되지 않고 잘 조직된 연속행동의 형태를 취한다. 이 다른 활동은 최근 빈번하게 열중하고 있는 것으로서 의도한 행위와 장소, 동작 및 목적에 있어서 유사하다.

방심상태의 행위착오는 매우 익숙하고 비교적 변화하지 않는 환경(부엌, 욕실, 침실, 사무실 등), 그리고 최근 빈번하게 행해지고 그 행위가 대부분 기계적으로 이루어지는 충분히 숙

86 J. Reason and A. Hobbs, *Managing Maintenance Error*, Ashgate, 2003, pp. 46~49를 참조하였다.

87 이하는 주로 J. Reason, *The Human Contribution: Unsafe Acts, Accidents and Heroic Recoveries*, Ashgate, 2008, pp. 42~45를 참조하였다.

련된 일을 수행하는 중에 가장 일어나기 쉽다.

다른 요인은 일련의 행위 속의 중요한 지점에서 한정된 주의 자원의 부적절한 배분이다. 이것은 대부분의 경우 외부로부터의 방해 또는 정신적인 몰두에 의한 주의의 빼앗김과 관계가 있다. 그러나 과도한 주의가 주로 기계적인 일련의 행동들에 향해지는 경우가 있다. 이것은 보통 중단한 후에 "어디까지 했지?"와 같은 질문을 수반한다. 다음과 같이 두 가지의 잘못된 답변이 나올 수 있다. ① 실제 한 것보다 진행되지 않았다(동일한 일의 반복을 초래한다)는 답변 또는 ② 실제 한 것보다 더 많이 진행되었다(해야 할 것의 생략을 초래한다)는 답변이 그것이다.

앞에서 설명한 일반적인 상황에 추가하여 강한 습관의 개입이 일어나기 쉬운 상황에는 적어도 다음 네 가지가 있다.

- 목적 변경을 위하여 잘 확립된 작업순서로부터 이탈하는 경우
- 현장 상황이 변하여 익숙하고 자주 수행된 일련의 행동을 수정해야 하는 경우
- 지향성(intentionality)이 약한 상태에서 어떠한 일련의 일상적인 행동과 관련된 익숙한 환경에 들어섰을 경우. 예를 들면, 세면장에 무심코 들어갔다가 의도하지 않았는데도 양치질을 할 수 있다.
- 현재 환경의 특징이 매우 익숙한 상황의 특징과 유사하거나 동일한 요소를 포함하고 있는 경우. 예를 들면, 도서관을 나가려고 회전식 출입문에 가까이 갔을 때, 마치 요금을 지불하려는 듯이 지갑을 꺼내는 경우가 있다.

강한 습관의 개입은 매우 광범위하게 영향을 미치고, 때로는 재해를 일으키는 경우가 있다. 1982년 여름 영국 웨일즈의 시골길을 주행하고 있던 2층 버스가 철도의 낮은 고가교 밑을 통과하려다 다리에 걸려 버스 2층 부분이 크게 파손되어 6명이 사망하였다. 재해조사에서 운전사는 "2층 버스를 운전하고 있다는 사실이 머리에 없었다."고 말했다. 그는 평소 운전하던 1층 버스로 다니던 길을 주행하고 있었던 것이다. 그 외에도, 1956년 영국 러들로(Ludlow)와 1957년 영국 루이셤(Lewisham)에서의 철도사고, 1977년 테네리페(Tenerife) 섬 활주로에서의 점보제트기 간의 비참한 충돌사고에도 강한 습관의 개입이 관련되어 있었다.

② 간섭(혼선)에러

간섭(혼선) 에러는 현재 진행 중인 2개 업무 사이 또는 같은 업무의 요소들 사이의 '혼선'에서 생긴다. 전형적인 '혼합'은 앞 업무의 요소를 다음 업무 속에 갖고 들어오는 것이다. 예를 들면, 비서가 손님을 안내했을 때 전화 통화가 막 끝났다. 자리에서 일어나 손님 쪽으로 다가가 (전화 통화하듯이) "여보세요. ○○○입니다"라고 하며 악수를 위해 손을 내미는 경우이다. '뒤바뀜'은 행위는 올바르지만 의도하고 있던 대상이 뒤바뀌는 경우이다. 오래전에 영국에서 실제 있었던 일이다.[88]

> 친구 사이인 A와 B가 대화하면서 공원을 산책하던 중 A가 조약돌을 줍고 "집에 가져가야지"라고 말했다. 얼마간 걷다가 B가 A에게 "지금 몇 시야"라고 물었다. A는 주머니에서 회중시계를 꺼내 "7시"라고 답했다. 공원을 계속 걷다가 모퉁이를 두 번 정도 지났을 때, A는 조약돌이 필요 없다고 말하더니 갑자기 손에 쥐고 있던 회중시계를 근처의 템스(Thames) 강에 던져버렸다. 그러고 나서 조금 전에 주웠던 조약돌을 시계를 넣고 있던 주머니에 넣었다.

동작의 착오(action slip)와 심적 기능의 다른 영역에서 발견되는 에러, 특히 말하기에서 발견되는 에러(혀의 착오, slip of tongue)[89] 간에는 상당한 유사성이 있다. 두음 전환[90]과 혀의 착오 간에도 유사성이 분명하다.

이 외의 매우 유사한 에러는 말하기와 동작 간에도 발생한다. 예를 들면, 일련의 동작을 완료하지 않고 조기에 끝내 버리는 것은 제1막과 제2막의 대사가 유사하여 무심코 제2막의 대사를 말하고 마는 연기자에게서 흔히 발생하는 에러와 매우 유사하다. 이들 상조(尙早)에러는 일상의 대화와 문서 작성 시에도 매우 빈번히 발생한다.

---

88 D. F. Bond, *The Spectator,* Vol. I, Clarendon Press, 1965, pp. 329~330.

89 혀의 착오 역시 동작의 착오, 펜의 착오와 함께 행위착오의 일종이다

90 두 단어 이상의 두문자(頭文字)를 뒤바꾸어 잘못 말하는 실수. 예컨대, book case를 cook base라고 말하거나 half-wormed fish라고 말해야 할 것을 half-formed wish라고 말하는 것 등이 있다.

방심상태의 에러(행위착오와 망각)를 촉진시키는 세 가지의 일반적인 요인을 제시하면 다음과 같다.

- **익숙한 환경에서의 일상적인 습관적 업무의 실행**: 역설적으로 말하면, 방심은 숙련된 것(즉, 거의 자동적인 방식으로 일상적인 행동을 할 수 있는 것)에 대한 대가이다.
- **몰두와 외란에 의한 주의의 빼앗김**: 이것은 한정된 주의 자원의 거의 모두가 하나의 것에 향해질 때에 일어난다. 만약 내면적인 것으로 향해진다면 몰두이고, 바로 근처에서 일어나고 있는 뭔가에 향해진다면 외란이다.
- **행동계획 또는 환경의 변화**: 만약 변화가 없으면 의도대로 습관화된 방식으로 행위가 행해질 것이다. 변화는 어떠한 휴먼에러를 유발하는 강력한 요인이 된다.

(3) 인지의 실패

인지의 실패는 다음 세 가지 카테고리로 분류된다.

① 대상, 메시지, 신호 등의 오인 이들 휴먼에러에서는 기대가 강한 영향을 미친다. 예를 들면, 전철의 기관사는 어떤 장소에서의 신호가 녹색인 것에 익숙해져 있으면, 그 장소에서의 신호가 적색이더라도 녹색으로 인식해 버리는 경우가 있다. 이와 같은 휴먼에러는 때때로 파국적 결과를 초래하기도 했다[1952년 영국 해로우(Harrow)에서의 열차사고[91]]. 기타의 기여요인은 올바른 대상 또는 신호와 올바르지 않은 대상 또는 신호 간의 유사성(외관, 위치, 기능 등), 나쁜 신호 대(對) 잡음비[92](불명확, 어두운 조명, 모호한 지각정보), 강한 습관(숙련되고 익숙한 일에서는 지각이 덜 정확하게 된다)이다. 우리들은 설령 다른 것인데도 기대한 것과 닮은 것을 받아들이곤 한다.

---

91 1952년 런던 교외의 해로우 앤 윌드스톤(Harrow and Wealdstone) 역 구내에서 정차하고 있던 상행열차에 경고·멈춤신호를 무시하고 돌진한 후속 상행열차가 충돌하여 탈선하였고, 곧바로 반대편의 하행급행열차가 또 다시 충돌하여 급행열차도 탈선하면서 육교를 무너뜨렸고 플랫폼에 있던 사람들을 덮쳤다. 이 사고로 112명이 사망했고 450여 명이 부상을 입었다.

92 통신시스템 성능 척도 중 하나.

② 미발견 신호, 문제의 발견 실패[잘못된 부정(false-negative)[93]]이다. 훈련의 부족과 미경험과 별개로 이들 휴먼에러는 다음 상황에서 발생하기 쉽다.

- 결함에 이르기 전에 검사가 중단되었다.
- 검사를 하긴 했지만 주의를 빼앗기거나, 피곤하거나, 서둘렀다.
- 그곳에 문제가 있다고 생각하지 못했다.
- 하나의 결함이 발견되었지만 근처의 다른 결함은 놓쳤다.
- 작업에 접근하는 방법(수단)이 만족스럽지 못하였다.

③ 오발견[잘못된 긍정(false positive)[94]] 실제에 존재하지 않는 문제 또는 결함을 잘못 발견하는 것이다. 많은 시스템은 잘못된 긍정에 대해서는 상당히 관용적이도록 설계되어 있다. 발견되지 않아 후회하는 것보다는 안전한 것이 낫기 때문이다. 그러나 이 원칙이 국방시스템 등에 적용되는 경우에는, 그 결과는 파국적일 수 있다. 오퍼레이터가 경보·알람시스템에 대해 갖는 신뢰를 잠식하는 중대하고 위험한 역할을 한다.

참고 | 에러 폭포

에러는 하나의 에러가 다음 에러를 일으키면서 상호 연결된 연속적 사건(sequence)으로 발생하는 경우가 많다. 하나의 에러를 저지르면 연속해서 다음 에러를 저지를 가능성이 크게 증가할 수 있다. 이것은 '에러 폭포(cascade)'라고 불린다. 에러 폭포는 많은 여러 사람이 관련될 수도 있는데, 이 경우 각자가 저지른 독립된 에러가 서로 연결되어 시스템 방호에 위험한 구멍을 낸다.

참고 | 행위착오에 의한 사망재해 사례

- 2023년 9월 서울시의 한 도로에서 승용차 운전자가 운전 중에 서류를 주우려다 브레이크 페달 대신에 가속 페달을 밟아 횡단보도를 건너던 행인들을 쳐 4명의 사상자가 발생하였다.
- 2023년 3월 전북 순창군 농협 조합장 선거 투표소 앞 주차장에서 1톤 트럭이 브레이크 페달을 밟는다

(계속)

93 발견해야 할 것을 발견하지 못하는 것으로, 예컨대 환자를 건강한 사람으로 판단하는 것을 말한다.

94 발견해야 할 것을 발견하지만 불필요한 것까지 발견하는 것으로, 예컨대 건강한 사람을 환자로 판단하는 것을 말한다.

는 것이 가속 페달을 밟아 투표를 위해 줄을 서고 있던 사람들을 향해 돌진하여 20명의 사상자를 냈다.

- 2023년 12월 수원역 버스환승센터에서 버스기사가 현금기기의 고장 여부를 확인하기 위해 사이드 브레이크를 채우지 않은 채 잠시 운전석에서 일어난 사이 버스가 움직여 당황한 나머지 브레이크 페달이 아닌 가속 페달을 밟아 18명의 사상자가 발생하였다.
- 2024년 7월 인천시 남동구에서 1톤 탑차가 브레이크 페달을 밟는다는 것이 가속 페달을 밟아 가로수 정비작업을 하던 동료 작업자들을 덮쳐 작업자 2명이 숨지고 1명이 다친 사고가 발생하였다.
- 2021년 12월 안양시 만안구 도로포장 공사현장에서 롤러 운전기사가 롤러에 밟힌 안전고깔을 옮기려고 기어를 중립에 놓고 운전석에서 내려오던 순간에 운전기사의 윗옷에 걸린 기어봉이 주행상태로 바뀌어 롤러가 급발진하는 바람에 롤러 바로 앞에서 작업하고 있던 근로자 3명이 롤러에 깔려 사망하였다.
- 2022년 2월 수리 완료된 탈사기(진동모터로 진동을 발생시켜 주물에 부착된 주물사를 제거하는 장치)를 본체에 다시 안착시키는 작업을 하기 위해 협력사 대표 A와 피재자 B가 본체 하부로 내려가 전선 삽입 작업을 한 후 B가 출입구가 아닌 곳으로 나오려던 상황에서 A가 소지하고 있던 천장크레인 무선제어 조작기(리모콘)가 실수로 잘못 눌리게 되면서(오조작) 천장크레인에 매달려 있던 탈사기가 흔들려 탈사기와 본체 사이에 작업자의 머리가 협착되어 사망하였다.
- 2022년 4월 크레인이 체인을 통해 (프레스) 클러치 커버와 연결되어 있는 상태에서(클러치 커버와 프레스는 물려 있었다) 리모컨으로 크레인을 이따금 미세조정하던 재해자 중 1명이 리모컨을 의도치 않게 잘못 눌러 물려 있던 클러치 커버와 프레스가 갑자기 들어 올려지면서 체인이 파단되고 클러치 커버가 분리되는 바람에 그 위 작업공간에 있던 2명의 작업자가 추락하여 사망하였다.
- 2024년 1월 충북 진천의 한 마트에서 30㎝ 높이 플라스틱 박스에 올라 설 명절 상품진열대를 설치하려 못질을 하던 60대 근로자가 발을 헛디뎌 넘어지면서 바닥에 머리를 부딪혀 사망하였다.
- 2024년 10월 전북 군산시 옥구읍의 한 레미콘 제조업체에서 컨베이어 벨트에 묻은 폐콘크리트 잔여물로 인해 벨트가 움직이지 않자, 설비점검 등의 업무를 담당하는 60대 작업자가 쇠막대기를 이용해 잔여물을 떼어내는 순간 멈춰있던 벨트가 갑자기 움직이는 바람에, 작업자가 중심을 잃고 구조물(기계)에 끼여 숨졌다.

2) 망각(기억의 실패)

망각은 다음과 같은 정보처리단계의 하나 이상에서 발생할 수 있다. ① 기억해야 할 것에 불충분한 주의가 기울어져 그것이 단기기억에서 사라지는 입력단계, ② 기억해야 할 것이 장기기억에서 쇠퇴하거나 간섭을 받는 저장단계, ③ 알고 있는 것이 필요한 때에 생각나지 않는 기억회생단계(알고 있다고 느끼지만 즉시 특정 정보를 인출할 수 없는 상태)가 그것이다.

(1) 입력 실패

누군가로부터 소개를 받았을 때 우리들이 가장 잊어버리기 쉬운 것은 무엇일까. 그것은 상대방의 이름이다. 왜냐하면, 이름이라고 하는 것은 그 사람에 관한 새로운 대량의 정보의 일부분이고, 이름에 특별한 주의를 기울이지 않는 한 외우지 못하기 때문이다. 게다가 우리들은 종종 그들의 외관, 직업을 잊어버린다. 이것은 나중에 기억할 수 있기 위해서는 적절한 양의 주의가 중요한 전제조건이라는 것을 다시 한 번 보여준다.

두 번째 종류의 입력 실패는 앞의 행위를 잊어버리는 것이다. 이 경우에도 주의 부족이 원인으로서 정보가 단순히 입력되지 않은 것이다. 상당히 익숙한 정형적인 일을 하고 있을 때, 우리들의 마음은 거의 언제나 지금 하고 있는 것이 아닌, 무언가 다른 것에 향해 있다. 이 상대적인 부주의가 일을 원활하게 하기 위해 필요하다. 습관화된 행동을 하나하나 의식하면서 하는 것은 혼란을 초래한다. 예를 들면, 한 번에 두 계단씩 뛰어 내려갈 때 자신의 발이 무엇을 하고 있는지를 생각하는 것은 현명하지 못하다. 우리의 마음이 다른 곳에 있기 때문에, 물건을 어디에 놓을지를 잊어버리거나, 몸에 지니고 있는 것을 찾으면서 주위를 두리번거린다.

이런 종류의 망각의 또 다른 결과는 익숙한 일련의 행위 속에서 자신의 위치를 잃는 것이다. 예를 들면, 정신이 들었을 때, 일련의 행위를 어디까지 진행했는지 바로는 알지 못하는 경우가 있다. 나아가, 직전의 수 분간 어디를 걷고 있었는지, 어디로 차를 운전하고 있었는지, 바꿔 말하면 정확하게 무엇을 해오고 있었는지를 생각해 낼 수 없다고 하는 '시간 공백'의 경험이라는 것도 있다. 예를 들면, 샤워를 하면서 머리에 샴푸를 묻혀 감았는지가 생각나지 않는 경우가 있다. 우리의 마음이 일의 디테일로부터 떠나 있는 동안에 흔적이 씻겨 내려간다.

(2) 저장 실패

아마도 기억유지의 실패에서 가장 공통되는 것은 의도를 잊어버리는 것이다. 무언가를 하려고 하는 의도가 즉석으로 행동으로 옮겨지는 경우는 드물다. 통상 실행하기 위한 적절한 시기와 장소에 이르기까지 의도가 기억 속에 유지되어야 한다. 이 의도의 기억은 전망 기억이라고 하는데, 특히 깜박하거나 곁길로 새기 쉽다. 이 때문에 행위가 의도한 대로 실행되지 않는 것이다.

물론 어떠한 흔적도 남기지 않고 의도를 잊어버릴 가능성이 있다. 그러나 그것보다도 의도의 망각은 다음에 제시하는 여러 수준에서 발생한다.

① 계획의 망각 거의 완전히 계획을 잊어버리기 때문에 막연히 '뭔가를 해야 한다'는 느낌만 이 남는다. 즉 뭔가를 했어야 한다는 것은 알지만, 무엇을 어디에서 언제 해야 하는지를 생각해 낼 수 없다.

② '내가 여기에서 무엇을 하고 있을까' 느낌 이것은 누구에게나 일어나기 쉬운 공통된 경험이다. 처음에는 의도를 기억하고 있고 의도대로 행동을 시작하지만, 도중에 뭔가 그 밖의 것에 몰두하거나 주의를 빼앗겨 여기에서 무엇을 하러 왔을까를 잊어버리는 것이다. 열린 서랍 또는 냉장고를 들여다보고 있는데, 무엇을 하러 왔는지 생각나지 않는 경우가 있다. 조금 지나면 생각해 낼 수 있지만, 그 당시는 의도를 잊어버린 것이다.

③ 계획 세부내용의 망각 행동계획의 이행에 착수하고 그것을 끝냈다고 생각했는데, 나중에 뭔가를 빼먹었다는 것을 발견하는 것이다. 우체통에 넣을 생각으로 현관 테이블 위에 놓았던 편지를 가지러 다시 집에 돌아온 경험이 있을 것이다. 타인으로부터 부탁받은 것을 아주 간단히 잊어버리는 일이 우리에게는 흔히 있다.

(3) 기억회생 실패

잘 알고 있는 사람을 소개하려고 할 때 그 사람의 이름이 생각나지 않을 수 있다. 이와 같은 기억회생의 실패는 매우 곤혹스러운 형태로 나타나는 경우가 있다. 이것은 "이게 뭐더라…"라는 경험이다. 강의할 때 "세 가지 점이 있다."고 말했는데, 세 번째(또는 두 번째조차도)를 생각해 낼 수 없는 경우가 있다. '말이 혀끝에서 뱅뱅 돌며 생각나지 않는' 경우를 누구나 경험했을 것이다. 이러한 상태는 상당히 오랜 시간 지속될 수 있는데, 최종적으로는 다음 세 가지 방법 중 어느 하나로 해결된다.

① 생각나지 않는 단어 또는 이름을 열심히 노력하여 생각해 낸다. 통상적으로 많은 시도의 최후 모습이다.

② 생각해 내려고 한 것이 불쑥 생각나기도 한다. 세탁, 청소를 할 때와 같은 일상적인 일을 할 때 흔히 생긴다.

③ TV 프로그램, 신문 또는 기타 외부정보에 그 단어 또는 이름이 나와 그것이 자신이 찾고 있던 사항이라는 것을 알아차린다.

'말이 혀끝에서 뱅뱅 돌며 생각나지 않는' 상태를 끝내는 이 세 가지 방법들 각각은 그 가능성이 동등하다.

젊은 사람에게서 놀라울 정도로 빈번히 일어나는 행위착오, 망각과는 달리 기억회생의 실패가 연령과 함께 증가하는 것은 거의 의심할 여지가 없다. 이 때문에 우리들은 나이가 듦에 따라 일람표, 일정표, 포스트잇, 메모장 등의 기억 보조물에 크게 의존한다. 자신이 알고 있는 이름을 말할 수 없는 '이름 실어증'은 놀랄 만한 일이 아니다. 이름에는 의미가 담겨 있지 않기 때문이다.

참고 | 망각에 의한 사상(死傷)사고 사례

- 2023년 2월 발전소 부두 하역기(15m 높이)의 낙탄 처리 설비에서 한 번에 많은 낙탄을 밑으로 떨어뜨리기 위해 철제 그레이팅(약 60cm×80cm) 하나를 제거해 놓은 상태에서, 작업자가 작업하면서 뒷걸음질을 하다가 본인 뒤에 그레이팅이 빠져 있는 개구부가 있는(그레이팅을 제거해 놓은) 줄을 깜박 잊고 개구부로 추락하여 사망하였다.
- 2014년 7월 경기도 이천 OB맥주 공장에서 산업용 형광등 교체 작업을 하던 중 외주업체 작업자가 전기 차단기를 내리는 것을 깜박 잊고 산업용 형등광을 설치하다가 감전으로 사망하였다.
- 배터리가 들어있는 백팩 바깥쪽 옆 주머니의 지퍼 채우는 것을 깜박 잊은 채 전철 선반 위에 가방을 올려놓다가 배터리가 의자에 앉아 있던 승객의 얼굴에 떨어져 콧등에 열상을 입었다.

3. 착각

1) 규칙 기반 착각

작업자의 착각, 즉 의도의 형성 또는 문제해결 레벨에서의 실패는 적절한 규칙 또는 절차로부터의 일탈로 이해될 필요가 있다. 규칙은 훈련과 경험을 통해 작업자의 머릿속에 존재하기도

하고, 매뉴얼이나 표준작업절차로 작성되어 있기도 한다.

위반, 즉 적절한 규칙을 적용하지 않는 것은 불안전행동의 한 종류인 휴먼에러와는 많은 점에서 분명한 차이가 있다. 앞으로 이 책에서는 적절한 규칙의 오적용 또는 부적절한 규칙의 적용을 단순한 규칙 기반 착각으로 취급한다. 위반은 착각을 포함할 수 있고 종종 포함하기도 하지만, 그 자체가 중요하고 별도로 취급될 필요가 있다.

인간은 놀라울 정도로 패턴 매칭을 좋아한다. 계획되어 있지 않은 상황에 직면할 때에 우리들은 익숙한 패턴을 찾고 싶은 마음을 강하게 갖게 되고, 필요하면 전문지식의 일부인 문제해결 규칙을 적용한다. 그러나 이 패턴 매칭, 규칙 적용 과정이 잘못된 것일 수 있다. 규칙 기반 착각에는 세 가지의 기본적인 형태가 있다.[95]

① 진짜 징후를 발견하지 못하는 바람에 통상적인 상황이라면 적절하였을 규칙을 잘못 적용할 수 있다. 예컨대, 의사가 인플루엔자가 유행하고 있는 시기에 고열이 나고 있는 어린이가 뇌막염을 앓고 있다는 사실을 간과했다.

② 부적절한 규칙을 적용할 수 있다. 예컨대, 클래팜 분기 역(Clapham junction station) 철도사고 직전에 신호소의 배선교환을 담당했던 기술자는 오래된 배선을 제거하지 않고 뒤로 구부려 놓는 습관이 몸에 배어 있었다. 많은 사람은 일을 배울 때에 나쁜 습관을 몸에 익힌다. 문제는 나쁜 습관이 정해진 작업순서의 일부가 된다는 것이다. 많은 경우 그 습관의 결함이 드러나는 상황에 직면할 때까지는 나쁜 결과가 발생하지 않는다.

③ 적절한 규칙을 적용하지 않을 수 있다. 표준작업절차(Standard Operating Procedure: SOP)는 일반적으로 적절한 규칙을 구현한 것이다. 표준작업절차를 준수하지 않은 것은 휴먼에러와 위반 둘 다에 해당될 수 있다.

2) 지식 기반 착각

기존의 문제해결규칙을 다 사용하고 '제로'에서 답을 찾아야 하는 완전히 새로운 상황에서는

95 J. Reason, *The Human Contribution: Unsafe Acts, Accidents and Heroic Recoveries*, Ashgate, 2008, p. 45.

지식 기반 착각이 발생한다. 이것은 휴먼에러가 매우 유발되기 쉬운 상태이다. 과연 우리들을 최종적으로 해결책으로 안내해 주는 것은 통상 시행착오의 학습뿐이다. 휴먼에러는 활주로를 비춰주는 활주로등과 같은 것이다.

규칙 기반 착각과 지식 기반 착각은 둘 다 여러 가지 편향의 영향을 받는다. 편향의 종류를 제시하면 다음과 같다.[96]

① 확증 편향 보고 싶은 것만 보고 믿고 싶은 것만 믿는 경향

② 빈출성 편향 인식활동이 충분하지 않은 경우 정황적으로 적절하고 빈번한 형태를 선택하는 경향

③ 한정합리성 실제로 의식이 작용하는 공간은 용량이 매우 제한되어 있다. 한정합리성이 의식이 작용하는 공간을 흘러넘치게 하거나 과부하에 걸리게 한다.

④ 본의가 아닌 합리성 '최소 노력(least effort)'의 원리[97]는 인지적 스트레스를 최소화하는 방향으로 작용한다. 컴퓨터와 같이 강력하고 노력을 요하는 연속처리가 필요한 상황에서조차 인간은 기계적인 처리, 동시병행처리를 선호한다. 의식적인 사고 대신에 이들 무의식적인 처리를 얼마만큼 사용하는지에 대해 항상 의식하고 있는 것은 아니다.

⑤ 불합리 이것은 착각의 설명으로 매우 자주 사용되고 있는 것이다. 그러나 집단역학(group dynamics)[98]이 계획과정에 불합리성을 초래한다는 것은 의심의 여지가 없다. 어떤 행위가 재해를 초래할 것이라는 점을 가리키는 지식을 고의로 억압하는 것보다 불합리한 것이 있을까?

휴먼에러 분류에 여러 접근방법이 있지만, 휴먼에러를 분류하는 목적은 휴먼에러 대책을 생각할 때의 힌트를 발견하는 것이다. 즉, 휴먼에러 방지대책의 관점에서 분류하지 않으면

---

96 Ibid., p. 46.

97 개인이나 조직은 가장 적은 양의 노력 또는 에너지 지출이 요구될 것 같은 방법을 선택하려고 한다는 기본행동원리를 가리킨다. 최소 노력의 법칙, 최소 행동(least action)의 법칙이라고도 불린다.

98 집단 속에서 집단의 구성원 사이에 끊임없이 진행되고 있는 상호작용의 관계를 말한다.

단순한 카테고리 구분 작업으로 끝나 버릴 수 있다.

안이하게 이루어지는 분류로서 깜박 에러, 부주의 에러라는 것이 있는데, 이것에 상기의 분류와 같은 명확한 정의가 없는 경우, 작업자가 '깜박' 했다고 하면 모두 깜박 에러가 된다. 그렇게 되면 대부분의 휴먼에러는 깜박 에러로 분류될 뿐이고 그 현장에서 발생할 수 있는 다양한 휴먼에러 유형과 경향을 포착하는 것은 불가능하다. 나아가 대책을 강구하는 데 있어서도 휴먼에러를 저지른 본인이 "앞으로 주의하겠다."라는 반성 같은 것을 하는 것으로 끝나게 될 수 있다. 부주의 에러도 마찬가지다.

휴먼에러를 분석하는 데 있어서는 휴먼에러의 발생에 이르는 과정을 명확히 하는 것이 필수적이다. 이를 위한 첫 번째 단계로서 휴먼에러 분류 작업이 자리매김하고 있다. 휴먼에러 분류가 있어야 그 이후의 휴먼에러 발생 메커니즘 분석이 제대로 이루어질 수 있게 된다.

참고 | 국소적 합리성 원칙[99]

사람들이 한 일은 그 시점에서 보면 그들에게 의미 있는 것이다. 인적 요인을 다루는 학문에서는 이것을 국소적 합리성 원칙(local rationality principle)이라고 부른다. 이 원칙에 따르면, 사람들은 그들의 관점, 관심의 초점, 상황에 대한 지식, 자신들의 목적, 그들이 일하는 조직의 목적을 고려하여 합리적으로 일을 한다는 것이다. 국소적 합리성 원칙은 인간이 특정 상황에서 얻어진 정보를 토대로 그 시점에서 최적의 대응을 하고, 인간이 어떠한 판단·행동을 한 합리적인 이유·원인이 본인 및 그 주변에 반드시 있다고 생각한다.

물론 합리적인 이유·원인이 사고관계자의 '무엇인가의 부족'일 가능성을 부정하지는 않는다. 그러나 "주의, 지식이 부족한 원인이 사고관계자에게만 있는 것일까?", "시스템에도 있는 것은 아닐까?"라는 질문을 한다.

"사고를 낸 갑은 합리적으로 일하는 것을 본 적이 없다." 등과 같이 말하는 경우가 종종 있다. 주의를 해야 할 점은 사람에 따라 생각이 다르다는 것이다. 혼신을 다해 일을 하는 사람이 있는가 하면, 단순히 생계를 위한 수단으로 마지못해 일을 하는 사람도 있다. 자신의 생각에 합리적이지 않다고 하여 다른 사람한테도 합리적이지 않다고 생각하는 것은 올바르지 않다. 장기적인 전망하에 힘들게 노력하는 것을 피하고 단기적인 쾌락을 만끽하려고 하는 사람도 본인으로서는 충분히 합리적인 것일 수 있다.

이 국소적 합리성 원칙을 토대로 사고를 바라보면, 휴먼에러 분석을 시스템 결함을 발견하는 방법으로 이용할 수 있다. 즉 "갑이 잘못된 판단을 한 것은 시스템에 뭔가의 부적합이 있었기 때문이다.", "갑이 그와 같은 행동을 한 것은 조직에 이와 같은 분위기가 강했기 때문이다."와 같은 문제점을 발견하는 계기가

(계속)

99 S. Dekker, *The Field Guide to Human Error Investigations,* Routledge, 2017, p. 12 참조.

된다.

휴먼에러 조사를 할 때, 조사자는 사람들이 그들의 상황을 고려하여 일을 합리적으로 수행하고 있다고 가정해야 한다. 사람들은 그들을 둘러싼 복잡성, 딜레마, 역관계 및 불확실성을 고려하여 나름대로 최선을 다하고 있다. 사람들의 실수를 찾아내고 강조하는 것만으로는 아무것도 설명하지 못한다. 사람들이 (해야 할 것을) 하지 않은 것을 말하는 것만으로는 그들이 하지 않은 것에 대한 이유를 밝히지 못한다.

휴먼에러 조사의 요점은 지금 문제(논란)가 되고 있는 행위와 판단이 그 당시에 사람들에게 통하거나 받아들여진 이유를 이해하는 것이다. 조사자는 사람들의 실수가 이해가 될 때까지 그것에 대해 파고 들어가야 한다. 조사자는 그들이 처했던 상황을 재구성하고 재구축해야 한다. 즉 조사자는 문제가 된 행위와 판단을 그들의 행동의 흐름에 놓고 봐야 하고, 사람들이 그 시점에 그들을 둘러싸고 있었던 세계에 어떻게 합리적으로 맞추었는지를 확인해야 한다.

참고 | 착각에 의한 사상(死傷)사고 사례

- 2014년 1월 폐알루미늄 수거·처리업체에서 5톤 집게차 운전자가 폐기물을 내리는 작업을 하던 중 근처에 있는 작업자 A를 보지 못하는 바람에 A가 집게차 마스트(집게차에서 집게 부분이 돌아갈 수 있도록 하는 회전판)와 화물 적재함 사이에 끼이는 사고로 사망하였다.
- 2021년 2월 철광석, 석탄 등의 원료를 선박에서 하역하여 저장시설(yard)로 이송하는 설비에서 해당 설비의 정비작업 담당 협력사 직원 A가 정비작업 개시 전 계획된 작업 외의 부분에서 추가 정비가 필요한 곳을 발굴하기 위해 (하역기가 고정된 위치에서 가동할 것으로 예상하고) 비계획적인 설비점검을 하던 중에 하역기 운전자가 그곳에 A가 있는 줄을 인지하지 못하고 하역기를 이동시키는 바람에 A가 하역기에 치여 사망하였다.
- 2021년 6월 타워크레인 지상 조립 중 타워크레인 설치전문업체의 대표자이자 작업지휘자 A가 부속자재(캣헤드)의 날카로운 부위에 섬유제 슬링벨트를 체결(작업방법 오류)해도 괜찮을 거라고 생각하고 체결한 슬링벨트가 파단되는 바람에 이동식 크레인에 매달려 올려지던 부속자재가 A에 낙하하여 협착으로 사망하였다.
- 2021년 10월 서울 금천구 가산메트로 지식산업센터 신축공사현장에서 지하 3층 발전기실 전기공사를 하던 중 작업자 중 한 명이 화재 경보기의 수동 조작 스위치인 줄을 모르고(다른 스위치로 알고) 이를 누르는 바람에 이산화탄소 소화약제가 누출돼 4명이 숨지고 17명이 부상을 입었다.
- 2022년 5월 지역자활센터에서 파쇄기 담당자 A가 피재자 B에게 파쇄기에서 배출되는 비철 정리를 요청하여 B가 비철 정리를 하던 중 다른 작업자가 B에게 파쇄기가 헛돌고 있다고 말하자, B가 파쇄기 투입 컨베이어의 가동을 멈추고 컨베이어에 들어가 투입물 정리작업을 하던 상황에서, A는 컨베이어가 멈춰 있는 것을 발견하고 컨베이어 CCTV 화면으로 확인한 후 다시 가동시키자 컨베이어에서 작업 중인 B가 컨베이어의 갑작스런 작동으로 파쇄기에 말려 들어가 사망하였다.
- 2022년 11월 선박부품 제조공장에서 열교환기를 제작하는 작업을 하던 중 찬넬(재질: 스테인레스강, 무

(계속)

게: 4.37kg) 끝단의 날카로운 부분에 섬유제 슬링벨트를 체결(작업방법 오류)해도 괜찮을 거라고 생각하고 체결한 슬링벨트가 끊어지는 바람에 천장크레인으로 인양되던 찬넬이 그 아래에서 작업을 하던 작업자 2명한테 낙하하여 1명이 사망하고 또 다른 1명이 부상을 입었다.

- 2023년 3월 경기도 이천시 소재 세방물류센터 창고 신축공사 현장에서 덕트 설치작업을 위해 덕트공이 동료 작업자가 몰던 시저형 고소작업대에 탑승해 격벽 설치용 철구조물(사각파이프, 2.5m) 밑으로 이동하던 중 철구조물을 통과한 줄 알고 일어서다가 철구조물과 고소작업대 난간대 사이에 머리가 협착되어 사망하였다.
- 2023년 9월 충남 서천군 소재 발전소에서 이 회사 운전원 A와 협력사 운전원 B(경력 20년 이상의 감독자) 등이 현장에서 발생한 트러블을 해결하기 위해 먼저 모터 구동 밸브(Motor Operating Valve: MOV)의 통신카드를 교체했지만 문제가 해결되지 않았고, 2차로 전원카드를 교체했지만 이번에도 해결되지 않았다. 이에 이들은 MOV를 로컬로 전환하여 조작키로 한 다음, 전단(수동차단)밸브를 닫지 않은 상태에서 MOV를 개방하게 되었는데, 그 순간 저장탱크의 높은 압력(270bar)이 후단배관에 가압되면서 flexible metal hose가 압력을 이기지 못하고 파열됐고, 그 바람에 전면부에서 지켜보고 있던 협력사 운전원 C가 사망하고 3명이 중경상을 입었다.[100]
- 2024년 1월 전라남도 신안 이목리의 한 배전 선로작업 현장에서 50대 작업자가 전기를 차단한 뒤 전선을 연결하고 있었는데, 현장에서 약 2km 떨어진 곳에 있는 한전 배전센터 직원이 작업이 끝난 것으로 잘못 생각하고 아무런 예고 없이 22,000V의 전기를 투입하는 바람에 작업자가 감전되는 사고를 당하였다.
- 2024년 6월 3호선 연신내역 전기실에서 지축전기관리소 부관리소장이 변경된 KEC(한국전기설비규정)에 맞도록 고압케이블에 상(문자) 구분 스티커를 부착하는 작업 중(추정) 급전된 배전반과 단전된 배전반을 착각하는 바람에 감전으로 사망하였다.
- 2024년 7월 서울 삼각지역 부근 지하철 환기시설(환풍구) 안에서 50대 용역업체 작업자가 점검용 LED 투광등을 설치하기 위한 배선 설치작업(풀박스 케이블 결선작업)을 하던 중 다른 스위치를 전력 차단 스위치인 것으로 착각하는 바람에 다른 스위치를 내리고 작업을 하다가 감전으로 사망하였다.
- 2024년 10월 광주 아파트단지 분리수거장 근처 인도(人道)에서 학교 수업을 마치고 집으로 돌아가던 초등학교 1학년 A양이 주차하기 위해 후진하던 민간 폐기물 처리업체의 5톤 생활폐기물 수거차량에 치여 현장에서 숨졌다.

---

100 운전원들은 전단 밸브가 열린 상태에서 MOV가 개방되면 탱크의 높은 압력(270bar)이 후단 배관에 가압되면서 파열될 수 있다는 점에 대해 인지하지 못한(지식이 없는) 상태에서 MOV 조작을 한 것이 사고의 직접적 원인인 것으로 생각된다.

4. 휴먼에러의 발견

휴먼에러의 발견과 회복의 용이성은 휴먼에러의 유형에 따라 크게 다르다.

우리들은 태어나면서부터 위치감각 또는 운동감각을 갖추고 있어 수직방향에서의 이탈을 발견하고 교정할 수 있다. 이 때문에 헛디디거나 발이 걸리거나 채어 비틀거리는 것은 자동적(무의식적)으로 발견되어 회복된다.

'계획대로 되지 않은 행동'인 행위착오는 비교적 간단하게 발견할 수 있다. 우리들은 일반적으로 자신들의 현재 의도가 무엇인지 알고 있거나 상황을 보면 일탈하고 있다는 것이 명확하기 때문이다, 예를 들면, 양말을 신은 채 욕조에 들어가거나 커피 자판기에 '감사합니다'라고 말하는 것이 계획의 일부분이 아니라는 것을 우리들은 바로 알아차린다.

망각 중에서도 쉽게 발견되는 것이 있다. 잘 알고 있는 사람의 이름이 생각나지 않는 것을 인식하고 금세 당황한다. 그런데 뭔가를 잊어버렸을 때 깨닫기까지의 시간은 잊어버린 내용에 따라 크게 다르다. 치과 예약을 잊어버린 것은 생각날 때까지 몇 개월이 걸릴 수도 있는 반면, 쇼핑을 할 때 지갑을 가져오지 않은 것은 계산대 앞에 섰을 때에 알게 된다.

착각은 이를 발견하는 것이 대개 어렵고, 경우에 따라서는 불가능하다. 이것은 의도한 목표로 향하는 이상적인 길을 반드시 알고 있는 것은 아니기 때문이다. 바람직한 결과를 달성하지 못하는 것, 그것 자체는 착각은 아니다. 계획에는 프로세스(아는 것, 판단하는 것, 결정하는 것 등)와 결과(바랐던 것인지, 그렇지 않은 것인지, 좋은 것인지 나쁜 것인지)라는 두 가지 요소가 있다. 대부분의 사람이 적절하다고 판단한 프로세스라도 계획자가 통제할 수 없는 상황 때문에 바라지 않은 결과로 이어질 수 있다. 반대로, 예측할 수 없는 행운이 찾아와 부적절한 계획으로도 좋은 결과를 내는 경우도 있다. 우연은 행운이든 불운이든 공평하다. 즉, 우연은 받을 자격이 있는 자와 받을 자격이 없는 자를 구별하지 않는다.

5. 휴먼에러의 결과

휴먼에러의 여러 유형을 구별하는 것은 단순한 학문적 호기심이 아니다. 휴먼에러의 유형을 이해하는 것이 중요한 것은 휴먼에러가 다르면 결과도 다른 경향이 있기 때문이다. 그림 4-2는 호주의 보수작업 연구에 따른 것으로서, (항공기의 안전 또는 운항을 위협한) 품질사고를 일으킨 휴먼에러와 산업안전사고를 일으킨 휴먼에러를 나타내고 있다. 품질사고를 일으킨 가장 일반적인 휴먼에러는 망각이고, 이 그룹에 있는 휴먼에러의 약 3분의 1을 차지하고 있다. 위반과 지식 기반 착각은 품질사고에서 그다음으로 가장 자주 발생하는 휴먼에러이다.

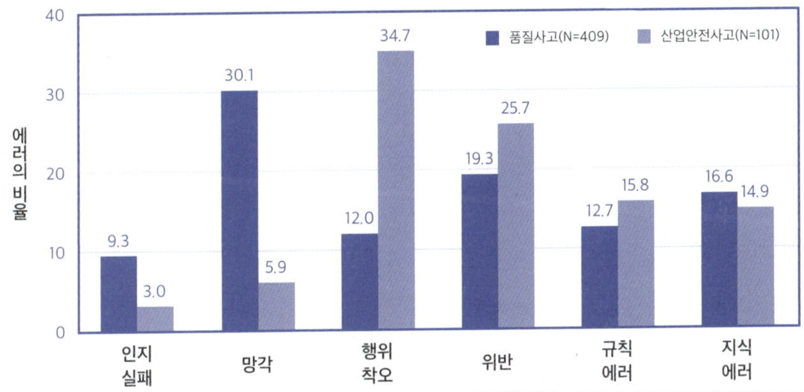

그림 4-2 품질사고와 산업안전사고를 초래한 휴먼에러 유형의 비교

항공기 보수작업 중에 사람이 부상을 입거나 위험에 노출된 산업안전사고를 비교해 보자. 산업안전에서는 위반, 규칙 · 지식 기반 착각도 여전히 중요하지만, 행위착오가 가장 빈도가 높은 휴먼에러 유형이다. 그러나 망각이 산업재해를 일으킨 경우는 드물다.

요컨대, 종업원의 산업재해를 유발하는 휴먼에러는 보수작업의 품질에 영향을 주는 휴먼에러와는 다를 수 있다는 의미이다. 결과의 양쪽 형태에 모두 대처할 필요가 있지만, 각각에 대해 다른 개입이 요구된다. 현재 산업안전에 투입하고 있는 노력은 품질에 대해서는 거의 효과를 주지 못할 수 있고, 반대의 경우도 마찬가지이다.[101]

101 J. Reason and A. Hobbs, *Managing Maintenance Error*, Ashgate, 2003, pp. 59~60.

6. 정리

행위착오, 망각, 착각이라고 하는 거의 모든 종류의 휴먼에러를 지배하는 하나의 원리가 있다면, 그것은 정신적 프로세스의 불완전성이다. 올바른 행위를 위해 필요한 정신적 프로세스가 불완전할 때 휴먼에러는 발생한다. 이 정신적 프로세스의 불완전성은 부주의, 망각, 불완전한 지식, 애매한 지각 데이터 등 여러 가지 형태를 취한다. 정신적 프로세스의 불완전성은 많은 형태를 취하지만, 다행히 마음의 반응은 예측 가능하다. 마음의 반응의 초기상태는 흔하고 익숙하며 그 상황에 적절한 반응이다. 이것은 매우 적응성이 높다. 의심스러울 때, 우리들의 정신적 프로세스는 이들 특정 상황에서 유용하다고 밝혀진 반응에 의지한다. 그것은 이러한 상황에서 빈번하게 그리고 최근에 자주 사용된 무언가이다. 이것은 심리적 논리이다. 올바르지 않은 것일 수 있지만, 추측할 수밖에 없을 때에는 매우 합리적이라고 할 수 있다.

규칙 기반 착각은 전형적으로 부적절한 상정 또는 나쁜 습관과 관련되어 있다. 그 이름에도 불구하고 규칙 기반 에러는 일반적으로 절차의 의도적인 위반을 포함하지 않는다. 지식 기반 에러는 문제 해결의 실패 또는 시스템 지식의 결여를 반영하는 것일 수 있다.

휴먼에러와 위반은 나쁜 결과를 초래할 가능성은 있지만, 본질적으로 나쁜 것만은 아니다. 휴먼에러와 위반, 특히 휴먼에러는 상황에 따라서는 유용하고 적응성이 있는 정신적 프로세스와 관련되어 있기도 하다.

제5장

불안전행동 유발요인

제5장

불안전행동 유발요인

휴먼에러는 랜덤으로 발생하는 것이 아니라 사람이 활동하고 있는 환경의 일부분인 상황과 업무적 요인에 의해 유발되는 측면이 강하다. 작업장에서의 휴먼에러 생성조건은 흔히 현장적(local) 요인이라고 불리는데, 이것은 현장적 요인이 휴먼에러를 일으키는 순간에 인접 환경에 존재하는 것을 의미한다. 그림 5-1은 휴먼에러 유형의 주변에 이 같은 현장적 요인이 존재한다는 것을 나타내고 있다. 한편, 휴먼에러는 조직에서 뿌리 깊게 박힌 보다 광범위한 시스템 문제[상류에 위치한(upstream) 문제로서의 조직적 요인]를 반영할 수도 있다.

좋든 나쁘든 작업자 행동에 영향을 줄 수 있는 많은 잠재적인 현장적 요인이 있다. 국제민간항공기구(International Civil Aviation Organization: ICAO)는 300건을 넘는 현장적 요인의 목록을 제시하고 있는데, 그 목록에는 열과 추위부터 지루함, 영양상의 요인, 나아가서는 치통까지 열거되어 있다. 그러나 결국 비교적 한정된 종류의 현장적 요인이 재해 및 사고 보고서에서 반복적으로 나타난다는 것을 경험을 통해 알 수 있다.

이것은 자신이 에러의 가능성을 높이는 작업장소와 요인을 고려할 때 상대적으로 관리하기 쉬운 문제 리스트에 초점을 맞출 수 있다는 것을 의미한다. 여기에서는 작업을 둘러싸고 있는 몇 가지 중요 요인들과 이들 요인에 의해 조장되기 쉬운 휴먼에러들의 종류에 대해 검토한다.

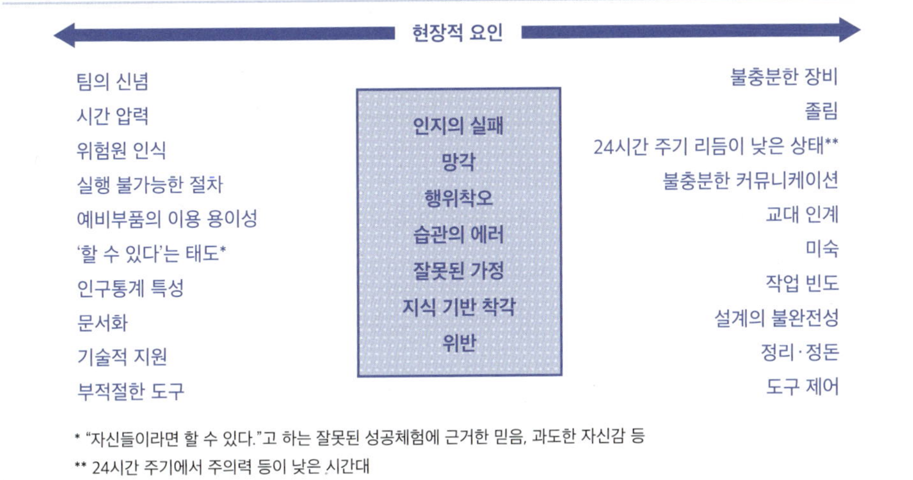

그림 5-1 현장적 불안전행동 생성 요인(박스 밖)과 에러(박스 안)

1. 문서화

위험작업은 일반적으로 문서화로 시작하여 문서화로 끝난다. 문서화는 단순히 작업의 수행에 필요한 지시를 전달할 뿐만 아니라 작업의 완료, 시스템 장해 범위의 기록 등 커뮤니케이션 측면에서도 중요한 역할을 하고 있다.

항공회사 보수작업자의 일상적인 작업을 대상으로 한 연구 결과, 대부분의 시간은 항공기를 다루지 않고 마이크로피시(fishe) 판독기, 기술 기록(technical log), 작업카드, 보수매뉴얼을 사용하거나 작업완료 사인에 사용하고 있다는 점이 발견되었다.[102] 작업에 익숙하지 않을수록 보다 긴 시간을 문서를 처리하는 데 사용한다. 문서는 새롭거나 익숙지 않은 작업에 대해선 방법을 안내해 줄 것이지만, 사람들은 작업에 익숙해짐에 따라 서류를 덜 참조하는 경향이 있다. 이러한 경향은 위험성을 안고 있는데, 절차가 변경되는 경우 특히 그렇다.

102 A. Hobbs and A. Williamson, "Skills, Rules and Knowledge in Aircraft Maintenance: Errors in Context", *Ergonomics*, 45(4), 2002, pp. 290~308.

위험작업에서의 문서 기록의 중요성을 감안하면, 부실하게 설계된 문서가 많은 사고의 중심에 있다는 사실은 놀라운 일이 아니다. 애매하거나, 장황하거나, (지루할 정도로) 반복적인 절차서는 휴먼에러를 유발하기 쉽다. 실행 불가능하거나 비현실적인 절차서는 위반을 조장하기 쉽다. 조직의 문서를 전체적으로 다시 작성하는 것은 단기적인 목표에는 적합하지 않을 수 있지만, 상당한 개선이 끊임없는 노력을 통해 이루어질 수 있다. 예를 들면, 간결한 표현으로 기술함으로써 문서에 사용되는 말이 보다 명확해지고 알기 쉬워질 수 있다. 작업자가 한국어를 모국어로 하지 않는 국가에서 온 경우는 더욱 그렇다. 페이지의 레이아웃, 도표 및 주의사항을 약간 개선하는 것만으로도 휴먼에러를 저감하는 데 도움이 될 수 있다.

2. 시간 압박

항공업계에서 보수작업자는 초기의 영업항공 때부터 정비한 항공기를 빨리 운행 상태로 되돌려야 한다는 압력에 직면해 왔다. 항공회사는 항공기가 운행하지 않는 시간을 단축하려고 노력하기 때문에 많은 보수작업자에게 있어 시간 압박은 피하기 어려운 현실이 되어 왔다. 이 경우의 특징적인 리스크는 실제의 시간 압박 또는 스스로 부과한 시간 압박에 직면한 보수작업자는 항공기를 보다 빨리 가동상태로 되돌리기 위해 절차를 생략하고 싶어 할 것이다.

보수시스템은 중요한 작업에서의 휴먼에러를 포착하기 위하여 설계된 독립적인 점검 및 기능테스트와 같은 내장된 안전장치를 가지고 있다. 당연히 이들 휴먼에러를 포착하기 위한 안전장치는 일반적으로 작업의 끝부분에서, 정확히 말해서 기계를 가동상태로 되돌리려는 압박이 가장 커지기 쉬울 때와 절차를 생략하거나 단축하려는 유혹이 가장 강할 때 작동한다.

보수작업자에 대한 조사에서, 시간 압박은 사고 유발요인 중 가장 높은 빈도로 언급되었다. 특히 흥미 깊은 것은 회답자의 32%가 시간 부족을 이유로 필요한 기능체크를 하지 않은 적이 있었다고 보고했다는 점이다.[103] 그 시점에서는 이런 판단은 안전하고 합리적인 것으로

103 A. Hobbs and A. Williamson, *Aircraft Maintenance Safety Survey–Results*, Australian Transport Safety Bureau, 2000.

보였을 수도 있다. 그러나 시간 압박하에서 이루어진 판단의 대부분은 사고 후의 검증을 견뎌내지 못한다.

3. 정리·정돈 및 도구·설비

1) 정리·정돈

도구와 장비를 관리하는 방법을 포함한 정리 · 정돈은 휴먼에러를 일으키는 기회를 늘리거나 줄일 수 있는 중요한 현장적 요인이다. 정리 · 정돈에는 걸레, 제거되거나 분해된 부품과 같이 보수작업에서 사용되는 물품을 관리하는 것까지 포함된다.

조직의 정리 · 정돈 관행은 작업자들 자신과 그들의 작업방법에 대한 생각을 반영한다. 제거된 잠금장치(fastener)를 두드러지게 눈에 띄는 위치에 두는 것은 "그곳에 오는 다른 작업자가 잠금장치가 제거되었다는 것을 알지 못할 수 있어 알게 할 필요가 있다는 점을 나는 인식하고 있다."고 말하고 있는 것이다. 반면에, 제거한 잠금장치를 놓기 편리하지만 발견하기 어려운 선반 또는 작업대에 두는 것은 작업자가 (작업하는 자로서) 완벽하고 상황에 대한 전체상을 가지고 있을 것이라는 전제를 필요로 한다. 정리 · 정돈과 도구 관리가 엉성하게 이루어지는 것은 잘못된 가정과 망각의 기회를 증가시킨다.

도구와 부품이 정리되고 저장되는 방법은 단순히 편의상의 문제만은 아니다. 그것은 상황인식을 제공하고 휴먼에러의 기회를 저감하는 커뮤니케이션의 중요한 형태이다.

2) 도구·설비

작업의 질에 영향을 미치는 가장 영향력 있는 현장적 요인은 작업을 행하기 위해 이용되는 도구와 설비이다.

호주의 항공기 보수작업 조사에 의하면, 사고 기여요인 중 두 번째로 많이 지적되는 것은 설비 또는 도구의 불비(不備)였는데, 그 대부분은 올바른 지상(ground) 설비 또는 도구의 부족이었다.[104] 예를 들면, 작업에 필요한 도구를 이용할 수 없는 경우에는 즉흥적인 대책으로 이어진다. 많은 설비 문제는 보수작업자 자신에게 잠재적인 위험을 초래한다.

> "우리들은 화물칸 앞쪽에서 작업을 하고 있었다. 우리들은 보수작업을 가급적 빨리 끝내고 싶었기 때문에, 화물에 접근하는 데 엔진 스탠드를 사용하였다. 스탠드의 최상부는 화물의 바닥보다 약 4피트 낮았지만, 그곳에서 이용할 수 있는 유일한 스탠드였기 때문에 그대로 사용되었다. 한 작업자가 화물칸에서 나가려고 할 때 넘어지는 바람에 화물칸에서 스탠드로 떨어진 다음 지면으로 추락했다."

보수설비의 보수는 그 자체가 관리에 있어 중요한 작업이지만, 마땅한 주의가 기울여지지 않는 경우가 종종 있다. 보수작업자의 적응능력이 문제의 일부이다. 만약 적절한 설비를 이용할 수 없으면, 다른 설비가 이용될 수 있다. 올바른 도구가 이용될 수 없으면, 아마도 다른 도구가 이용될 수 있다. 확실히 장비 · 도구의 불비는 위반의 온상이다. 위반하는 것에 스릴이 있어서가 아니라, 작업을 끝내려면 그 외의 대안이 거의 없기 때문이다. 설비를 이용할 수 없어 보수작업자가 일을 중단하는 경우, 그 문제는 관리자에게 명백하게 인식될 것이다. 그러나 '할 수 있다'는 태도가 이것을 막는 경우가 많다.

4. 연락 · 조정과 커뮤니케이션

작업자는 그 스타일에 있어 넓은 범위에 걸쳐 있지만, 호들갑 떨지 않고 조용히 일을 하는 과묵한 유형이 작업자의 전형적인 유형이다. 이러한 작업자들이 작업을 할 때 발생하는 가장 심각한 휴먼에러들 중 일부는 부실한 커뮤니케이션에 기인한다.

어떤 조사에서 미국의 숙련된 정비사에게 자신의 일에서 가장 어려운 부분은 무엇인지에 대해 물었는데, 가장 많은 답은 '인간관계 또는 부하들을 다루는 것'이었다.[105] 팀으로 일을

---

104 A. Hobbs, "The Links Between Errors and Error–Producing Conditions in Aircraft Maintenance," Paper given to 15th Symposium on Human Factors in Aviation Maintenance, 27–29 March 2001.

105 S. Predmore and T. Werner, "Maintenance Human Factors and Error Control", Paper given to 11th Symposium on Human Factors in Aviation Maintenance, 12–13 March 1997.

하는 것은 기술적인 노하우 이상의 것이 요구된다. 우리는 많은 경우 이 중요한 커뮤니케이션 기량과 부하를 다루는 기량을 개발할 필요성을 간과한다. 미국 교통안전위원회(National Transportation Safety Board: NTSB) 위원이자 보수 기술자인 고글리아(John Goglia)는 "보수 관리자와 기술자는 엔지니어로서의 역량이라는 점에서는 높은 기술적 기량을 가지고 있지만, 현대의 복잡한 운항체제 속에서 안전을 확보하기 위한 커뮤니케이션 기량을 결여하고 있는 경우가 종종 있다. 그들에게 요구되는 것은 기술적 기량과 사회적 기량의 보다 좋은 균형이다."라고 강조하였다.[106]

호주의 보수작업 조사에서는, 보고된 사건 중 12%가 상호 간의 오해, 불충분한 팀워크나 커뮤니케이션 또는 부정확한 가정과 같은 연락 · 조정 문제가 특징인 것으로 나타났다.[107] 많은 경우, 작업자가 작업에 대해 암묵적인 가정을 하고, 상황 확인을 위한 다른 작업자와의 커뮤니케이션이 잘 되지 않을 때 연락 · 조정이 실패하게 된다. 보수작업자는 동료들의 일을 철저히 점검하거나 너무 많은 질문을 하는 것으로 비춰지면, 그들을 화나게 하지 않을까 염려하는 경우도 종종 있다.

다음 사례는 암묵적인 가정과 부실한 커뮤니케이션에 관련된 연락 · 조정의 어려움을 설명한다.

> "우리 두 명은 항공기의 정비를 서두르고 있었다. 기수(機首) 조향기의 바이패스 핀이 남겨 두어졌다. 항공기는 유도로를 이동하기 시작했지만, 조종이 안 되는 것을 확인하자마자 바로 정지했다. 우리들은 핀을 제거하고 통상의 조종상태로 했다. 이것은 반복되는 보수작업이다. 우리 둘은 상대방이 핀을 제거했을 것이라고 생각했다."

그 밖에 커뮤니케이션은 '문화적 장벽'과 단호한 태도의 부족으로 방해받기도 한다. 다음 사례가 이에 해당한다.

---

106 J. C. Taylor and T. D. Christensen, *Airline Maintenance Resource Management*, Society of Automative Engineers, 1998.

107 A. Hobbs, "The Links Between Errors and Error–Producing Conditions in Aircraft Maintenance," Paper given to 15th Symposium on Human Factors in Aviation Maintenance, 27–29 March 2001.

> "기체와 엔진 숙련공이 오일 파이프를 단단히 잠그지 않았다. 전기설비 보수 엔지니어의 엔진·기체 시스템에 대한 의견은 환영받지 못하거나 무시되기 때문에, 나는 어떤 말도 하지 않았다."

작업 간의 연락·조정 또는 커뮤니케이션의 실패로 재해가 발생한 사례를 이하에 소개한다.

- 대형마트에서 무빙워크를 점검하던 협력사 직원 2명이 지하 1~2층 무빙워크 위아래에 각각 따로 위치하고 있는 상태에서, 위쪽 작업자가 기계의 작동을 알리기 위해 "업(up)"이라고 외쳤지만 아래쪽 작업자가 이 말을 듣지 못했다. 정지된 무빙워크 위에 서 있던 아래쪽 작업자는 기계가 작동하자 균형을 잃고 넘어졌다. 이 작업자가 넘어진 곳은 무빙워크의 길 역할을 하는 팔레트가 돌아가는 피트 안이었다. 재해자는 피트 안의 기계 사이에 몸이 끼어 사망하였다.
- 협력사의 근로자가 발주자 소유의 온도조절계, 온도기록계의 점검·조정작업을 하다가 작업 중에 온도조절계의 충전부에 접촉하는 바람에 감전으로 사망했다. 통전(通電)관리를 하는 주문자와 협력사 간에 연락·조정이 이루어지지 않았다. 그리고 당초 설치되어 있던 접촉 방지용 커버가 파손되어 있었다.
- 금속제조업의 도급사의 도금공장에서 협력사의 근로자 A가 크레인의 와이어를 떼어 내고 있을 때에, 화물을 반입하던 다른 협력사의 크레인이 A에 근접하는 바람에 A를 치면서 A의 오른쪽 다리가 절단되었다. 2개의 작업이 동일한 장소에서 진행되고 있었음에도 불구하고 작업 간의 연락·조정이 이루어지지 않았다.
- 화학플랜트를 해체하는 공사에서 플랜트 배관을 가스용접으로 절단하기 시작했다. 배관 내에 잔류하고 있던 톨루엔증기(가연성 가스)가 가스용단의 불꽃에 의해 착화되는 바람에 협력사의 작업자 3명이 화상을 입었다. 도급사로부터 협력사에 배관 내에 톨루엔가스가 잔류되어 있고 착화 가능성이 있다고 연락되지 않고 작업방법의 조정이 이루어지지 않았다.
- 의류 매장 건물에서 엘리베이터 점검 도중 대형 엘리베이터 소속 작업자 A와 B 간의 커뮤니케이션 잘못으로 A가 소음 측정을 위해 승강로 안으로 몸을 집어넣은 상태에서 위층에 있던 B가 카운터블러쉬(무게추)를 내리는 조작을 하는 바람에 A가 설비에 몸이 끼어 사망하였다.

대부분의 대기업에서는 종업원에게 업무의 위임, 커뮤니케이션, 관리 및 리더십과 같은 비(非)기술적 기량에 대한 교육훈련을 제공하고 있다. 이와 같은 비기술적인 기량은 관리자에 대해서뿐만 아니라 현장감독자와 작업자에게도 필요하다는 인식이 높아지고 있다.

5. 피로

산업혁명이 일어날 때까지는 철야해서 일하는 사람들은 비교적 적었다. 수천 세대에 걸쳐 인간은 기본적으로 주간에 활동하는 피조물이었다. 신체기능은 주야의 사이클에 연결되어 있는 24시간 리듬을 타고 있다. 밤이 시작되면 인간의 신체에서는 여러 변화가 시작된다. 체온은 내려가고, 여러 신체 화학물질의 수준이 변화하며, 가장 중요한 것은 조심성이 저하되기 시작한다. 산업 분야의 통계에 의하면, 휴먼에러는 다른 어느 시간보다도 이른 아침 시간에 일어날 가능성이 높다.[108]

최근 연구에 의하면, 교대근무자가 경험하는 적당한 수면의 결여는 알코올에 의해 야기되는 악영향과 매우 유사한 영향을 미칠 수 있다.[109] 18시간 연속으로 깨어 있는 경우, 많은 작업에서의 정신적 및 신체적 행동은 마치 혈중 알코올 농도(Blood Alcohol Concentration: BAC)가 0.05%인 사람과 같은 정도의 영향을 받는다. (어떤 검사업무와 같이) 좀처럼 발생하지 않는 문제를 검출하는 것이 요구되는 지루한 작업은 피로의 영향을 가장 많이 받는다. 작업자가 23시간 연속으로 깨어 있는 상태에서의 작업은 혈중 알코올 농도가 0.12%인 사람과 같은 정도로 서투르게 수행된다.

호주의 한 조사에 응답한 엔지니어의 20%는 전년도에 18시간 이상의 긴 교대근무를 경험했다고 답했다.[110] 그때 그들의 업무수행능력이 저하되었다는 것은 의심할 여지가 거의 없다. 주목해야 할 중요한 점은 피로한 개인들은 음주한 사람들과 마찬가지로 자신들의 능력이 어느 정도 저하했는지에 대해 항상 인식하고 있는 것은 아니라는 것이다.[111]

---

108 M. M. Milter, M. A. Carskadan, C. A. Czeisler, D. F. Dinges and R. C. Graeber, "Catastrophes, Sleep and Public Policy: Consensus Report", *Sleep*, 11, 1998, pp. 100~109.

109 D. Dawson and K. Reid, "Fatigue, alcohol and performance impairment", *Nature*, 388, 1997, p. 235.

110 A. Hobbs and A. Williamson, *Aircraft Maintenance Safety Survey-Results, Australian Transport Safety Bureau*, 2000.

111 D. F. Dinges, M. M. Mallis, G. Maislin and J. W. Powell, *Evaluation of Techniques for Ocular Measurement as an Index of Fatigue and as the Basis for Alertness Management*, National Highway Traffic Safety Administration, 1998.

"대략 29시간 연속해서 일한 후에, 내가 해야 하는 마지막 작업은 단순한 엔진 부품 교환이었는데, 이전에도 여러 번 한 적이 있었던 것이었다. 엔진 부품을 설치하려고 할 때, 올바른 장착 절차에 집중하는 것이 불가능했다. 내 집중력은 단순한 작업도 행할 수 없는 정도로까지 떨어져 있었다."

피로한 작업자는 보다 화를 잘 내고 예민해질 수 있다, 그러나 아마도 보수작업에 대해 가장 중요한 것은 피로한 작업자는 자신의 주의력을 컨트롤하는 데 곤란을 겪는다는 사실이다. 정보가 단기기억에서 빠져 나가고 망각의 가능성이 높아진다.

야근 근로자는 적응하게 되고 그들의 신체 리듬은 뒤바뀌거나 야근에 동조하게 되어, 야근 근로자에게 이른 아침 시간은 낮에 일하는 사람의 한낮과 동일하고 가장 피로한 시간대라고 생각되곤 했다. 그러나 지금은 고정적인 야근을 하더라도 24시간 신체 사이클의 일반적인 펼침 양상을 보인다고 한다. 야근 근로자는 이른 아침 시간에 주간 근로자만큼 피로하지는 않지만, 주간에 수면을 취해도 완전히 회복될 수는 없다.

교대근무의 지속시간과 수면의 질도 중요하다. 교대근로자 중에는 주간에도 충분한 수면을 취할 수 있다고 주장하는 사람도 있지만, 낮 시간에 취한 수면은 일반적으로 밤 시간의 수면보다 짧고 회복 효과도 적다. 작업자는 교대근무 시작 때부터 수면 부족일 수 있고, 각성과 업무 수행에서 24시간 주기 리듬의 하강은 흔히 평소보다 훨씬 심각하다.

야간작업이 초래하는 문제는 피로뿐만이 아니다. 기술적인 지원을 이용할 수 없거나 얻기가 어려울 수 있다. 그리고 감독도 줄어들 수 있다. 야간작업은 대체도 어려울 수 있다. 피로는 필요악이지만 적절히 관리될 수 있다.

6. 지식과 경험

지식 또는 경험의 부족은 휴먼에러를 일으키는 가장 명백한 현장요인 중 하나이다. 많은 작업자가 새로운 작업을 올바르게 실시하는지는 확신할 수 없는데도 새로운 작업을 수행해 본 경험을 가지고 있다. 시행착오는 당연히 신뢰성의 저하를 초래하는 경향이 있다. 특히 젊은 작업자들은 자신이 빠질 수 있는 함정에 대해 알 필요가 있는데, 스스로 그것을 발견해야 하는 처지가 되는 경우가 매우 많다.

작업자가 작업에 접근하는 방법은 전에 여러 번 경험한 적이 있는지 아니면 처음으로 수행하는지에 의해 크게 영향을 받을 것이다. 예를 들면, 작업의 수행에 필요한 시간은 작업을 자주 수행할수록 줄어든다는 것은 잘 알려져 있다.[112]

이것이 선임 작업자가 경험 부족에 기인하는 실수를 하지 않는다는 것을 의미하지는 않는다. 사실 선임 작업자는 작업을 선택할 때에 좀 더 특이하고 도전적인 작업을 찾는 경우가 많을 것이다. 항공기 정비사는 이전에 해본 적이 없는 작업에 약 15%의 시간을 사용하지만, 선임 정비사는 그러한 작업에 시간의 약 20%를 사용한다.[113] 일상적이고 지루한 일은 행위착오와 망각의 리스크를 포함한 특별한 위험을 지니고는 있지만, 지식 기반 문제해결을 요하는 작업이 잘 이해된 작업보다 훨씬 더 휴먼에러를 일으키기 쉽다. 이것은 견습생이 처음으로 일상적인 작업을 하는 경우이든, 선임 작업자가 특이한 변경작업 또는 체크를 하는 경우이든 동일하게 적용된다.

관리자에 대한 교훈은 작업자가 익숙하지 않은 영역에 발을 들여놓는 작업의 경우에는 각별히 주의하여 관리될 필요가 있다는 점이다.

7. 부적절한 절차 및 절차서 미사용

1) 부적절한 절차

부적절하게 작성된 절차서는 불안전행동의 일반적인 원인이다. 예를 들면, 원자력산업에서는 인간의 모든 행동 문제의 약 70%가 부적절한 절차서에 기인하는 것으로 밝혀지고 있다.[114]

---

112 B. S. Dhillon, *Human Reliability with Human Factors*, Pergamon, 1986.

113 A. Hobbs and A. Williamson, “Skills, Rules and Knowledge in Aircraft Maintenance: Errors in Context”, *Ergonomics*, 45(4), 2002, pp. 290~308.

114 INPO, *An Analysis of Root Causes in 1983 and 1984 Significant Event Reports*, Inpo 85-027, Institute

부적절한 절차서란 잘못된 정보를 제공하거나, 현재 상황에서 부적절하거나 실행될 수 없거나, 작업자에게 알려져 있지 않거나, 더 이상 쓸모없거나, 찾을 수 없거나, 이해할 수 없거나, 단순히 해당 작업을 커버하고 있지 못하는 절차서를 가리킨다. 부적절한 절차서는 착각의 원인이 될 뿐만 아니라 위반을 일으키는 주요 요인이다.

대부분의 위반이 일부 작업자의 비뚤어진 마음에 기인한다고 생각하는 것은 적절하지 않을 것이다. 상황적 위반(situational violation) 또는 필요한 위반(necessary violation)은 작업자가 일을 끝마치고 싶어 하지만 도구 또는 상황이 일하는 것과 절차서를 준수하는 것을 불가능하게 하기 때문에 발생하기도 한다. 유럽의 항공회사를 대상으로 한 연구에서는, 불명료한 작업지시서 또는 모호한 절차서가 절차서로부터의 일탈의 주된 이유 중 하나라는 점이 발견되었다.[115]

위반은 의도적인 행위이다. 작업자는 절차를 준수하지 않는 것의 손실과 이익을 비교하여 이익이 손실을 상회한다고 인식한 경우에는, 절차를 위반할 가능성이 높다. 이것은 '마음의 경제학(mental economics)'이라고 불리는 것인데, 마음의 '대차대조표'에서 이익과 손실을 표로 제시하면 다음과 같다.

표 5-1 특정 상황에서 위반 여부를 결정하는 마음의 '대차대조표'

인식되는 이익	인식되는 비용
• 보다 일하기 쉬움 • 시간을 절약할 수 있음 • 보다 흥미진진함 • 일을 완성시킬 수 있음 • 솜씨를 보일 수 있음 • 납기를 지킬 수 있음 • 남자답게 보일 수 있음	• 사고의 원인이 됨 • 자신 또는 타인이 부상을 입음 • 재산 피해가 발생함 • 수리하는 데 비용이 많이 듦 • 제재/징벌을 받음 • 일자리/승진기회가 상실됨 • 동료로부터 비난을 받음

of Nuclear Power Operations, 1985.

115 N. McDonald, S. Cromie and C. Daly, "An Organizational Approach to Human Factors", in B. J. Hayward and A. R. Lowe(eds), *Aviation Resource Management*, Ashgate, 2000, pp. 51~61.

작업자들은 많은 비준수 행위에 대해 위반하는 것이 일을 용이하게 하는 방식인 경우가 많고 반드시 나쁜 결과를 초래하는 것은 아니라는 것을 경험상 알고 있다. 요컨대, 절차를 준수하지 않는 것의 이익이 손실보다 큰 것으로 보이는 경우가 많다. 유럽 항공정비사를 대상으로 한 연구에 의하면, 절차 비준수의 가장 일반적인 이유는 보다 편리하거나 빨리 끝내는 작업방식이기 때문이라는 것이었다.[116]

여기에서 관리자가 신경써야 할 점은, 더 강한 제재를 통해 위반하는 것에 수반되는 손실을 증가시키는 것이 아니라, 준수하는 것에 의해 얻어지는 이익에 대한 인식을 높이기 위해 노력하는 것이다. 그것은 실행 가능한 절차 그리고 가장 빠르고 효율적인 작업방법이 기재된 절차를 갖추는 것을 의미한다. 부적절하거나 조잡한 절차에 의해 야기된 신뢰의 부족은 위반하는 것의 이익에 대한 인식을 높일 것이다. 특히 (시간 압박 때문에) 허용된 시간 안에 공식적인 절차를 밟는 것이 불가능하면, 절차서에서 일탈해야만 업무를 끝마칠 수 있는 경우도 생길 것이다. 모든 사람이 절차서가 개정될 필요가 있다는 것을 알고 있어도, 공식적인 개정 시스템은 시간이 많이 걸리고 상당히 거추장스러워서, 불가피하다고 생각되는 위반에 눈을 감는 것이 좀 더 편리할 수 있다. 이것은 '작업 수행의 이중 기준(double standard)'이라고 불리는데, 관리자가 직면하는 가장 어려운 문제 중 하나이다.[117]

2) 절차서 미사용

왜 작업자는 절차서를 사용하지 않는 선택을 하는 것일까. 이것에는 많은 이유가 있다. 그중에서 가장 중요한 것은 절차서를 읽으면서 동시에 작업을 하는 것은 매우 어렵다는 점이다. 작업자가 특정 작업에 관련된 리스크를 어떻게 인식하는지에 달려 있기도 하다. 표 5-2는 어떤 대규모 석유화학공장에서의 절차서 사용에 대해 조사한 결과를 제시하고 있다.[118]

---

116 Ibid.

117 N. McDonald et al, *Human-Centred Management Guide for Aircraft Maintenance*, Trinity College, 2000.

118 D. Embrey, "Creating a Procedures Culture to Minimise Risks", Paper given to 12th International Symposium on Human Factors in Aircraft Maintenance, 12-16 May 1998.

표 5-2 석유화학공장에서의 절차서 사용

작업 유형	사용률(%)
품질이 중요한 작업	80(46)*
안전이 중요한 작업	75(43)
문제 진단	30(17)
일상작업(보수작업 포함)	10(6)

* 괄호 안의 숫자는 회답자 중 58%만이 작업 수행 시에 절차서를 펼쳐 두고 있었다고 답변한 결과를 반영한 실제 사용 추정치를 나타낸다.

표에 제시된 최초의 수치는 조사 대상 작업자가 특정 사항에 관하여 절차서를 어느 정도 사용했는지에 대해 응답한 비율을 나타낸다. 이 수치에 의하면, 안전 및 품질이 중요한 작업의 경우는 높은 비율로 절차서가 사용되고 있지만, 문제 해결(안전이 중요한 것이라 하더라도)과 보수작업에서는 절차서가 사용되는 비율이 상당히 낮다. 괄호 안의 수치는 다양한 범주에서 실제 절차서 사용의 추정치를 나타내고 있다. 이들 추정치는 조사 대상 종업원 4,000명 이상 중 작업을 수행하고 있는 동안 절차서를 펼쳐 눈앞에 둔다고 답변한 것은 불과 58%에 지나지 않는다는 결과에 근거하고 있다.

고도로 절차화되어 있는 많은 산업에서는, 작업이 이루어지는 방법에 대해 작업자가 그들 자신의 절차서를 작성하는 것이 일반적이다. 이것은 빈틈없이 지켜지고 작업반의 새로운 멤버에게 넘겨진다. 이와 같은 절차서는 일반적으로 '블랙 북(black book)'으로 알려져 있다. 절차서 사용에 관한 조사에 따르면, 56%의 작업자가 비공식 절차서를 사용하고 있었고, 놀랍게도 관리자의 51%도 비공식 절차서를 사용하고 있었다.

이 조사에서는 작업자들이 절차서를 준수하지 않기로 한 이유를 조사하였다. 주된 이유는 다음과 같다.

- 절차서에 쓰여 있는 대로 하면 작업을 마칠 수 없다.
- 절차서가 있는 것을 알지 못한다.
- 절차서보다 자신의 기능과 경험에 의지하는 것을 선호한다.
- 절차서에 무엇이 쓰여 있는지 알고 있다고 억측하고 있다.

8. 개인적 신념: 위반을 조장하는 요인

착각 또는 숙련 기반 에러와 달리, 위반은 정해진 절차, 안전기준으로부터의 의도적인 일탈을 포함한다. 인간이 왜 위반행위를 하는지에 대해 우리들이 학습한 것의 많은 부분은 운전 위반에 관한 연구에서 나온다. 도로는 이 주제를 연구하는 데 있어 자연스런 훌륭한 실험실을 제공한다. 도로는 사람들을 비준수 행위(non-compliance)에 이르게 하는 개인적 요인들의 일부를 이해하는 데 있어 특히 귀중한 환경이다.

운전 위반에 관한 연구는 비준수가 잠재적으로 위험한 많은 신념 또는 착각(illusion)과 직접적으로 관련되어 있다는 점을 제시한다. 이들 중 보다 중요한 것의 일부를 아래에 요약하여 제시한다.

- **컨트롤 착각**: 위반자는 자신이 위험한 상황의 결과를 지배할 수 있는 정도를 과대평가한다.
- **불사신의 착각**: 위반자는 자신의 규칙 위반이 심각한 결과를 초래할 가능성을 과소평가한다. 자신의 기량이 항상 위험을 극복할 수 있다고 믿는다.
- **우월의 착각**: 이것은 두 가지 형태로 나타난다. 첫째, 위반자는 자신의 기량이 다른 사람보다 우수하다고 믿는다. 둘째, 위반자는 자신의 위반 경향이 다른 사람에 비해 심하다고 생각하지 않는다.
- **나도 어쩔 수 없다**: 위반자는 규칙을 편리하도록 바꾸고 어기고자 하는 유혹을 억누를 수 없다고 자주 느낀다.
- **아무 문제가 없을 거야**: 위반자는 자신의 위반을 나쁜 것으로도 위험한 것으로도 보지 않는다. 예를 들면, 그는 자신의 과속 행위가 법을 준수하는 다른 운전자보다 덜 짜증스럽고 덜 심각하고 덜 위험하다고 평가한다.
- **모든 사람이 한다**: 위반자는 자신의 행위에 대해 다른 모든 사람이 하고 있는 것을 하고 있을 뿐이라고 말하는 식으로 설명하는 경우가 많다. 이것은 '거짓 공감(false

consensus)'[119]이라고 불린다. 위반 상습자는 위반을 하는 다른 사람의 비율을 지나치게 높이 추정한다.

- **그들은 실제로는 우리가 그것을 하길 바란다**: 작업자는 자주 자신들이 이중 구속(double bind)[120] 상태에 있다고 느낀다. 그들은 규칙을 위반하지 말라고 당부받지만, 작업을 신속하게 끝마치는 것을 요구받기도 한다. 많은 작업자는 규칙을 준수하라는 관리자의 강조를 위선적이라고 여김으로써 이 갈등을 해결한다. 관리자들은 작업이 아무 문제 없이 신속하게 마쳐지는 한 눈감아 주겠지만, 위반이 재해를 일으키면 그들에게서 자비는 거의 기대할 수 없다.

9. 휴먼에러와 그 유발요인 간의 관계

휴먼에러 유발요인의 범위를 고려할 때, 특정 현장적 요인이 특정 유형의 휴먼에러를 유발하는 경향이 있다는 점을 명심할 필요가 있다. 그림 5-2는 휴먼에러와 다양한 작업현장 조건 또는 요인 간의 관계를 나타내고 있다. 이 그림은 호주의 조사에서 보고된 600건 이상의 보수작업 사고에 대한 분석에 기초하고 있다.[121] 그림에서 서로 가까운 위치에 표시된 휴먼에러와 요인은 같이 가는 경향이 있다. 여기에서 확인할 수 있는 것은 다음과 같다.

- 가장 일반적인 휴먼에러 유형인 망각은 시간 압박 및 피로와 밀접하게 관련되어 있다.
- 규칙 기반 에러는 부적절한 절차서 및 조정과 연관되어 있다.
- 지식 기반 에러는 우리가 예상하는 것처럼 교육훈련과 강한 연관성을 보인다.

---

119 사람들이 자신의 의견이나 믿음을 대다수의 다른 사람들도 동일하게 가지고 있을 것으로 과대하게 추론하는 현상을 가리킨다. 이러한 심리적 현상은 자신의 견해가 일반적이라는 잘못된 인식을 초래한다.

120 영국의 문화 인류학자 베이트슨(Gregory Bateson)이 주장한 것으로서, 둘 이상의 모순된 메시지나 요구를 개인이나 집단이 받게 되어 이럴 수도 저럴 수도 없는 난처한 딜레마 상황(딜레마)을 가리킨다.

121 A. Hobbs, "The Links between Error and Error-Producing Conditions in Aircraft Maintenance", Paper given to 15th Symposium on Human Factors in Aviation Maintemance, 27-29 March 2001.

- 행위착오는 장비 부족과 가장 밀접하게 관련되어 있다.
- 위반은 시간 압박과 연관되어 있다. 위반이 부적절한 절차서에 반응하여 발생하기도 하지만, 이 그림에는 나타나 있지 않다.[122]

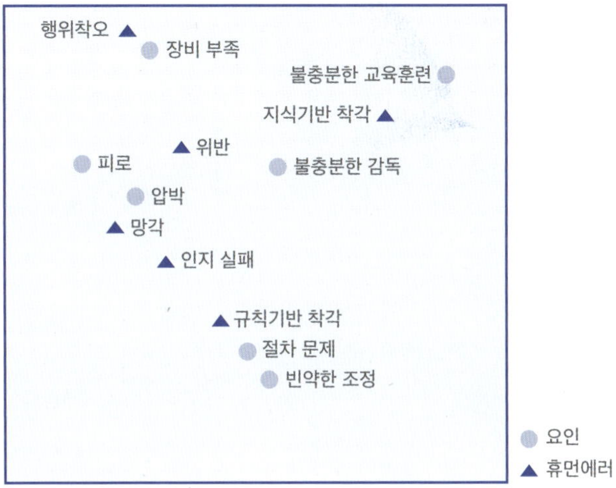

그림 5-2 휴먼에러와 기여요인 간의 관계

122 이상의 부분은 주로 J. Reason and A. Hobbs, *Managing Maintenance Error*, Ashgate, 2003, pp. 63~75를 참조하였다.

제6장

불안전행동을 둘러싼 주요 쟁점

제6장

불안전행동을 둘러싼 주요 쟁점

1. 휴먼에러와 성공적인 행동

리즌은 전술한 바와 같이 위반을 제외한 휴먼에러를 "의도하는 결과를 얻으려는 계획된 행동의 실패로서 무언가의 예상할 수 없거나 우연적인 작용의 개입이 없는 것"으로 정의하고 있다.[123] 뒤에 추가한 사항은 통제 가능한 행동을 행운 또는 불운과 구별해 주기 때문에 중요하다. 우주에서 날아온 운석에 맞거나 벼락을 맞은 사람은 아마도 당면 목표를 달성하지 못할 것인데, 이것을 휴먼에러라고는 부르지 않을 것이다.

이 정의에는 세 가지 요소가 있다. ① 목적과 그것을 달성하는 수단을 아우르는 계획 또는 의도, ② 계획 또는 의도에 의해 개시된 일련의 행동, ③ 이러한 행동이 계획 또는 의도를 달성하는 데 얼마나 성공적이었는가. 논리적으로 볼 때, 행동은 다음 하나 이상의 이유 때문에 목표를 달성하지 못할 수 있다.

- 계획은 적절하지만 행동이 계획대로 진행되지 않은 경우이다. 실행의 의도치 않은 실

123 J. Reason. *Human Error*, Cambridge University Press, 1990, p. 9, 17.

패로서 행위착오, 망각이라고 표현한다. 행위착오는 관찰 가능한 행동과 관련되며, 일반적으로 주의 실패 및 인식 실패와 연관된다. 망각은 좀 더 내부적 사건이고 일반적으로 기억의 실패와 관련된다.

- 행동은 계획에 정확하게 부합하지만, 계획이 의도하는 결과를 달성하는 데 부적절할 수 있다. 여기에서의 실패는 보다 높은 수준의 정신적 과정(이용 가능한 정보의 평가, 계획 수립, 의도 형성, 계획된 행동의 기대되는 결과의 판단과 관련되어 있다)에서 발생한다. 이 휴먼에러는 착각이라고 불리는데, 규칙 기반 착각과 지식 기반 착각으로 구분된다. 규칙 기반 착각은 통상 올바른 규칙의 잘못된 적용, 나쁜 규칙의 적용을 포함한다.[124] 지식 기반 착각은 눈앞의 문제에 대한 지식을 가지고 있지 않거나 미리 준비한 해결책을 소진하여 직면한 문제에 대한 해결책을 새롭게 생각해 내야 할 때 발생한다. 이런 경우는 휴먼에러가 발생하기 쉽다. 다음 그림은 다양한 휴먼에러 유형을 요약해서 보여준다.

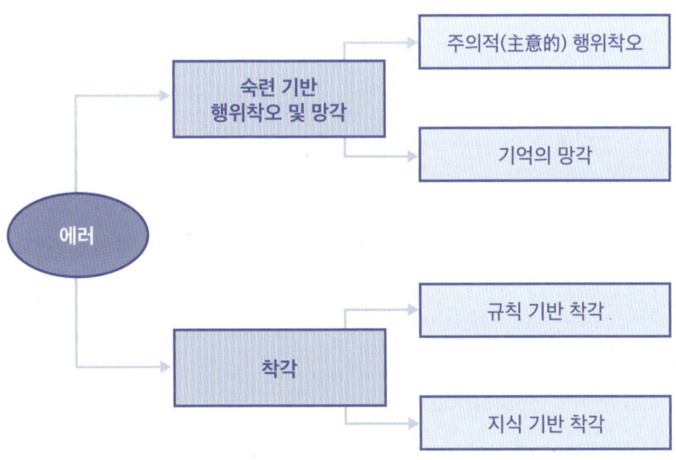

그림 6-1 주요 에러 유형의 요약

124 올바른 규칙의 미적용은 위반으로 분류된다.

모든 휴먼에러는 일정한 일탈을 수반한다. 행위착오와 망각의 경우는 행동이 현재의 의도로부터 일탈된 것이고, 착각은 원하는 목표로 향하는 어떤 적절한 경로로부터 일탈된 것이다.[125]

2. 위반과 준수행동

위반은 안전작업절차(Safe Operating Procedure: SOP), 표준 또는 규칙을 일탈한 것이다.[126] 그러한 일탈은 의도적인 것이거나 휴먼에러에 의한 것(예컨대 속도를 의식하지 못하거나 제한속도를 인지하지 못한 채 속도를 초과하는 것)이다. 보다 관심을 끄는 것은 부정적인 결과로 이어지지는 않았지만 행동이 의도적인 것, 즉 의도적인 위반이다. 이들 악의가 없는 행동은 행동과 해로운 결과 모두 의도적인 사보타주와는 구별되어야 한다.

안전위반은 크게 세 가지로 분류되고 있다. 안전작업절차를 준수하지 않기로 한 결정은 조직적 요인과 개인적 요인에 의해 구체화되는데, 이들 요인이 영향을 미치는 정도는 위반의 형태에 따라 다르다.

'일상적 위반'은 전형적으로 숙련 기반 행동 수준에서 지름길 행동(corner cutting, short-cut)을 하는 것, 즉 2개의 작업 관련 지점 간을 최소의 노력으로 가는 것이다. 이 지름길 행동은 개인의 행동패턴의 습관적인 부분이 될 수 있는데, 사업장 환경이 위반에 대해 거의 제재하지 않은 경우 또는 준수에 대해 좀처럼 보상하지 않는 경우에 특히 그렇게 된다. 일상적 위반은 필요 이상의 노력이 들 것으로 여겨지는 행동을 강요하는 '엉성한' 절차에 의해 촉진되기도 한다.

'최적화하기 위한 위반(optimizing violation)' 또는 '스릴을 느끼기 위한 위반'(이하 '최적화 위반'이라 한다)은 인간의 행동이 다양한 동기부여 목적을 충족하고 이들 중 일부는 업무의

---

125 J. Reason, *Managing the Risks of Organizational Accidents, Ashgate*, 1997, pp. 71~72.

126 J. Reason, D. Parker and R. Free, *Bending the Rules: The Varieties, Origins and Management of Safety Violations,* Universiteit Leiden, 1994, p. 16.

기능적 측면과는 전혀 관계가 없다는 사실을 반영한다. 운전자의 기능적 목표는 A에서 B로 가는 것이지만, 그 과정에서 스피드를 즐기거나 공격적 본능을 충족시킬 수 있다. 기능적이 아닌 목표를 최적화하려는 경향은 개개인의 행동 스타일의 일부가 될 수 있다. 이것은 젊은 남성의 운전자와 같은 특정 연령층의 특징이기도 하다.

일상적 위반과 최적화 위반은 노력을 최소화하거나 스릴을 즐기는 등 개인적 목적의 달성과 명확하게 관련되어 있다. 반면, '상황적 위반' 또는 '필요한 위반'은 특정 작업상황에 일차적 원인이 있다. 이 경우 일을 끝내기 위해 규칙 비준수는 필수적인 것으로 여겨진다. 상황적(필요한) 위반은 현장, 도구 또는 설비에 대한 조직의 실패에 의해 유발되는 경우가 많다. 게다가 위반하면 일을 수월하게 할 수 있다. 이들 두 가지 요인이 결합되면 필요한 위반은 예외적인 일이 아니라 일상적인 일이 되는 경우가 적지 않다.

3. 옳은 행동과 그른 행동

여기에서 '옳은'과 '그른'이라는 말은 리스크 인지의 정확성과 관련되어 있다. '옳은 행동'이란 정확한 위험성 판단(appraisal)을 기반으로 한 행동이다. '그른' 행동이란 관련된 위험성에 대한 부정확하거나 부적절한 판단을 기초로 한 행동이다.

개인의 목적이라는 점에서 보아 성공적인 행동이 위험성 평가의 정확성 관점에서 보면 반드시 옳은 행동일 필요는 없다. 시속 150km로 운전하는 것은 빨리 목적지에 도달하고 속도감의 스릴을 맛보는 개인의 목적은 달성하게 하지만, 상대적으로 낯선 물리적 상황과 감소된 휴먼에러 허용범위(margin)와 관련된 증대된 위험성을 감안하면 확실히 '옳지 않다'. 마찬가지로 규칙 준수가 자동적으로 '옳은' 행동인 것은 아니고, 위반이 자동적으로 옳지 않은 행동인 것도 아니다. 이것은 모두 국부적 상황과 절차서의 적절성에 따라 다르다.

무엇이 '옳은지는' 미리 알 수 없는 경우가 종종 있고, 그 당시에는 파악되지 않은 경우가 자주 있다. 그러나 이론상으로는 확률적 용어로 표현될 수 있다. 예를 들면, 고속도로에서 제한속도로 주행하는 동안 치명적인 사고를 당할 가능성은 주행거리당 사고 발생률에 관한 데이터로 평가될 수 있다.[127] 마찬가지로, 제한속도를 초과하는 운전이 초과 크기에 따라 리스크를 어느 정도 증대시킬지도 이론적으로는 알아낼 수 있다.

4. 적용되는 절차의 질

안전작업절차에는 좋은 규칙, 나쁜 규칙, (규칙이 없는) 무규칙 세 가지 가능성이 있다. 여기에서 '좋은' 규칙은 올바름과 개인적 목적의 수용 용이성(즉 효율, 최소노력)을 필요로 한다. 나쁜 규칙은 특정 상황에 부적합하거나 옳지 않거나 또는 둘 다에 해당하는 규칙이다.

생산활동을 관리하는 절차와는 달리, 안전한 작업을 확보하기 위해 작성되는 절차는 필요한 다양성이 부족한 것 때문에 애를 먹는다. 사실상 모든 위험한 업무에서는 일어날 수 있는 불안전행동의 종류가 생산활동에 필요한 행동의 종류보다 훨씬 많다. 따라서 피드포워드 방식[128]으로 생산활동을 제어하는 것은 적절할 수 있지만, 안전한 행동을 관리하는 데 필요한 절차의 다양성(종류)은 불안전한 상황의 있을 수 있는 다양성보다 항상 적을 것이다. 이와 관련하여 통제 이론가인 에쉬비(Ross Ashby)는 "다양성만이 다양성을 깨부술 수 있다."고 말했다.[129] 환언하면, 통제기구에서의 다양성만이 통제되어야 할 결과의 다양성을 줄일 수 있다.

이 문제를 간단한 요리를 예로 들어 설명할 수 있다. 청국장 찌개를 만드는 방법을 알려주는 데 필요한 절차는 몇 문장으로 충분할 것이다. 그러나 이 작업을 절대적으로 안전하게 수행하는 것을 보장하기 위해 필요한 절차는 여러 권으로 되어 있더라도 있을 수 있는 모든 위험요인(hazard)과 사고 시나리오를 커버할 수 없을 것이다. 물론 있음직한 일부 위험요인(해로운 세균, 날카로운 칼, 화상, 감전, 화재 및 유독가스 등)에 대해서는 예상할 수 있고, 이들 명확한 위험에 대한 요리행위 규칙을 만드는 것도 가능하다. 이것이 작업상의 특정 위험요인에 대

127 D. F. Finch, P. Kompfner, C. R. Lockwood and G. Maycock, *Speed, Speed Limits and Accidents*, Project Report No. 58, Transport Research Laboratory, 1994.

128 상황이 일어나기 전에 결과(결함)를 미리 예측하여 정정하는 제어방식.

129 W. R. Ashby, *An Introduction to Cybernetics*, Chapman & Hall, 1956.

해 조직이 하려고 하는 것이다. 그러나 위험과 이와 관련된 사고 시나리오의 모든 가능한 조합을 예상할 수 있는 방법은 없다. 따라서 본질적으로 피드포워드 방식만으로는 완벽하게 안전한 행동을 이끌어낼 수 없다. 한편, 규칙을 (일부) 적용할 수 없거나 규칙이 커버하고 있지 않은 상황은 언제든지 존재할 수 있다. 즉, '나쁜 규칙' 또는 '무규칙' 상황은 언제든지 존재할 수 있다.

물론 이것이 조직에서 안전규칙을 만드는 것을 포기해야 한다는 것을 의미하지는 않는다. 안전규칙은 파악되고 이해된 위험요인에 대해 안전한 행동을 유도하는 데 중요할 뿐만 아니라 작업상의 위험에 대한 조직의 귀중한 학습자료에 해당하기도 한다. 인간은 일보다 빨리 변하므로, 이런 자료는 시스템 전반에 안전지식을 보급하는 데 매우 중요하다. 그러나 불가피한 다양성 문제로 인해 안전작업절차를 아무리 많이 만들어도 완벽하게 포괄적이 될 수 없을 뿐만 아니라 보편적으로 적용될 수도 없을 것이다.

요컨대, 안전작업절차는 안전한 행동을 위하여 매우 중요한 것이지만, 모든 위험요인과 상황을 커버할 수 없다는 점을 이해하고 있어야 한다.

5. 절차서 추가하기

모든 조직은 인간 행동의 자연스러운 다양성과 조직 구성원의 행동에서 고도의 규칙성에 대한 시스템의 요구 사이에서 긴장을 겪는다. 위험한 시스템의 관리자들은 인간 행동을 효율적이고 생산적일 뿐만 아니라 안전하기까지 한 경로로 제한하기 위해 노력해야 한다. 두 가지 목표를 달성하기 위해 가장 널리 사용되는 수단이 절차서이다. 그러나 생산을 위한 절차서와 보호(안전)를 위한 절차서 사이에는 많은 중요한 차이가 있다.

결코 변치 않는 것은 아니지만, 효율적인 작업을 보장하기 위해 고안되는 절차서는 생산설비와 그것을 사용하는 작업의 성질상 꽤 자연스럽게 작성되는 경향이 있다. 반면에, 안전작업절차서는 최근의 사고·재해와 관련된 행위를 금지하기 위해 계속 수정된다.[130] 시간이 지나면서, '규정집(rule book)'에 추가되는 사항들은 점점 구속적인 것이 되어가고, 허용되는 행동 범위를 (결코 최적 조건이 아닌 상태에서) 일을 끝내기 위해 필요한 행동보다 훨씬 적은 범위로 좁히는 경우가 많다.

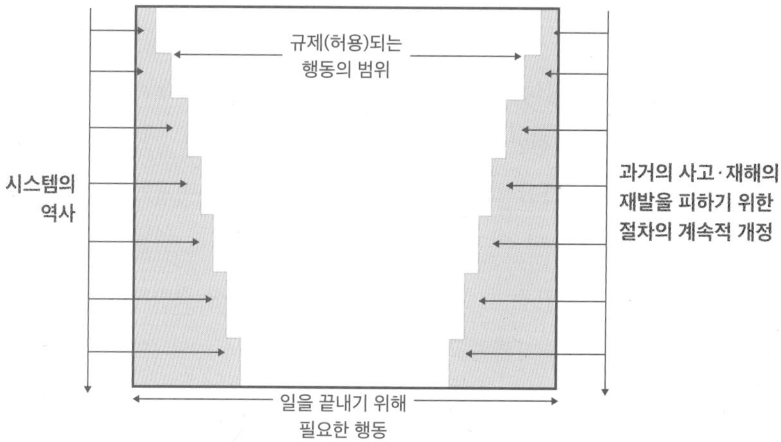

그림 6-2 필요한 추가 안전작업절차가 작업을 효율적으로 수행하기 위해 필요한 행동 범위를 줄이는 방식

그림 6-2는 특정 시스템의 역사에서 허용되는 행동이 축소되어 가는 모습을 나타내고 있다. 이것은 화학공정플랜트, 철도, 항공, 또는 조직사고 위험이 있는 모든 위험기술에 해당한다. 음영 구역 사이의 공간이 허용되는 행동의 범위를 가리킨다. 시간이 지남에 따라 조직은 인간 행동이 기여요인으로 확인되는 재해(accident)와 사고(incident)를 불가피하게 겪는다. 사건(event)이 발생하고 나서 사건과 관련된 행동을 금지하기 위해 절차가 수정된다. 그 결과, 허용되는 행동 범위가 필요한 모든 작업을 수행하는 데 요구되는 것보다 좁은 범위로 점

130 J. Reason, D. Parker and R. Free, *Bending the Rules: The Varieties, Origins and Management of Safety Violations*, Universiteit Leiden, 1994, p. 23.

점 줄어든다. 일을 하는 유일한 방법은 절차를 위반하는 것이 될 수도 있다.[131]

예를 들면, 영국 철도 규정집은 화차 연결을 위해 정지되어 있는 화차 쪽으로 일련의 화차가 (선로 안전 확인용) 선도 기관차에 의해 이동할 때는 화차의 연결작업원(열차를 편성할 때 화차를 연결하는 사람)이 화차 사이에 있는 것을 금지하고 있다. 화차가 멈춰 있을 때만 연결작업을 하기 위해 화차 사이에 들어갈 수 있다. 그러나 종종 완충기가 최대로 벌어져 있는 경우에는 화차를 연결하기 위한 샤클이 너무 짧아 연결될 수가 없다. 화차가 처음으로 접촉하면서 완충기가 순간적으로 압축될 때에만 샤클을 연결하는 일을 할 수 있다. 이 연결을 하는 가장 좋은 방법은 연결을 위해 움직이고 있는 화차 사이에 사람이 있는 것이다. 연결작업은 위험한 일이다. 많은 연결작업원이 완충기 사이에 끼이거나 바퀴 밑으로 떨어져 사망한다. 규정집 위반행위만으로 그들이 사망하는 것은 아니다. 완충기 간에도, 화차 간에도 적절한 공간이 있다. 종종 치명적이라고 밝혀진 것은 연결작업원이 화차 사이에 있음으로써 규칙 위반을 하고 있을 때 뒤이어 휴먼에러를 저지르고마는 것이다. 그는 순간적으로 주의를 빼앗겼거나 무심코 완충기 사이에 들어갔거나 또는 미끄러져 화차 바퀴 밑으로 추락했을 가능성도 있다. 위반에 휴먼에러가 더해지는 것(위반+휴먼에러)이 위험한 작업에서 참사의 공식이 되는 경우가 흔하다.[132]

그러나 재해와 관련된 행동만의 단순한 반복으로는 대개 나쁜 결과가 초래되지 않는다. 사건 초기에 그것의 기여는 잠재적 상황, 국소적 촉발요인 및 기타 즉발적 에러(active failure)[133]의 복잡한 상호작용 중에서 단지 하나의 원인에 불과할 뿐이다. 재해와 관련된 행동은 나쁜 결과의 발생에 필요조건일 수는 있으나 충분조건이 되는 경우는 좀처럼 없다. 여러 요인들의 이러한 조합이 똑같은 형태로 재발되는 일은 비록 있다 해도 극히 드물다. 작업자들은 단 한 번의(isolated) 위반에는 대개 제재가 수반되지 않는다는 것을 재빨리 알아차린다. 사실 그들은 이러한 위반이 보다 간단하고 효율적인 작업방식으로 이어진다는 것을 알고 있

---

131 J. Reason, *Managing the Risks of Organizational Accidents*, Ashgate, 1997, pp. 49~51.

132 R. Free, *The Role of Procedural Violations in Railway Accidents*, University of Manchester, 1994, p. 87.

133 즉발적 에러는 잠재적 상황과 대비되는 것으로서 불안전행동이라고 부르기도 한다.

는 경우가 많다.

아이러니하게도 안전한 작업 실천을 계속 강화하는 것으로 인한 영향 중 하나는 위반이 저질러질 가능성을 증가시킨다는 것이다. 허용되는 행동의 범위가 점차 줄어들어, 절차가 일상적으로 위반되거나 업무적 필요성 때문에 일상적 절차 위반이 이루어지는 지경에까지 갈 수 있다. 휴먼에러는 다양한 정신적 활동의 불충분에 의해 발생하는 반면, 많은 위반은 절차의 과잉에 의해 유발된다.[134] 그러나 이것이 이야기의 끝이 아니다. 단발적인 금지된 행동은 대부분 사소할 것으로 생각되지만, 그것이 어떤 과거 사건에 관련되었다는 사실은, 그것이 일반적으로는 나쁜 결과를 초래하지 않는다고 하더라도, 그 행동이 위반자에 대한 위험성을 증가시킬 수 있다는 점을 말해준다.

위반이 휴먼에러를 뒤이어 발생시킬 가능성을 높이는 것은 위반이 위험성을 증가시키는 방법 중의 하나이다. 예컨대 시속 150km로 운전하는 것이 그 자체는 사고 원인으로 충분조건은 아니다. 그러나 이 속도가 규정속도보다 높은 것은 확실하기 때문에, 제동거리나 자동차의 핸들링 특성을 잘못 판단할 가능성이 높다. 그러면 이러한 휴먼에러가 허용될 여지(휴먼에러를 저질러도 괜찮을 여지)가 상당히 감소되기 때문에, 휴먼에러가 용서받을 가능성은 낮아진다. 이와 같이 위반은 두 가지 결과를 초래할 수 있다. 위반은 뒤따르는 휴먼에러 가능성을 증가시킬 수 있고, 휴먼에러가 나쁜 결과를 초래할 가능성을 증가시킬 수도 있다.

많은 위험한 업무영역에서 중요한 문제가 되는 것은 위반을 하는지의 여부가 아니라 언제 위반을 하는가이다. 아마도 더 중요한 것은 언제 준수하는가이다. 금지된 행위가 작업을 완료하기 위해 필요하다고 하면, 해당 규칙은 준수되지 않을 것이다. 거의 모든 위험한 업무에서는, 규정된 영역 밖에 있는 행동이지만 동료들(동등한 수준의 기량을 가지고 있는 사람들) 사이에서는 수용되는 행위로 간주되는 경우가 있다. 대부분의 경험이 많은 작업자들은 안전과 재해 사이의 '경계'가 어디에 있는지 대략 알고 있고, 극단적인 상황을 제외하면 그것을 벗어나지 않는다. 그러나 그 경계에 관하여 자신들이 현재 어디에 있는지에 대해, 그들이 반드시 충분히 인식하고 있는 것은 아니다. 허용되는 행동의 좁은 범위 내로 물러서거나 작업을

---

134 J. Reason, "A Systems Approach to Organizatianal Errors", *Ergonomics*, 38, 1995, pp. 1708~1721 참조.

완전히 멈추기까지 하는 것이 현명한 때가 있다. 하지만 언제 이것을 해야 할지를 결정하는 판단은 어렵고 종종 틀릴 수 있는 문제이다.

6. 규칙과 관련된 여섯 가지 행동

규칙과 관련된 행동은 그림 6-3과 같이 여섯 가지 유형으로 구분할 수 있다. 이 그림에서는 규칙 관련 상황을 셋으로, 행동을 둘로 각각 나누고 있다. 행동의 경우, '옳은 행동'은 옳고(위험성 판단의 관점에서) 성공적인(개인적 목적을 달성하는 데) 행동을 의미하는 반면에, '잘못된 행동'은 옳지 않고 성공적이지 못한 행동을 의미한다.

	좋은 규칙	나쁜 규칙[135]	무규칙
올바른 행동	옳은 준수	옳은 위반	옳은 임기응변
잘못된 행동	잘못된 규칙 일탈	잘못된 규칙 준수	착각

그림 6-3 규칙 관련 행동의 여섯 가지 유형

이 여섯 가지 행동의 주된 특성은 다음과 같이 요약할 수 있다.[136]

- 옳은 준수: 적절한 안전규칙을 준수함으로써 달성되는 옳은 (그리고 안전한) 수행
- 옳은 위반: 부적절한 규칙 또는 절차를 따르지 않음으로써 달성되는 옳은 수행
- 옳은 임기응변: 안전한 결과로 이끄는 적절한 절차가 없을 때 취해지는 일련의 행동
- 잘못된 규칙 일탈(misvention): 불안전한 결과로 이끄는, 적절한 안전규칙으로부터의

135 부적절하거나 실제와 맞지 않는 규칙.

136 Ibid., pp. 75~76.

일탈과 휴먼에러를 둘 다 포함하는 행동

- **잘못된 규칙 준수**(mispliance): 불안전한 결과로 이끄는, 부적절하거나 부정확한 작업 절차의 잘못된 준수를 포함하는 행동
- **착각**(mistake): 적절한 절차가 없는 상황에서 이행되는 부적합한 행동계획에 의해 초래되는 불안전한 결과(즉 지식 기반 착각)

그림 6-3의 범주에는 포함되어 있지 않지만, 또 하나의 불안전행동 유형으로서 옳지 않지만 성공적인, 좋은 규칙의 위반이 있다. 이것은 그릇된 유해요인 평가에도 불구하고 개인적인 목적은 계획대로 달성된 경우이다. 이 성공적인 위반은 옳은 위반과 달리 가끔의 잘못된 규칙 일탈을 발생시키는 온상이다. 성공적인 위반은 그 자체로는 대개 중요하지 않지만 위험한 '잘못된 규칙 일탈'을 조장하는 조건을 만든다. 이 조건에는 개인의 기량에 대한 과신과 위험요인에 대한 고질적인 과소평가가 포함된다.

이러한 다양한 유형의 행동이 발생하는 상대적인 빈도는 어떠할까? 안전규칙은 자연선택 과정을 통해 진화하므로 좋은 규칙의 수가 나쁜 규칙의 수보다 많고 무규칙 상황은 드물 것이라고 예상하는 것이 합리적이다. 또한 규칙 준수가 미준수보다 자주 발생할 가능성이 높을 것이다. 그렇게 되면 옳은 준수가 옳은 위반과 함께 가장 보편적인 행동방식이 될 가능성이 있으며, 잘못된 규칙 일탈과 옳은 임기응변은 성공하든지 실패하든지 가장 빈도가 낮은 형태가 될 것이다. 현장 연구를 통해, 성공적이지만 옳지 않은 위반이 옳은 준수에 비해서는 훨씬 적지만 상대적으로는 흔한 것으로 확인되었다. 잘못된 규칙 일탈은 성공적이지만 옳지 않은 위반보다 훨씬 적을 것으로 생각된다.

7. 몇 가지 실례

1) 잘못된 규칙 일탈

체르노빌 원자력발전소 사고는 거의 전적으로 잘못된 규칙 일탈(misvention: mistaken

과 circumvention의 합성어)에 의해 일어났다.[137] 1987년 4월에 있었던 우크라이나의 RBMK(흑연감속로) 원자로 폭발사고를 일으킨 7가지의 (충분히 입증된) 불안전행동들 중에서 여섯 가지가 이런저런 잘못된 규칙 일탈이었다. 이 중 첫 번째(아마도 가장 핵심적인) 잘못된 규칙 일탈은 조작 에러에 의해 출력준위가 전출력(full power)의 7%로 떨어졌음에도 불구하고 운전원이 전압발생기 테스트를 속행하는 잘못된 결정을 한 것이었다. RBMK 원자로의 특징은 이렇게 낮은 출력 상태에서의 운전이 정(正)의 노심 기포계수를 갖게 한다는 점이다. 이것이 폭주를 일으켰다. 발전소 운전절차서는 전출력의 25% 미만에서의 운전을 엄격하게 제한하고 있었다(당초 의도는 전출력의 25%에서 실험을 수행하는 것이었다). 운전원은 실험을 끝내기 위해 각종 공학적 안전시스템을 연속적으로 차단했고, 그렇게 함으로써 후속 폭발은 피할 수 없게 되었다. 의욕이 강하고 수상 경력이 있는 운전원들이, 노후화되었지만 비교적 안전설비가 잘 갖추어진 원자로를 아무런 기술적 고장이 없는 상태에서 파괴에 이르게 한, 슬프고 예외적인 사건이었다.

2) 성공적 준수와 착각

성공적인 준수는 사고에 연루되는 경우가 드물기 때문에 일반적으로 기록되지 않지만 기록된 사례가 있어 이를 소개한다. 미국 원자력규제위원회(Nuclear Regulatory Commission: NRC) 후원으로 미국의 원자력발전소에서 발생한 많은 잠재적으로 위험한 운전 중 사건들을 둘러싼 상황에 대한 인적 요인 조사 프로그램이 실시되었다.[138] 21개 조사보고서 중에서 반 정도는 성공적인 복구였고 나머지는 덜 성공적인 복구로 분류되었다. 모든 사건이 안전하게 끝났지만, 11건에서 운전원이 원인에 대해 혼란스러워하거나 확신을 갖지 못해 설비를 안전 상태로 회복시키는 과정에서 휴먼에러를 저질렀다. 반면에 성공적인 운전원의 행동은 모범

---

137 J. Reason, "The Chernobyl errors", *Bulletin of the British Psychological Society*, 40, 1967, pp. 201~206.

138 NUREG/CR-6093, *An Analysis of Operational Experience during Low Power and Shut Down and a Plan for Addressing Human Reliability Assessment Issues*, US Regulatory Commission, 1994.

적이었고 고무적인 경우도 있었다. 복구가 성공적이냐 덜 성공적이냐를 가르는 중요한 경계는 이상상황이 발생했을 때의 설비의 상태였다.

복구가 성공적이었던 경우의 대부분은 설비가 전출력이거나 그것에 가까운 상황에서 가동되고 있었다. 이것은 원자력발전소에서 전력망에 전력을 내보내는 '전형적인' 상황이다. 대부분의 비상운전절차서는 이런 상황에 대해 작성되어 있다. 거의 모든 성공적인 복구는 이런 절차서와 이것에 기초한 훈련이 기여를 했다. 반면에 덜 성공적인 복구는 대부분 저출력 또는 정지상태에서 이루어졌다. 이것은 보수, 수리 및 연료교환에 필요한 지극히 정상적인 설비 상태이지만, 설비 전체 수명으로 볼 때 상대적으로 적은 부분에 해당한다. 이렇게 비전형적인 상태에서 발생하는 비상사태를 커버하기 위해 이용할 수 있는 절차서는 그다지 많지 않다. 결과적으로, 운전원은 즉흥적이 될 수밖에 없었으며 원래의 비상사태를 악화시키고 회복을 지연시키는 에러를 저지르는 경우도 가끔 있었다. 운전원이 규칙을 어겨 운전한 이유는 이렇게 위험한 설비 상태에서 비상사태를 다루기 위한 규칙이 제공되지 않았기 때문이다. 그 결과, 운전원들은 완전히 이해하지 못한 상황에서 즉흥적으로 대응할 수밖에 없었다. 궁극적으로는 실패하지는 않았지만(설비는 최종적으로 안전한 상태로 복구되었다), 도중에 행해진 많은 행동들은 착각의 범주에 속하는 것이었다.

3) 잘못된 규칙 준수와 성공적 위반

1988년 7월 6일 스코틀랜드의 해상에서 167명의 목숨을 앗아간 파이퍼 알파 플랫폼(Piper Alpha Oil Platform) 사고는 잘못된 규칙 준수와 성공적 위반 둘 다의 예를 제공한다. 긴급사태 절차서에는 플랫폼(북해유전의 원유시추현장)에서 일하는 사람들은 숙소의 조리실에 모이도록 되어 있었다. 이 사고의 생존자인 펀차드(Ed Punchard)는 다음과 같이 말하고 있다.

> 시추선의 모든 직원들은 훈련받은 대로 비상수칙을 본능적으로 따랐다. 아무런 안내방송이 없는 상태에서 대부분은 집합하여 점호를 하고 지시를 받기 위해 조리실

에 가려고 하였다. 결국 그들은 훈련받은 대로 한 것이다.[139]

불행하게도 숙소는 밤 11시 22분에 분출한 화염에 직접적으로 휩싸였다. 긴급사태절차서를 따랐던 사람들은 대부분 화상을 입거나 질식사했다.

최초 폭발이 일어났던 시간(21:58)에 잠수관리자인 펀차드는 잠수부 동료와 함께 플랫폼 하부 갑판에 있는 잠수부 사무실에 있었다. 그들이 먼저 한 행동은 85피트 위치로 가기 위해 계단을 올라가는 것이었고 거기서 107피트 위치에 있는 구명정에 접근하려고 했다. 도중에 짙은 연기를 만났고 가스가 새는 소리가 들려 아래로 내려가기 시작했다. 그러고 나서 밧줄을 이용해서 북서쪽에 갈라진 부분에 있는 부속 갑판에 다다랐다. 거기서 펀차드는 철재 사다리를 타고 구명정에 뛰어내렸다. 그가 탈출한 방식이 의도적 위반행동이었는지 아니면 순전히 필요에 의한 것이었는지는 확실하지 않다. 하지만 집합 수칙을 어겼던 사람들이 대부분 살아남았다는 것은 확실하다.

군대 역사에서는 잘못된 규칙 준수와 성공적 위반 둘 다에 해당하는 일이 많이 있는데, 망원경을 안 보이는 눈에 댄 채 수기(手旗)신호 명령을 보고 적군으로부터 철수하기로 선택한 넬슨 제독의 코펜하겐에서의 위반과 같은 성공적 위반만 칭찬받는 경향이 있다. 물론 넬슨이 그 다음 전투에서 계속해서 패배했다면 역사는 그런 잘못된 규칙 일탈(misvention)을 다른 관점에서 보았을 것이다. 성공적 위반은 가끔 위대한 지휘관의 표상으로 받아들여지는 반면, 나쁜 규칙 준수는 열등한 지휘관의 특성으로 간주된다. 손자는 2,500년 전에 쓴 손자병법에서 현명한 위반을 장려했다.

> 만일 전투에서 승리할 것을 확신하면, 통치자가 전투를 하지 말라고 하더라도 전투를 해야 한다. 전투가 승리하지 못할 것 같으면, 통치자가 명령해도 전투하지 말아야 한다.[140]

---

139 Ed Punchard, *Piper Alpha: A Survivor's Story*, Virgin Books, 1989, p. 128.

140 L. Giles, *Sun Tzu on the Art of War*, Graham Brash, 1988.

8. 성공적 임기응변

성공적 임기응변의 가장 인상적인 사례 중 하나는 1989년 7월 19일 헤인즈(Alfred C. Haynes)가 기장이었던 유나이티드 항공사 232기 맥도넬 더글라스 DC-10 비행 중 발생하였다. 통상적인 고도에서 운행 중 꼬리날개의 2번 엔진에서 팬 로터가 떨어져나가 항공기 유압시스템 3개를 관통했다. 설계자는 3개의 유압시스템 모두를 한꺼번에 잃을 확률을 10억분의 1보다 작다고 보았고, 이러한 거의 생각할 수 없는 가능성에 대비하기 위한 긴급사태절차서는 갖추고 있지 않았다. 헤인즈는 그가 경험한 곤경을 다음과 같이 설명하였다.

> 37,000피트 상공에서 기체의 흔들림을 컨트롤할 보조날개도, 방향을 바꾸기 위한 방향타도, 피치를 제어할 엘리베이터도, 속도를 떨어뜨릴 앞 가장자리의 장치도, 착륙할 때 사용되는 날개 뒷전 플랩도, 비행 중 또는 착륙 시의 속도를 떨어뜨리는 스포일러도, 앞바퀴 구동장치도, 브레이크도 없는 상태에서 우리가 할 수 있는 일은 그다지 없었다.[141]

45분 후 항공기가 아이오와 슈시티(Sioux City) 공항에 착륙하면서 크게 파손되었다. 285명 승객과 11명 승무원이 탑승하고 있었는데, 승객 174명과 승무원 10명이 살았다. 비상상황 발생 후 14초 정도 지나서 항공기는 오른쪽으로 38도 기울었고 뒤쪽으로 롤링되면서 지상으로 떨어졌다. 이 시점에 헤인즈는 항공기를 통제하에 두면서 1번 엔진(왼쪽) 추력을 완전히 차단하였고, 3번 엔진(오른쪽) 추력을 완전히 열었다. 그렇게 하자 오른쪽 날개가 올라오기 시작했다. 그런 후에 2명의 조종사와 승객으로 타고 있던 조종사 1명이 날개에 달린 남아 있는 2개의 엔진 추력을 변화시키면서 하강하는 동안 오른쪽 또는 왼쪽으로 미끄러지게 했다. 이런 방식으로 항공기를 잘 다루어 슈시티까지 비행하게 했는데, 착륙 진입 시의 낮은 고도에서 제어할 수 없는 조종(푸고이드 진동)의 영향을 받지 않았더라면 안전하게 착륙했을지도 모른다. 제어할 수 없는 추락으로 전원이 거의 확실히 사망했을 텐데, 탑승자 296명 중

---

141 A. C. Haynes, "United 232: Coping With the Loss of All Flight Controls", *Flight Deck*, 3, 1992, pp. 5~21.

184명이 생존한 것은 비행술과 승무원 자원관리(Crew Resource Management: CRM)[142]의 놀라운 위업이었다.

9. 정리

잘 구축된 시스템에서의 대부분 활동은 어떻게든 예상이 될 수 있지만, 지식 기반 처리과정에 기반하여 임기응변으로 적절한 행동을 해야 하는 종종 전혀 새로운 상황이 발생한다. 관계된 개인들이 고도로 숙련되어 있고 경험을 갖춘 경우에는(헤인즈 기장처럼), 50:50의 확률로 올바른 해답에 도달할 것이다. 그러나 대부분은 확률이 훨씬 낮다.

절차서가 어떤 특정 작업을 위해 작성되었지만, 어떤 상황에서는 그것이 반드시 타당하지는 않을 수 있고 그대로 적용될 수 없는 경우도 있다. 예컨대 원자력발전소에서는 인간 행동 문제의 약 60%가 부적절한 절차서와 연관되어 있다. 잘못되거나 부적절한 절차서는 작업자들에게 정식 절차서에 대한 불신을 갖게 하는 잠재적 조건이다. 작업자들은 공식적인 작업절차서를 완전히 무시할 수도 있고 그들이 고안한 비공식 절차서[이것은 어떤 산업에서는 '블랙북(black book)'으로 알려져 있다]를 따를 수도 있다. 사람들은 부적절한 절차서에 직면하면 두 가지 선택지를 가진다. 절차서를 따를 수도 있고(잘못된 판단에 따른 준수 또는 나쁜 규칙의 준수) 따르지 않을 수도 있다(옳은 위반).

인간 행동이 바람직한 경로에서 이탈할 수 있는 여러 경로가 있다. 첫째, 규칙 기반 착각을 할 수 있다. 예를 들면, 우리는 상황을 잘못 읽어 그것을 예외로 인식하지 못함으로써 일반적인 상황에서는 적절하지만 특정 상황에는 맞지 않는 규칙이나 절차를 적용할 수 있다. 둘째, 비공식적인 작업관행을 따르고 잘못된 판단에 따른 위반(잘못된 규칙 일탈)을 저지를 수 있다. 셋째, 절차를 따를 의도는 있었으나 결국 계획대로 되지 않은 행위착오를 저지르거나 망각할 수도 있다.

---

142 승무원 간의 의사소통, 협력, 역할과 책임의 명확한 설정 및 지휘·리더십 등 승무원의 효과적인 자원관리 방법을 훈련하는 프로그램을 말한다. 이에 대한 상세한 설명은 후술한다.

참고 | 보전(보수)이 필요한 이유[143]

왜 보전(보수)이 필요 없는 시스템을 설계하지 않는 것일까? 왜 시스템을 구성하는 모든 부분을 완전히 동일한 수명, 즉 시스템 전체의 설계상의 수명과 같은 기간으로 하지 않는 것일까? 이에 대한 표준적인 답변은 최신 기술 시스템의 복잡성과 비용을 감안할 때, 이렇게 하는 것은 비경제적일 것이라는 점이다. 많은 부품의 내용 연수는 시스템 전체의 설계상의 수명보다는 짧지만 가장 긴 생산주기보다는 길게 설계되었을 것이다. 이들 '약한' 부품은 설계단계에서 확인하여 접근할 수 있고 대체할 수 있도록 해놓았을 것이다. 이러한 부품을 '예상된 보전 부하'라고 한다. 그러나 다른 부품들이 설계 착각이나 운영상의 미스 때문에 예상외의 방식으로 흔히 고장나기도 한다. 이것을 '예상치 못한 보전 부하'라고 한다. 이 둘은 서로 관련이 있다. 예상된 보전 부하를 잘못 처리하면, 예상치 못한 고장에 대처하는 데 더 많은 비용이 들어가게 될 것이다. 이러한 상호작용이 그림 6-4에 요약되어 있다.

장치, 즉 시스템의 운전시간이 '자원 급증점(resource elbow)'을 넘으면, 장치를 허용 가능한 수준까지 복구하기 위한 비용이 급격히 증가한다. 예방보전(preventive maintenance) 구역에는 몇 가지 장점이 있다. 즉 경제적이고, 예상된 보전 부하에 대비하며, 고장을 미연에 방지함으로써 예상치 못한 보전 부담이 크게 줄어든다. 이것이 전형적인 공학적인 관점이다. 예방보전의 최적 수준은 사후보전(corrective maintenance)과 예방보전의 비용의 합이 최소로 되는 수준을 선택하여 정해질 수 있는데, 이것은 그림 6-5에 요약되어 있다.

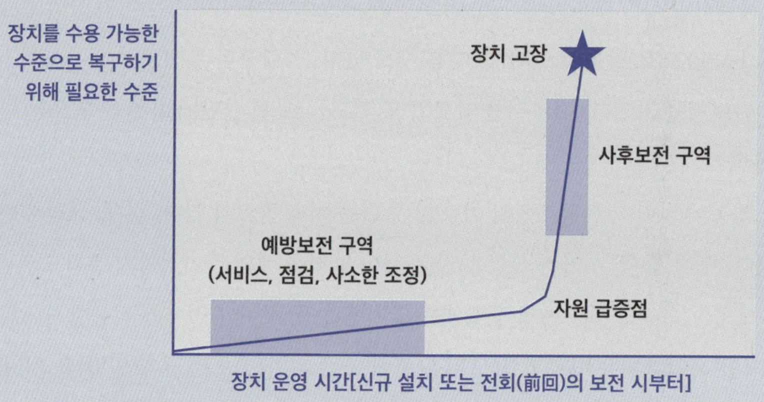

그림 6-4 단순한 기계품목의 열화 특성

(계속)

143 J. Reason, *Managing the Risks of Organizational Accidents*, Ashgate, 1997, pp. 100~103.

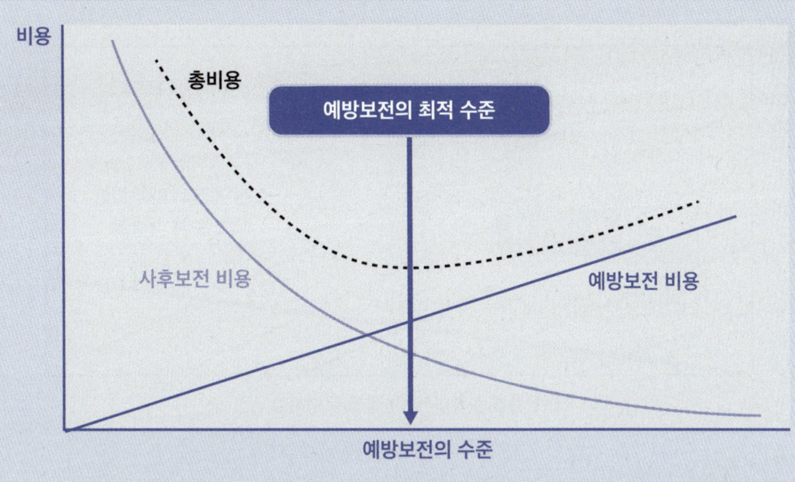

그림 6-5 예방보전 수준과 총 보전비용의 관계 - 점선으로 표시

안타깝게도 전통적인 생각은 적어도 대부분의 보전작업이 반드시 올바르게 이루어진다는 가정에 기초하고 있다. 그러나 예방보전을 한다고 하여 항상 고장을 막을 수 없고, 사후보전으로 고장을 항상 고치는 것은 아니라는 점을 생각하라. 그리고 이 두 가지 보전 모두 중대한 피해를 일으킬 위험성을 실제로 가지고 있고, 종전의 신뢰할 수 있는 부품을 작동 불능으로 만들거나 부품을 완전히 제거해 버리기도 한다는 점을 생각하라.

그림 6-6은 보전 문제를 기술적 요인뿐만 아니라 인적 요인을 포함한 좀 더 확장된 관점에서 제시하고 있다. 여기에는 (a) 보전 소홀과 (b) 예방보전 또는 사후보전 중 에러에 의해 야기되는 시스템 위험이 (매우 사변적인 방법으로) 표시되어 있다. 후자의 표시는 에러의 발생 가능성이 보전활동의 양에 따라 직선적으로 증가할 것이라는 가정에 기초하고 있다. 인간 행위 중 상대적으로 적은 비율의 행위만이 잘못되기 때문에, 인간 실수 위험성은 상당히 낮은 수준 이상으로는 올라가지 않을 것이다. 그러나 절대값이 중요한 것이 아니라, 보전 소홀 위험성과 보전 에러 위험성의 상대적인 비율이 중요하다. 에러 위험성은 시간이 지나도 체계적으로는 변하지 않을 것이라고 가정되고 있다. 기술은 발전할 수 있지만, 인간의 불완전성(fallibility)은 그대로 있을 것이다.

(계속)

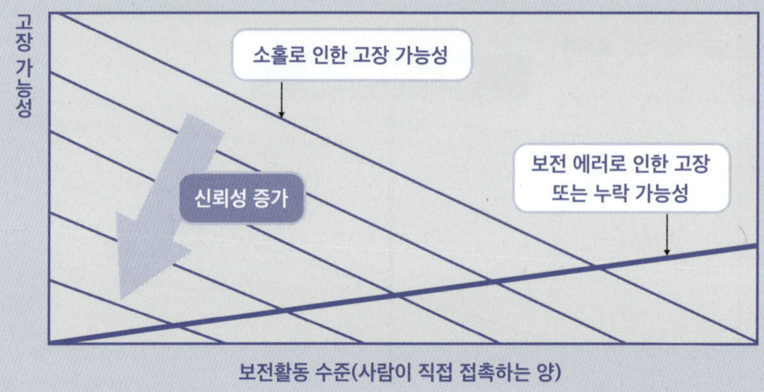

그림 6-6 (a) 보전 소홀과
(b) 보전 중 저질러진 에러에 기인한 부품 고장이 시스템에 미치는 위험성 비교
주) 좌측 하단으로 향하는 여러 대각선들은 시간에 따른 부품 신뢰성 증가를 반영한다.

뚜렷하게 대조적으로, 기술발전에 의해 제조기술과 소재의 본질적 신뢰성이 향상됨에 따라 보전 소홀에 기인한 위험성은 꾸준히 줄어들 것이다. 이것은 좌측 하단을 향해 가는 점으로 된 사선으로 그림 6-6에 표시되어 있는데, 각각의 대각선은 기술발전의 단계를 나타낸다. 경제적이고 공학적인 고려에 의해 정해지는 보전수준이 시간이 지나더라도 비교적 변하지 않는다면, 시스템에 대한 위험이 상대적으로 낮은 휴먼에러 발생률에 의해서도 큰 영향을 받게 되는 시기가 곧 도래할 것이라는 점은 분명하다.

비행 중 엔진 정지 원인에 대한 보고 자료에 의하면, 가장 일반적인 기여 요인들 모두 인간에 관련된 문제이고, '정비가 되지 않은 것(unaided)'에 의해 발생한 기술적인 문제는 아니다. 물론 비파괴검사, 기타 선진적인 진단기법의 도입으로, 기술적 고장이 될 만한 것들이 비행 중에 발생하기 전에 항공기 기술자들이 이것들을 발견할 수 있게 됨으로써, 휴먼에러가 고장의 주된 나머지 범주로 남게 되었다고 주장될 수 있다. 이는 타당한 주장일 수 있으나, 이것으로 현대 항공기의 떼어낼 수 있는 부품 400만~600만 개를 사람이 정기적으로 접촉하는 것이 수용할 수 없는 수준의 위험성을 야기한다는 사실이 바뀌지는 않는다.

아이러니하게도 이러한 높은 수준의 보전 시 접촉을 지속시키는 압력의 하나는 이들 시스템의 안전 중요성이다. 파국을 초래하는 고장은 민간항공업계, 원자력산업계, 화학산업계에서는 수용될 수 없다. 시스템의 완전성과 신뢰성을 유지하기 위하여 모든 것이 행해져야 한다. 그러나 보전작업자가 손을 댐으로써 고쳐질 수도 있지만 피해가 발생하기도 한다. 몇몇 현대시스템에서는 후자의 위험성이 전자의 장점을 능가하는 경우도 있을 수 있다.

위험한 시스템에서 급속한 기술발전에 의해 인간이 제어하는 대신에 컴퓨터가 제어하게 되며, 장비와

(계속)

부품의 신뢰성도 대폭 향상되어 왔다. 이것은 보다 좋은 제조공정과 재료를 사용할 수 있게 된 것뿐만 아니라, 정교한 진단기술을 광범위하게 이용할 수 있게 된 것에 의해 가능해졌다. 그러나 위험한 시스템에 대한 보전 스케줄은 여전히 시스템의 오랜 수명 동안 수백만 개의 떼어낼 수 있는 부품에 대해 반복적으로 분해, 점검 및 대체를 필요로 한다. 20, 30년 전에는 이런 검사를 하면 아마도 고장 난 부품의 잦은 발견과 대체를 해야 했을 것이다. 따라서 그때는 공학적 결함에 기인한 고장의 위험성이 잘못을 저지르기 쉬운 다수의 사람들로 하여금 시스템의 취약한 부분에 직접적으로 접근하도록 함으로써 야기되는 위험을 능가했을 것이 거의 확실하였다. 그러나 지금은 균형추가 다른 쪽으로 기울었다.

현대 기술이 당면한 가장 큰 위험요인은 사람에 의해 발생하는데, 특히 대부분 의도는 좋았지만 구식의 보전 일정에 의해 요구되는 종종 불필요한 신체적 접촉에 의해 발생한다. 시스템 설계자와 제조자는 인간의 오류 가능성의 다양성과 대부분의 보전업무, 특히 설치·재조립작업의 에러 유발 성질에 대해 보다 많이 인식할 필요가 있다. 무엇보다도 그들(설계자와 제조자)은 보전이 필요한 방호수단이긴 하지만 심각한 위험요인일 수도 있다는 점을 인식해야 한다.[144] 이런 점에 유의하여 시스템이 설계되고 만들어지지 않으면, 아무리 우수한 보전작업자라도 계속해서 불행한 조직사고를 유발하게 될 것이다.

144 방호수단(defence), 방호(barrier), 안전장치(safeguard)의 역사는 패러독스가 많고, 때로는 고통스러운 것이다. 보호를 위한 수단이 피해를 일으킬 수도 있기 때문이다. 반대로, 소량의 유해한 것이 백신 또는 예방접종과 같이 장기간의 보호를 제공할 수도 있다.

제7장

휴먼에러 유형별 특성, 사고 사례 및 방지방안

제7장

휴먼에러 유형별 특성, 사고 사례 및 방지방안

휴먼에러를 완전히 해결할 수 있는 단 하나의 '최선의 방법'은 안타깝게도 존재하지 않는다. 휴먼에러는 특성과 발생 메커니즘 등이 다른 여러 유형으로 구분될 수 있다. 조직에서는 이러한 점을 감안하여 각 유형에 따라 차별화된 맞춤형 대책을 수립하여 운영할 필요가 있다.

1. 행위착오

1) 특성

베테랑은 초심자에 비해 업무속도가 빠르다. 자동차 운전에서도 운전학원에 다닐 때에는 교관의 지시를 주의 깊게 들으면서 운전하는 데 반해, 운전에 익숙해지고 나서는 동승자와 이야기하면서도 원활하게 운전할 수 있다.

베테랑은 매뉴얼을 보거나 상사의 지시를 받으면서 작업할 필요가 없다. 즉 작업에 관한 지식이 머릿속에 있기 때문에 외부에서 작업에 관한 정보를 획득할 필요가 없다. 베테랑은 몸을 움직이는 방법, 행동방법이 하나의 틀로서 몸에 배어 의식하지 않고서도 몸이 움직인다. 테니스, 검도 등의 운동에서도 익숙해지면 동작을 하나하나 의식하지 않고도 몸이 자연스럽게 움직이게 된다.

이것은 라스무센의 SRK(Skill, Rule, Knowledge) 모델로 설명할 수 있다. 우리들은 처음으로 마주친 사상에 대응할 때에는 자신의 지식을 총동원하고, 그래도 알 수 없으면 자료를 찾아보거나 누군가에게 물어보는 식으로 대처한다. 지식 기반 행동이다. 그러나 익숙해짐에 따라 사상의 특징을 파악하고, 그 특징을 토대로 대처방법을 선택하여 대처하게 된다. 규칙 기반 행동이다. 더욱 익숙해지면, 몸이 저절로 움직이다. 이것이 숙련 기반 행동이다. 지식 기반에서는 의식적으로 생각해야 하므로 시간이 걸리지만, 규칙 기반, 숙련 기반이 될수록 시간이 걸리지 않는다.

휴먼에러의 관점에서 보면 여기에 함정이 있다. 무의식중에 행동한다는 것은 거꾸로 이야기하면 주의하지 않고 있다는 것이기도 하고, 부주의 상태에서 작업을 하고 있는 것이 되기도 한다. 그 결과, 익숙하면 익숙할수록 부주의적인 행위착오가 증가하게 된다.

숙련자는 작업을 능숙하고 빠르게 그리고 힘들지 않고 안전하게 수행하는 능력이 보통의 작업자보다 높다. 하지만 작업방법을 숙지하고 있기 때문에 작업 개개의 절차를 무의식적이고 자동적으로 연속동작에 의해 진행하는 경향이 있어, 예컨대 기계 · 설비에 여느 때와 다른 이상이 있어도 놓쳐 버리는 경우가 있다.

신규자는 조작지식 · 기술의 부족에 의한 휴먼에러가 가장 많고, 베테랑이 되면 유사성, 선입관, 강한 습관 등에 기인한 오인에 의한 휴먼에러가 많아진다.

행위착오는 베테랑에 의한 숙련된 행동을 할 때뿐만 아니라 숙련된 행동 여부에 관계없이 당황할 때, 서두를 때에도 다발하는 경향이 있다. 당황하거나 서두르다가 비슷한 시간대에 출발하는 다른 열차를 타거나, 주입 버튼이 아닌 배출 버튼을 누르거나, 설비에서 옆의 엉뚱한 레버를 조작하고만 경험들을 많은 사람이 가지고 있을 것이다.

2) 사고 사례

어떤 병원에서 환자에게 증기를 흡입시키는 가습기에 증류수가 아니라 에탄올을 세트해 버린 사고가 있었다. 며칠 동안 알코올을 흡입시켜 결국 환자는 알코올 중독으로 사망하였다. 간호사는 증류수를 세트해야 한다는 것은 당연히 알고 있었다. 지식 부족의 휴먼에러는 아닌 것이다. 술을 좋아하는 환자에게 호의로 세트한 고의적인 행위도 아니다. 에탄올과 증류수 용기의 외견이 유사하여 잘못 세트한 것이다.

이러한 사고에서 간호사에게 왜 그런 것을 하였는지, 왜 어처구니없는 실수하였는지를 물어 보아도 확실한 답은 돌아오지 않는다. 본인도 잘 몰랐기 때문이다. 알고 있었다면 그런 행동은 하지 않았을 것이다. 잘 모른다는 것이 행위착오의 특징이다. 무의식중에 해버린 것이기 때문에 당연하다고 하면 당연한 것이다.

다른 병원에서는 환자의 산소마스크에 이산화탄소 봄베를 세트하는 바람에 환자가 질식사한 사고가 있었다. 동일한 봄베 창고에 산소 봄베와 이산화탄소 봄베가 있고, 간호사가 잘못하여 이산화탄소 봄베를 갖고 온 것이 사고의 발단이다. 수혈 실수도 가끔 뉴스에 보도된다. A형 환자에 B형 혈액을 수혈한 사고로서, 혈액 냉장고에서 이형(異形)의 혈액을 꺼내와 수혈을 한 사례이다.

전라북도 순창에서 조합장을 선출하기 위해 40여 명이 줄을 서 있던 중, 비료를 싣고 주차장에서 이동하던 1톤 포터 트럭 운전사가 브레이크를 밟으려다 가속페달을 밟는 바람에 4명의 사망자와 16명의 부상자를 내는 사고가 발생한 적이 있다. 수원역 서측 버스환승센터에서 버스 승객이 현금통에서 거스름돈이 나오지 않는다고 해서, 운전사가 이를 확인하기 위해 정차한 상태에서 사이드브레이크를 채우지 않은 채 잠시 운전석에서 일어났다. 그런데 갑자기 버스가 움직여 당황한 나머지 브레이크가 아닌 가속페달을 밟는 바람에 1명이 사망하고 18명이 중경상을 입는 사고가 발생하였다. 브레이크를 밟는다는 것이 가속페달을 밟은 이러한 사고에서 대부분의 운전자는 브레이크와 가속페달을 밟는 동작을 수없이 반복적으로 해왔을 것이다. 몸에 배일 정도로 익숙한 행위(숙련 기반 행위)에서 무의식적으로 행위를 하다가 생각(의도)과 다른 동작을 하고 만 것이다.

산업현장에서도 이런 종류의 행위착오가 적지 않게 발생한다. 명칭, 외견 등이 유사한 것을 의도치 않게 잘못 조작하는 바람에 사망사고가 발생하여 매스컴에 크게 보도되는 경우도 있다. 작동되고 있는 기계 옆에서 몸의 균형을 잃고 넘어지는 바람에 조작버튼을 잘못 누르거나 눌러서는 안 되는 버튼을 눌러 버려 큰 사고로 이어지는 경우도 있다. 계단에서 내려올 때 미끄러져 굴러 떨어지는 일도 종종 발생한다.

이들 행위착오의 공통점은 모두 익숙한 일에 의도와 다르게 행동을 하고만 것이다. 최초의 사례에서는 의도와 다르게 에탄올 용기를 집었고, 그다음 사례에서는 의도와 다르게 이산화탄소 봄베를 가지고 오고 말았으며, 수혈에서는 의도와 다르게 B형 혈액을 수혈하고 말았다.

베테랑이 되면 될수록 업무를 할 때 자신의 행위에 주의를 기울이지 않는 경향이 강해진다. 주의를 기울이지 않으면 업무속도가 빨라지는 면이 있기 때문이다.

3) 방지방안

(1) 같은 곳에 유사한 다른 것을 두지 않기

이것은 SHELL 모델[145]로 말하면 E(환경)에 해당하는 대책이다. 유사한 것을 동일한 곳에 두지 않으면 행위착오가 발생할 일이 거의 없다. 설령 작업 대상을 식별하지 못해도 해당 장소에 1종류의 것만 있으면 행위착오는 발생하지 않을 것이다. 예컨대 종류가 다르지만 유사한 봄베를 같은 창고에 두어서는 안 된다.

(2) 소프트웨어 대책

복사할 서류와 폐기할 서류를 동시에 취급하면, 폐기할 서류를 복사하거나 복사할 서류를 세단기에 넣어버리는 일이 발생하곤 한다. 따라서 동시에 다른 것을 취급해서는 안 된다. SHELL 모델의 S(소프트웨어) 대책이다.

(3) 물리적 식별

이것은 SHELL 모델의 H(하드웨어) 대책이다. 실은 이산화탄소 봄베와 산소 봄베는 녹색과 흑색으로 구분되어 있고, 수혈 팩에는 A형과 B형이라고 크게 쓰여 있지만, 그럼에도 알아차리지 못하는 경우가 있다. 모습이 눈에 보여도 마음에 떠오르지 않는 것이다. 여기에서 휴먼에러를 일으키지 않도록 하기 위해서는 물리적 형상(외관), 촉감 등을 전혀 다른 것으로 할 필요가 있다. 그리고 휴먼에러를 사고로 이어지지 않도록 하기 위해 Fool Proof 대책을 강구하

---

145 SHELL 모델에 대한 상세한 설명은 정진우, 『안전심리(5판)』, 교문사, pp. 194~199를 참조하기 바란다.

는 것도 필요하다. 예컨대 봄베의 경우, 이산화탄소 봄베의 연결부분을 바꾸어 산소마스크가 접속될 수 없도록 할 필요가 있다.

(4) Fool Proof 조치

예컨대 차량에 페달 오조작 안전보조기능을 탑재하여 차량 앞뒤 1m 이내에 장애물이 있는데도 운전자가 가속 페달을 빠르고 깊게 밟을 경우 구동력·제동력을 제어해 충돌을 막는 기능이다. 이를 통해 브레이크 밟는다는 것이 가속페달을 밟는 바람에 일어나는 사고를 예방할 수 있다.

(5) 식별부분을 의식하는 습관들이기

이것은 SHELL 모델로 말하면 자기 자신인 L에 대한 대책이다. 지적호칭(식별부분을 손으로 가리키고 목소리를 내어 확인하게 함)을 하고 있는 사업장이 일부 있기는 하지만, "봄베 좋아", "혈액 좋아"와 같은 호칭은 바람직하지 않고, "산소 좋아", "A형 좋아"와 같이 식별부분을 손가락으로 가리키고 호칭하여 확인하는 것이 중요하다. 목소리를 냄으로써 식별부분이 의식에 떠오르고, 만약 잘못된 것을 말하고 있으면, 주위 사람이 알아차리는 것도 기대할 수 있다. 단, '눈으로 본 것을 의식한다'는 의미를 생각하여 확실하게 식별부분을 읽지 않으면 안 된다. 그렇지 않으면 B형의 혈액팩을 보면서 "A형 좋아"라고 외치는 경우도 있다.

한편, 예컨대 봄베의 경우 서두르거나 초조해하면 산소마스크를 연결하려고 접속부분을 일그러뜨리면서 무리하게 접속하려고 할 수 있다. Fool Proof는 휴먼에러가 사고로 이어지지 않도록 하기 위한 중요한 대책이지만, 이처럼 안전대책으로 확실하지 않은 경우도 있는 것이다. 따라서 Fool Proof와 위에서 제시한 대책은 선택적으로 채택하기보다는 병행적으로 채택하는 것이 바람직하다.

(6) 안전활동

작업자가 행위착오를 저지르지 않도록 작업 전에 위험예지활동, 안전회의, 안전교육 또는 안전지도 등의 안전활동을 할 필요가 있다.

2. 착각

1) 잘못된 생각(판단)의 착각

(1) 특성

우리들은 지금까지의 경험, 즉 과거의 경험에 행동이 지배되는 경우가 많다. 그 결과, 자신의 과거의 경험과 현실을 착각할 수가 있다.

우리들은 과거의 경험, 흔히 있는 일, 그때의 분위기, 기대감 등에서 "이것은 이러한 것이다"라는 패턴 매칭을 하거나 전제를 설정하는 바람에 무의식중에 그 전제에 지배되어 행동을 하고 만다. 이 패턴 매칭 또는 전제 설정을 전술한 '정신 모델'이라고 한다. 패턴 매칭 또는 전제를 설정하는 것으로 사물의 이해도 빨라지지만, 역으로 말하면 그것에 끌려 개념의 프레임(특정한 언어와 연결되어 연상되는 사고의 체계)[146] 내에서만 이해하게 된다.

익숙하면 할수록 잘못된 생각(판단)의 착각이 증가하고 여느 때와 다른데 여느 때와 같은 행동을 하고 만다. 즉 잘못된 생각(판단)의 착각은 베테랑일수록 증가하는 경향이 있다. 잘못된 생각(판단)이 강하면 완고하거나 고루한 생각으로까지 발전할 수 있다.

잘못된 생각(판단)의 착각은 앞서 언급한 규칙 기반 착각, 즉 적절한 규칙의 오적용, 부적절한 규칙의 적용에 해당한다.

(2) 사고 사례

어떤 아파트에서는 화재 감지기의 잦은 오작동으로 화재 경보가 자주 울려 아파트 주민의 민원의 대상이 되자 경비원이 화재 경보기를 꺼놓는 바람에, 심야에 실제 화재가 발생했을 때 대피가 늦어져 아파트 주민 여러 명이 사망하는 일이 발생한 적이 있다.

정례회의가 9시에 시작하는 것으로 정해져 있는데, 그날만 10시에 시작하는 것으로 변경되었다. 며칠 전에 통지된 문서에도 확실히 변경된 시간으로 기재되어 있었지만, 당일 태연

146 프레임을 쉽게 설명하면, 생각을 보다 효율적으로 하기 위한 생각의 처리방식을 가리킨다. 인간이 생각을 하면서 프레임을 사용하는 것은 생각의 효율을 높이기 위해서다.

스럽게 9시에 회의실에 들어가는 것과 같은 실수를 한 적이 누구나 한두 번 있을 것이다.

○○역은 급행열차가 정차하는 역이라고 생각하고 급행열차를 탔는데, 실은 급행열차는 ○○역에 정차하지 않는다는 것을 ○○역을 그냥 지나치는 것을 보고 비로소 깨달은 경험이 있을 것이다. 그리고 일반열차라고 생각하고 달려가 탔는데, 타자마자 바로 급행열차를 타고 말았다는 사실을 알게 된 경험도 한두 번쯤은 있을 것이다.

양치기 소년과 늑대

위험이 없는데도 불구하고 위험을 알리는 경보 또는 경고가 수차례 울린 일을 경험하게 되면, 실제 긴급사태 발생 시 올바른 대응을 취하지 못하게 될 가능성이 높다. 자동차를 건드리지 않았는데도 계속 울리는 아파트 주차장 자동차의 (도난 방지) 경적 때문에 화가 나본 적이 있는 사람들은 경보가 잘못 울릴 수 있다는 것을 당연한 것으로 받아들인다.

일상생활에서 이러한 잘못된 경보는 사람들을 화나게 하는 것으로 그칠 것이다. 그러나 위험한 업무영역에서는 잘못된 경보가 참사를 일으키는 주된 원인으로 작용할 수 있다. 이솝 우화의 '양치기 소년과 늑대'와 동일한 상황이다. 잘못된 경보가 자주 발생하면 사람들은 신뢰하지 않게 되고, 실제 긴급사태를 알리는 때에도 경고를 무시하거나 믿지 않게 된다.

(3) 방지방안

① 합치성의 제고

시스템의 구조를 사용자의 믿음과 합치시킨다. 위험한 장소임에도 출입이 제한된다는 표시 없이 문이 잠겨 있지 않으면 안으로 들어가도 된다고 생각할 가능성이 높다. 그리고 무언가의 대응이 필요하거나 경각심을 갖게 할 필요가 있을 때에는 빨간색으로 표시하는 것이 바람직하다.

② 일관성의 제고

표준화를 하는 것이 바람직하다. 기계의 조작방법의 경우 동일한 것을 일관되게 채택하면 혼란을 피할 수 있다. 조작방법이 기계마다 다르면, 조작방법의 오해가 증가하고, 다른 조작방법으로 조작을 하는 바람에 문제를 일으킬 가능성이 높다.

③ 관용성의 제고

어느 방법 · 절차로도 가능하도록 한다. 예컨대 식권 판매기에서 발권 버튼을 먼저 누르든 카드를 먼저 넣든 어느 쪽으로도 티켓을 구입할 수 있도록 하면, 즉 관용성이 있으면 잘못된 생각(판단)의 착각이 발생할 가능성을 원천적으로 차단할 수 있다. 굳이 절차를 하나로만 정할 필요가 없으면, 그것이 잘못된 생각(판단)의 착각을 방지하는 데 있어 최선의 해결책이 될 수 있다.

④ 명료성의 제고

시스템에 따라서는 합치성, 일관성, 관용성을 적용할 수 없는 경우도 적지 않을 것이다. 이런 경우에는 표시, 표식을 명료하게 나타낼 필요가 있다. 조회에서 평상시와 다른 것을 지시하는 경우에는, 보통의 목소리로 말할 것이 아니라 강조를 하면서 다른 어조로 말하는 것이 필요하다. 그리고 가스의 주입 버튼과 배출 버튼의 색깔을 확실하게 다르게 하거나 기계의 기동 스위치와 정지 스위치의 위치를 멀리 떨어뜨려 놓음으로써 잘못된 생각(판단)의 착각을 방지할 필요가 있다.

⑤ 최악의 케이스부터 확인하는 습관 들이기

어떤 병원에서는 중환자에게 심전계를 세트하고 있었는데, 그 심전계는 오래된 것이어서 가끔 고장이 났다. 어느 날 심전도가 평평하게 표시되었는데, 의사는 "또 고장 났나?"라고 말하면서 심전계를 확인하였다. 그러나 실제로 환자의 심장이 정지하고 있었고, 심전계를 확인하는 사이에 환자는 사망하고 말았다. 그리고 어떤 건물에서 화재 감지기가 동작해 화재 경보가 발령되었음에도 담당 직원이 오작동이라고 판단해 아무런 대응조치를 취하지 않는 바람에 대형화재로 발전하는 사고가 발생한 적이 있다.

인간은 자주 발생하는 것에 이끌리고 좀처럼 발생하지 않는 것에는 생각이 미치지 못하는 경향이 있다. 자주 발생하는 것, 가능성이 높은 것부터 확인함으로써 작업이 신속하게 진행될 수 있다. 그리고 그동안 잦은 오작동을 경험한 경우, 이번에도 오작동으로 생각하고 대응을 하지 않아도 된다는 착각을 할 가능성이 높다.

사고 시의 피해가 큰 시스템의 경우에는 최악의 케이스부터 확인할 필요가 있다. 위 사례의 경우, 여러 번 심전계가 고장 나거나 화재 경보기가 오작동하는 경험을 했다고 하더라도, 환자의 심장에 실제 문제가 생겼는지, 실제 화재가 발생했는지를 확인했어야 했다.

⑥ 일보 물러서기(관점의 전환)

1979년에 미국에서 일어난 스리마일 섬(Three Mile Island: TMI) 원자력발전소 사고에서는 여러 가지 교훈을 얻었을 수 있는데, 그중 하나로 "일보 물러서 관점을 전환한다."는 것이 있다. 이 사고에서는 운전원들이 원자로의 상태 파악에 시간이 걸리는 사이에 사태가 점점 악화되어 갔지만, 상태를 올바르게 파악할 수 있었던 것은 지원하러 온 전혀 다른 플랜트의 운전원이었다. 사고가 발생했던 플랜트의 운전원들은 하나의 사고 틀에 갇혀 사건을 올바르게 판단할 수 없었던 것이다. 알파벳에 사로잡혀 본래 A13C라고 읽어야 할 정보를 ABC라고 읽고 그 틀에서 벗어나지 못한 채 "이상하다! 이상하다!"라고 말하면서 몇 번이나 시도한 것이다. 그러나 뒤에서 지원하러 온 운전원은 "어쩌면"이라고 관점을 바꾸어 봄으로써 올바른 판단을 할 수 있었던 것이다. 이것으로부터 몇 번이나 시도했는데도 잘 되지 않을 때에는, 전제를 바꾸어 해결을 도모할 필요가 있다는 것을 알 수 있다.

앞의 심전계 사례의 경우, 심전도가 평평하게 된 것의 전제를 심전계의 고장에서 구하고 몇 번이나 심전계를 확인할 것이 아니라, "어쩌면 심장이 멈췄을 수도 있다."라고 전제를 바꾸는 것도 필요하다고 할 수 있다.

⑦ Fool Proof 조치

잘못된 생각(판단)의 착각을 한 채 어떤 행위를 하려고 할 경우 그 행위를 하지 못하도록 함으로써 사고 발생을 방지하는 Fool Proof 대책을 마련할 필요가 있다. 예를 들어, 기계실의 문을 열 때는 작동하는 기계와의 접촉사고 예방을 위하여 사전에 전원을 꺼야 하는데도 어떤 작업자가 전원을 끄지 않은 채로 문을 열려고 하는 경우 문이 열리지 않는 구조로 설계함으로써 작동하는 기계에 의한 사고를 방지할 수 있다. 또한 전기설비 내부가 완전히 단전될 때에만 문이 열리도록 회로를 구성함으로써 감전사고를 방지하거나, 차량이 후진할 때 사람이나 물체가 있으면 멈추거나 알람이 울리도록 함으로써 충돌 사고를 막을 수 있다. 리모콘 건전지의 음극과 양극을 반대로 끼우려고 할 때 건전지가 끼워지지 않는 구조로 함으로써 실제 잘못 끼워지는 일을 방지할 수 있다.

⑧ 안전활동

작업자가 잘못된 생각(판단)의 착각을 하지 않도록 작업 전에 위험예지활동, 안전회의, 안전교육, 안전지도를 하거나, 설령 잘못된 생각의 착각을 하더라도 사고·재해로 이어지지 않도록 작업지휘자 또는 신호수 배치 등을 할 필요가 있다.

2) 지식·기량 부족의 착각

작업을 수행하는 데 필요한 지식과 기량이 부족해서 발생하는 착각으로, 초심자에게 특히 자주 나타나는 휴먼에러 유형이다.

(1) 지식 부족의 착각

① 특징

착각 중에서도 지식 부족의 착각이 가장 많은 비중을 차지하고 있다. 지식 부족 착각은 상대적으로 초심자에게서 많이 발생하기는 하지만, 베테랑들도 신이 아닌 이상 지식 부족의 착각에서 완전히 벗어날 수는 없다. 이들이 초심자에 비해서는 많은 지식을 가지고 있지만, 특정 상황에 대한 세부적인 지식은 부족할 수 있기 때문이다. 지식 부족의 착각은 지식 부족에 기인한 것으로서 행위착오로 발생한 것도 아니고 의도적으로 발생한 것도 아니다.

② 사고 사례

어떤 대학병원에서 수련의가 자신의 판단으로 환자에게 진통제 대신에 마취제를 주사하여 쇼크로 사망하는 사고가 발생하였다. 약을 잘 모르는 상태에서 일을 했기 때문에 이와 같은 사고가 발생한 것이다. 이와 같은 경우에 당사자를 비난하는 것만으로는 근본적인 문제해결이 될 수 없다. 즉 혼자서 업무에 임하는 것은 무리였던 것이다. 물론 잘 알지 못하는 것을 한 본인에게도 책임이 있지만, 보다 근본적인 문제는 일에 대해 요구받는 지식을 관리직이 확실히 정의하고 그것에 맞는 지식을 갖춘 사람을 현장에 배치하지 않은 것이라고 할 수 있다.

③ 방지방안

- **모르는 것은 하지 않는 습관과 모르는 것은 묻는 습관의 철저**

'모르는 것은 하지 않는다', '자신이 없는 것은 반드시 묻는다'는 원칙의 철저가 중요하다. 앞의 대학병원 사례에서 수련의는 절대적 자신감을 가지고 마취약을 주사한 것은 아니라고 생각한다. 불충분한 이해 상태에서 "아마 그렇게 하면 될 것이다."라고 생각하며 주사했을 것이다. '추측 작업'은 엄격하게 금지되어야 한다. 특히 큰 피해가 발생할 우려가 있는 작업일수록 이 원칙(추측 작업의 금지 원칙)을 철저히 하는 것이 필요하다. 직장에서는 이 습관을 갖는 것이 중요하다.

그런데 이와 같은 '모른다', '할 수 없다'는 것은 신입사원에 한정된 것은 아니다. 배치전환된 자나 지원자에게서도 일어나기 쉬운 에러이다. 배치전환된 자나 지원자가 원래의 업무에서 베테랑이면, 여기에서도 동일할 것이라고 제멋대로 판단해 작업하는 일이 있다. 그리고 좀 불안한데도 일일이 묻는 것은 부끄럽다거나 귀찮다고 생각하여 다른 사람에게 묻지 않고 일을 하는 경우도 있다. 배치전환된 자나 지원자를 받아들이는 경우에는, 상대가 원래의 업무에서 베테랑이더라도 여기에서는 초심자라고 생각하여 이쪽의 업무에 대한 설명을 기초부터 시작하여 질문하기 쉬운 분위기를 만들 필요가 있다. 또한 작업자 본인도 무엇이라도 질문하고 지도를 흔쾌히 받아들이는 자세를 가져야 한다.

- **Why를 가르치는 지도·교육**

지식 부족의 휴먼에러를 없애기 위해서는, 작업에 필요한 지식을 지도 · 교육하거나 그 작업의 지식을 가진 사람을 배치한다고 하는 교육훈련, 인원배치를 통해 해결하는 것이 기본이다. 지도 · 교육에서 중요한 것은 'Know How'만이 아니라 'Know Why'도 실시하는 것이다. 원리를 가르치고 작업자 본인으로 하여금 생각하게 하여 이해하도록 해야 한다.

일본에서 1999년에 JCO 임계사고[147]라고 하는 매우 충격적인 사고가 있었다. 액체

147 1999년 9월 30일 일본 이바라키현(茨城県) 나카군(那珂郡) 도카이무라(東海村)에 위치한 주식회사 JCO 사의

우라늄 연료 제조 중에 임계상태가 되고만 것이다. 이 사고에는 여러 가지 요인이 관련되어 있었지만, 그중 하나의 요인으로는 작업자에게 저탑(貯塔)을 사용하여 이러한 절차로 하라고 하는 'How'는 가르쳤지만, 왜 이러한 절차인가, 액체우라늄을 취급할 때는 왜 이 설비를 사용해야 하는가라는 'Why'는 가르치지 않아 작업자들이 이를 잘 모르고 있었다는 점을 들 수 있다. 수용액 상태의 핵물질은 임계질량보다 작은 질량에서도 핵분열이 일어난다는 사실을 알지 못했다. 현장에서 보다 능률적이고 편하게 작업을 하려고 작업절차를 임의로 바꾸는 바람에 사고가 발생하였다.

지도 · 교육에서는 How뿐만 아니라 Why를 이해시킬 필요가 있다. 번거로운 절차, 하기 어려운 규칙일수록 그 이유, 원리도 가르칠 필요가 있다. 즉 번거로운 절차, 하기 어려운 규칙일수록 지도 · 교육에서 'Know How'만이 아니라 'Know Why'까지를 가르치는 것이 필요하다. 인간은 귀찮은 것, 하기 어려운 것은 보다 편하게, 간단하게 하려고 하는 본능이 있다. 특히 우리나라 사람은 이 본능이 강력하다. 이 본능은 보다 편리하고 비용을 줄이는 제품을 만드는 개선마인드로 작용하기도 하지만, 절차 생략과 같은 위반과 표리관계인 경우도 있다.

JCO 임계사고에서도 저탑을 사용하는 이유, 임계의 의미에 대해 누군가 한 명이라도 확실하게 이해하고 있었다면, 양동이나 침전조(沈澱槽)로 하자는 의견이 나왔을 때 "이것은 위험하니까 그렇게 하면 안 돼."라는 반대 의견이 나왔을 것이다. 앞에서 소개한 대학병원 사례의 경우, 마취의 약리(藥理)를 알고 있었다면 직감적으로 이 환자에게 마취약을 투여하는 것이 이상하다고 알아차렸을 것이다.

Why를 가르치는 것은 시간이 걸리고 힘들 수 있다. 그러나 적어도 관리 · 감독자는 원리를 충분히 이해하고 이를 토대로 현장지도가 가능해야 한다. 그리고 이와 같은 지도 · 교육은 조직적으로 철저하게 실시하는 것이 필요하다. 왕왕 OJT를 빙자해 인원부족을 해결하려는 기업이 있다. 신규자 배치 전에 지도 · 교육계획을 수립하고 지도 · 교육할 사람을 정함으로써 지도 · 교육을 체계적으로 진행할 필요가 있다.

핵연료가공시설에서 발생한 원자력사고(임계사고)이다.

참고 | 질문의 힘, 안전 학습의 지름길

안전에 있어서도 질문은 단순한 의문 해결을 넘어 학습의 질을 높이고 학습 능력을 향상시키며 잠재력을 키우는 중요한 도구다. 질문을 통해 안전에 대한 개념과 원리를 명확히 이해할 수 있다. 또한 이를 바탕으로 스스로 안전문제를 해결하고 안전에 대한 새로운 지식을 형성해 나갈 수 있다.

질문을 통해 얻는 성취감은 학습 동기를 부여하고 꾸준히 학습할 수 있도록 만든다. 질문을 던지고 답을 찾는 과정에서 문제 해결 능력과 창의성, 자기주도적 학습도 가능해진다는 의미다.

질문은 단순히 답을 얻는 과정을 넘어 깊이 있는 사고를 가능하게 한다. 사고의 폭을 넓혀 비판적 사고 능력까지 향상시킨다. 아울러 질문과 답변을 주고받는 과정에서 의사소통 능력을 키울 수 있으며, 협동 학습을 통해 다른 사람들과의 좋은 관계를 가질 수 있다.

안전역량을 높이는 지름길은 질문을 잘 하는 것이다. 하지만 많은 작업자들이 질문하는 것을 꺼려한다. 부끄럽고 창피하다고 여기기 때문에 질문하고 싶은 마음이 굴뚝같아도 포기한다. 누구나 다 아는 쉬운 문제를 질문한다고 창피를 당하거나 질문에 대한 설명을 잘 이해하지 못해 멍청하다는 낙인이 생길까 봐 등 이유는 다양하다. 이외에도 바쁜 작업 일정으로 질문 시간이 절대적으로 부족하거나 직장에서 질문을 장려하는 분위기가 조성되지 않은 경우에도 선뜻 질문하기가 어렵다.

질문을 장려하는 환경은 작업자들이 궁금증을 해소하고 능동적으로 학습에 참여할 수 있도록 돕는 중요한 요소다. 이러한 환경을 조성하기 위해서는 몇 가지 노력이 필요하다.

첫째, 질문에 대한 긍정적인 분위기를 조성해야 한다. 부하 직원들이 질문할 때 격려하고, 틀린 답변도 존중하는 태도를 보여줌으로써 편한 마음으로 질문할 수 있는 분위기를 만들어야 한다.

둘째, 다양한 상황에서 질문할 수 있는 기회를 제공해야 한다. 작업 중일 때뿐만 아니라 안전회의, 안전 활동 등을 할 때 질문을 장려해 언제든지 궁금한 점을 해소하도록 해야 한다.

셋째, 질문에 대한 즉각적인 피드백을 제공해야 한다. 작업자들이 질문했을 때 바로 답변을 해주거나 추가 설명을 제공함으로써 궁금증을 완벽히 해소하게 해줘야 하다.

넷째, 작업자들끼리 서로 질문하고 답변하는 활동을 장려해야 한다.

마지막으로, 직장생활에서 질문하는 것을 자연스럽게 받아들이고 질문이 업무의 일부라고 여기도록 해야 한다.

질문은 안전 학습 효과를 극대화하고 안전에 대한 관심과 자신감을 높여준다. 질문은 학습하는 안전문화의 시작이자 끝이다.

- 매뉴얼(절차서)에 따른 지도·교육

지식교육에서는 매뉴얼(절차서)이 자주 활용된다. 매뉴얼에는 여러 규칙, 절차가 담겨 있다. 최근 작업자 스스로 생각하려고 하지 않고 지시를 기다리기만 하는 사람, 그저 매뉴얼에 따라 행동하는 사람을 '매뉴얼 인간'이라고 비난하면서, "매뉴얼 인간이 되면 안 된다."라고 강조하는 관리자가 있다. 그런데 작업자가 이러한 관리자의 방침에 따라 매뉴얼과 다른 행동을 하여 사고 · 재해를 일으키면, "왜 매뉴얼대로 하지 않았는가?"라고 책망을 듣는 경우도 적지 않다.

매뉴얼에는 여러 유형이 있으며, 다양한 방식으로 분류할 수 있다. 분류방식의 한 예를 제시하면 다음과 같다. 지도 · 교육할 때는, 먼저 가르치려고 하고 있는 것이 어느 매뉴얼인가를 구별을 하고, 그다음에 모든 매뉴얼에 대해 'Why'로 유도할 필요가 있다. 매뉴얼을 통해 원리와 이유를 이해시키는 것이 중요하다.

- **묵수형 매뉴얼**: 이 절차대로 하지 않으면 안 된다고 하는 강제적 매뉴얼이다. 기기의 운용한계, 화학공장의 조작절차 등 과학적 · 기술적 이유가 있는 것. 앞의 JCO 임계사고에서는 이 묵수형 매뉴얼을 어겼기 때문에 사고가 발생하고 말았다. 여기에서는 매뉴얼 인간이 되는 것이 철저하게 요구된다. 단, 이 경우에는 매뉴얼에 정해져 있는 사항의 기술적 이유, 즉 Why를 가르치는 것이 특히 중요하다.
- **준수형 매뉴얼**: 조직의 질서 유지를 위해 규칙으로 정해 두고 대상자에게 준수하도록 하는 것이다. 예를 들면, 회계 매뉴얼, 공구 대출 매뉴얼, 구내 출입 매뉴얼, 통행방법 등도 이에 해당한다. 정해 두지 않으면 혼란스러울 수 있으므로 미리 정하고 있는 것이다. 준수형 매뉴얼은 긴급사태 시와 같은 특수한 상황에서는 어느 정도 융통성을 발휘하는 것도 필요하다. 구내에서 밖으로 나갈 때 타임카드를 누르도록 되어 있다고 하더라도, 화재 시까지 일일이 하도록 한다면, 신속하게 대피하는 데 지장을 초래할 수 있다.
- **표준형 매뉴얼**: 초심자에 대한 가이드, 선배의 지혜, 실패하지 않기 위한 방법 등의 노하우, 직장의 표준적인 행동지침 등을 정리한 매뉴얼이다. 후배에게 동일한 고생을 하지 않도록 하는 마음에서 만들어진 것, 서비스업에서 직원의 행동이 제각각이 되지 않도록 하기 위해 만들어진 것도 이에 해당한다. 수업매뉴얼, 접객매뉴얼 등의 사람을 상대로 한 것, 나무의 가지치기 방법, 낚시의 정석 등 자연을 상대로 한 것이 있다. 이것들은 어디까지나 표준적인 것으로 그 '취지'를 파악하여 매뉴얼에 따르면서도 그때그때의 상황에서 주체적으로 어느 정도 임기응변으로 운용해야 하는 매

뉴얼이다. 여기에서는 매뉴얼 인간이 되는 것은 경계된다.

- Fool Proof 조치

  지식 부족의 착각이 발생하더라도 사고 · 재해로 이어지지 않도록 하는 대책을 마련해 놓을 필요가 있다. 예컨대 지식 부족으로 전원을 끄지 않고 기계실의 문을 열고자 할 때, 전원을 끄지 않으면 기계실의 문이 열리지 않도록 설계하면 지식 부족의 착각을 하더라도 사고 · 재해를 막을 수 있을 것이다.

(2) 기량 부족의 착각

① 특성

본인은 열심히 한다고 하였지만 일에 요구되는 기량을 갖고 있지 않은 채 현장에 나가면 기량 부족의 착각이 발생할 수 있다. 즉 작업을 수행하는 데 필요한 기량이 부족하여 일어나는 휴먼에러는 쉽게 발견할 수 있다. 지식 부족의 착각과 동일하게 초심자(일에 익숙하지 않은 사람)형 에러라고 할 수 있다. 물론 베테랑이라 하더라도 고도의 기량까지는 갖추지 못할 수 있기 때문에 기량 부족의 착각에서 완전히 벗어날 수는 없다.

② 사고 사례

주차장에서 차량을 뺄 때 앞으로 충분히 나간 뒤에 우회전을 해야 하는데 기량 부족으로 충분히 나가지 않은 상태에서 우회전을 하다가 기둥 또는 옆 차량과 부딪히는 사고가 가끔 발생하곤 한다. 그리고 어떤 산부인과에서 의사가 중절수술을 하다가 환자의 자궁에 구멍을 뚫는 사고를 발생시켰다. 이것은 기량 부족이 원인이었다. 행위착오로 발생한 것도 아니고 일부러 그런 것도 아니었다.

③ 방지방안

기량 부족의 착각을 방지하는 방안은 지식 부족의 착각을 방지하는 방안과 기본적으로 동일하다. 이하에서는 기량 부족의 착각의 방지방안에 대해 별도로 설명할 필요가 있는 방안만을 설명하기로 한다.

● 기량(skill)을 가진 사람의 배치

작업에 필요한 기량을 체계적으로 지도 · 교육하는 것과 일에 대해 요구되는 기량을 관리 측에서 확실히 정의하고 그것에 맞는 기량이 있는 자를 현장에 배치하는 것이 기량 부족의 착각을 방지하기 위한 기본적인 대책이다.

관리 · 감독자는 기량에 대해서도 질문하기 쉬운 분위기를 조성할 필요가 있다. 작업자 본인도 기량에 대해 무엇이라도 질문하고 지도를 흔쾌히 받아들이는 자세가 필요하다.

● 할 수 없는 것은 하지 않는 습관과 하게 하지 않는 관리의 철저

신입사원은 시간이 웬만큼 지나더라도 기량이 쉽게 몸에 배지 않는다. 그래서 훈련이 필요한 것이다. 훈련에서는 지도계획을 세우고 체계적으로 단계를 밟아나갈 필요가 있다. 이 경우는 OJT와 OFF-JT를 병행하는 것이 필요하다. 실패를 적극적으로 경험하게 하고 실패했을 때에는 '왜 실패했는가'라는 Why를 생각하게 하는 것이 매우 중요하다.

● 기량의 배제 대책

사업주는 기량을 훈련하기 이전의 문제로서 기량 습득이 필요 없도록 하거나 기량을 쉽게 습득하게 할 수 없는지를 생각해 볼 필요가 있다. 자동차의 경우라면, 수동차를 오토차로 바꾸면 교습기간은 단축시킬 수 있다. 조립공장에서는 토크렌치, 파워드라이버를 사용하면, 볼트를 죄는 기량을 습득할 필요가 없어지고, 죄는 힘의 과잉 · 과소의 에러도 없어진다. 기량 배제도 효과적인 휴먼에러 대책이라고 할 수 있다.

● Fool Proof 조치

기량 부족의 착각이 발생하더라도 사고 · 재해로 이어지지 않도록 하는 대책을 마련해 놓을 필요가 있다. 예컨대 기량 부족으로 전원을 끄지 않고 기계실의 문을 열고자 할 때, 전원을 끄지 않으면 기계실의 문이 열리지 않도록 설계하면 지식 부족의 착각을 하더라도 사고 · 재해를 막을 수 있을 것이다.

- 실습형 교육

OJT 교육, 체험교육 등 실습형 교육을 통해 작업자의 기량을 높일 필요가 있다.

참고 | 처음으로 할 때, 변경할 때, 오랜만에 할 때

휴먼에러를 일으키기 쉬운 때를 나타내는 말로 '처음으로 할 때', '변경할 때', '오랜만에 할 때'라고 하는 세 가지 때가 있다. 경험이 부족할 때, 여느 때와는 사정이 다를 때이다. 어떤 의미에서는 지식 부족, 기량 부족의 상태라고 할 수 있다. 매뉴얼을 참고로 하면서 신중한 태도로 업무에 임할 필요가 있는 시기이다.

그런데 휴먼에러를 일으키기 쉬운 때에는 이때 외에도 또 있다. '인수인계', '변칙', '불(不)안내'(잘 알지 못하는데 누구도 안내해 주지 않는 것), '피로', '다망', '비상상태'가 그때이다.

이런 때야말로 매뉴얼이 필요하다고 말할 수 있다. ⅰ) 이런 때에 대비하여 매뉴얼이 만들어져 있는지, ⅱ) 피곤할 때, 비상사태로 당황할 때에도 이해할 수 있도록 알기 쉽게 만들어져 있는지, ⅲ) 가까운 곳에 두어져 있는지, ⅳ) 내용은 최신의 것으로 항상 갱신되어 있는지 등 새롭게 작업장을 점검해볼 필요가 있다.

참고 | 교육훈련계획을 수립한다

OJT든 OFF-JT이든 교육훈련을 할 때에는 계획을 철저하게 수립하여야 한다. "일단 하고 보자.", "법정교육이니까 해야 한다."는 생각은 금물이다.

계획을 수립하는 경우, 바로 "언제부터 언제까지 며칠간에 걸쳐 실시한다.", "어떤 교육훈련기관 또는 어떤 강사에게 의뢰한다."는 이야기가 나오는 경향이 있는데, 이것은 바람직하지 않다. 먼저 정해야 할 것은 도달목표이다.

도달목표란 교육훈련을 받을 때에 무엇이 가능해지는가를 제시하는 것으로 반드시 "~가 가능하다."는 표현으로 제시될 필요가 있다. 교육이라고 하면, "조작절차를 설명할 수 있다.", "조작절차의 원리를 설명할 수 있다."고 제시한다. 훈련이라고 하면, "보일러를 수리할 수 있다.", "펌프의 분해점검을 할 수 있다." 등과 같은 것이다. "~가 가능하다."고 도달목표를 명시할 수 있으면, 합격, 불합격의 라인도 명확하다. 불가능하면 불합격으로 하면 되기 때문이다.

도달목표를 명확히 하면, 다음으로는 수강자의 레벨을 정한다. 도달목표가 교육훈련의 After(후의 상태)라면, 수강생의 레벨은 Before(전의 상태)이다. 이 차가 적으면(수강생이 어느 정도의 기초를 가지고 있으면), 교육훈련 기간은 짧아도 되지만, 차가 크면(초심자를 대상으로 하면), 상당히 기본적인 것부터 가르쳐야 하므로 필연적으로 교육훈련 기간도 길어진다. Before에 대해 After의 도달목표 레벨이 낮으면, 교육훈련은 '공자님 말씀', '기분전환'이 되어 버린다.

Before와 After를 확실히 하면, 그다음에는 이를 위한 교육훈련의 내용, 방법·절차를 정하고, 교재를 준비하며, 강사를 섭외하게 된다. 이것을 정리한 것이 교육훈련 계획서이다. 이것은 교육훈련 수강자에 대해

(계속)

서도 제시하는 것이 바람직하다. 이를 통해 자신은 금회의 교육훈련 대상자인지 여부를 판단할 수 있고, 자신이 어떻게 되면 좋을지(무엇을 할 수 있으면 좋을지)가 확실하게 되므로, 수강자의 동기부여로 이어질 수 있다.

3. 망각

망각은 기억에 관한 휴먼에러이다. 7±2 이상의 항목은 단기기억하는 데 한계가 있다. 시간이 지나면 잊는 것과 달리, 기억하고 있던 것을 중요한 시점에 생각해 낼 수 없는 경우, 깜박 잊어버림과 같은 것을 가리킨다.

망각은 일련의 작업 흐름 속에서 발생하는 것인데, 무작위적으로 발생하는 것이 아니라, 어떤 정해진 때에 발생한다. 망각의 패턴으로 다음 세 가지가 있다.

① 작업 주요 부분 수행 직전의 망각
② 작업 주요 부분 수행 직후의 망각
③ 전망 기억의 망각

1) 작업 주요 부분 수행 직전의 망각

(1) 특성

누구나 한 번쯤은 식전에 약 복용하는 것을 깜박 잊어버리거나, 가스레인지의 불을 끄지 않고 외출해 버리거나, 사이드 브레이크가 당겨져 있는 채 차를 몰려고 한 것 등과 같이 주된 일 직전에 해야 할 것을 깜박 잊은 적이 있을 것이다.

일상에서든 직장에서든 주된 일 전에 해야 할 준비적인 일을 깜빡 잊고 하지 않는 경우가 종종 발생한다. 앞의 사례의 경우 식사, 외출, 운전 전에 해야 할 일을 잊어버린 것이다. 특히 매우 중요한 일을 앞두고 있거나, 곤란이 예상되는 보수작업 시, 즐거운 일을 기다리고 있을 때 등 평소와는 다른 상황에서 자주 발생하는 경향이 있다. 주의(관심)가 주된 일에 향하여 그

전의 일에 대한 관심이 부족해지기 때문이다. 직장에서는 주된 작업에 대한 기대가 클 때, 급할 때(주된 작업에 빨리 착수해야 할 때) 다발하는 경향이 있다.

(2) 사고 사례

어떤 사업장에서는 설비 보수작업을 하기 전에 전원 끄는 것을 잊어 감전사고가 발생해 사망하는 일이 있었다. 또 파이프에서 폐액을 배출하는 것을 잊은 채 공사에 착수했다가 폐액에서 발생한 가스가 폭발을 일으켜 작업자가 3도 화상을 입은 사고도 있었다.

(3) 방지방안

작업의 주요 부분 직전의 부수적인 작업절차는 망각될 가능성이 있다는 전제하에 작업의 성질에 따라 다음과 같은 대책들을 조합하여 실시하는 것이 사고를 방지하기 위해 바람직하다.

- **주된 작업 직전에 준비적인 일을 하지 않기**

  준비적인 일을 주된 작업 직전에 하려고 하지 않고 미리 여유를 두고 해 놓는다. 예컨대 설비 보수작업의 경우 작업 직전에 전원을 끈다고 생각하지 말고 작업장에 도착하자마자 미리 꺼놓는다.

- **주된 업무 전의 일 체크**

  설비 보수작업의 작업절차서에 주된 업무 전의 준비작업을 강조하여 표기하고, 확인란을 두어 감독자가 확인을 하면서 작업지시를 하는 것이 효과적이다.

- Fool Proof 조치

  전원을 끄지 않으면 설비의 문이 쉽게 열리지 않도록 하거나 전원을 끄지 않은 상태에서 문이 열리면 알람이 울리도록 한다. 또는 문이 열리면 자동적으로 전원이 꺼지도록 한다. 식전 약의 경우, 식탁에 놓아두는 것으로 망각해도 복용해야 하는 것을 알아차릴 수 있는데, 이러한 조치는 관리적 Fool Proof라고 할 수 있다.

(4) 안전활동

위험예지활동, 안전회의, 안전교육, 안전지도 등의 안전활동을 통해 주된 업무 전의 일을 망각하지 않도록 주의를 환기시키거나 알려줄 필요가 있다.

2) 작업 주요 부분 수행 직후의 망각

(1) 특성

직장에서 작업의 주요 부분이 종료된 직후의 작업절차를 잊어버리는 경우가 종종 발생한다. 작업의 주요 부분을 끝내자마자 모든 것이 종료된 기분이 되고 관심이 다음 단계로 넘어가기 때문에 발생하는 특성을 가지고 있다. 어려운 선로보수와 같은 작업을 끝내고 한숨을 놓으면서 빨리 돌아가 한 잔 해야겠다는 생각에 다음 행동으로 관심이 옮겨가는 경우, 작업 주요 부분 수행 직후의 일을 그만 놓치고 마는 일이 발생할 수 있다. 작업 주요 부분 수행 직후의 일을 망각하는 것은 시간에 맞추기 위해 일을 서두르지 않으면 안 되는 경우와 같이 어떤 일을 급하게 처리하려고 하거나 허둥댈 때도 다발하는 경향이 있다.

(2) 사고 사례

플랜트 보수에서 보수가 끝난 후 점검 공구를 분리하지 않고 운전을 재개하는 바람에 운전 재개와 동시에 시스템이 다운되는 사고가 발생한 적이 있다. 그리고 철도차량의 차대 점검 후 점검구를 닫지 않고 운전하는 일이 발생하기도 하였다. 의료 분야에서는 수술 자체는 무사히 끝났지만 수술 후에 가제(거즈), 수술도구를 회수하는 것을 잊어버려 가제, 수술도구가 수술 부위에 들어간 채로[148] 봉합되어 버린 것과 같은 사고가 종종 보도되고 있다.

(3) 방지방안

작업의 주요 부분 직후의 부수적인 작업절차는 망각될 가능성이 있다는 전제하에 작업의 성질에 따라 다음과 같은 대책들을 조합하여 실시하는 것이 사고를 방지하기 위해 바람직하다.

148 수술 부위가 욱신거려 재수술을 해보니 가제, 수술도구가 나온 것이다.

- 작업 주요 부분을 최후로 하기

은행의 ATM을 이용할 때 카드 또는 통장이 나오고 나서 현금이 나올까, 아니면 현금이 나오고 나서 카드 또는 통장이 나올까? ATM에 따라 다를까? 답은 카드 또는 통장이 먼저 나오고 나서 현금이 나온다는 것이다. 왜냐하면, ATM에 온 목적은 돈을 인출하는 것이기 때문에, 현금을 손에 넣는 순간 모든 일이 끝났다고 생각하고 관심이 다음 행동으로 옮겨가기 때문이다. 카드나 통장이 현금 뒤에 나오면, 이것을 놓고 가는 일이 크게 증가할 것이다.

업무 목적에 해당하는 작업 주요 부분을 마지막으로 하면 그 주된 부분이 종료될 때까지 기다릴 것이므로 작업절차를 놓치는 일이 발생할 가능성이 크게 줄어들 것이다.

- 최후 부분을 체크하는 관리적 구조

외과수술에서는 수술 전의 가제와 기구의 개수를 수술 후의 개수와 대조하는 담당 간호사를 정하고 동일한지를 확인하고 나서야 수술 종료로 하는 구조가 정착되어 있다. 이런 관리구조에 의해 기구가 몸속에 남는 것을 방지할 수 있게 되었다. 사업장에서는 공구함의 관리가 중요하다. 공구 하나하나를 끼워 넣을 수 있는 공구함에서는 공구가 부족하면 이를 바로 알 수 있지만, 공구가 뒤섞여 있는 곳에서는 공구가 부족하더라도 알아차리기 어렵다. 이와 같이 휴먼에러가 발생할 수 있다는 것을 전제로 최후 부분의 누락을 알아차리게 하거나 확인하는 소프트웨어 대책을 마련해 이행할 필요가 있다.

- Fool Proof 조치

최후의 일을 하지 않고는 다음 행동으로 진행하려고 할 때 알람이 울리거나, 다음 단계로 진행되지 않는 구조로 기기 · 설비를 설계할 필요가 있다. 자동차의 경우, 키를 빼지 않고 운전석의 문을 열면 알람이 울린다. 전차, 버스에서는 승강문이 닫히지 않으면 운행하는 것이 불가능하다. 그리고 전원 스위치를 깜박 잊고 끄지 않는 것을 방지하기 위해 난방기구는 일정 시간이 지나면 자동적으로 정지되도록 만들어져 있다. 이와 같이 깜박 잊고 최후의 작업을 하지 않더라도, 이것이 사고 · 재해로 이어지지 않도록 하는 장치를 시스템에 반영해 놓는 것이 바람직하다.

참고 | 신중하게 처리해야 할 안전장치·자동처리

휴먼에러가 사고로 발전하지 않도록 하기 위하여, 시스템 측이 휴먼에러가 발생하는 부분에 대해 자동적으로 대응하는 조치를 강구할 수 있다. 일견 안전의 향상에 기여하지만, 신중에 생각하지 않으면 오히려 사고·재해를 일으키기도 한다.

① 시스템이 악용된다

1991년에 일본에서 사가라끼코우겐(信楽高原) 철도사고라는 대참사가 발생하였다. 이 사고의 원인의 하나로 '오출발 발견장치의 악용'이 있었다. 사가라끼 철도는 단선(單線)이었다. 만일 적신호를 간과하고 출발하면 정면충돌을 일으킬 수 있다. 그래서 '오출발 발견장치'가 설치되어 있었다. 이 장치에 의해, 열차가 적신호 상태에서 출발하는 경우 맞은편 신호도 적색이 되어 맞은편 열차는 대피선에서 대기하게 된다. 이 장치 자체는 '선의의 운전사의 만일의 신호확인 누락 또는 간과'라는 휴먼에러에 대비한 것이었다. 그러나 운전사 중에는 이 시스템을 상습적으로 악용하여 열차의 지연을 만회하기 위해 무리하게 적신호 상태에서 출발하는 사람이 있었을 것이다. 사고가 있었던 날도 열차의 지연을 만회하기 위하여 적신호에서 무리하게 출발하였는데, 하필이면 이때 이 신호시스템이 JR의 신호시스템과 간섭을 일으키는 바람에, 맞은편 신호가 적색으로 바뀌지 않았다. 그 결과, 열차가 정면충돌하여 많은 사상자를 내는 대참사를 일으키고 말았다.

인간은 '선의의 안전장치'에 너무 의지하거나, 나아가 이것을 자신에게 편리한 방식으로 악용하는 행동 경향을 보이기도 한다. 그런데 '선의의 안전장치'는 만일의 긴급피난을 위한 것이고, 위험한 상태가 아주 가까이까지 임박한 사실을 사라지게 하는 것은 아니다. 예를 들면, 가스렌지의 이상고온 발견장치를 악용하여, 이상고온이 되면 가스렌지가 어차피 꺼질 것으로 생각하고 튀김 냄비를 불에 올려놓은 채 장시간 전화를 하는 경우, 튀김 냄비에 불이 들어가 가스는 꺼졌지만 기름의 불은 꺼지지 않아 화재가 발생하는 사고로 이어질 수 있다.[149] 그렇다고 하여 안전장치는 무의미하므로 설치할 필요가 없거나 철거하자고 주장하는 것은 단견이다. 그러나 안전장치는 악용될 수 있거나 위반에 의한 사고를 유발할 위험이 있다는 상정을 하고 이에 대한 대책을 강구하는 것은 반드시 필요하다.

② 경직적인 시스템이 돼 상정 밖의 일이 발생할 수 있다

어떤 오피스텔의 화장실에서는 에너지 절약을 위해 일정 시간이 지나면 전등이 꺼진다. 이것 자체는 문제가 있다고 할 수 없지만, 청소나 파이프 수리를 하고 있으면 소등되어 버려 그때마다 스위치를 올려야 하기 때문에 귀찮기도 하고 짜증나게 된다. 그리고 문을 개방하면 자동적으로 전원이 꺼지는 배전반의 경우, 보통 육안으로 확인하는 점검을 하는 때에는 상관없지만, 문을 개방하고 전압체크를 해야 하는 경우에는 곤란하게 된다. 전원이 꺼져 전압을 체크할 수 없기 때문이다. 이런 일은 빈도는 낮지만 발생할 수 있는 일이

(계속)

149 이상고온 발견장치는 가스를 차단하는 기능은 있지만 소화 기능은 없다.

다. 이런 일에 대한 배려가 이루어지지 않으면 경직적인 시스템이 되어, 불편을 초래하는 동시에 센서를 무효로 하는 등의 문제를 일으킬 수 있다. 따라서 정당한 조작에 의해 자동처리의 리셋이 가능하도록 하는 수동 모드도 갖출 필요가 있다.

제8장

위반과 규칙 관련 행동의 다양성

제8장

위반과 규칙 관련 행동의 다양성

1. 체르노빌 및 제브뤼헤 사고

1986년 4월 발생한 체르노빌 원자력발전소 사고야말로 처음으로 '위반'에 대한 관심을 불러일으킨 사고이다.[150] 이 사고의 주된 요인은 인간의 행동이다. 이 행동이란 실험계획자 측의 '착각', 요구되는 수준보다 출력을 낮춘 운전원의 하나의 중대한 '행위착오', 그리고 폭발 직전에 이루어진 안전운전절차로부터의 일련의 무분별하면서도 '의도적인(deliberate) 일탈'이다. 이 중에서 휴먼에러와 위반의 구별이 필요한 것은 최후의 불안전행동이다.

최후 30분간의 운전원의 행위는 플랜트 운전절차의 중대한 일탈과 관련되지만, 증기터빈의 여력을 이용해 발전하는 방법의 반복시험[151]에 필요한 상태를 만들어 놓는다는 목적과 완전히 일치했다. 아이러니하게 이 발전방법은 안전대책으로 고안된 것이다. 외부전원 상실[152]

150 J. Reason, "The Chernobyl errors", *Bulletin of the British Psychological Society*, 40, 1967, pp. 201~206.

151 이 발전방법의 시험이 1982년, 1984년, 1985년에 행해졌지만 모두 실패하였다.

152 뭔가의 원인으로 비상용 모선으로의 전기공급이 상실되고 안전설비로의 전기공급수단이 비상용 디젤 발전기 외에는 없는 상태를 가리킨다.

이 발생한 경우, 비상용 노심냉각시스템의 펌프를 기동하는 데 충분한 전력을 비상용 디젤발전기로 생산할 수 있을 때까지의 2-3분의 갭을 이 방법으로 메우기로 되어 있었다.

절차적 위반은 여러 가지 이유 때문에 저질러질 수 있다. 일반적으로 절차적 위반은 안전절차, 룰, 규칙으로부터의 의도적이지만 악의 없는 일탈이다. 비준수행위는 의도한 것이더라도, 위반이 테러리스트나 파괴(방해)행위자에 의한 것이 아닌 한, 이따금 발생하는 나쁜 결과는 의도한 것은 아니다.

체르노빌 원자력발전소 운전원은 시스템 이중 구속 상황에 노출되어 있었다. 운전원에 부여된 임무는 그들의 경험, 능력을 초과했을 뿐만 아니라 위반을 피할 수 없게 만드는 것이었다. 예를 들면, 비상용 노심 냉각장치를 분리하는 위반이 실험계획서에 기재되어 있었으며, 모스크바에서 온 전기기사에게 반복실험을 행할 기회를 주기 위해 증기 드럼과 터빈 자동안전장치를 떼어놓기도 하였다. 다른 많은 참사와 마찬가지로, 불운한 운전원은 시스템 전체의 일련의 복잡한 실패를 떠맡은 자(inheritor)였던 것이다. 위반의 특성을 이해하려면, 현장 사람들의 겉으로 드러난 행동 이상의 것을 보고 시스템 전체의 약점을 검토해야 한다.

1987년 3월에 발생한 제브뤼헤(Zeebrugge) 사고에서도 유사한 시스템 이중 구속이 있었다. '헤럴드 오브 프리 엔터프라이즈(Herald of Free Enterprise) 호'는 해운규칙에 위반하여 선수의 문을 연 채 제브뤼헤에서 출항하였다. 이 때문에 차량갑판의 개구부에서 물이 들어오고, 원래 상부가 무거운 불안정한 설계였던 탓도 작용하여 출항 직후에 전복되었다. 왜 문이 닫혀 있지 않았을까? 그것은 사고 이전에 승조원의 적절한 배치를 요구하는 노동쟁의가 있었음에도 불구하고, 상호 간에 떨어진 장소에서 이루어진 세 가지의 조작을 감독할 수 있는 상급 승조원이 2명밖에 없었기 때문이다. 왜 선장은 문이 열려 있는 것을 인식하지 못했을까? 이 배는 이상이 있는 경우에만 보고하는 것으로 되어 있었는데, 이상을 알리는 보고가 없어 선장은 문이 닫혔다고 생각한 것이다. 게다가 선장에게는 문의 개폐상태를 직접적으로 파악할 방법이 없었다. 사고 이전에 경고등을 선교(船橋)에 설치하자는 요청이 있었지만, 경영자는 비용을 이유로 거부했다. 사고 후에 경고등은 한 개에 수백 파운드를 들여 같은 회사의 다른 여객선에 설치되었다.[153]

---

153 J. Reason, *The Human Contribution: Unsafe Acts, Accidents and Heroic Recoveries*, Ashgate, 2008, pp. 49~51.

자신들의 행위가 비참한 결과로 이어질 것이라고 점을 알고 있었다면, 체르노빌 원자력발전소의 운전원, 헤럴드 오브 프리 엔터프라이즈 호의 승조원은 확실히 위반을 저지르지 않았을 것이다. 그럼 왜 마치 자신들이 불사조인 것처럼 행동했을까.

각 사고의 관계자는 아마도 이들 사고 전까지 제재 없이 위반을 반복했을 것이다. 이들 특정 위반이 다수의 다른 요인과 조합되어 비로소 대참사로 이어진 것이다. 그리고 어느 사례에서도 하나만으로는 불충분하지만, 사고를 일으키는 데 필요한 원인 요소들이 장래에 동시 발생할 것이라고는 어느 누구도 예측하지 못했다. 바헤나르(Willem Wagenaar)는 이러한 상황을 '일어날 수 없는 사고'라고 적절히 명명하였다.[154] 당장의 생산목표를 달성하는 것에 의해 얻어지는 이익과 비교했을 때 좀처럼 발생하지 않는다는 이유로 대참사의 가능성은 별다른 고려요소가 아니었을 것이다. 현장 최일선의 작업자에 있어서는 이러한 결과는 상상할 수 없었고, 따라서 전혀 고려되지 않았을 것이다.

2. 불안전행동으로서의 위반

위반에는 여러 가지 형태가 있고 그 모두가 반드시 불안전한 것은 아니다. 휴먼에러와 위반은 일반적으로 불안전행동이라고 하는 일반적인 제목으로 그룹화되고, 비준수(위반) 행위는 휴먼에러와 같이 그것이 발생한 행동 수준에 따라 전술한 바와 같이 숙련 기반, 규칙 기반, 지식 기반으로 분류된다.[155] 각각의 경우에서 규칙과 절차를 준수하지 않는 결정은 개인적 요인, 정황적 요인, 사회적 요인, 시스템적 요인에 의해 영향을 받아 이루어진다. 다만, 이들 요인(영향)들의 우위는 위반의 유형에 따라 다르다.[156]

---

154 W. A. Wagenaar and J. Groeneweg, "Accidents at Sea: Multiple Causes and Impossible Consequences", *International Journal of Man-Machine Studies*, 27, 1987, pp. 587~598

155 이하는 주로 J. Reason, *The Human Contribution: Unsafe Acts, Accidents and Heroic Recoveries*, Ashgate, 2008, pp. 51~55를 참조하였다.

156 위반의 위상, 유형, 특징 및 억지방안 등에 대한 상세한 설명은 정진우, 《안전과 법-안전관리의 법적 접근(3판)》, 교문사, 2024, p. 434 이하를 참조하기 바란다.

1) 숙련 기반 수준의 위반

숙련 기반 수준의 위반은 숙련되거나 습관화된 행위 목록의 일부분을 형성한다. 이 위반에는 편법(corner-cutting)이 얽혀 있는 일이 많다(예: 작업 관련 두 지점 사이를 최소의 노력이 드는 길로 가기 위해 절차를 생략하는 경우). 이와 같은 일상적인 위반은 세련되지 않은 절차, 상대적으로 대수롭지 않은 상황에 의해 촉진된다. 위반하더라도 거의 제재를 받지 않는 경우, 준수하더라도 사실상 보상이 이루어지지 않는 경우에 주로 발생한다. 예컨대 도회지의 공원을 보면, 우리는 조경 건축가에 의해 원래 계획된 보도(步道)를 볼 수 있다. 그리고 우리는 버스정류장과 지하철역 사이의 지름길로 가고자 하는 공원 이용자들에 의해 공원 안에 잔디를 가로지르는 희미한 길이 별도로 나 있는 것 또한 볼 수 있다.

일반적으로 숙련 기반 수준의 활동을 절차화할 필요성은 거의 없다. 대부분의 경우 행위들은 몸에 밴 습관이고, 그 습관의 상세내용은 어쨌든 말로 다 표현할 수 없으며 상기하는 것조차 불가능하다. 예를 들면, 숙련된 직인(職人)을 대상으로 스크루드라이버의 사용방법을 설명하는 절차를 작성하는 것은 의미가 없다. 절차서에서 숙련 기반 수준의 활동을 다루는 경우에는, "주의를 충분히 기울이시오.", "○○할 때는 주의하시오." 등과 같이 대개 일반적인 충고의 형태를 취하는 경향이 있다.

'최적화 위반', 즉 스릴을 추구하는 위반도 숙련 기반 수준 위반의 큰 특징이다. 이 카테고리는 위반의 별도의 유형이라기보다는 오히려 인간의 행위는 여러 목적을 위하여 존재하고, 그 목적 중에는 일의 본래 목적과는 무관한 것이 있다는 점을 나타낸다. 즉, 자동차 운전자의 본래 목적은 A지점에서 B지점으로 가는 것이다. 그러나 그 도중에 운전자는 스피드를 내고 싶은 욕구 또는 공격적 본능을 충족시키려고 할 수도 있다. 이와 동일하게, 선원은 변화가 없는 항해의 무료함을 없애기 위하여 안전운전절차로부터 일탈할 수 있다. 예를 들면, 배를 운전하는 능숙함을 보여 주기 위하여 접근해 오는 배 가까이로 항해할 수도 있다(이것은 여러 충돌사고의 기여요인이다).

일의 본래 목적을 엄밀히 추구하는 것이 아니라, 개인 목적을 달성하려고 하는 경향이 개인의 행동스타일의 일부가 되는 경우가 있다. 이것은 자동차의 운전에서 상당히 뚜렷하게 발견된다. 그리고 이 경향은 연령별로 볼 때 특정 인구집단, 특히 젊은 남성의 특징이기도 하다.

2) 규칙 기반 수준의 위반

안전작업절차, 규칙, 규제는 주로 문제가 있는 상황, 위험한 상황에서의 행동을 통제하기 위해 정해져(작성되어) 있고, 규칙 기반 수준의 행동에 관한 것이 가장 많다.

일정한 시스템 또는 과학기술의 초기단계에서, 절차서는 일을 하는 방법, 예견되는 잠재적인 위험성에 대처하는 방법에 대한 설명을 간결하게 제시하고 있다. 그러나 과거의 사고(incident), 재해(accident)로부터 습득된 교훈을 반영하기 위하여 절차가 계속적으로 개정되고, 그러한 개정은 대체로 과거의 좋지 않은 사건과 관련된 특정 행위를 금지하는 방향으로 이루어진다. 그 결과, 과학기술이 성숙됨에 따라 허용되는 행동범위가 점차 좁아진다. 그러나 업무상 또는 비즈니스의 제약 속에서 일을 완료하기 위하여 '필요한' 행동범위는 줄어들지 않을 수 있다. 요컨대, 허용되는 행동의 범위가 필요한 행동의 범위보다 좁아진다. 휴먼에러가 정신적 프로세스의 불완전성에 기인하는 것인 반면, 위반은 규제와 시스템이 허용되는 행동을 지나치게 제한함으로써 초래될 수 있다. 이것이 상황적 위반 또는 필요한 위반의 조건을 만든다. 이들 상황에서는 위반이 있을 법한(possible) 해결책이거나 어떤 경우에는(예: 체르노빌 사고) 유일한 해결책이 되기도 한다.

상황적 위반의 특징은 화물열차의 연결작업의 예를 통해 설명될 수 있다. 6개월마다 개정되는 영국 국철의 '작업규칙'은 연결작업을 위해 화물열차가 속도를 늦추어 이동하는 중에, 즉 연결하려고 하는 화물열차를 선도기관차(pilot engine)로 정지 중의 화물열차 쪽으로 이동시킬 때, 연결작업자가 화물열차 사이에 들어가는 것을 금지하고 있었다. 화물열차가 정지한 때에만 연결작업자가 화물열차 사이에 들어가 필요한 연결을 하는 것으로 되어 있었다. 그러나 완충기가 완전히 확장되어 있는 경우에는, 화물열차를 연결하기 위한 쇠고랑(shackle)이 너무 짧아 연결될 수 없는 경우가 가끔 있다. 연결작업을 실시할 수 있는 것은 화물열차가 처음에 접촉하여 완충기가 일시적으로 압착된 그 순간뿐이다. 이와 같이, 이들 특정 화물열차들을 연결할 수 있는 유일하고 신속한 방법은 이동 중에 화물열차 사이에 연결작업자가 들어가는 것이다.

1994년 이전의 영국 철도에서는 매년 허용할 수 없는 수의 연결작업자가 완충기 사이에 끼어 사망하는 사고가 발생하였다. 이 사실로부터 다음과 같은 점이 명백해진다. 위반 자체가 반드시 피해를 유발하는 것은 아니다. 치명적일 수 있는 것은, 바로 위반하고 있는 상황에서 저질러지는 휴먼에러이다.

화물열차의 연결작업 사례는 상황적(필요한) 위반에 대하여 중요한 점을 보여 주고 있다. 즉 일상적 위반과 낙관적 위반이 최소 노력과 스릴과 같은 개인적 목적의 달성과 확실히 관련되어 있는 반면, 필요한 위반은 작업장과 시스템의 결함에 그 근원이 있다. 처음에는 비준수가 일을 수행하기 위해 불가결한 것으로 보인다. 그러나 비준수가 한 번 행해지면, 상황적 위반이 일을 좀 더 용이하게 수행하는 방법이 되어 습관화된 숙련 기반 행동의 일부가 되어 버리는 경우가 종종 발견된다.

규칙 기반 위반은 숙련 기반 위반보다 의도적일 가능성이 높다. 한편, 착각이 바람직한 목적을 달성할 것이라고 믿고 이루어지는 의도적인 행위인 것과 마찬가지로, 상황적 위반은 나쁜 결과는 초래되지 않을 것이라고 믿고 이루어지는 의도적인 행위이다. 위반으로 예상되는 손실(비용)보다 이익 쪽이 클 것이라고 생각될 때, 위반은 손실-이익 판단에 의해 구체화(실현)된다. 그러한 판단은 착각일 수 있다. 따라서 상황적 위반에는 착각과 절차 비준수 둘 다 관련되어 있을 수 있다.

3) 지식 기반 수준의 위반

지식 기반 수준의 활동은 일정한 훈련 또는 절차지침이 존재할 가능성이 없는 이례적이거나 새로운 상황에서 이루어진다. 훈련교원과 절차서 작성자가 대처할 수 있는 것은 알려져 있거나 예견할 수 있는 상황뿐이다.

체르노빌 참사는 '예외적 위반'을 가장 잘 설명한다. 출력레벨이 25% 이하로 떨어졌을 때, 플랜트는 위험한 상태가 되었고, 정(正)의 기포 계수(void coefficient : 손을 쓸 수 없는 상황으로 떨어질 가능성이 있고, 실제로 그렇게 된 반응도)가 될 가능성이 높았다. 그 후의 활동의 거의 모든 것이 예외적 위반, 좀 더 정확하게 말하면 '잘못된 규칙 일탈(misvention)'이고 폭발을 불가피하게 하였다. 원자로의 물리적 특성에 관한 기초지식이 없는 운전원은 줄어드는 기회 속에서 시험을 완료하려고 안전장치를 계속하여 해제하는 것을 고집하였다.

지식 기반 수준에서 직면하는 문제는 미래의 우주비행사에게 화성의 표면이 완전히 새로운 것일 정도로 새로운 문제는 아니다. 이 문제에는 드물지만 대비훈련이 실시된(trained-for) 상황의 돌발적 발생, 또는 개별적으로는 익숙한 상황들의 생각지 않은 조합이 얽혀 있는 경우가 많다.

2명의 작업자가 원유 파이프라인을 점검하고 있는 상황을 고찰해 보자. 이것은 빈번하게 사망사고가 발생하는 상황이다. 한 명이 점검피트에 들어가 위험성이 매우 높은 황화수소가스에 폭로되어 쓰러진다. 동료는 이와 같은 상황의 대처법, 예컨대 무선으로 구조를 요구하고 결코 피트 속에 들어가지 말라는 훈련을 받았음에도 불구하고, 본능적인 충동에 이끌려 동료를 구조하기 위하여 피트로 뛰어내려, 자신 또한 황화수소가스에 폭로되어 쓰러진다. 사고에 대한 훈련은 받았지만, 실제로 이와 같은 상황을 경험한 적은 없었다.

3. 임기응변의 달인

무엇이 사람을 '문제 해결자'로 만드는 것일까? 이것은 매우 어려운 문제이다. 예상 이상으로 잘 하는 경우도 있지만 그렇지 못한 경우도 있다. 외견상으로는 유사하게 보이는 두 개의 그룹도 한 그룹은 성공하고 다른 한 그룹은 실패한다. 최고의 사람들조차 안 좋은 날이 있다. 최고의 문제해결자들은 거의 대부분 제대로 하지만, 그 외의 사람들은 훨씬 안 좋게 한다.

"무엇이 사람을 임기응변 대응의 달인으로 만드는 것일까?"라는 질문에 대한 간단한 답은 없지만, 가장 중요한 요인의 하나는 확실히 마음의 준비[mental readiness(preparedness)]일 것이다.

위험한 업무 수행자 중에는 어떤 기질(정신자세)을 가지고 있는 사람들이 있다. 교육훈련의 결과이거나 최악의 결과를 예상하는 천부적인 성향에 기인할 것이지만, 통상은 둘 다일 것이다. 이를 통해 일어날 수 있는 사고 시나리오를 상상하면서 행동한다. 이 시나리오 중 어떤 것은 과거의 사건에 대한 지식을 토대로 착상된 것이고, 다른 것은 일어날 수 있는 개별적인 실패들의 조합을 포함한다. 그들은 이들 시나리오를 상상하기 위하여 과거에 발생한 사건의 상세를 머리에 저장하고 있다. '무료 교훈'에 해당하는 아차사고도 검토한다. 그들의 관심은 중대한 결과로 이어지지 않은 아차사고가 어떻게 상호작용하여 시스템의 방호수단을 파괴할 수 있는가에 있다. 인간이든 기계이든 단 하나의 잘못 또는 고장만으로는 잘 방호되는 복합적인 시스템을 파괴하기에는 일반적으로 불충분하다는 것을 그들은 충분히 이해하고 있다.

시뮬레이션은 '필요한 상상력'을 높이기 위한 필수불가결한 도구라는 것은 분명하다. 많은 위기일발의 참사로부터 무사할 수 있었던 것은 만약 여러 일어날 것 같지 않은 사건들이 조합된 경우에 '무엇이 일어날까'를 생각하고, 이들 조건에서 시뮬레이션을 실행한 사람이 있었기 때문이다.[157]

4. 맞춤형 시스템 통제

복잡하고 위험한 산업의 경영자는 매우 어려운 문제에 직면하고 있다. 그것은 부적절한 절차서를 인식하고 잘못된 규칙 준수(mispliance)를 피하기 위해 필요한 지능적인 경계심을 억압하는 것 없이 불안전한 위반의 가능성을 최소화하기 위해서는 어떻게 인간의 행동을 제어할 것인가의 문제이다. 인간 행동의 형성에 영향을 미칠 수 있는 다양한 시스템 통제를 어떻게 알맞게 사용하기로 선택할지에 확실히 그 해답이 있다.

관리적(administrative) 통제는 프로세스(과정) 통제와 산출 통제로 구분된다. 그러나 보다 상세한 검토에 의해 이 두 가지는 연속체의 양끝에 자리 잡고 있다는 것을 알 수 있다. 한쪽 끝에는 규칙과 절차에 의한 중앙 집권적 관리 차원의 직접적인 지도에 전적으로 의존하는 프로세스 통제가 있고, 또 다른 쪽의 끝에는 적어도 현장 제일선의 작업자 수준에서는 중앙 집권적 관리의 상대적 부족(공백)을 수반하는 산출 통제가 있다. 조직의 목적에 맞도록 현장의 산출을 조정하는 산출 통제는 주로 시스템 통제의 두 가지 모드, 즉 사회적 또는 집단적 통제 및 자율적 또는 개인적 통제에 달려 있다.

잠재적으로 위험한 상황은 헤아릴 수 없을 정도로 다양하기 때문에 안전행동의 통제는 개별 작업집단 레벨에서 이루어질 필요가 있다. 독일군의 임무시스템(Auftragssystem)에 대한 군사교리의 성공의 열쇠는 구체적인 명령의 유무에 관계없이 조직의 목적을 충족하는 것이

---

157 J. Reason, *The Human Contribution: Unsafe Acts, Accidents and Heroic Recoveries*, Ashgate 2008, p. 66 참조.

가능했던 하급지휘관의 능력에 있었다. 군사를 산업안전으로 치환하면, 이것은 안전작업절차서를 이용할 수 없거나 적용할 수 없는 경우에는 현장에서 사람의 행동을 통제할 수 있도록 현장 제일선의 감독자를 선발 · 훈련하는 것을 의미한다.

이와 같이 행동지도가 현장화된(localized) 시스템은 감독자의 개인적인 자질과 숙련을 상당히 필요로 한다. 감독자의 필수요건은 작업현장의 업무와 그 업무가 빈번하게 수행하는 상황에 관한 폭넓은 '실제' 경험이다. 감독자에게는 현장의 생산적 요구와 일어날 듯 말 듯한 위험원의 성질 둘 다에 정통할 필요가 있다. 동일하게 중요한 것은 작업자들의 존경과 경영진의 지지에서 나오는 인간적 위엄이다. 후자(경영진의 지지)는 안전이 기업 목표의 목록에서 높게 자리매김되어 있는 것을 필요로 한다. 안전작업에 대한 경영진의 의지(commitment)는 효과적인 행동 제어에 필수불가결한 전제조건이다.

그러나 위험한 활동 모두가 감독이 이루어지는 집단에서 이루어지는 것은 아니다. 현장 제일선의 감독자가 비교적 독립하여 일을 하는 경우에는, 지도의 부담은 사회적 통제에서 자율적 통제로 옮겨간다. 여기에서 필요한 것은 기술적 기량과 정신적 기량(주의 깊음) 두 가지 훈련이다. 정신적 기량의 훈련에서 중요한 것은 잠재적인 위험원 인식과 위험성 지각을 강화하는 방법이다. 이것은 단순히 성공적인 수행보다는 '올바른' 수행을 촉진하기 위한 수단이다. 조직 레벨에서는 지시적(prescriptive) 프로세스 통제의 한계를 이해하는 것이 필요한 한편, '현장 제일선' 작업자 레벨에서는 위험성에 대한 평가를 개선하는 것과 '휴먼에러에 관한 지혜'를 강화하는 것이 보다 안전한, 즉 보다 올바른 수행의 열쇠이다.

안전하면서 생산적인 작업은, 비준수행위를 줄이려는 노력이 체계적이지 않으면 달성되기 어렵다. 오히려 그것은 특정 사업형태에 가장 적합한 통제 포트폴리오를 만드는 것으로 실현될 수 있다. 모든 영역에 걸친 단일한 최상의 완성품(package)은 존재하지 않는다. 통제는 활동의 유형 및 작업팀/개인의 수요 쌍방에 맞춰져야 한다. 그러나 가장 넓은 영역의 통제수단을 가진 조직이라도 다양한 조치에 대한 정보가 잘 제공되고 효과적인 문화에 의해 지지되어야만 최고의 안전실적을 달성할 수 있을 것이다.[158]

---

158 J. Reason, D. Parker and B. Lawton, "Organizational Controls and Safety: The Varieties of Rule-Related Behaviour", *Journal of Occupational and Organizational Psychology*, 71, 1998, pp. 289~304 참조.

제9장

불안전행동에 대한 관점

제9장

불안전행동에 대한 관점

1. 불안전행동을 바라보는 방식

어떤 행위가 불안전한지 아닌지의 여부는 결과에 지나지 않으므로, '불안전행동'이라는 명칭은 그다지 적절하지 않다. 휴먼에러도 아니고 위반도 아닌 행위조차 불안전한 결과를 초래하는 경우가 있고, 그 반대도 있을 수 있다. 이러한 명확한 한계를 인정하면서도 그간의 관례와 간결함 때문에 이 용어를 계속 사용하기로 한다. 전술한 바와 같이 불안전행동은 잠재적 상황과 구별하기 위하여 이따금 즉발적 에러라고 부르기도 한다.

이하에서는 불안전행동 자체, 그 행동을 하는 인간보다는 오히려 그것이 '중요한 타자'에 의해 어떻게 인지되는가라는 점에 초점을 맞추기로 한다. '중요한 타자'란 잠재적인 위험한 시스템의 경영자, 관리자, 주주, 이해관계자, 규제기관, 미디어 해설자, 입법기관, 그리고 나쁜 결과에 의해 생명에 악영향을 받을 가능성이 있는 사람들, 실제 피해를 입은 사람들(예컨대, 환자, 승객, 고객, 소비자, 모든 종류의 최종수요자)을 가리킨다.

복수의 다른 모델이 존재하지만, 이것들은 상호 배타적인 것이 아니다. 어느 모델도 왜 불안전행동이 생기고, 그것이 어떻게 문제의 작업에 영향을 미치는지를 설명하고 있다. 그리고 각 모델은 그 자체의 대책과 예방방침을 제시하고 있다. 민족심리학(folk psychology)[159]에 근거한 모델도 있는가 하면 공학, 역학, 법률 및 시스템론을 기초로 하는 것도 있다.

이하에서는 질병 모델(또는 결함 모델), 인적 모델, 법률 모델, 시스템 모델이라는 4개 모델에 대하여 설명하는 것으로 한다. 인적 모델에 관한 논의에서는 빈번하게 생기는 취약시스템 증후군을 포함하여 설명한다. 그리고 안전 분야에서 큰 영향력을 발휘하여 온 시스템 모델에 대해서는 시스템의 관점에서 검토한다.

이 장의 마지막에서는 안전관리의 지배적인 견해인 '인적 모델과 시스템 모델'의 극단적 입장은 한계를 가지고 있다는 것을 설명한다. 우리는 시스템적 개선을 계속하여 촉진하는 한편, 동시에 시스템을 변경할 기회가 거의 없는 사람들에게 장래 언젠가가 아니라 내일이라도 조우할지 모르는 휴먼에러 함정 또는 재발하는 사고 패턴을 피하도록 도와주는 정신적 기량(주의 깊음)을 제공해 주는 '양 모델 간의 균형'을 찾을 필요가 있다.[160]

1) 전염병 모델

전염병 모델은 이론적 모델이라기보다는 역학적 연구, 특히 미국에서 매년 '예방 가능한' 의료 과실(에러)의 결과로 10만 명 가까운 사람이 사망하고 있다는 사실을 발견한 역학적 연구에 대한 직감적인 반응이다. 미국 의료품질 기관 간 조정 TF(the Quality Interagency Coordination Task Force: QuIC)가 대통령에 제출한 보고서[161]의 최초의 절은 '전염병 만연의 국가적 문제'라는 제목으로 시작되었다.

휴먼에러를 '전염병'이라고 부름으로써 휴먼에러는 AIDS, SARS, 흑사병(페스트)과 동일

159 민속심리학은 일반 사람들이 갖고 있는 정신상태와 행동을 이해하기 위해 고통, 쾌락, 흥분, 불안과 같은 일상생활에서 마주치는 문제를 기술적 또는 과학적 전문용어(심리학 전문가들의 이해방식)가 아닌 일반 용어를 사용한다.

160 이하의 내용은 주로 J. Reason, *The Human Contribution: Unsafe Acts, Accidents and Heroic Recoveries*, Ashgate, 2008, p. 70 이하 참조.

161 QuIC, *Doing What Counts for Patient Safety: Federal Actions to Reduce Medical Errors and Their Impact*, QuIC, 2000.

한 카테고리로 분류된다. 이 모델에서 오는 자연스런 다음 단계는 의료현장에서 휴먼에러를 제거하려고 노력하는 것이다. 그러나 다른 전염병과는 달리 인간의 불완전성을 치료하는 특효약은 존재하지 않는다.

환언하면, 휴먼에러는 인간의 인지기능에 내재된 결함의 산물이다. 그 때문에 시스템의 설계자들은 잘못하기 쉬운 인간을 제어 루프에 가능한 한 못 들어오게 하기 위해 자동화와 컴퓨터화의 레벨을 더욱 높은 수준으로 발전시키는 노력을 하게 된다.

이 모델은 오해의 소지가 있는 과정을 취하고 있다. 문제는 휴먼에러와 그것이 이따금 일으키는 나쁜 결과를 혼동하고 있는 것에 의해 생긴다. 휴먼에러는 유해한 영향을 미칠 가능성이 있고, 실제로 영향을 미치기 때문에, 많은 사람은 휴먼에러를 나쁜 것이라고 생각하고 있다. 그러나 사실은 그렇지 않다. 첫째, 휴먼에러의 대부분은 사소한 것이다. 둘째, 9.11 테러가 비참하게 말해주듯이, 휴먼에러가 없는 성공적인 행동이 해로운 영향을 미치는 경우도 있다. 셋째, 새로운 문제에 대처할 때에 필수적인 시행착오의 학습과 우연한 발견과 같이 휴먼에러는 매우 유익한 결과를 초래하기도 한다. 만약 플레밍(Alexander Flemming)이 여름휴가를 갈 때 그의 실험실의 창을 반쯤 열어 놓지 않았다면 페니실린 발견은 없었을 것이다.

휴먼에러는 적응성이 높은 정신적 프로세스에서 생긴다. 각각의 휴먼에러 경향은 뭔가의 중요한 인지활동의 일부이다. 일상적인 행동을 자동화하는 능력 때문에, 우리들은 방심상태의 행위착오를 저지르고 만다. 그러나 계속적으로 '집중'하는 것은 지탱될 수 없을 것이다. 매번 집중하며 구두끈을 맨다면, 단순한 동작 하나하나에 많은 시간을 소모하게 될 것이다. 의식적인 작업공간의 자원한계 때문에, 사람은 데이터의 유출과 정보의 과다를 경험하기 쉽다. 그러나 이러한 정보의 선택성은 계획된 행동을 중점적으로 하는 데 있어 불가결하다.

휴먼에러 자체는 나쁘지 않다. 휴먼에러는 적응성이 높은 인지시스템의 자연스런 결과이다. 올바른 수행과 휴먼에러는 동전의 양면이다. 행위가 성공리에 끝나지 않았다고 해서 도움이 되지 않는 것은 아니다. 하나하나의 실패가 학습의 기회가 된다.

2) 인적 모델

인적 모델은 학문적으로 산업재해에 대한 산업안전보건 접근방법으로부터 파생되지만,[162] 민속심리학(folk psychology)에 깊게 뿌리를 둔 것도 있다. 이 모델은 개인의 불안전행동과 인적 상해에 주안점을 두는 것이지만, 조직사고(organizational accident)에 대해서도 빈번하고 부적절하게 적용되고 있다.

이 모델에서는 인간을 안전과 불안전 사이에서 행동을 선택할 수 있는 자유로운 행위자라고 포착하고, 불안전행동은 주로 망각, 부주의, 주의 산만, 몰두, 경솔, 낮은 동기부여, 부적절한 지식 · 기능 · 경험, 때로는 비난할 만한 태만, 무모함 등 다루기 힘든(변덕스러운) 정신적 프로세스에 의해 발생하는 것으로 본다.

1980년대 중반 무렵에는 주로 건설현장, 석유가스 플랫폼, 채광(採鑛) 등과 같이 인간이 위험한 기술에 근접하여 일하는 분야에서 인적 모델이 적용되었다. 이러한 분야에서는 개인이 행위자인 동시에 사고의 피해자가 될 가능성도 높다.

그 이후에는 앞서 언급한 QuIC과 큰 영향력을 가진 미국 국립과학아카데미의학연구소(Institute of Medicine of National Academies: IOM) 등에 의한 수준 높은 보고서를 계기로 하여 1990년대 후반에 광범위하게 일어난 환자안전운동에서 불안전행동에 대한 인적 모델이 큰 지지를 얻었다.[163] 의료종사자, 특히 의사는 훈련받은 완전성을 추구하는 문화 속에서 양성된다. 장기에 걸쳐 고되고 많은 비용이 드는 교육을 받은 의료종사자는 그 완전성을 몸에 익힌 자라고 기대된다. 휴먼에러는 무능에 다름없고, 잘못을 저지르기 쉬운 의사는 일반적으로 낙인이 찍히고 소외된다.

따라서 당연하지만 인적 모델에 근거하여 수립된 대책은 불안전행동의 주된 원인이라고 생각되는 개인의 태도적 및 인지적 과정에 영향을 미치는 것을 목적으로 한다. 이러한 대책에

162 D. A. Lucas, "Understanding the Human Factor in Disasters", *Interdisciplinary Science Reviews*, 17, 1992, pp. 185~190.

163 Institute of Medicine[L. T. Kohn, J. M. Corrigan and M. S. Donaldson(eds.)], *To Err Is Human: Building a Safer Health System*, National Academy Press, 2000.

는 '공포 호소' 포스터를 사용한 캠페인, 보수와 징벌(주로 징벌), 불안전행동 감사(auditing), (최근 발생한 부정적인 사건과 관련된 특정 불안전행동을 금지하기 위한) 절차서 추가, 재교육, 험담, 비난, 모욕 등이 있다.

표면상으로는 인적 모델은 칭찬할 점이 많다. 직관적으로는 매력적이고, 여전히 불안전행동에 관한 지배적인 인식이기도 하다. 조직의 책임과 개인의 불안전행동을 가능한 한 분리하는 것은 확실히 조직의 경영자와 주주에게 이익이 된다. 그리고 개인을 비난하는 것은 법적으로 보다 편리한 수단이기도 하다.

그럼에도 불구하고 인적 모델의 결점은 그 이점을 훨씬 상회하고 있고, 특히 조직사고의 이해와 방지에 있어서는 그러하다. 문제의 핵심은 인적 모델이 '비난하는 문화'와 표리일체인 점에 있다.

(1) 취약시스템 증후군

잘 방호되는 복합적인 시스템에서 나쁜 사건은 여러 방호, 안전장치 및 방호수단을 관통하여 사고로 이어지는 경로를 생성하기 위한 우연에 의한 뭔가의 도움을 필요로 한다. 그러나 이러한 우연의 요소에도 불구하고 여러 시스템에서 발생한 많은 참사 분석으로부터, 어떤 시스템을 다른 시스템보다 나쁜 사건에 취약하게 하는 조직의 병적 증상이 존재한다는 것이 시사되고 있다. 이것을 '취약시스템 증후군(Vulnerable System Syndrome: VSS)'[164]이라고 부른다.

취약시스템 증후군의 핵심에는 비난, 부정, 그리고 잘못된 목표의 독단적이고 편협한 추구라고 하는 세 가지의 병적 증상이 있다. 후자는 통상적으로 경영진 또는 규제자, 정부부처와 같은 외부기관에 의해 부과되는 구체적인 성과 목표를 달성하려고 하는 형태를 취한다. 이들 핵심적인 병적 증상 각각은 상호작용하고 다른 두 가지를 증폭시킨다. 그 결과, 전체적으로 안전관리 프로그램을 계속적으로 방해하는 한편, 세 개의 병적 증상의 해로운 영향을 근절하거나 적어도 완화하려는 강한 노력을 경주할 수 없게 하는 자기 발전(self-sustaining) 사이클이 형성된다.

---

164 J. Reason. J. Carthey and M. De Leval, "Diagnosing "vulnerable system syndrome": an essential prerequisite to effective risk management", *Quality in Health Care*, 10(Suppl II), 2001, pp. ii21~ii25.

심층적 방호수단(defences-in-depth)은 민간항공, 원자력발전소와 같은 영역에서 참사의 발생 가능성이 매우 낮게 하는 데 중요한 역할을 한다. 그러나 모든 방호수단은 비용이 수반된다. 다중성과 다양성을 갖춘 방호수단은 시스템을 예측 가능한 위험요인으로부터 보호하지만, 시스템의 복잡성을 증가시켜 그 내부 종사자들에게 더 이해하기 어렵게 만들기도 한다. 투명성의 부족은 취약시스템 증후군의 영향으로 더욱 악화된다. 이것들이 상호 결합되어, 시스템 안전을 관리하는 사람들의 눈을 종종 잘못된 곳으로 향하게 한다.

(2) 비난

세 가지의 핵심적인 증상 중 비난, 즉 인간을 위험요인으로 간주하는 인적 모델에 대한 과잉 집착이 가장 집요하고 유해하다. 비난은 강력한 심리적 과정과 조직적 과정의 조합에 의해 촉진된다. 이러한 과정은 다음과 같이 요약할 수 있다.

① 비난의 손가락질하기 우리 모두가 하기 좋아하는 것이다. 이것에 의해 초기 단계에서 응보감정이 충족될 뿐만 아니라 죄를 범한 사람으로부터 거리를 두고, 우리 자신의 정의감을 만족시키게 된다. "저번에 말했잖아."라고 비판할 수 있는 경우는 더욱 그렇다.

② 기본적 귀인오류 휴먼에러는 뭔가의 결과로서 생각하기보다도 휴먼에러를 뭔가의 원인이라고 간단하게 생각하고 마는 주된 이유의 하나가 기본적 귀인오류이다. 누군가가 적절하지 않은 것을 했다고 보거나 들었을 때, 우리들은 그 원인을 개인의 특성이나 능력 탓으로 생각한다. 당사자를 부주의/우둔/무능/무책임/무모/무분별했다, 바보 같았다고 말한다. 만약 당신이 당사자에게 왜 그런 행동을 했냐고 물으면, 거의 확실하게 그는 상황이 그와 같은 행동을 하게 했다고 당신에게 대답할 것이다. 물론 진실은 그 사이 어딘가에 존재한다.

③ 자유의지의 환상 왜 사람들은 상황보다는 사람을 비난하는 경향이 있을까. 그 이유에 대해서는 자유의지의 환상과 큰 관계가 있다. 즉 자유의지의 환상 때문에 귀인오류는 인간의 성질의 근본적인 것이 되어 있다. 특히 서양문화권에서는 사람은 자신이 자유로운 행위자이고 스스로의 운명의 통제자라는 믿음에 큰 가치를 부여한다. 이 개인적인 자유의지를 빼앗기면 우리는 정신적으로 질병에 걸리기도 한다. 자기 자신에게 선택할 자유가 있다고 느끼는 것 때문에, 우리들은 그 자율성을 타인에 대해서도 적용하는 것을 당연하게 생각한다. 타인도 자

유로운 행위자이고, 올바른 것과 잘못된 것 중 어느 한쪽을, 또는 올바른 방책과 잘못된 방책 중 어느 하나를 선택할 수 있다고 간주하는 것이다.

④ 인간 행동과 상황의 연관성 사람은 사고 보고를 받고 가장 회피할 수 있었다고 생각되는 사고 원인은 무엇인지에 대해 판단을 요청받으면 거의 예외 없이 인간의 행동을 고른다. 인간의 행동은 상황적 또는 작업적 원인보다는 훨씬 덜 제약을 받는다고 생각된다. 물론 사람은 부주의하고 어리석게 행동하는 경우도 있다. 우리 모두는 언젠가 그런 행동을 하게 될 수 있다. 그러나 어리석은 행위, 부주의한 행위는 반드시 그 사람이 어리석거나 부주의하다는 것을 의미하지 않는다. 모든 사람은 넓은 범위의 행위를 할 수 있는데, 가끔은 탁월한 행위를 하기도 하고 어떤 때에는 어리석은 행위를 하기도 하지만, 대부분은 그 사이의 행위를 한다. 인간의 행동은 개인적 요인과 상황적 요인의 상호작용에 의해 이루어진다. 우리들의 행위는 현장 상황에 의해 구체화되고 제약을 받기 쉬워 절대적인 자유의지는 환상에 지나지 않는다. 이것은 다른 모든 행위와 마찬가지로 불안전행동에 대해서도 적용된다.

⑤ 공정세상가설 나쁜 것은 나쁜 사람에게만 발생하고, 반대로 좋은 것은 좋은 사람에게만 발생한다고 하는 믿음으로서, 대부분의 어린이와 많은 성인들에 의해 공유되고 있다. 부정적인 사건에 관여된 개인은 그 불행한 결과 때문에 종종 나쁜 사람으로 간주되곤 한다.

⑥ 사후확신(후지혜) 편향 '그럴 줄 알았어' 효과(knew-it-all-along effect)가 결정적인 요인으로 작용한다.[165] 과거의 사건을 어떻게든 실제보다 더 예측 가능했고 회피 가능했다고 생각하는 일반적인 경향이다. 결과에 대한 우리들의 지식은 그 사건이 어떻게, 왜 발생했는가에 대한 우리의 생각에 무의식중에 영향을 미친다. 어떤 것을 회고적으로 관찰하는 사람에게는 모든 것이 나쁜 사건의 원인으로 수렴된다.[166] 그러나 선견(先見)이 있을 뿐인 현장 사람들은 이러한 수렴을 알지 못한다. 임박한 비극에 관한 경고는 관련된 사람이 어떠한 종류의 나쁜 결과에 조우할지를 알고 있는 경우에만 실제로 경고가 된다. 그러나 이 같은 예는 좀처럼

---

165 B. Fischhoff, "Hindsight Does not Equal Foresight: The Effect of Outcome Knowledge on Judgement Under Uncertainty", *Journal of Experimental Psychology: Human Performance and Perception*, 1, 1975, pp. 289~299.

166 어떤 일이 발생하고 난 후에 다시 되돌아보면서 왜 완벽하게 대응하지 못했냐고 쉽게 질타하는 것으로 이어지곤 한다.

없다.

⑦ 최소 노력의 원리 및 관리적 편리성의 원리 조직에는 현장 제일선의 작업자를 불행한 사건의 주요 원인으로, 그리고 그 후의 문제개선의 주된 대상으로 보는 경향을 강화하는 프로세스가 작동한다. 첫째, 최소 노력의 원리이다. 현장 제일선에서 사람의 직접적인 에러를 발견하고 이를 사고의 '원인'이라고 간주하는 것은 대체로 손쉬울 뿐만 아니라 추가적으로 살펴볼 필요성을 없게 한다. 둘째, 관리적 편리성의 원리이다. 시스템에 직접적으로 접하는 사람들의 불안전행동에 한정하여 사고를 조사함으로써, 그것에 맞추어 과실의 범위를 좁히고, 나아가 조직의 책임을 최소화할 수 있다. 행위가 절차 위반을 포함하는 경우에는 이러한 반응에 더욱 저항하기 어렵다. 그런데 비준수행위를 죄(비난)와 동일하게 여기고, 피드포워드적인 제어장치도 어떤 상황에서는 부적절할 수 있다는 사실은 무시되곤 한다. 이러한 명백한 반론에도 불구하고, 인적 모델 및 그 당연한 결과인 비난하는 문화와 관련된 많은 제재(불이익)가 있는 상태이다.

⑧ 상황 발견의 필요성 제일선의 개인들을 불안전행동이 발생한 상황으로부터 분리함으로써, 시스템 관리자는 작업현장적 유발요인(불충분한 교육, 부족한 감독, 부적절한 도구와 설비, 인원 부족, 시간 압박 등)을 발견하는 데 실패한다. 그러나 가장 중요한 것은 불안전행동을 한 자와 상황을 분리하면 재발하는 휴먼에러 함정과 반복되는 사고 패턴의 발견이 어렵게 된다는 점이다. 안전관리의 가장 중요한 측면 중 하나는 휴먼에러를 일으키기 쉬운 상황을 발견하는 것이다. 이것에는 사고 보고 시스템이 매우 중요한 역할을 한다.

⑨ 보고 문화의 중요성 보고하는 문화는 안전관리를 효과적으로 하기 위한 필수조건이다. 이 문화에는 신뢰의 풍토가 필요하고, 이것에 의해 현장 제일선의 작업자는 위기일발, 아차사고, 중요하지 않지만 잠재적으로 위험한 불안전행동에 대한 보고가 촉진된다. 면밀한 조사가 필요한 사고가 발생하는 것은 비교적 드물다. 이 '무료 교훈'의 분석과 정보제공을 통해 비로소 조직 경영자들은 자신들의 업무가 '위기'에 얼마나 근접했는지를 학습할 수 있다. 그러나 보고하는 문화와 비난하는 문화는 동시에 존재할 수 없다. 사람들은 비난과 제재를 받을 것 같다고 느끼면, 자신의 행위를 보고하지 않을 것이다. 그러한 것이 한 건이라도 발생하면, 어렵게 구축된 신뢰를 무너뜨릴 수 있다.

⑩ 인간 조건보다 환경 일시적 부주의, 잘못된 판단, 망각, 오해 등 인적 모델에서 표적이 되

고 있는 요인은 사고 연쇄의 최후의 부분인 경우가 많고 가장 관리하기 어려운 부분이다. 불안전행동 자체는 예측할 수 없는 것이 많은 반면, 불안전행동을 발생시키는 잠재적 상황은 사건 전에도 명백하다. 우리는 인간 조건을 바꿀 수 없다. 그러나 불안전행동을 줄이고 아울러 불안전행동이 발생했을 때 그것을 용이하게 발견하여 교정하기 위해 사람이 일하는 상황을 바꾸는 것은 가능하다.

⑪ 도덕주의적 대책 제재, 충고 등의 도덕주의적 대책은 매우 적은 효과밖에 없고, 긍정적인 효과보다는 오히려 부정적인 영향을 미치는 경우가 많다.

비효과적이고 역효과를 낳을 수 있음에도 불구하고, 이들 인간 지향적인(person oriented) 대책이 계속해서 적용되고 있다. 위험의 정확한 성질 또는 그것의 발생방법에 관한 신뢰성 높은 정보가 부족함에도 시스템을 관리하는 자들은 안전하다고 느낀다. 썩은 사과가 드문드문 있을지 모르지만, 사과상자 자체, 즉 조직과 그것의 방호는 양호한 상태라고 믿는다. '잘못된 행위를 저지른 자'를 찾아내어 '조치'하는 것은 여기에서 다시는 동일한 일이 발생하지 않을 것이라고 믿기 위한 지름길에 지나지 않는다. 다른 의견을 말하는 사람은 곧 문제를 일으키는 사람으로 간주된다. 비난은 취약시스템 증후군을 구성하는 위험한 삼위일체 요소의 다음 단계인 부정을 조장한다.

(3) 부정: "여기에선 그런 일이 발생할 리 없다"

"우리는 탁월한 안전문화를 가지고 있다."는 주장과 마찬가지로, 위험한 시스템의 관리자들이 하는 "그런 일은 일어날 리 없다."는 발언만큼 당혹스럽게 하는 말은 없는 것 같다. 이러한 종류의 부정 및 자만은 '주의 깊음'과 정반대의 말이다.

무재해가 오랫동안 지속되고 부정적인 정보가 억제되면, 복잡한 사회기술시스템(Socio-Technical System: STS)[167]의 비참한 실패에 이르는 여러 가능성에 대비하기 위해 필요한 '본

167 사회기술시스템은 기술시스템과 사회시스템으로 통합 구성되어 있는 시스템이다. 기술시스템은 물적 자원, 생산설비 및 기술, 생산공정 등으로 이루어지며, 사회시스템은 구성원의 심리상태, 구성원과 기술시스템간의 관계 및 조직구성원 간의 관계 등으로 이루어진다. 사회기술시스템에서는 기술뿐만 아니라 인간과 사회도 중요한 역할을 한다.

능적인 경계심'이 무디어질 수 있다. 체르노빌 원자력발전소의 운전원들은 스스로 임박한 잠재적인 위험성에 충분히 유의하지 않았다. 그들은 두려워하는 것을 잊은 것이 아니라 두려워하는 것을 학습하지 않았다.

원자력발전소와 같은 복잡하고 긴밀하게 결합된 사회기술시스템은 안전성에 관하여 판단할 때 기술적(공학적) 안전 특성에만 전적으로 의존해서는 안 된다. 인적 요인과 사회조직적 요인에 대해서도 충분한 주의를 기울여야 한다. 안전이 기술만으로 유지될 수 있다고 믿는 것은 큰 오산이다. 설계자, 관리자, 운전원, 기술자, 보수작업자, 프로그래머 등 다양한 인적 요소도 고려해야 한다. 인적 요소가 안전상 중대한 사고의 전개에 중요한 역할을 하기 때문이다. 특히 보수와 검사 · 테스트 에러가 사고의 전개에 결정적인 역할을 하는 경우가 많다. 즉, 보수와 검사 · 테스트 에러가 많은 참사의 계기로 작용하는 경우가 적지 않다.

안전에 관한 근거 없는 만족감은 안전에 영향을 미치는 요인 전체를 고려하지 않은 것에 기인한다. 기술적(공학적) 시스템에만 초점을 맞추는 것은 편협된 접근이다. 기술적(공학적) 평가와 검사에 입각한 판단은 그 범위와 깊이가 너무 좁거나 얕을 수 있다. 보다 면밀한 안전성 분석에 의하면, 시스템 전체의 안전은 근로자 및 조직적 · 관리적 인프라에 크게 의존하고 있다. 복잡한 시스템의 일부분에 초점을 맞추면 시스템 안전에 대해 잘못된 판단을 내릴 수 있다.

사고의 재발 패턴이 존재할 수 있지만, 조직사고 그 자체가 동일하게 반복되는 일은 없을 것이다. 매우 많은 기여요인이 존재하기 때문이다. 개개의 요인은 비교적 해가 적고 흔히 있는 것일 수도 있다. 단독으로는 불충분한 기여요인이 서로 조합된 경우에는 치명적인 영향을 미칠 수 있다. 이러한 상호작용은 일반적으로 예측되지 않고 어떤 통상적 수단으로도 예상할 수 없는 경우조차 있다.

체르노빌 원자력발전소에서는 선의를 가지고 있고 동기부여가 높으며 수상경력도 있는 운전원 집단이 그들 자신이 범한 오류 이외에는 기술적 고장의 기여 없이 잘 설계된 원자로를 폭발시켰다. 그들은 '에러'와 '판단을 잘못한 위반(mistaken violation)'의 좀처럼 없는 조합에 의해 폭발사고를 일으켰다. 체르노빌 원자력발전소 사고와는 완전히 동일하지 않더라도 이러한 불안전행동의 연쇄는 언제, 어디에서라도 일어날 수 있다. 불안전행동의 발생 가능성은 확률론적 위험성 평가의 표준적인 방법으로는 추정될 수 없다. 불안전행동은 복잡한 사회기술시스템에서의 사고 궤적의 특징인 인간 행동과 구성요소 간의 일련의 비선형적 결합과 관련되기 때문이다.

원자력발전소는 두 개의 시스템으로 구성되어 있다. 하나는 환원주의적 방법에 근거하여 분석할 수 있는 공학시스템이고, 또 다른 하나는 전혀 다른 종류의 사고방식이 요구되는 인간 활동시스템이다. 비기계적인(non-mechanical) 요소들과의 상호작용이 전체를 복잡한 조정 시스템으로 만든다.

환원주의적 접근의 본질적인 특징은 문제를 구성요소로 분해한다는 점이다. 이 분해는 요소들이 충분히 분석되고 이해될 수 있을 만큼 간단해질 때까지 계속된다. 이것은 논리적이고 선형적이며 쉽게 이해된다. 그러나 중요한 점을 놓치고 있다. 채프만(Jake Chapman)은 이 문제를 명쾌하게 표현하였다.[168]

> 만약 어떤 것의 본질적 특징이 구성요소 안에 포함되어 있는 것이 아니라 요소 간의 상호작용 안에 포함되어 있다면 어떻게 될까? 만약 복잡성이 어떤 구성요소와 다른 요소 간의 관계, 상호작용에서 생긴다면 어떻게 될까? 세분화에 의해 단순화하는 행위는 상호관련성을 잃게 하고, 그 결과 복잡성에 대처하는 것이 불가능해진다.

성공적인 회복과 그렇지 못한 회복 간의 중요한 판별장치는 비정상적인 상황 발생 시의 설비 상태이다. 전술한 바대로 성공적인 회복의 대부분에서는 설비가 전출력이거나 그것에 가까운 출력에서 가동하고 있었다. 이것은 원자력설비에 있어서는 '전형적인' 상황이고, 비상운전절차서가 작성되어 있는 것은 대부분 이러한 상황에 대해서이다. 거의 모든 성공적인 회복은 이들 절차서 및 그것과 관련된 훈련 덕택이다.

성공적이지 못한 회복은 대부분 저출력 또는 운전정지(shutdown) 조건 동안에 발생한다. 이것은 정상적인 설비 상황이고, 보수, 수리, 규제검사 및 연료교환 등을 위해 필요한 상황이다. 그러나 이것은 설비의 전체 일생에서 비교적 적은 부분을 차지한다. 이러한 비정상적인

---

168 J. Chapman, *System Failure: Why Governments Must Learn to Think Differently*, 2nd ed., Demos, 2004, p. 35

상태에서 발생하는 긴급사태의 대처에 이용될 수 있는 절차서는 거의 없다. 그 결과, 운전원은 즉흥적으로 대응하고 여러 번 당초의 긴급사태를 악화시키고 회복을 지연시키는 에러를 저지르는 경우가 많다. 이처럼 위험한 설비 상황에서 발생할 수 있는 긴급사태에 대처하기 위한 규칙은 정해져 있지 않기 때문에, 운전원은 규칙이 없는 상태에서 대응한다. 결국 그들은 충분히 이해하고 있지 않은 상황에서 즉흥적으로 대응할 수밖에 없다. 체르노빌 원자력발전소에서의 불안전행동이 계획된 운전정지 시에 발생한 것은 우연이 아니다.[169]

따라서 예측할 수 없는 비선형성이 가장 발생하기 쉬운 것은 설비가 운전정지, 보수점검 및 저출력운전 중과 같은 비교적 드물기는 하지만 비일상적인 상태 때이다. 다만, 이러한 비정상적인 상태는 설비의 운전 생애의 통상적이고 계획되어 있는 부분이기는 하다.

다음으로, 부정의 문화적 측면을 검토하기로 한다. 미국의 저명한 사회학자인 웨스트럼(Ron Westrum)은 세 종류의 안전문화를 찾아내었다. 창조적(generative) 안전문화, 관료적(bureaucratic) 안전문화, 병적(pathological) 안전문화가 그것이다. 이들 유형은 뒤에서 설명하는 학습모델의 특징과 많은 부분에서 공통되는 부분이 있다. 유형들 간의 가장 큰 차이는 각 조직이 안전 관련 정보를 취급하는 방식에 있다. 좀 더 구체적으로 말하면, 나쁜 소식을 전달하는 사람을 어떻게 취급하는가이다.[170]

① 창조적 조직 또는 고신뢰조직[generative or high-reliability organization] 안전에 관한 정보가 위의 방향으로 흐르는 것을 장려한다. 이러한 조직은 정보전달자가 그들 자신의 잠재적으로 위험한 에러를 보고할 때에도 그들에게 보상을 한다. 위험요인에 관한 주의 깊음(mindfulness)을 전체적으로 공유하고 전문성을 존중한다. 그리고 해석을 단순화하는 것에 신중하다. 나쁜 일이 생기는 것을 예측하고, 예기치 못한 일에 대비하기 위하여 열심히 노력한다.

---

169 이상의 내용에 대해서는 제6장 제7절에서도 설명한 바 있다.

170 R. Westrum, "Cultures with Requisite Imagination", in J. Wise, D. Hopkin and P. Stager(eds.), *Verification and Validation of Complex Systems: Human Factors Issues*, Springer-Verlag, 1992, pp. 401~416.

② 관료적 또는 타산적 조직(bureaucratic or calculative organization) 대부분의 조직이 여기에 해당하는데, 중간 위치를 차지하고 있다. 이 조직은 정보전달자를 반드시 공격하는 것은 아니지만, 환영하는 것도 아니다. 나쁜 소식과 새로운 아이디어는 문제가 된다. 작업자 측의 업무수행의 변동을 제한하기 위하여 관리적 통제에 강하게 의존하는 '규칙(절차) 중시(by the book)' 조직이 되는 경향이 있다. 안전관리조치는 전체적이기보다는 개별적인 경향이 있다. 광범위한 시스템적 개혁보다 국소적인 공학적 개선을 선호한다.

③ 병적 조직(pathological organization) 정보전달자를 공격하는 경향이 있다. 이 조직은 정보를 알고 싶지 않은 것이다. 정보전달자는 입이 틀어 막히고 중상을 당하며 소외된다. 조직은 안전상의 책임을 회피하려고 하고, 기소를 피하기 위하여 필요 최저한의 것만을 하며, 규제자를 한 보 정도만 앞서 가려고 한다. 실패를 제재하거나 은폐하고 새로운 아이디어를 단념시킨다. 생산과 최종결산결과가 조직의 주된 추진력이다.

어떤 이유에서든, 경영진이 안전한 시스템을 운영하고 있다고 믿고 있으면(또는 경영진에게 위험요인에 대한 충분한 고려가 부족하면), 그들은 현대산업생활에서 현저한 특징을 이루는 효율성과 비용 절감 목표를 자유롭게(마음껏) 추구하게 될 것이다. 경영실적을 좋게 하고 생산목표를 달성하는 것은 전문경영인으로서 훈련을 받아온 것이고 불합리한 것은 아니다. 그들은 주로 이러한 목표 달성에 의해 자신들의 성과가 평가된다고 생각하고 있다. 그리고 그들의 막대한 보너스 또한 그것으로 결정된다. 그런데 이것은 최고에 대한 독단적이고 종종 편협한 추구로 향하는 길을 열어 주게 된다.

(4) 잘못된 목표의 추구

20세기의 해난사고의 역사에서 잘못된 목표를 독단적으로 편협하게 추구하다가 참사로 끝난 비극적 사례가 종종 발견된다. 가장 널리 알려진 예는 대서양 횡단 속도의 기록 경신을 위해 최고속도로 돌진하다가 존재가 예견된 빙산에 충돌하여 침몰한 1912년의 타이타닉 호이다. 그리고 1986년의 제브뤼헤에서 전복한 헤럴드 오브 프리 엔터프라이즈(Herald of Free Enterprise) 호이다. 사고가 일어나기까지의 수개월 간 경영자는 해협을 횡단하는 여객의 가혹한 쟁탈전에서 승리하여 주주를 기쁘게 하였다. 그러나 이 때문에 그들은 그렇지 않아도 전복되기 쉬운 로로선(트럭·트레일러를 수송하는 화물선)의 불충분한 안전한계를 치명적으로 파괴하고 말았다.

안전문제를 염두에 두고 있는 관료적(이해타산적) 조직에서도 잘못된 목표를 추구하는 경우가 있다. 위험한 작업을 하고 있는 많은 기업들은 사내의 여러 부서의 휴업재해 발생률에 의해 시스템의 안전을 측정하고 있다. 불행하게도 재해 발생률을 반영한 지표는 시스템의 참사 가능성을 나타내는 지표로서는 거의 또는 전혀 도움이 되지 않는다. 홉킨스(Andrew Hopkins)가 지적했듯이, 재해에 이르는 길은 저하하고 있거나 매우 낮은 수준의 휴업재해 발생률(Lost Time Injury Rates: LTIR)로 포장되어 있다.[171]

심리학자이고 독일 최고 과학상의 수상자이기도 한 되너(Dietrich Dörner)는 긴밀하게 상호 연결된 동적(dynamic) 시스템을 관리할 때의 인간 인지의 장점과 단점에 대해 오랫동안 연구를 해왔다.[172] 그의 발견은 이 잘못된 목표의 편협한 추구의 해명에 크게 도움이 된다. 복잡한 시스템을 취급할 때, 사람은 직선적인 순서로 사고를 한다. 사람은 인과(因果)의 네트워크보다는 인과의 연쇄에 의해 판단한다. 사람들은 자신의 행위가 목표를 향한 진전과 목전의(종종 수치로 표시되는) 목표에 미치는 주된 효과에는 민감하지만, 시스템의 나머지 부분에 미치는 부차적인 영향은 인식하지 못하는 경우가 많다. 긴밀하게 상호 연결된 시스템 속에서는 개입의 파급효과는 연못 수면의 파문처럼 외부로 방사상으로 퍼진다. 그러나 사람들은 그들이 현재 관심을 가지고 있는 좁은 범위 안에서만 그들의 영향을 파악할 수 있다. 사람들이 기하급수적 또는 비선형으로 진행하는 과정을 제어하는 것에는 능숙하지 않은 것 또한 사실이다. 사람들은 변화율을 반복적으로 과소평가하고 그 결과에 자주 놀란다.

중요한 수치 목표에 세심한 주의를 기울이는 것에 의해 문제가 악화될 수 있다. 정부의 정책입안자, 복잡한 시스템 관리자들은 수치를 지침으로 삼는 경향이 있는데, 수치를 복잡한 시스템에 적용할 때 그것의 한계에 대해 항상 정확하게 이해하고 있는 것은 아니다. '의도하지

---

171 A. Hopkins, *Managing Major Hazards: The Lesson of the Moura Mine Disaster*, Allen & Unwin, 1999, pp. 88~89.

172 D. Dörner, *The Logic of Failure*, Henry Holt & Company, 1996.

않은 결과의 법칙'[173]에 유념할 필요가 있다.

'의도하지 않은 결과의 법칙'이 제시하는 명백한 메시지가 있다. 특정 수치 목표만을 독단적이고 편협하게 추구하는 것은 시스템 전체의 성과 저하를 초래할 수 있다. 이것은 시스템 공학의 세계에서는 잘 이해되고 있지만, 잘 방호되는 복합적인 기술 분야의 관리자들에게는 반드시 이해되고 있는 것은 아니다.

3) 법적 모델

법적 모델은 인적 모델에서 필연적으로 도출되는 모델로서 도덕적 의미를 강하게 내포하고 있다. 이 모델의 근원에는 책임이 있고 고도의 훈련을 받은 의사, 조종사, 선박의 선장 등의 프로가 에러를 일으켜서는 안 된다고 하는 신념이 있다. 그들은 주의의무를 지니고 있다.

그러나 그들이 저지르는 에러는 드물더라도 부정적인 사건을 일으키기에는 충분하다고 생각된다. 결과가 상당한 정도로 비난 가능성을 결정한다. 나쁜 결과를 초래한 에러는 태만하거나 무모하기조차 하며 형벌을 받을 만하다고 평가된다. 한 예로 미국 약물안전치료협회 신문에서의 다음 문장을 생각해 보자.[174]

> 과거 수개월간 세 건의 치명적인 투약 에러가 뉴스의 헤드라인을 차지하였다. 이러한 뉴스에 따르면, 모든 사건에서 범죄수사가 검토되고 있다. 만약 범죄수사가 진행되면, 이들 에러에 관련된 의사들의 일부 또는 전원이 중죄로 기소될 것이다.

조사연구에 의하면, 고도로 훈련된 전문가가 일으키는 에러는 좀처럼 발생하지 않기는커녕 빈번하게 발생하고 있고, 그 대부분은 사소한 것이거나 발견되어 교정되고 있다.

---

173 '의도하지 않은 결과의 법칙'이란 어떤 행위가 행위자의 목적에 해당하지 않는 결과를 초래하는 현상으로서 각종 대책(정책)에서 자주 관찰된다. 노르웨이 정부는 지나친 알코올 소비로 의한 건강위험을 줄이기 위하여 맥주, 와인 및 증류주의 가격을 대폭 인상하였다. 그 결과, 건강에 대한 유해성이 훨씬 더 큰 자가제(自家制) '밀조주'의 제조와 소비가 크게 증가하였다.

174 Newsletter of the Institute for Safe Medical Practices, 2007. 3. 8.

고도로 훈련된 전문가라도 에러를 저지르는 것이 일반적이다. 훈련과 경험은 에러를 줄일 수는 있지만 근절하지는 못한다. 저질러지는 에러의 성질을 변화시켜 회복에 성공할 가능성을 높이는 데 지나지 않는다.

그렇다면 왜 형사재판 시스템에서는 에러를 저지른 전문가를 처벌하려는 것일까? 항공기술자에서 변호사로 변신한 막스(David Marx)는, 미국 연방 대법원이 50년 이상 전에 '범죄적' 휴먼에러의 기원을 산업혁명의 초기까지 추적해서 밝혀냈다고 분석하였다.[175] 그 이전에는 기소하려면 범죄행위와 범의(criminal intent)[176] 둘 다 필요하였다. 그러나 인간의 행위를 통해 중대한 상해를 입힐 수 있는 한 강력하고 잠재적으로 위험한 기계가 등장한 이후로는 범의는 유죄의 입증에 필요하지 않게 되었다. 자동차 운전자가 부주의한(고의가 아닌) 에러에 의해 사망자를 낸 경우에도, 사망사고를 발생시킨 것에 대해 기소될 수 있다. 누구나가 일으키기 쉬운 '의도하지 않은 단순한 에러(honest error)'는 공공의 안전이 위태로운 상황에서는 범죄로 간주된다.

4) 시스템 모델

시스템 모델은 국소적인 사건을 넘어서서 작업장소, 조직 및 시스템 전체 내부의 기여요인을 발견하려고 하는 사고 설명방법이다. 이 모델의 본질은 현장 제일선의 작업자가 나쁜 사건을 일으킨 장본인이 아니라, 오히려 그들은 그 이전에 오랜 시간에 걸쳐 축적돼 왔을지도 모르는 잠재적 상황[상주(常住) 병원체]을 떠맡은 자(inheritor)라고 보는 점이다. 이 접근은 조직사고의 본질을 보다 정확하게 포착하고 사건들의 복잡하고 조합적인 성질을 보다 적절하게 반영하고 있다.

시스템 모델에 대비되는 연속적(sequential) 사고 모델에서는 도미노이론과 같은 비교적 단순한 원인과 결과의 선형 연속성이 가정되고 있다. 이 모델은 최초에 뭔가의 근본원인이

---

175 Ibid.

176 영미법상 범죄를 저지르고자 하는 의도를 의미한다.

존재한다고 하는 잘못된 접근방법에 근거하고 있다.[177] 그리고 원인과 결과 연쇄(cause and effect chaining)에 의존하기 때문에 조직사고의 본질을 간과하고 있다.

이하에서는 시스템 모델의 하나인 '스위스 치즈(Swiss Cheese)' 모델[178]을 소개한다. 스위스 치즈 모델에는 국소적 위험요인으로부터 잠재적 손실을 분리시키는 여러 층의 방호수단이 있다. 각 층의 방호수단에는 에멘탈(Emmenthale) 치즈와 같이 구멍이 나 있다. 그러나 치즈와는 달리 그 구멍은 계속해서 움직이고 있고 이 장소에서 저 장소로 이동하며 열리기도 닫히기도 한다. 구멍이 '일렬로 정렬'했을 때만 사고 궤적이 방호층을 통과하여 사람, 재산 및 환경에 피해를 입힐 수 있다.[179] 이들 구멍은 불안전행동(통상 일시적이다)과 잠재적 상황(latent condition)에 의해 생긴다. 후자인 잠재적 상황은 설계자, 건설자, 관리자, 작업자가 발생할 가능성이 있는 모든 사고 시나리오를 예측할 수 없기 때문에 생긴다. 이것은 불안전행동(즉발적 에러)에 기인한 구멍보다도 오래 지속되고 부정적인 사건이 발생하기 이전부터 존재한다.

방호층(defensive layer)은 특정되어 있지 않다. 방호층에는 물리적 방호, 공학적 안전기능,

---

177 사건의 '연쇄'의 각 부분에는 전조가 있다. 유일한 근본원인은 빅뱅이다. 그렇다고 해도 우리들은 많은 조직이 근본원인분석을 이용하여 바람직한 결과를 얻고 있다는 사실을 직시해야 한다. 그들은 기여요인을 찾아 상류로 추적해 올라가고 있다. 근본원인이라는 명칭은 유감스럽지만, 그것이 촉진하는 기능은 그렇지 않다.

178 J. Reason, *Managing the Risks of Organizational Accidents*, Ashgate, 1997, p. 9 이하.

179 역사상 유명한 재해로 1979년에 발생한 펜실베이니아주 스리마일 섬(TMI)의 원자력발전소 사고를 예로 들어 보자. 이 사고는 미국의 대중을 충격에 빠뜨렸고 미국의 원자력산업에 치명타를 가했다. 원자로에서 벌어진 이 사고는 드라마틱한 사고와는 거리가 멀었다. 미국의 사회학자 찰스 페로(Charles Perrow)가 자신이 저술한 《정상사고(Normal Accident)》에서 말한 것처럼 '닦개'라고 불리는 거대한 물 필터에 문제가 있었을 뿐이다. 닦개는 자주 동작을 멈추었고, 일단 동작이 멈추면 발전소의 환기시스템에 습기가 찼다. 그리고 그 습기는 두 개의 밸브를 타고 들어가 발전소의 증기발전기에 들어가는 차가운 물의 흐름을 막았다. 모든 원자로와 마찬가지로 스리마일에도 이런 때를 대비한 예비 냉각시스템이 마련되어 있었다. 하지만 그날은 예비 냉각시스템의 밸브가 열려 있지 않았다. 더욱이 예비 냉각시스템의 개폐를 알려주는 계기판이 하필 그 위의 스위치에 걸려 있던 '수리요함'이라는 꼬리표에 가려 보이지 않았다. 물론 또 다른 예비시스템도 있었다. 원자로의 붕괴를 막을 수 있는 특별한 종류의 임시밸브가 있었던 것이다. 그런데 운이 나빴는지 그날은 그 시스템도 작동하지 않았다. 일이 꼬이려고 그랬는지 사태의 심각성을 알려야 할 조종실의 방사능 감지기까지도 제 기능을 상실한 상태였다. 스리마일 섬의 기술자들이 무슨 일이 벌어지고 있는지 깨달았을 때는, 이미 원자로가 붕괴하기 직전까지 치달은 위험한 상황이었다. 이처럼 하나의 거대한 잘못이 스리마일 섬을 위험에 몰아넣은 것은 아니다. 서로 무관한 다섯 개의 사건, 즉 개별적으로 보면 발전소의 일상적인 고장에 불과한 것들이 모여 큰 사고를 불러온 것이다.

관리적 통제(규제, 룰 및 절차), 개인보호구 및 현장 제일선의 작업자들 자신(조종사, 운전자, 감시인, 기타) 등 다양한 방호(barrier) 및 안전장치(safeguard)가 포함된다. 현장 제일선의 작업자들은 많은 경우 최종 방호라인을 구성한다. 잠재적 상황은 그 자체로는(엄밀한 의미의) 원인(cause)이라고 할 수 없지만, 원인적 요인(causal agent)이 그 영향을 미치는 데 필요하다.

5) 인간 모델과 시스템 모델: 올바른 균형 잡기

인적 모델의 약점은 앞에서 다소 길게 설명하였는데, 이 모델은 '인간을 잠재적인 위험요인으로 파악'하는 관점과 관련되어 있다. '영웅으로서의 인간을 파악'하는 관점과 완전히 다른 것이다.

시스템 모델은 일견 기여요인을 이해하는 관점에서도, 개선을 위한 시사점을 얻는 데 있어서도 사고의 인과관계를 검토하는 매우 적절한 방법인 것으로 생각되지만, 시스템 모델이 극단으로 치닫는 경우에는 이 모델 또한 한계를 가지고 있다.

시스템과 구조를 중시하는 것은 필요하지만, 우리들 개별 행위자들이 시스템 대책에 과도하게 의존하고 인간의 완전성(완전할 수 있음)에 대한 믿음을 포기하는 것은 치명적이다. 미국 보스턴에 있는 대형병원의 외과전문의 아툴 가완디(Atul Gawande)가 쓴 훌륭한 에세이(2002)의 결론 부분에서 이 점을 설득력 있게 설명하고 있다.[180]

> 시스템과 구조를 중시하는 것은 필요하다. 그러나 인간의 완전성에 대한 믿음을 포기하는 것은 우리 개별행위자들에게 치명적이다. 통계학적으로 보면, 언젠가 나는 누군가의 주담관(main bile duct)을 절단해 버릴 것이다(복강경 담낭절제수술에서 빈발하는 에러). 그러나 나는 담낭절제수술을 할 때 항상 충분한 의지와 노력으로 그 예상을 깨는 것이 가능하다고 믿는다. 이것은 전문가의 단순한 허영심이 아니다. '최적화된' 시스템에서조차 적절한 의료를 위한 필수적인 부분이다. 담낭절제수

180 A. Gawande, *A Surgeon's Notes on an Imperfect Science*, Metropolitan Books, 2002, p. 73.

술과 같은 수술은 에러가 얼마나 쉽게 발생할 수 있는지를 나에게 가르쳐 준다. 그러나 그것은 그 밖의 무언가가 중요하다는 것 또한 보여 주었다. 즉 노력이 중요하고, 성실함과 아주 미세한 부분에까지 주의를 기울이는 것이 생명을 구할 수 있다.

이 부분은 시스템 대책에 과도하게 의지하는 것에 대한 문제점의 핵심을 제시해 주고 있다. 의료 분야나 위험한 기업의 현장 제일선에서 일하는 사람들은 대체로 시스템을 급격하게 변화시키거나 무언가 전면적인 변화를 일으킬 기회는 가지고 있지 않지만, 그들은 한층 더 노력하는 것을 다짐할 수는 있다. 특히 의료서비스는 의료종사자 1인에 대해 환자가 1인 이상이 되는 관계에서 제공된다. 다른 사람에게 맡길 수 없는 매우 개인적인 일이고, 개인적 자질이 중요하다. 이렇게 생각하지 않으면, "내가 뭘 할 수 있을까. 이것은 시스템의 문제야."라고 생각하는 '학습된 무력감'[181]에 빠질 수 있다.

현장 제일선에서 일하는 사람들의 정신적 기량을 훈련함으로써 그들의 '에러에 관한 식견', 즉 높은 휴먼에러 발생 가능성이 있는 환경을 찾아내고 그것에 대응하여 행동할 수 있도록 상황을 '간파'하는 능력을 높일 수 있다. 이 능력은 '영웅으로서의 인간'의 가능성을 이끌어 낼 수 있도록 긍정적인 면을 강하게 하는 것으로서 '현장 제일선'에서 일하는 개인들의 사고와 관련된 통찰력을 가리킨다. 이는 '개인의 주의 깊음(individual mindfulness)'이라고 부르는 것인데, (잠재적인) 위험요인을 인지하고 이것들에 적절하게 대처하기 위한 즉응성(contingency)을 갖추는 것, 위험에 유의하고 위험의 존재에 대해 '본능적 경계심(feral vigilance)'을 갖는 것을 가리킨다.[182]

---

181 학습된 무력감에 대해서는 정진우, 《안전문화 – 이론과 실천(4판)》, 교문사, 2024, p. 49를 참조하기 바란다.

182 J. Reason, *The Human Contribution: Unsafe Acts, Accidents and Heroic Recoveries*, Ashgate 2008, pp. 102~103 참조.

2. 휴먼에러 함정과 재발하는 사고

1) 개인의 사고 경향성

어떠한 사람들은 그의 변함없는 성격 특성 때문에 불행에 좀 더 빠지기 쉽다는 생각은 적어도 욥기(Book of Job)까지 거슬러 가고, 폭넓은 호소력을 가지고 있다. 우리들 대부분은 자신들이 그런 사람들을 알고 있다고 생각한다. 그러나 개인의 사고 경향에 대해서는 그동안 과학적으로 많이 논의된 역사를 가지고 있지만, 어떤 개인들로 하여금 재해를 좀 더 많이 입게 하는 비교적 고정된 특성이 있다고 하는 생각은 결과적으로 지지되지 않고 있다. 그렇지만 사고 경향성을 가진 작업자들이 있다는 주장은 대중의 주의를 끄는 데 매우 효과적이어서 과학적 증거 없이도 수십 년 간 지속되었다. 과학적으로 많은 의문이 제기된 오늘날에도 이런 믿음은 여전히 널리 퍼져 있다.[183]

비교적 덜 논쟁적인 것은 특정한 상황에서는 사고 발생 경향이 동일하지 않다는 생각이다. 리스크에 동일하게 노출되는 개인들의 사고 수를 세어 **그림** 10-1의 푸아송 분포(Poisson Distribution)[184]에서 정해진 가능성 기대치(chance expectation)와 비교해 보면, 일부 개인들은 '공정한 몫(fair share)'보다 많은 부정적인 사건(adverse event)에 조우한다는 것을 알 수 있다. 사고의 불평등한 분포는 제1차 세계대전 중의 초콜릿 공장에서 일하는 여성근로자들[185]로부터 현대의 대규모 항공회사인 보잉사 747기 조종사들[186]에 이르기까지 수많은 여러 상황에서 발견되어 왔다.[187]

---

183 J. Singer, *There Are No Accidents: The Deadly Rise of Injury and Disaster–Who Profits and Who Pays the Price*, Simon & Schuster, 2022, p. 31

184 매우 드물게 일어나는 사건을 나타내는 분포.

185 M. Greenwood and H. M. Woods, *A Report on the Incidence of Industrial Accidents with Special Reference to Multiple Accidents*, Industrial Fatigue Research Board Report No. 4, Her Majesty's Stationery Office, 1919.

186 J. Savage, "Flight Data Recording in British Airways", *Flight Deck*, 23, 1997, pp. 26~34.

187 J. Reason, *The Human Contribution–Unsafe Acts, Accidents and Heroic Recoveries*, Ashgate, 2008, pp. 107~108.

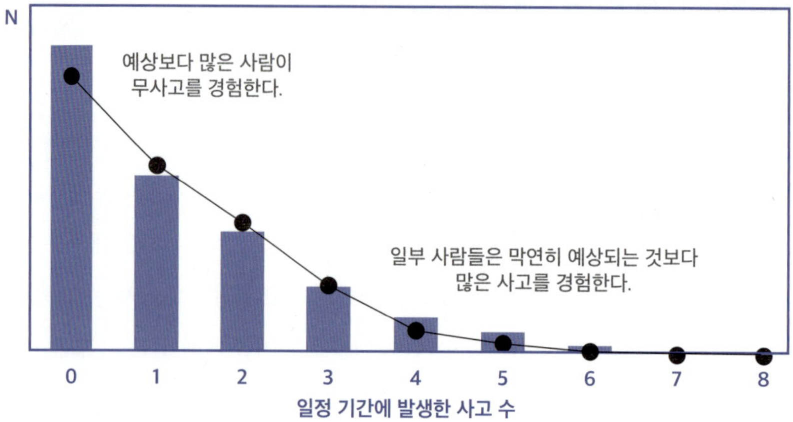

그림 9-1 동일 기간에 동일 위험요인에 노출된 집단에서의 동일하지 않은 사고 경향
주) 곡선은 사고 발생 가능성의 확률 예측을 나타내고, 막대는 집단에 의해 발생한 실제 사고 발생 수를 나타낸다.

많은 연구를 통해 반복되는 사고와 불안정하거나 사회병질적인 외향성(자기중심, 과신, 공격성, 무책임, 충동성, 권위에 대한 적대성) 또는 불안해하는(불안정한) 내향성(우유부단, 신경질, 의기소침, 쉽게 겁먹음, 무능감) 간의 약한 관계가 발견되어 왔지만, 사고 경향과 특정한 성격특성을 연결시키려는 시도는 대부분 성공하지 못했다. 성격과 사고 경향 간의 관계는 명백히 간접적이고 다수의 다른 요인에 의해 영향 받을 가능성이 크다는 점은 명백하다.[188]

과실을 개인의 정신심리적인 요인만으로 설명하기 위해 그동안 많은 노력이 기울여졌지만, 사고 경향성의 존재를 결정적으로 입증한 연구는 없었다.[189] 이제까지 출간된 논문 중 타당한 것은 없었고, 단 한 건의 실험에서도 사고 경향성의 존재는 확인되지 않았다. 연구자들

188 R. Lawton and D. Parker, "Individual Differences in Accident Liability: A Review and Integrative Approach", *Human Factors*, 40(4), 1998, pp. 655~671.

189 사고 경향성 가설을 반박한 논문은 아주 많은데, 대표적인 것으로는 A. M. Adelstein, "Accident Proneness: A Criticism of the Concept Based Upon an Analysis of Shunters' Accidents", *Journal of the Royal Statistical Society*, 115(3), 1952, pp. 354~410; M. D. Rodgers and R. E. Blanchard, "Accident Proneness: A Research Review", Office of Aviation Medicine of the FAA Civil Aeromedical Institute, 1993, pp. 1~4 등이 있다.

이 사고 경향성이라는 개념에 비로소 의문을 제기하기 시작한 것은 1940년대부터였다.[190] 사고 경향성에 관한 연구들을 일별한 한 논문은 사고 경향성을 입증하려고 한 시도들이 "부주의한 기록, 비논리적 논증, 통계 이론에 대한 무지를 상당히 많이 드러냈다."고 비판하기도 하였다.[191]

아직까지 행위착오와 망각에 관한 개인차가 사고 경향에 직접 관련된다는 것을 시사하는 결정적 증거는 없다. 가장 높은 상관을 보이는 것은 연령이다. 역설적으로, 방심에 관한 자기보고에 의하면 방심 경향은 연령과 함께 현저하게 감소한다. 아마 원숙한 사람들은 '노인의 망각'을 자각하고 방심을 방지하기 위해 기억 보조수단(수첩, 명부 등)을 많이 활용하기 때문이다. 물론 나이가 듦에 따라 방심이 발생한 것 자체를 잊어버리는 경우가 많기 때문일 수도 있다.

2) 일상의 휴먼에러 함정

우리나라 자동차는 방향 지시기와 헤드라이트 조절기는 핸들의 왼쪽에 있고, 와이퍼 스위치는 오른쪽에 있다. 영국과 일본 차의 경우는 이것들이 반대의 위치에 있다. 영국 또는 일본에 출장 가서 그 나라 자동차를 탄 사람의 경우, 방향지시기를 조작한다는 것이 와이퍼를 조작해 버리거나, 또는 그 반대 조작을 하고 만 경험이 있을 것이다. 이것은 부정적 전이(negative transfer)[192]의 예이다. 모든 휴먼에러 형성요인들 중에서 가장 강력한 요인의 하나이다.

일상적 행위들 또는 빈번하게 사용하는 것의 위치 변경은 강력한 휴먼에러 형성요인이다. 다이어트를 위해 저녁 식사 후의 와인은 한 잔으로 정하였다. 그러나 나의 손은 무의식중에 손을 뻗어 두 잔째 포도주를 따르고 있다.

수년 전 필자는 아내와 몸에 확실히 배인 습관의 힘을 테스트하는 실험을 하였다. 식탁에

---

190 F. A. Haight, "Accident Proneness: The History of an Idea", Institute of Transportation Studies of University of California, 2001.

191 M. D. Rodgers and R. E. Blanchard, "Accident Proneness: A Research Review", Office of Aviation Medicine of the FAA Civil Aeromedical Institute, 1993, pp. 2~3.

192 앞의 학습이 나중의 학습을 억제 또는 방해하도록 작용하는 것을 의미한다.

서 수저를 넣은 서랍의 위치를 바로 왼쪽에 있는 곳으로 바꾸었다. 그 이후 매번은 아니지만 수저를 잘못된 서랍, 즉 원래의 서랍에서 꺼내려고 하였다. 이러한 행위착오는 대부분 습관화된 행위를 바꾸기 위해 얼마간의 의식적인 개입이 필요한 때에 '주의를 빼앗김'으로써 발생한다.

병원에서 약이 잘못된 투여의 재발 원인은 같은 시설에서 사용되는 수액펌프, 의약품투입펌프가 매우 많은 것에 있다. 폭넓게 사용되는 기기 중에는 mm/시간으로 측정되는 것이 있는가 하면, mm/일로 측정되는 것도 있다. 주의가 산만한 환경에서 바쁘게 일하는 의료종사자는 약제를 잘못 투여하도록 그야말로 '준비'되어 있다고 할 수 있고, 그리고 종종 비극적인 결과를 초래한다.

작은 탁상 스캐너를 예로 들어 설명하면 다음과 같다. 여기에는 거의 피할 수 없는 휴먼에러 함정이 있다. 10여 페이지의 서류를 스캔한다고 가정하자. 가장 발생할 가능성이 높은 휴먼에러는 무엇일까. 그것은 원고의 최종 페이지를 뚜껑이 있는 스캐너의 글라스 위에 놓은 채 나머지 원고만 가지고 그 장소를 떠나는 것이다.

생략은 업무에 관련된 다음 네 가지 휴먼에러 형성요인 때문에 거의 피할 수 없다고 할 수 있다.

① 조기의 떠남 일상적인 업무의 마지막에 가까운 절차는 사람의 마음이 다음 일에 있어 생략이 일어나기 쉽다.
② 계기의 결여 다음 페이지의 원고를 스캐너의 글라스 위에 놓는 것이 계기가 되어 앞 페이지의 원고를 제거한다. 그러나 마지막 페이지는 그러한 계기가 없다.
③ 업무가 끝나기 전에 달성되는 목표 업무의 목표는 스캔을 하는 것이다. 스캔이 끝난 것은 컴퓨터 화면에서 명확히 보인다.
④ 보이지 않는 것은 잊음 원고의 마지막 페이지는 뚜껑 밑에 숨겨져 있다.

3) 재발 시나리오의 요소

사고 재발의 어떤 시나리오에서도 적어도 다음과 같은 세 개의 요소가 존재한다.

① 보편적 실재(universal) 보편적 실재란 특정 활동 분야에 관련되어 항상 존재하는 보편적인 위험성이다. 해상운송의 세계에서는, 예컨대 암초, 물이 얕은 곳, 해류와 파도, 그리고 다른 선박의 존재가 보편적 특성이다. 그리고 항공 분야에서는 중력, 날씨와 지형이 보편적 특성이다. 이들 보편적 특성과의 계획에 없던 접촉이 실제의 손해를 초래한다.
② 국소적 함정(local trap) 이것은 업무 또는 작업장소의 특징이고, 인간의 에러, 위반의 경향과 결합하여 사람들을 불안전행동 또는 적절하지 않은 행동의 재발 패턴으로 유도한다. 이와 같은 함정은 어떤 특정 작업상황의 좀처럼 사라지지 않는 특징이다. 국소적 함정의 중요한 특징은 어떤 사람이든 관계없이 일련의 불안전한 행동으로 유인하는 힘이 있다는 점이다. 이들 함정에 저항하는 것은 확실히 가능하지만, 이들 함정에는 사람을 위험으로 이끄는 특별하고 지속적인 능력이 있다.
③ 추진력(driver) 프로이드(Sigmund Freud)만큼 사람을 잘못된 행동으로 몰아가는 힘, 즉 원동력에 관심을 가진 심리학자는 없다. 음절의 길이, 단어 간의 유사도, 어떤 단어들을 연결하는 공통 연상의 영향도 중요하다. 이것들이 말의 실수를 촉진한다. 그러나 내 앞에 길이 있다고 하여 반드시 그 길을 따라 나아갈까? 나의 선택을 결정하는 동기, 나아가 나를 앞으로 나아가게 하는 뭔가의 힘도 필요하다.[193]

매우 유사한 논의가 위험한 작업에서의 국소적 함정에도 적용될 수 있다. 사람들이 항상 그런 것은 아니지만, 반복적으로 국소적 함정에 빠지는 이유를 국소적 함정의 존재만으로 설명하기는 불가능하다. 국소적 함정은 필요하지만 재발하는 사고의 불충분한 원인일 뿐이다. 충분성은 사람들을 위험한 길 쪽으로 그리고 나서 그 길을 따라 나아가게 하는 무언가에 의해 제공된다. 위험한 작업에서 이 원동력은 조직의 안전문화의 부족에서 유래하는 경우가 적지 않다.

---

193 S. Freud, *Introductory Lectures on Psychoanalysis*, George Allen, 1922, p. 36.

4) 문화력

명백한 것은 철저한 사고 분석을 통하여 안전목표와 생산목표 간에 (적어도 단기간에 존재하는) 불가피한 갈등을 불만족스럽게 해결하면 이것이 국소적 함정에 빠뜨리게 하는 강력한 힘의 일부가 된다는 점이다. 안전목표와 생산목표 두 가지 목표 추구 간의 문화적 조정은 정교한 균형을 이루어야 한다. 즉, 생산목표의 추구에 편중되어서는 안 되고 안전목표의 추구에 편중되어서도 안 된다.

한편, 우리는 안전한 것 자체를 사업의 본질적 목적으로 하는 조직은 없다는 사실을 직시해야 한다. 모든 조직은 'ALARP의 원칙(keep the risk as low as reasonably practicable)'과 'ASSIB의 원칙(and still stay in business)' 쌍방을 모두 따라야 한다. 비참한 조직사고에서 살아남을 수 있는 조직은 거의 없다는 것이 점점 명백해지고 있다.[194] 그러나 일터에는 감지하기 어려운 많은 경제적 요인들 또한 존재한다.

네덜란드의 안전심리학자이자 인적 요인 전문가인 허드슨(Patrick Hudson)이 지적했듯이, 감수된 리스크의 양과 수익성 간에는 밀접한 관계가 있을 수 있다.[195] 위험한 작업에서는, 운동을 통한 다이어트와 마찬가지로, 고통(또는 적어도 고통이 증가될 가능성) 없이는 얻는 것이 거의 없다. 예를 들면, 석유탐사 · 개발에서 허드슨은 세 가지의 리스크를 확인하였다.

① 매우 낮은 리스크 투자에 대한 수익은 고작 8% 이하일 것으로 예상된다. 은행예금으로부터 기대되는 것보다 많을 가능성은 거의 없다.
② 중정도의 또는 관리할 수 있는 리스크 수익은 12% 정도이다.
③ 높은 리스크 수익은 15%까지 증가할 수 있지만, 이 리스크와 전혀 받아들일 수 없는 리스크 간의 차이는 매우 적다.

경쟁력을 유지하기 위하여, 많은 회사는 때때로 높은 리스크 영역에 들어가면서 주로 중간

---

194 J. Reason, *Managing the Risks of Organizational Accidents*, Ashgate, 1997, pp. 3~5 참조.

195 P. Hudson, *Psychology and Safety*, Universiteit Leiden, 1996, p. 8.

정도의 리스크 영역에서 사업활동을 해야 한다. '가장자리(위험한 상황)'까지의 거리가 줄어듦에 따라 국소적 함정의 수는 증가한다.

요컨대, 시간 압박, 비용 절감, 유해 · 위험요인에의 무관심, 상업적 이익의 편협한 추구, 두려워하는 것의 망각과 같은 문화적 요인이 작용하여, 많은 사람들이 동일한 에러 유발상황에 몰리게 되고, 결국 동일한 종류의 재해를 입게 된다. 많은 조직은 재해가 반복적으로 발생할 만하다. 이들 문화적 요인이 변하지 않고 국소적 함정이 제거되지 않는 한, 동일한 사고가 계속하여 발생할 것이다.

한편, 인간의 오류 가능성의 가장 중요한 특징의 하나는 유사한 상황이 여러 사람들에게 유사한 유형의 에러와 되풀이되는 사고 패턴을 유발한다는 점이다. 사고 보고 시스템의 주된 기능의 하나는 이 되풀이되는 사고 패턴을 확인하고 개선 노력이 어디로 향해져야 하는지를 제시하는 것이다. 사고 재발 패턴은 어느 한 영역에 국한되는 것이 아니라, 유사한 반복 패턴이 철도, 항공, 해상운송, 원자력발전, 그리고 의료에서도 확인될 수 있다. 그러나 모든 사람이 이들 함정에 빠지는 것은 아니다. 이런저런 문화적 영향이 함정(덫)을 뛰어넘는 데 있어 중요한 역할을 한다.[196]

196 J. Reason, *The Human Contribution – Unsafe Acts, Accidents and Heroic Recoveries*, Ashgate, 2008, pp. 126~127.

제10장

중대사고의 조사: 사후확신 편향을 넘어

제10장

중대사고의 조사: 사후확신 편향을 넘어

1. 과거와 얽힌 문제

우리들은 사고 또는 과거의 사건에 대해서도 '모든 진상'을 명확히 밝혀낼 수 없다. 결코 과거를 완벽하게 아는 것은 불가능하다. 이것이 사실인 이유를 다음에 제시한다.

① 조종실 음성기록장치, 비행기록장치, 기체의 잔해로부터 얻어지는 류의 '확실한 사실'이 있을 수 있지만, 나머지는 필연적으로 최상의 추측 및 가설에 지나지 않는다.
② 해석, 특히 사람의 행위에 대한 해석은 주관적이고 분석자 · 조사관의 목적에 따라 이루어진다.
③ 항상 다른 견해들이 존재한다. 사회적 또는 정치적으로 수용될 수 없어 받아들여지지 않거나 감춰지는 경우도 있다.
④ 보고에서 우리들은 복잡하고 상호작용하는 아날로그 사건을 디지털화[197]한다.

---

197 디지털(digital)은 불연속적인 값(이산적인 데이터, 숫자)으로 표현하는데, "불연속적"이란 0, 1, 2와 같이 0과 1 사이의 나머지 값(0.1, 0.2, ······)들을 표시하지 않고 0 다음에 1로 건너뛰는 것을 말하고 숫자로 표현되는 것을 말한다.

모든 사고 보고서의 작성자는 연속적이고 상호작용하는 일련의 선행사건을 불연속적인 말, 문장, 결론 및 권고로 세분화하지 않으면 안 된다. 각 사건을 끈 한 가닥으로 생각하면, 조사관의 일은 사고의 진전 속에서 중대한 국면이라 생각되는 지점을 표시하기 위해 매듭을 만드는 것이다. 그러한 특정은 인과관계의 복잡성을 이해하기 위하여 필요하지만, 실제의 본질을 왜곡하는 것이기도 하다. 그러나 이러한 사건의 분석이 개선과 장래의 사고 예방을 위한 적절한 범위를 올바르게 특정한다면, 사소한 문제일 것이다. 단, 사고 보고에 의존하는 사람들에게 있어서는, 최고 수준의 사고 보고서라고 하더라도, 그것은 실제의 엄선된 해석에 지나지 않는다는 점을 인식하는 것이 중요하다. 사고 조사는 매우 주관적인 프로세스이기도 하다.

필자는 대학원생에게 사고 보도내용을 토대로 사고 원인 예상 계통도(fault tree)를 작성하는 과제를 주었다. 학생들은 최후의 사건, 즉 재해에서 시작하여 각각의 단계에서 그다음 사건이 발생하는 데 어떤 요인이 필요한지를 자문자답하면서 시간을 거슬러 추적해 갔다. 어떤 학생들은 별도의 방법으로서 어떤 요인을 제거하면 재해 궤적을 단절할 수 있는지를 생각하였다. 사고 발생에 관한 간단한 기술인데도 다양한 사고 원인 예상 계통도가 작성되었고, 마디(node)가 다르면 각 마디에서의 요인도 달랐다. 학생들이 작성한 사고 원인 예상 계통도 중에는 부정확한 것도 있었지만, 대부분은 그 나름대로 납득할 수 있는 내용이었다.

여기에서 말할 수 있는 것은 명확하다. 즉, 사고 원인의 해석은 분석자에 따라 달라지며 다양한 해석의 여지가 있다. 훌륭한 사고 보고서의 기준은 대개 복원할 수 없는 실제에 대한 충실도라기보다는, 위험한 기술을 규제, 관리 및 운영하는 사람들을 적절하고 실행 가능한 대책으로 향하게 하는 정도이다.

2. 사고 조사의 변천

과거 50년 이상에 걸쳐 많고 다양한 위험영역에서 사고 조사의 범위가 극적으로 확장되어 왔다. 이들 변화의 모습을 그림 10-1에 요약한다.[198]

---

198 이하는 주로 J. Reason, *The Human Contribution: Unsafe Acts, Accidents and Heroic Recoveries*, Ashgate, 2008, pp. 131~132 참조.

1960s	1970s	1980s	1990s	2000s
de Havilland Comet	Flixborough	Chernobyl	Paddington	Linate
Aberfan	Seveso	Challenger	Long Island	Uberlingen
Ibrox	Tenerife	Zeebrugge	Alabma	Columbia
	TMI	Bhopal	Estionia	
	Mt Erebus	Piper Alpha		
		Challenge Drygen		

- **de Havilland Comet**: 영국의 드 해빌랜드(de Havilland)가 제조한 세계 최초의 상업용 제트 여객기가 제트기 특성상 고고도 순항 및 착륙을 반복할 때 이루어지는 가압/감압으로 인한 금속피로로 인해 1954년 1월 10일과 1954년 4월 8일에 공중에서 분해되어 추락하는 사고가 잇따라 발생했다.
- **Aberfan**: 1966년 영국 웨일즈의 작은 마을 탄광촌 애버팬(Aberfan)에서 발생한 사고로 탄광 폐기물 더미가 폭우로 인해 붕괴되면서 학교와 주택을 덮쳐 어린이 116명과 성인 28명 등 총 144명이 사망하였다.
- **Ibrox**: 1902년 영국 스코틀랜드의 그라스고(Glasguensis)에 있는 아이브록스(Ibrox) 스타디움에서 축구 잉글랜드 대표와 스코틀랜드 대표 시합 중에 발생한 사고로 사고 전날 폭우의 영향으로 스타디움이 붕괴하여 25명이 사망하였다.
- **Flixborough**: 1974년 영국 잉글랜드 중동부의 프릭스브로(Flixborough)의 화학플랜트에서 사이클로헥산 증기운 폭발사고로 28명이 사망하였다.
- **Seveso**: 1976년 이탈리아 밀라노 근처의 세베소(Seveso)의 농약공장에서 발생한 폭발사고로 대량의 다이옥신, 염소가스를 포함한 유독성 화학물질이 대기 중으로 방출되었다.
- **Tenerife**: 1977년 스페인령 카나리아 제도(諸島)의 테네리페(Tenerife) 섬에 있는 로데오스 공항(Aeropuerto de Los Rodeos)의 활주로에서 여객기 2대의 충돌사고로 583명이 사망하였다.
- **TMI**: 1979년 미국 펜실바니아주 스리마일 섬((Three Mile Island: TMI)의 원자력발전소에서 발생한 노심용융사고이다.
- **Mt Erebus**: 1979년 에어뉴질랜드 901편이 남극에서 두 번째로 높은 활화산인 에러버스(Erebus) 산에 충돌해 탑승자 257명이 전원 사망하였다.
- **Chernobyl**: 1986년 소련령 우크라이나공화국의 체르노빌(Chernobyl) 원자력발전소에서 발생한 노심용융폭발사고이다.
- **Challenger**: 1986년 1월 28일에 챌린저(Challenger) 우주왕복선이 발사 73초 후 고체 연료 추진기의 이상으로 폭발해 7명의 대원이 사망한 사고이다.
- **Zeebrugge**: 1987년 벨기에 제브뤼헤(Zeebrugge) 항을 출발한 훼리호가 침몰하여 193명이 사망하였다.
- **Bhopal**: 1984년 인도 보팔(Bhopal)에 있는 유니온카바이드사의 공장에서 살충제의 원료로 사용되는 아이소사이안화메틸 저장탱크가 폭발하면서 이 유독가스가 누출된 사고로 최종적으로는 2만명 이상이 사망하였다.
- **Piper Alpha**: 1988년 북해의 원유·가스전 굴삭설비[옥시덴탈 페트롤리움에 의해 조업된 북해의 석유 플랫폼인 파이퍼 알파(Piper Alpha)]에서 폭발·화재가 발생하여 당시 플랫폼에 있던 229명 중 167명이 사망하였다.
- **Dryden**: 1989년 온타리오 항공 1363편이 이륙하자마자 캐나다 온타리오주의 드라이덴(Dryden) 부근에서 추락하여 24명이 사망하였다.
- **Paddington**: 1999년 패딩턴(Paddington)에서 베드윈으로 가던 열차가 적색 신호를 지나쳐 반대 방향으로 주행하던 그레이트 웨스턴 익스프레스와 충돌하여 31명이 사망한 사고이다.
- **Long Island**: 1996년 뉴욕 케네디를 출발해 프랑스 파리로 향하던 트랜스 월드 항공 800편인 보잉 747 여객기가 이륙 12분 만에 미국 롱 아일랜드(Long Island)의 앞바다에서 공중 폭발하여 탑승자 230명이 사망하였다.
- **Alabama**: 1993년 미국 앨라배마(Alabama) 주 모바일 부근에서 전국철도여객공사가 운행하던 여객열차(Amtrak Sunset Limited train)가 시속 110km로 주행 중에 철교가 붕괴되어 앞 6량이 강으로 전락(轉落)한 바람에 52명이 사망하였다.
- **Estonia**: 1994년 스웨덴-에스토니아를 오가던 대형 카 페리선인 에스토니아(Estonia) 호가 발트해에서 풍랑으로 인해 뱃머리의 램프도어가 파손되면서 침몰한 사고로 승무원과 승객 총 989명 중에 853명이 사망하였다.
- **Eschede**: 1998년 독일 니더작센 주 에셰데(Eschede)에서 뮌헨에서 출발하여 함부르크로 가던 고속열차 첫 번째 객차의 세 번째 바퀴를 둘러싸고 있는 금속외피가 금속피로를 이기지 못하고 끊어지면서 탈선한 사고로 101명이 사망하였다.
- **Linate**: 2001년 이탈리아 밀라노의 리나테(Linate) 공항에서 스칸디나비아항공 686편과 비즈니스 제트기가 활주로에서 충돌하여 발생한 사고로 122명이 사망하였다.
- **Überlingen**: 2002년 독일 남부 위버링겐(Überlingen) 상공에서 바시키르 항공 2937편과 DHL 611편 화물기가 공중 충돌한 사고로 71명이 사망하였다.
- **Columbia**: 2003년 우주왕복선 콜롬비아(Columbia) 호가 임무를 수행한 후 귀환하다가 텍사스주 상공에서 공중분해되어 7명이 사망하였다.

그림 10-1 사고 조사에서의 강조점의 변화

1954년에 세계 최초의 상업용 제트 여객기인 영국의 드 하빌랜드 코멧(de Havilland Comet) 2대가 모두 금속피로로 인해 추락하는 사고가 발생했다.[199] 이 때문에 항공사고 조사관이 하드웨어 문제에 강하게 주목한 것은 자연스러운 일이었다. 금속피로는 1987년의 유나이티드 항공(United Airlines) 232편의 3중 계통의 유압시스템을 해체시킨 엔진고장[200], 1988년의 알로하 항공(Aloha Airlines) 243편의 기체(機體) 파괴 사고[201]에서도 발견되고, 1998년 에셰데(Eschede) 열차 탈선사고[202]도 동일한 원인으로 발생했다.

결코 하드웨어 고장에 대한 관심이 없어진 것은 아니지만, 강조의 일부는 소프트웨어의 문제로 이행되어 갔다. 1970년대 초 에어버스(Airbus Industrie)는 보잉(Boeing Company)이 독점하고 있던 항공기 시장에 참여하여 결과적으로 성공을 거두었다. 에어버스의 주요 혁신 중 하나는 조종실의 철저한 자동화였다. 비행관리시스템(Flight Management System: FMS)[203]에 의해 새로 생긴 인적 요인 문제 때문에 조종사 행동 결과로 그리고 시스템 내재 논리에 따라 작동모드가 변경될 수 있다는 사실이 1980년대의 에어버스 항공기 사고에서 중요한 역할을 하였다.[204]

휴먼에러와 위반의 문제에 최초로 주의가 기울여진 1960년대에는 사고에 인적 요인 문

---

199 제트기 특성상 고고도 순항 및 착륙을 반복할 때 이루어지는 가압/감압으로 인한 금속피로가 기체를 파단냄으로써 1954년 1월 10일에 영국해외항공 781편 공중분해 사고, (이 사고가 난 지 3개월밖에 안 된) 1954년 4월 8일에 남아프리카 항공 201편 공중분해 사고가 잇따라 발생했다.

200 기체 꼬리날개부에 있는 제2엔진의 팬플레이트가 금속피로로 파손되어 팬플레이트의 파편이 3중 계통 유압시스템을 모두 파단시키는 바람에, 기체는 엔진출력 조정 이외의 제어가 되지 않은 사고이다.

201 고도 약 7,300m를 비행하던 중 기체의 노후화로 인해 금속피로도가 누적되어 기체 전방 좌측 외벽이 터지고 객실의 여압(與壓)된 공기가 유출되면서 급격히 압력이 내려가 조종실 후방부터 주익(主翼) 근처까지의 천장 외벽이 날아간 사고이다.

202 독일 뮌헨에서 출발하여 함부르크로 가는 고속철도 첫 번째 객차의 세 번째 바퀴를 둘러싸고 있는 금속외피가 금속피로를 이기지 못하고 끊어지면서 탈선한 사고다. 사망자 101명, 부상자 88명으로 고속철도 사고 중 최악의 대참사이다.

203 이륙부터 착륙까지의 모든 단계에 걸쳐 항법, 조종, 추력조정, 유도 등의 비행관리를 자동적으로 행하는 FMS 시스템에서, 조종사는 어떤 모드가 활성화되었는지 또는 앞으로 무슨 일이 발생할지에 대해 혼란스러울 수 있다. 조종사들은 어떤 모드에 있는지뿐만 아니라 FMS가 새로운 모드를 어떻게 선택했는지도 숙지하고 있어야 했다. 이런 일은 이따금씩 어려운 일인데, 특히 높은 정신적 부하가 걸릴 때 그렇다.

204 J. Reason, *Managing the Risks of Organizational Accidents*, Ashgate, 1997.

제가 관여하는 비율이 20%라고 추정되었다. 그러나 1990년대에는 이 추정비율이 4배인 80%로 증가하였다.[205] 이것은 사람들이 에러와 위반을 더 많이 저지르게 되었기 때문이 아니라, 재료 및 공학 기술의 큰 발전에 의해 인적 요인 문제가 눈에 띄게 되었기 때문이다. 게다가 1970년대에 특별히 주목을 받은 항공기 사고가 많이 발생하였다. 가장 비참한 사고는 1977년에 테네리페(Tenerife) 섬에서 발생한 활주로 상에서의 2대의 점보제트기의 충돌로서 역사상 최악의 항공기 사고였다. 1986년의 체르노빌 원자력발전소 사고 이후 인적 요인 문제의 범위는 절차적 위반을 포함하는 데까지 확장되었다.

1970년대에 초점은 여전히 주로 조종사, 열차기관사, 제어실운전원 등 '현장 제일선의 사람들'에 맞춰졌다. 그러나 1979년 미국 스리마일 섬(TMI) 원자력발전소에서의 참사 직전의 사고를 일으킨 요인들에 대한 상세한 분석을 통해, 제어실에서 저질러진 에러뿐만 아니라 경영상의 결함, 보수의 결함, 시스템적 결함도 관련되어 있다는 점이 드러났다. 이 사고의 발생이 인적 요인, 기술적 요인 그리고 사회적 요인의 상호작용에 대한 정확한 이해를 요구했다는 점에서 미국의 안전시스템 연구자인 우즈(David Woods)는 이 사고를 원자력산업에서의 '본질적으로 놀라운 일(fundamental surprise)'이라고 표현했다.[206]

1980년대 초부터 현장 제일선의 사람들은 나쁜 사건의 유발자라기보다는 작업장소 및 시스템 문제를 떠맡은 자(inheritor)라고 이해하게 되었다. 이 점은 특히 1987년의 헤럴드 오브 프리 엔터프라이즈(Herald of Free Enterprise) 호의 전복사고와 1979년의 에어 뉴질랜드(Air New Zealand) DC10기의 Erebus 산에서의 추락사고를 통해 명백해졌다.

항공사고 조사관이 광범위한 경영 및 시스템상의 문제를 고려할 필요성이 1992년 2월에 국제민간항공기구(ICAO)에 의해 정식으로 인정되었다. ICAO의 사고조사부문회의(Accident Investigation Divisional Meeting)는 다음과 같은 논의결과를 발표하였다.

> 전통적으로 재해 · 사고 조사는 해당 사건에 직접적으로 관련된 사람들에 한정되어

---

205 E. Hollnagel, *Human Reliability Analysis: Context and Control*, Academic Press, 1993, p. 3.

206 D. Woods et al., *Behind Human Error*, 2nd ed., Ashgate, 2010, pp. 215~219. 이 사고 이전에는 원자력발전소를 순전히 기술적(공학적) 시스템으로 보고 이것의 모든 문제는 기술적(공학적) 영역에 있다고 생각하였다.

왔다. 현재의 사고 방지 관점은 경영 방침과 조직적 요인도 조사의 대상이 되면, 조사를 통해 추가적인 방지대책이 도출될 수 있다는 생각을 지지한다.

사고조사부문회의는 전 세계적으로 항공사고 조사관을 위한 표준이자 실시지침인 ICAO의 부속문서 13 〈Aircraft Accident and Incident Investigation〉 제8판에 한 문단을 삽입할 것을 권고하게 되었다. 그 권고문은 1994년에 발행된 제8판에 다음과 같이 기재되어 있다.

> 1.17 경영 정보(사고 보고서에 포함되어야 할 정보)
> 항공기의 운항에 영향을 미치는 정보로서 조직과 그것의 경영에 관련된 적절한 정보. 조직에는 예컨대 항공회사, 공항관제기관, 항공로관제기관, 공항서비스기관, 기상정보서비스기관, 규제당국 등이 포함된다. 정보에는 조직의 구조와 기능, 자원, 경영 상황, 경영 방침과 관행, 규제 구조가 포함되어야 하지만, 이것에 한정되는 것은 아니다.

사고에 직접 관련된 사람들을 비난하는 것으로 충분했던 시대에서 다양한 조직 및 시스템의 문제로까지 원인이 계속해서 확대돼 왔다. 그러나 사고 조사의 관점이 집단의 책임 쪽으로 너무 멀리 가고 개인의 책임에서는 너무 벗어난 것이 아닐까?

사고 인과관계 모델은 그것을 적용함으로써 안전성을 향상시킬 수 있는 정도에 의해서만 판단될 수 있다. 사고의 조사과정에서 밝혀지는 경제적 및 사회적 결점은 시스템 관리자들의 손이 미치지 않는 곳에 있다. 그러한 문제는 그들의 관점에서는 적어도 다음의 선거(정치권이 교체될) 때까지는 주어진 것이고 변경할 수 없다. 사고 조사에는 해석, 예측, 대책이라는 세 가지 목적이 있다. 개인적 요인, 작업장 요인, 조직적 요인과 문화, 규제 및 사회적 문제의 상대적 기여도는 다음과 같이 정리될 수 있다.

① 세 가지 목적으로 판단컨대, 개인적 요인만으로는 소~중 정도의 가치밖에 없다.
② 일반적으로 말하면, 작업장 요인 및 조직적 요인이 부가가치 창출에 가장 많이 기여한다.

③ 특히 대책과 리스크 관리의 경우, 사고 현장에서 멀리 떨어져 있는 영향 요인을 추구하면 할수록 얻는 성과(return)는 급속히 줄어든다.

멀리 떨어져 있는(remote) 요인[207]은 인과적 특이성이 거의 없다. 산탄총을 발사했을 때 총구에서 떨어질수록 산탄이 넓은 범위로 퍼지듯이, 많은 시스템이 멀리 떨어져 있는 요인의 영향을 받는다. 이러한 영향은 시스템 관리자의 컨트롤 범위 밖이고, 그들의 입장에서는 대체로 대처할 수 없다. 예를 들면, 사고 조사가 철저하면 할수록 멀리 떨어져 있는 요인 및 수많은 잠재적 '병원체'가 발견될 것이다. 그러나 다른 시기의 동일한 조직 또는 동일한 업계의 다른 조직에 이들 요인이 있었다고 하더라도 사고가 반드시 일어나는 것은 아니다. 현장 촉발요인(local trigger)과 근접한(proximal) 요인만이 정상상태와 사고 간의 차이를 만들 수 있다. 멀리 떨어져 있는 요인은 원인이라기보다는 조건이라고 보는 것이 적절하다.[208]

3. 조건과 원인

법의 인과관계에 대해 하트(H. L. A. Hart)와 오노레(Tony Honoré)[209]는 조건(condition)과 원인을 매우 명확하게 구별하였다.[210]

이들 요인(조건)은 물론 사고가 발생하는 경우에도 사고가 발생하지 않는 통상의

---

207 원인의 개념을 넓게 보면 '멀리 떨어져 있는 요인'도 원인이라고 표현할 수 있다. 결국 원인의 범위를 어떻게 설정하느냐에 따라 원인에 해당하는지 여부가 정해진다. 이하에서 설명하는 '조건(condition)', '보편적 실재(universal)'도 원인의 개념을 넓게 보면 원인에 해당한다고 볼 수 있다.

208 J. Reason, *The Human Contribution: Unsafe Acts, Accidents and Heroic Recoveries*, Ashgate, 2008, pp. 136~137.

209 H. L. A. Hart and T. Honoré, *Causation in the Law*, 2nd ed., Oxford University Press, 1985, p. 34.

210 재발 방지를 목적으로 하는 사고 조사에서의 원인(인과관계)의 범위와 형사처벌을 목적으로 하는 사고수사에서의(형법상의) 원인(인과관계)의 범위는 다르다. 전자에서는 원인(인과관계)의 범위를 넓게 설정할 수 있지만(설정해도 무방하지만), 후자에서의 원인(인과관계)은 형법상 의미 있는(중요성 있는) 것으로 좁혀진다.

경우에도 마찬가지로 존재한다. 설령 이들 요인(조건)이 없었으면 사고가 발생하지 않았을 것이라는 것이 사실이라고 하더라도, 그것들을 사고의 원인(cause)으로는 인정하지 않는 이유이다. 물론 참사 상황에서도 정상적 기능 상황에서도 존재하는 요인을 제시하는 것으로는 어떤 설명도 되지 않는다는 것은 분명하다. 이들 요인은 참사와 정상적 기능 사이의 '차이'를 만들지 못한다.

"어떠한 요인이 없었더라면 일정한 결과 발생도 없었을 것이다."라는 조건관계만 있으면 인과관계가 있다고 보게 되면, 즉 조건이 되는(조건관계에 있는) 모든 요인이 문제되는(발생된) 결과에 대하여 원인이 된다고 본다면, 인과관계의 인정범위가 지나치게 넓어지게 된다. 이러한 접근은 재발 방지를 위한 '사고 조사'에서 원인을 찾거나 도의적 또는 정치적 책임을 인정하는 데에는 유용할 수 있지만, '사고 수사'에서 형사책임을 묻는 근거로 사용하기에는 적합하지 않다.

사례

갑 부인과 상인 A는 부부 사이이다. A는 중요한 상담을 하기 위하여 거래처 사장 K와 면담 일시를 정하였다. A에게는 이 약속시간은 꼭 지켜야 하는 중요한 것이었다. A는 시간에 늦지 않도록 하기 위하여 갑 부인에게 자명종을 6시에 맞춰 놓도록 부탁하였다. 그런데 갑 부인이 그만 실수로 7시로 자명종을 맞춰 놓았기 때문에 A는 1시간 늦게 일어나고 말았다.

늦은 시간을 만회하기 위하여 A는 자동차를 급하게 몰았다. 커브길을 도는 순간 타이어의 마찰로 찢어지는 듯한 파열음이 발생했다. 이 소리 때문에 상가건물 5층 창가에서 유리창을 닦던 청소부 B는 놀라서 들고 있던 물통을 창밖으로 떨어뜨리고 말았다. 물통은 거꾸로 떨어지면서 지나가던 행인 C의 머리에 씌워져 버렸다.

행인 C는 당황하여 차도로 뛰어들었다. 마침 그곳을 지나던 운전자 D는 C를 치지 않기 위하여 급하게 브레이크를 밟았다. 그 바람에 D의 차에 동승하고 있던 E는 앞으로 몸이 급속히 쏠리면서 앞 유리창에 머리를 부딪쳐 중상을 입었다. E는 병원에 입원하였다. 그런데 E는 병원에서 다른 환자 F로부터 홍콩 독감에 감염되었고, 그 때문에 사망하였다.

이 경우 차량동승자 E의 사망에 대하여 원인을 이루는 사정은 무엇인가? 갑 부인을 E의 사망에 원인을 야기한 자로 볼 수 있는가? 즉, 갑 부인의 행위와 E의 사망 사이에 인과관계가 인정될 수 있는가?

'그 행위가 없었더라면 그 결과도 발생하지 않았을 것'이라는 공식에 따르면, 갑 부인이 자명종을 7시로 잘못 맞춰 놓은 행위가 없었더라면 E의 사망이라는 결과는 발생하지 않았을 것이라는 관계, 즉 갑 부인의 행위와 E의 사망 사이에는 인과관계가 성립한다.

인과관계가 지나치게 넓어지는 것을 방지하기 위해, 조건관계에 있는 여러 요인 중 결과의 발생에 중요한 영향을 준 조건과 단순한 조건을 구별하여 전자만을 원인으로 보는 관점, 어떤 요인이 발생한 결과에 합법칙적(일상적 경험법칙적)으로 연결되어 있을 때만 원인으로 보는 관점, 일정한 요인이 사회생활상의 일반적인 경험법칙에 비추어 결과를 발생시키는 데 상당하면 원인으로 보아야 한다는 관점[211]이 있을 수 있다. 이 관점들에 따르면, 조건관계에 있는 모든 요인을 원인으로 보는 관점보다 인과관계의 인정범위가 상대적으로 좁아지게 된다.

사례

오늘 회사원 갑은 오전에 중요한 면접을 앞두고 있다. 갑의 배우자는 유리 커피포트를 불이 켜진 스토브 위에 올려놓은 채 먼저 집을 나섰다. 갑이 확인했을 때 커피는 이미 다 말라버렸고 커피포트에는 금이 가 있다. 매일 아침 꼭 커피를 마셔야 하는 갑은 서랍을 뒤져 드립식 커피메이커를 찾아낸다. 갑은 시계를 보며 물을 끓인 후 급히 커피를 마시고 서둘러 집을 나왔다. 그러나 주차장에 도착해서야 차 열쇠와 아파트 열쇠를 두고 나온 사실을 알게 된다. 갑은 평소 비상시에 대비하여 보조열쇠를 문 옆에 숨겨두지만(이것은 여분이라는 안전장치에 해당한다), 오전에 집에 들러 책을 가져갈 친동생에게 준 상태이다. 그래서 여분의 경로(redundant pathway)가 사라진 것이다.

시간이 촉박한 상황에서 갑은 그냥 세워놓는 일이 많은 이웃집 할아버지의 차를 빌리기로 한다. 그러나 알고 보니 하필이면 지난주에 제너레이터가 고장 나서 수리를 맡겨놓은 상태이다. 갑은 열쇠와 직접적으로 연계되지 않은 독립적인 '비상수단'으로도 문제를 해결하지 못했다. 이제 남은 수단은 대중교통뿐이다. 이웃집 할아버지는 파업 때문에 버스가 다니지 않는다고 알려준다. 전화로 택시를 불러보지만 잡히지 않는다. 버스회사 파업과 택시 부족은 긴밀하게 연계되어 있기 때문이다. 결국 갑은 면접시간에 늦고 말았다.

이 사고의 원인은 무엇일까.

① 휴먼에러(커피포트를 스토브 위에 올려놓은 채 나간 것, 열쇠를 집에 두고 나온 것)
② 기계 고장(이웃집 차의 제너레이터 고장)
③ 환경(버스회사 파업과 택시 부족)

211 이 견해에 따르면, 일상적인 생활경험의 범위 내에 속하지 않는 사태 진행은 모두 인과관계의 범위에서 제외된다. 결과 발생에 대하여 이례적인 조건이나 희귀한 조건, 또는 통상적인 사태 진행과정에 속한다고 볼 수 없는 요인들은 발생된 결과에 대하여 인과관계가 부정된다.

④ 시스템의 설계(열쇠를 안에 둔 채 잠글 수 있는 시스템, 비상시 가용 택시의 부족)

⑤ 절차(유리 커피포트로 커피를 데우는 것, 평상시보다 일찍 일어나지 않은 것)

조건관계에 있는 요인을 원인이라고 보면 위 요인 모두가 원인에 해당하게 되고, 결과의 발생에 중요한 영향을 준 조건이나 발생 결과에 합법칙적으로 연결되어 있는 요인 또는 일상적 경험법칙에 비추어 결과 발생에 상당하다고 평가되는 요인만을 원인으로 보게 되면, 위 요인들 중 일부만이 원인으로 인정될 것이다.

조건에 해당하는 요인과 원인에 해당하는 요인을 구분하여 볼 필요가 있다는 점에 대한 이해를 도모하기 위해 조건과 원인의 몇 가지 예를 제시하면 표 10-1과 같다. 화재의 경우 공기 중에 있는 산소는 단지 조건에 불과하다. 철도사고의 경우에는 표준속도, 열차의 적재량과 무게, 일상적인 정지와 가속과 같은 요인이 단순한 조건에 해당한다. 조건은 사고 발생과 무관하게 시스템에 존재한다. 모든 시스템에는 조건이 내재되어 있고, 사고는 단지 그것을 드러낼 뿐이다. 요컨대, 조건의 존재로는 정상상태와 사고 간의 차이를 만들지 못한다. 게다가 조건이 드러나는 정도는 시스템의 '건강하지 못함'보다는 조사자에게 이용될 수 있는 자원에 달려 있다. 조사를 철저히 하면 할수록, 더 많은 조건이 찾아질 것이다.

표 10-1 원인과 조건의 차이

조건	원인
화재: 산소, 건조도 등	발화원
아일랜드 감자 기근: 우량, 유일한 농작물	감자마름병균
열차 충돌: 표준속도, 열차의 적재량과 무게, 일상적인 정지와 가속 등	충돌, 폭발, 탈선 등

사실에 반하는 잘못된 생각은 다음과 같다. 모든 사고 조사는 시스템적 결함을 드러낸다. 그러나 이것들은 모든 조직에 존재한다. 이들 시스템적 결함이 사고를 일으켰다고 주장하는 것은 단견이다. 사고 발생 연쇄(accident sequence)를 차단할 수 있었던 조직적 개입은 항상 존재한다. 그러나 그 개입의 부재가 인과관계를 증명하는 것은 아니다. 상황이 달랐다면 사고가 발생하지 않았을 것이고, 따라서 그런 차이의 존재가 사고를 일으켰다는 생각은 잘못이다. 이들 조직적 요인은 조건에 해당하는 것이고 엄밀한 의미의 원인은 아니다.

4. 현재의 시각

다음과 같은 이유로 사고는 일어난다.[212]

- 보편적 실재(universal): 생산성과 안전성 간에 항상 존재하는 긴장이 잠재적 요인을 만들어내고
- 조건(condition): 잠재적 요인이 합쳐져서 방호수단의 취약성을 초래하며
- 원인(cause): 방호수단의 취약성이 현장 촉발요인과 즉발적 에러를 우연히 결합시켜 모든 방호와 안전장치를 파괴한다.

'보편적 실재'와 '조건'은 어디에도 존재한다. 현장의 사건(local event)만이 진정한(엄밀한 의미의) 원인에 해당하고, 당해 사고가 발생한 조직과 사고가 발생하지 않은 모든 다른 조직(또는 다른 시기의 동일한 조직) 간의 '차이를 만들어낸다.'

그렇다면 조직사고에서 '조건'이란 무엇일까. 그것은 '늘 있는 수상쩍은 것'이고, 사실상 모든 위험한 시스템에 존재하는 잠재적인 병원체이다. 예를 들면, 부적절한 공구와 장비, 적절하다고 할 수 없는 안전문화, 부족한 설계와 시공, 차선책, 관리감독상의 불충분한 점 등이다. 조건은 엄밀한 의미의 원인과 구분될 필요가 있는 넓은 의미의 원인에 포함되는 것이다. 책임 추궁에 사용할 엄밀한 의미의 원인과 재발 방지에 사용할 넓은 의미의 원인(조건을 포함한다)은 구분하여 접근할 필요가 있다.

오직 가까운 사건, 즉 불안전행동과 현장 촉발요인만이 사고가 발생할는지 여부를 결정할 것이다. 만약 그렇다면, 도대체 우리는 왜 보다 멀리 떨어져 있는 요인을 고려할 필요가 있는 것인가? 조건이 왜 중요한지에 대한 설득력 있는 이유 세 가지가 있다.

① 현장의 요인과 결합하여 방호수단을 깨뜨린다는 데는 의심의 여지가 없다. 많은 경우에 조건은 방호수단이 약하거나 결여된 형태로 '존재'한다.

---

212 J. Reason, *The Human Contribution: Unsafe Acts, Accidents and Heroic Recoveries*, Ashgate, 2008, p. 138.

② 작업장과 조직 내부에 상주하는 '병원체'는 사건이 발생하기 '전'에 찾아내어 제거할 수 있다.
③ 현장 촉발요인과 불안전행동은 예측하기 어렵고 일부 가까운 요인은 방어하는 것이 거의 불가능하다(예컨대 망각, 부주의 등).

따라서 조건에 내재하는 한계에도 불구하고 조건을 선제적으로 찾아내어 제거하는 것은 시스템의 '체력'을 개선하는 데 최선의 길을 제공한다. 그러나 이것은 계속적인 과정이어야 한다. 하나의 문제가 처리되고 있을 때, 다른 문제들이 그 자리에서 갑자기 나타날 것이다. 안전 전쟁에서 최종적인 승리는 없다.

조건이 어디에나 존재한다는 사실이 그것을 파악하여 시정할 관리자 측의 의무를 감소시키는 것은 아니다. 조직의 '활력 징후'를 일상적으로 체크하는 것은 관리자 측이 응당 해야 하는 일이다. 그것은 안전을 위한 것만은 아니며 건전한 비즈니스이기도 하다.

5. 조직사고의 발전 단계

불안전행동이 방아쇠 역할을 하는 조직사고에서 그 원인의 경계선을 어디에서 그어야 할까? 조직의 영역에서? 제조사에서? 규제자에서? 이들 여러 기여요인들을 형성한 사회적 요인도 원인에 해당하는가? 멀리 떨어져 있는 모든 영향요인이 최근의 사고 조사에서 검토되고 있다. 이론적으로 보면, 다양한 인과관계 연쇄를 추적하다 보면 빅뱅까지 갈 수 있다. 그렇다면 조직사고 분석의 중지 규칙(stop rule)은 무엇일까? 즉 조직사고 분석을 어디에서 중지해야 할까?

시간과 인과관계는 끊긴 데가 없기 때문에, 자연적으로 존재하는 중단점은 없고 인위적으로 적용된 중단점만이 있을 뿐이다. 사고 분석자도 역사가와 마찬가지로 자원과 신뢰할 만한 증거의 이용 가능성에 한계가 있다. 법적 책임 문제를 차치한다면, 사고 조사는 두 가지 주된 이유 때문에 이루어진다. 무슨 일이 발생했는지를 분명히 하는 것과 향후에 발생할 유사사고의 방지이다. 이 두 가지 목적을 충족하려면 분석 범위를 사고 관계자, 특히 시스템 관리자들이 합리적으로 보아 얼마간의 컨트롤을 행사할 것으로 예상되는 것으로 한정하는 것이 필요하다.

조직의 통제 가능성에 한계가 있다는 점과 사고 자체로부터 멀어질수록 관련 정보의 양이나 신뢰도가 나빠지기 마련이라는 점 때문에, 사고 인과관계 모델은 당연히 해당 조직의 관리(통제)가 가능한 범위로 국한하여 적용되는 것이 일반적이다. 기술적으로 복잡한 조직은 다른 조직과 항상 밀접한 관계를 가진다는 점도 인정되어야 한다. 기술적으로 복잡한 항공시스템을 예로 들면 항공회사, 공항당국, 정비회사, 항공기 제조사, 항공관제기관, 규제기관, 노동조합, 민간서비스기관, 정부부처, 국제항공운송협회(International Air Transport Association: IATA), ICAO와 같은 국제기구가 있고, 이들 모두가 조직사고에 뭔가 역할을 할 수 있는 부분을 가지고 있다.

경제적 · 사회적 결합은 시스템 관리자의 권한 밖이다. 그들의 입장에서는 그런 문제는 주어진 것이어서 변경할 수 없다. 조직의 주된 관심사는 바꿀 수 있고 통제할 수 있는 것에 있다. 사고 인과관계 모델의 유용성 그것을 적용할 때 시스템 안전을 얼마나 향상시킬 수 있는가에 의해서만 판단될 수 있다.

6. 사고 수사와 사고 조사의 차이

1) 대책의 폭과 깊이

사고 수사[213]는 형사처벌[214]을 목적으로 하고 있는 관계로 자칫하면 누군가에게 심각한 피해를 초래하는 일이 발생할 수 있다. 이 점을 감안하여 형사처벌에 대해 예컨대 법률에 정해져 있지 않은 행위는 처벌할 수 없는 것, 발생한 결과와 상당인과관계에 있는 요인 외에는 원인으로 인정되지 않는 것, 범죄사실의 인정은 법관으로 하여금 합리적인 의심을 할 여지가 없

---

213 조직 내에서는 책임 추궁을 목적으로 하는 사고 원인 조사가 이에 해당한다고 할 수 있다.

214 조직 내에서는 징계가 이에 해당한다고 할 수 있다.

을 정도의 확신을 가지게 하는 증명력을 가진 엄격한 증거에 의하여야 한다는 것 등이 브레이크 장치로 갖춰져 있다. 그 결과 형사적 책임은 사고를 둘러싼 다양한 책임 중에서 책임범위가 가장 좁다.

그러나 사고 조사는 재발 방지에 기여하는 대책의 수립이 목적으로 되어 있으므로, 그 목적에 근접할 가능성이 있다고 인정되면 모든 것을 원인, 대책으로 채택할 수 있다. 경우에 따라서는 그 사고의 원인이라고 생각되지 않는 요인이라 하더라도 동종·유사사고를 방지하기 위하여 유효하다고 판단되면 대책에 포함하는 것이 가능하다. 물론 법령 등에 규정되어 있지 않은 사항에 대해서도 문제점을 도출하고 이를 개선하기 위한 대책을 제안하는 것이 가능하다.

2) 대상의 폭과 깊이

최근의 사고를 보면 고도의 과학기술이 사용되고 있는 등 복잡한 요인이 서로 얽힌 결과로 사고가 발생하는 것이 지적되고 있고, 그와 같은 경우 사고의 당사자로서 관련된 사람들뿐만 아니라 그 사람들의 집합체인 조직에 문제가 있는 경우도 적지 않다.

그 같은 경우 재발 방지를 생각할 때에는 조직의 문제를 다루지 않으면 안 된다는 점은 명백하다. 그러나 형법은 사고와 연관된 개인들에 대해서는 적용되지만, 조직에 대해 형사책임을 묻는 것과는 잘 조화되지 않는다. 형사법에서 법 적용의 인적 범위를 확대해 왔지만, 어떤 특정 개인을 처벌한다는 속성을 벗어나기는 쉽지 않다. 각종 행정형법(중대재해처벌법을 포함한다)에 마련되어 있는 양벌규정 역시 사실상 개인의 법 위반 여부에 초점이 맞추어져 있고 조직 자체의 문제에 대한 책임을 추궁하는 성질은 미약하다. 그렇다 보니 수사의 경우 그 대상은 자연히 개인에 한정되거나 집중되어 버리고, 조직에 문제가 있는지를 밝히는 것은 소홀히 취급되거나 매우 어려운 일이 된다. 즉, 개인의 책임으로 돌릴 수 없는 구조적 요인들이 뒷전으로 밀려날 가능성이 높다. 그런데 구조적 요인을 해결해야 재발을 막을 수 있고 많은 교훈을 도출할 수 있는데, 개인만 찾아 처벌하려다 보면 중요한 문제를 놓칠 수 있다.

개인의 경우에도 사회적·조직적으로 더 큰 책임이 있는 사람일수록 형사법정에서는 면책될 가능성이 높다. 형사법에서는 합리적 의심의 여지가 없을 정도로 확실하게 입증된 경우에만 처벌을 할 수 있는데, 고위 책임자일수록 입증을 하는 것이 쉽지 않기 때문이다. 대형참사에서 고위관계자들이 줄줄이 무죄를 받고 현장의 실무자들 중심으로 처벌되는 일이 흔한 이유이다.[215]

사고 수사 위주의 사건 처리는 실질적인 문제 해결보다는 특정인을 처벌함으로써 논란을 조기에 종식시키고 자신들의 책임을 벗어나려는 정치권과 행정기관이 애용하는 방식이기도 하다. 대중의 분노에 부응하는 겉모습을 띠지만 재발 방지와는 거리가 멀다는 점에서 포퓰리즘적인 성격도 가지고 있다.

3) 증거의 취급

사고 수사와 사고 조사의 과정에서 수집된 사실은 증거로서 보전된다. 그러나 사고 수사에서는 형사소송법 제47조(소송서류의 비공개)에 의해 기소 후에 공판에서 제출된 증거 이외의 증거는 비공개로 되어 있다. 즉, 검찰이 생각하는 스토리에서 벗어난 증거는 햇빛을 보지 못하고 없어지고 만다. 그리고 재판에서 판단을 위한 자료들은 심리 과정에서 현출된 것들로 한정된다.

그러나 사고 조사에 의해 수집된 증거는 비공개를 전제로 하여 청취된 진술 등의 일부 정보를 제외하고는 사회와 공유하는 것을 원칙으로 하기 때문에, 필요한 때 장래의 사고 방지에 이용하는 것이 가능하다.

4) 증언의 취급

지금까지의 세 가지는 사고 조사의 우위성을 나타내는 것이지만, 사고 수사 쪽이 우위에 있는 것도 있다. 증언의 취급이 그것이다.

---

215 모든 관심이 사고 수사와 형사처벌에 집중되어 있는 상태에서 무죄가 나오게 되면 사회적으로 공허감이 매우 클 수 있고, 형사적 책임 외의 다른 법적 책임이나 사회적·행정적·도의적 책임이나 조직 내 징계책임도 없는 것으로 연결되곤 한다. 조직 내에서도 책임 추궁에만 집중하게 되면, 책임 추궁할 만한 사람이 없는 것으로 결론이 날 경우 사고로부터 아무런 교훈도 얻지 못하고 학습도 할 수 없게 된다.

사고 수사에 있어서는 일정한 요건을 충족하면 증언을 강제하는 것이 가능하다. 그리고 허위 증언을 한 경우에는 그것에 대해 죄를 묻는 것도 가능하다. 따라서 관계자는 본인이 좋든 싫든 증언을 하는 것이 강제된다(물론 묵비권은 보장된다).

한편, 사고 조사에서의 증언은 그것에 응할지 여부는 원칙적으로 임의이고, 허위의 증언을 한 경우에도 그것에 대해 죄를 묻는 것은 불가능하다. 즉, 증언의 신빙성에서 사고 수사가 사고 조사를 상회한다고 할 수 있다. 많은 경우 사고의 전모를 밝히기 위해서는 관계자의 증언이 중요한 위상을 차지하므로, 이 점은 사고 수사에 우위성이 있다고 해도 무방할 것이다.

5) 사고 수사와 사고 조사의 관계

사고 수사와 사고 조사는 각각 고유의 목적을 가지고 있어 어느 하나가 다른 것으로 대체될 수 있는 관계가 아니라 상호 보완적 관계여야 한다. 어느 하나에만 집중하는 것은 다른 것의 위축이나 기능부전으로 이어질 수 있다. 특히, 우리 사회는 그간 사고 수사를 통한 형사처벌(책임 추궁)에 과도하게 의존해 왔다.

사고 수사에 사회적 관심과 자원이 집중될수록 사고 조사에 기울이는 관심과 투입할 자원은 부족해지고, 그 결과 사고 조사가 저해되는 문제가 발생할 수 있다. 이러한 상태가 고착화되면, 우리 사회의 역량이 형사처벌 회피에 집중되고 안전보건의 수준은 답보 상태에 빠지거나 역주행할 수 있다.

참고 | 유죄와 무죄에 대하여

세간의 상식이라고 말할 수 있는 "진실을 밝히는 것이 재판의 목적이다."는 오해에 대해 설명하고자 한다. 이 오해는 물론 여러 이유가 있지만, 여기에서는 간단하게 재판의 결과인 '유죄/무죄'라는 것에 대해 생각해 보자.

표의문자인 한자의 인상으로 판단하면, 유죄는 '죄가 있는 것', 무죄는 '죄가 없는 것(=결백)'으로 이해되지만, 애당초 이러한 이해는 잘못이다. 물론 한자로부터 받는 인상에서는 무죄는 '결백'이라고 파악하는 것이 자연스럽다. 즉, 그 사람이 그 죄를 범했을 가능성은 0%라는 인상이 된다. '무죄'라는 판결이 사회에서

(계속)

는 '아무런 잘못 없음'으로 해석되기 십상이다.[216] 반대로 유죄는 '100% 범인'을 연상시킨다.

올바른 이해를 위해서는 이들 언어에 대응하는 영어표현을 생각해 보면 알기 쉬울 것이다. 영어에서 유죄는 guilty, 무죄는 not guilty이다. 직역하면 유죄와 비(非)유죄이다. 이렇게 되면, 유죄는 우리말의 어감과 다름없이 '100% 범인'이지만, 비유죄가 '100% 범인은 아닌 그 밖의 모든 상태'가 되고, 무죄라는 말과는 상당히 인상이 달라진다.

"의심스러울 때는 피고인의 이익으로"라는 형사법의 원칙이 있다. 이 말은 '의심스러운' 수준의 증거(=회색 증거)에 대해서는 피고인에 유리하게 작용하도록 생각해야 한다는 의미이다. 환언하면, '어떻게 생각하더라도 명백히 범인'인 증거가 아니면 벌할 수 없다는 의미이다. 따라서 100% 범인만이 유죄가 되고, 99% 범인~0% 범인은 비유죄, 우리말로 말하면 무죄가 되는 것이다.

왜 이러한 일견 불합리한 제도로 되어 있을까? 이것은 사람이 사람을 심판하는 이상, 잘못은 피할 수 없다고 하는 전제가 있기 때문이다. 재판의 잘못에는 간단히 말하면 진범인을 무죄로 하고 마는 잘못과 범인이 아닌 사람을 유죄로 하고 마는 잘못이라는 두 종류가 있는데, 이 중 후자의 잘못(=무고한 죄)은 결코 일어나서는 안 된다고 생각하고 이것을 회피하기 위하여 전자의 잘못이 일어날 가능성을 허용한다는 사상이다.

검정 등의 테스트를 예로 들면, 0점만이 불합격이고 그것 이상은 모두 합격이라는 접근방법이라고 생각하면 알기 쉬울 것이다. 이런 방식이라면, 본래 합격으로 처리해야 할 사람을 불합격으로 처리할 가능성을 최대한 적게 할 수 있다.

실은 재판이라는 제도는 제한적 효과밖에는 가지고 있지 않다는 점을 유죄·무죄의 관점에서 이해할 필요가 있다. "재판을 하면 진실이 명백해진다."는 생각이 오해라는 것을 확인해 두고자 한다.

7. 휴먼에러의 연구 진전과 중대사고와의 관계

휴먼에러 연구의 역사는 인적 요인을 다루는 학문의 역사 그 자체라고 생각해도 무방할 것이다. 중요한 것은 휴먼에러에 대한 접근방법의 전환은 모두 사고가 관련되어 있다는 점이다. 휴먼에러의 연구는 사고를 방지하기 위해서인데, 그 연구의 진화도 사고의 영향을 많이 받아왔다. 지금까지의 연구로는 해명하거나 대처할 수 없는 사고가 새로운 휴먼에러 평가기법을 낳게 되기 때문이다.

216 형사적 책임 외의 다른 법적 책임, 징계책임, 나아가 정치적·사회적 책임에서도 면책되는 것으로 생각될 수 있다.

특히 다음 2개의 원자력발전소 사고는 휴먼에러를 논하는 데 있어 빼놓을 수 없는 사고이다. 그 하나는 1979년 3월에 미국 스리마일 섬의 원자력발전소 2호로(TMI-2)에서 발생한 사고이다. 이 사고에서는 인간의 잘못된 행위·판단 또는 간과 등 여러 요인이 중첩된 것에 의해 원자로의 노심이 파괴되었다. 이 사고 이후 휴먼에러를 인간의 내면에서 접근하는 한편, 그 발생과정을 다각적으로 분석하려는 흐름이 생겨났다. 많은 휴먼에러 분석·평가기법, 인적 신뢰성 평가기법이 이 사고를 계기로 출범한 위원회 활동 등을 통해 탄생되었다.

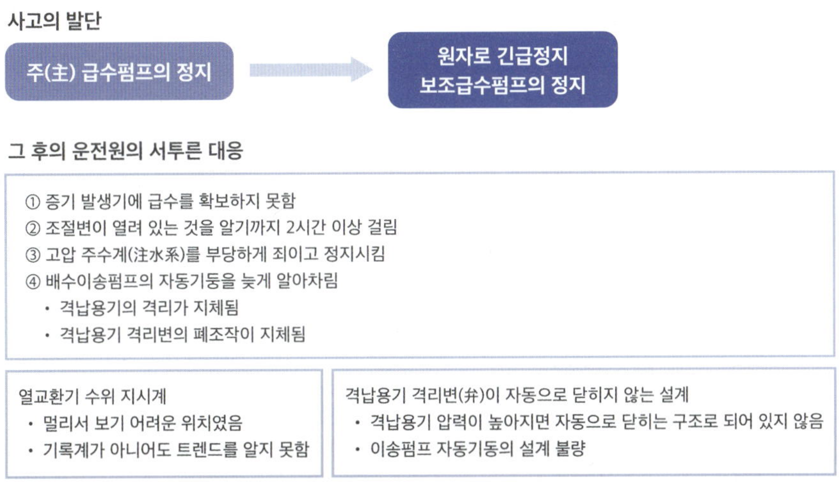

그림 10-2 스리마일 섬 원자력발전소 사고의 문제점

- 원자로시설의 기기, 제어계통 등을 중요도로 구분할 수 있도록 함
- 휴먼에러를 고려한 설계로 제어반을 변경함
- 운전원의 교육훈련을 강화하고 운전원의 자격검정제도가 도입됨 등

그림 10-3 스리마일 섬 원자력발전소 사고의 문제점

또 하나는 1986년 4월에 발생한 체르노빌 원자력발전소 사고이다. 이 사고는 발전기 실험이 한창 진행되던 중에 원자로가 폭주하고 원자로와 시설이 파괴되면서 그때까지 예상하지 못했던 최악의 대참사가 되었다. 이 사고의 원인은 작업자의 규칙위반, 가동불능상태에서의 운전 등 유례가 드문 휴먼에러의 조합이라고 전해지고 있다. 이 사고를 계기로 휴먼에러 연구에 대한 수요가 보다 높아지는 한편, 실제 휴먼에러 연구가 국제적으로 성행하게 되었다. 나아가 휴먼에러 예방을 포함한 안전에 관한 조직의 풍토 · 의식을 향상시키기 위한 안전문화 등의 조직론 연구도 활발하게 이루어지게 되었다.

인간

- 운전원이 위험한 수치의 중요성을 이해하지 못함
- 제어 곤란한 상황에서의 실험 계속을 결정함
- 실험에 참가한 전기기술자의 경험이 일천하고 안전에 대한 지식이 부족함
- 그 전기기술자는 실험 수행이 노심에 영향을 미친다는 것을 이해하지 못함

설비

- 위험한 수치를 간단히 확인할 수 없는 구조
- 긴급정지 시의 제어봉 삽입에 시간이 걸리는 시스템

조직관리

- 원자로 특성에 대한 교육이 불충분
- 훈련용 시뮬레이터가 없었음
- 이번 실험이 실패하면 다음 기회는 1년 후였음
- 상하관계 우선으로 상사에 대해 의견을 말하는 것이 어려웠음
- 위험성을 보이는 전조가 있었는데 대책을 취하지 않음
- 실험의 안전 확보가 불충분
- 조직 간 조직 내의 정보 연계가 미흡

그림 10-4 체르노빌 원자력발전소 사고의 문제점

- 안전성에 관련된 잠재적 위험성에 대한 교육훈련의 철저
- 인간의 부담 경감, 위험을 알게 하는 관점에서의 인간·기계 인터페이스 설계
- 안전 확보를 손상시키는 지시·명령에 따르지 않는 풍토 조성
- 잠재적 위험성을 방지하기 위한 규칙·설비의 정비
- 정보 공개의 중요성 등

그림 10-5 체르노빌 원자력발전소 사고로부터의 교훈

원자력발전소에 발생한 이 두 가지 큰 사고뿐만 아니라 항공기, 철도 등의 사고를 통해서도 인적 요인과 안전의 관련성, 휴먼에러 방지에 대한 검토 등이 적극적으로 이루어지게 되었다. 1994년 4월에 일본 나고야 공항에서 발생한 중화항공기의 사고는 착륙을 의도한 조종사와 복행(Go Around)[217] 모드로 설정된 자동제어시스템이 기체에 각각 다른 명령을 내린 것에 의한 사고이다. 이 사고 이후 인간과 자동화의 문제(인간 중심의 자동화 등)가 보다 클로즈업되어 논의하게 되었다.

이와 같이 중대사고가 새로운 인적 요인 과제를 제기하고, 이에 따라 연구가 진전된다고 하는 도식이 있다. 이 때문에, 휴먼에러를 포함한 인적 요인 연구의 필요성을 중대사고 건수의 증가와 연계시켜 설명하는 경우가 자주 있다. 그러나 본래는 사고를 억제했다고 하는 성과를 가지고 인적 요인 연구의 중요성을 논해야 한다고 생각한다. 사고는 많은 교훈을 준다. 이들의 교훈을 어떻게 장래에 도움이 되도록 할 것인가가 휴먼에러 접근방법에서 가장 중요한 사항이라고 할 수 있다.

217 항공기가 여러 요인으로 인해 정상적인 착륙이 불가능하다고 여겨질 때 조종사의 판단에 따라 다시 이륙하는 상황을 말한다.

8. 사고 조사 및 보고의 바람직한 모습

1) 사고 조사

많은 조직이 중요하게 내거는 목표는 중대사고(재해) 발생건수를 제로로 하는 것이다. 그런데 중대사고 분석만으로는 장래의 사고를 방지하는 데 필요한 정보를 충분히 얻을 수 없다. 장래의 중대사고를 방지하려면, 경미한 재해, 아차사고까지를 분석 · 평가하고 이에 대한 방지대책을 강구해 나가는 것이 필요하다. 휴먼에러에 관해서도 발생한 사고의 대소에 관계없이(중대사고든 경미한 재해든 아차사고든) 그것의 유발요인인 PSF를 분석 · 평가하는 것이 필요하다.

사고 결과의 중대성에 따라 조사에 소요되는 비용, 품에도 차이가 난다. 따라서 분석에 이용되는 정보량에 차이가 나는 것은 부정할 수 없다. 이 점을 감안하여 사고의 결과가 작은 경우에 어떻게 효과적으로 유효한 정보를 얻을 것인가를 생각할 필요가 있다. 사고의 규모가 작을수록 발생건수가 많은 것은 자명하다. 그것들을 어떻게 효과적으로 활용할 것인지가 결과적으로 중대사고를 방지하는 것으로 이어질 수 있다. 사고의 크기가 작아 다행이라고 생각하는 것에 그쳐서는 안 되고, 이것으로부터도 교훈을 얻어 재해를 방지하는 데 활용하는 데까지 나가야 한다.

사고의 내용은 매우 다양하다. 사고 조사로부터 방지대책 실시까지의 프로세스와 관련된 활동의 양(조사에 관한 연인원, 시간, 경비 등의 총량이라는 의미)은 사고가 미친 손해의 크기, 즉 결과의 중대성에 비례하는 경향이 있다. 즉 사망사고가 발생한 경우가 가장 장기의 조사가 되고 상세한 점까지 보고된다. 한편, 아차사고처럼 결과적으로 아무런 것도 발생하지 않은 경우는 단순한 사고 보고로 끝나는 경우가 대부분이다. 중대재해는 상세하게 조사 · 분석하는 것이 일반적이지만, 아차사고 사례는 그 발생건수가 많으므로 이것을 중대재해와 동일한 정도로 조사 · 분석하는 것은 그 조직의 본래의 업무에 큰 지장을 초래하게 될 수 있으므로, 필요최소한의 조사로 실시하는 것이 바람직하다. 다만, 경미한 재해, 아차사고라도 중대사고로 진전될 가능성이 명백한 경우 등에는 상세한 조사가 필요하다. 이와 같이 사고에 관한 조사는 그 결과의 중대성을 하나의 기준으로 하여 조사의 상세 정도가 대략 결정된다.

사람이 사망하거나 다친 경우에는 그 조직, 개인에 대해 경찰 등의 조사가 이루어지고 형사책임이 발생할 수도 있다. 경찰 등의 조사 목적은 사고의 책임 소재를 밝히는 것이다. 물론 사고의 원인도 조사되지만, 그것은 책임을 추궁하기 위한 것이다. 거기에는 직접적으로 사고의 재발 방지는 물론 장래의 안전을 위한다는 목적은 없는 것이 현실이다.

경찰 등에 의한 조사, 즉 책임 추궁을 목적으로 한 조사는 엄밀히 말하면 '사고수사'라고 하지만, 실무에서는 '사고 조사'라고 불리기도 한다. 이것이 혼란을 초래하고 있다. 사고에 대해 경찰 등은 책임 추궁에 집중하더라도, 당사자인 기업은 책임 추궁보다는 장래의 안전의 향상, 즉 사고 방지를 위한 사고 조사에 중점을 둘 필요가 있다. 그러나 경찰 등이 실시하는 사고 조사만으로 조사를 끝내는 경우가 있다. 이와 같은 조사에서는 (책임 추궁과는 관계없다고 판단되는) 사고의 배경, 잠재적 요인은 분석 대상에서 제외되는 것이 일반적이다. 그 결과 장래의 사고 방지를 위한 중요한 정보가 결락하고 적절한 사고 방지대책을 강구하는 것이 불가능하게 될 가능성이 높다.

나아가, 이와 같은 책임 추궁을 의도한 조사가 결과가 중대한 사고뿐만 아니라 중대하지 않은 사고에 대해서도 행해지는 경우가 있다. 이 같은 조사에서는 휴먼에러에 대한 검토는 제대로 이루어질 수 없다. 이러한 조사는 원인 분석보다는 '범인 찾기'가 될 가능성이 크다. 누가 에러를 일으켰는가라는 범인 찾기가 사고 조사의 목적이 되어 버리면, '휴먼에러의 원인 = 휴먼에러를 일으킨 사람'이라는 도식이 되고, 대책은 당사자가 다음부터 "조심하자.", "주의를 기울이자."라는 것으로 그치게 된다. 이런 식으로는 휴먼에러를 해결할 수 없다.

휴먼에러를 방지하기 위해서는 휴먼에러의 요인인 PSF를 다각적으로 포착하고, 그것을 분석 · 평가해야 한다. 이를 위해서는 먼저 조직이 휴먼에러를 '관리'한다는 생각으로 임하는 것이 필요하다. 조직 전체적으로 휴먼에러에 대처하기 위해서는 어떤 체제로 임해야 하는지를 인식하고 활동을 전개하지 않는 한 적확한 정보수집이 이루어지지 않고, 그 결과 효과적인 대책도 강구할 수 없게 된다. 휴먼에러에 관한 다양한 정보를 수집할 수 없으면 휴먼에러 분석 · 평가기법으로 충분한 결과를 얻는 것이 불가능하기 때문이다.

참고 | 사고 조사를 바라보는 새로운 시각[218]

호주의 Human Factors 전문가인 데커(Sidney Dekker)는 사고가 어떻게 유발되는지를 이해하려면 당해 사고에 관련된 사람들의 관점에서 상황을 보아야 한다고 주장한다. 그는 터널을 예로 들어 설명한다. 밖에서 보이는 터널을 묘사해 보자. 한쪽 끝에는 사고 직전의 사람이 있고, 다른 쪽 끝에는 사고의 여파가 있다. 당신의 관점에서 볼 때, 사고의 시작점에 있는 사람, 그 사람이 저질렀을 법한 에러 및 그 결과를 제외하고는, 사고에 대한 모든 것이 터널 안에 숨겨져 있다. 이것이 멀리서 또는 높은 곳에서 시작과 끝만 보고 중간에 있는 것은 보지 못하는 사고 수사의 일반적인 관점이다. 이런 관점은 수많은 여러 경로를 통해 잘못된 결론에 도달할 수 있다.

우선, 나쁜 결과는 틀림없이 나쁜 행동에서 시작되었을 것이라고 가정할 수 있다. '무언가'가 잘못되었다면 틀림없이 '누군가'가 잘못했을 것이라고 말이다. 이렇게 결론을 내리면, 사고를 결말짓는 방법은 터널 바깥에 서서 안전매뉴얼을 제시하고 마치 과거로 돌아갈 수 있는 것처럼 이미 발생한 일에 규칙과 절차를 강제하는 것이다.

또는 당사자가 사고를 피할 수 있었을 모든 방법을 열거할 수도 있다. 각각이 사실인 것처럼 말이다. 예를 들면, 어떤 사람이 사망한 원인에 대해 그가 다른 방법으로 했을 수도 있었을 텐데라거나 관리자가 더 신경 써서 사망자를 지도하거나 지켜볼 수도 있었을 텐데라고 말하는 것이다. 우리는 왜 그가 "아"라고 해야 했을 때 "어"라고 했는지를 묻기 위해 이미 발생한 일을 통해 거꾸로 진행하곤 한다. 이런 접근방법의 문제는 일어났더라면 좋았을 일에만 집중하느라 실제로 일어났던 일에 대해서는 아무것도 알게 되지 못한다는 점이다.

데커는 "되돌아보는 외부자의 입장을 취하는 것의 문제는 그렇게 해서는 어떤 것도 설명할 수 없다는 점이다."라고 언급했다. 그는 "그런 시점에서 당신이 할 수 있는 것이라고는 (당신의 결과에 대한 지식을 가정하여) 당신이 지금 보기에 매우 중요하다고 생각하는 것을 누군가가 당시에 알지 못했던 것에 대해 그를 재단하는 것이다."고 말했다.

이 중 어느 것도 사고 자체를 이해하는 데는 도움이 되지 않는다.

데커는 대신에 터널 안에 들어가서 그 안에 있는 사람의 관점에서 사고를 바라보라고 권한다. 외부나 후지혜(後智慧)의 시각에서가 아니라 터널 안에서 사고가 어떻게 전개되었는지를 볼 수 있다면, 누군가의 의사결정이 왜 당시에 그에게 합리적이었는지를 보다 쉽게 이해할 수 있을 것이다.

---

218 J. Singer, *There Are No Accidents: The Deadly Rise of Injury and Disaster-Who Profits and Who Pays the Price*, Simon & Schuster, 2022, pp. 129~130.

2) 사고 보고의 체제

사고가 발생하였을 때 먼저 당사자가 보고를 하는 것이 기본이다. 이 경우 담당자란 휴먼에러 사건에서는 에러를 일으킨 사람이 되고, 사고 보고라는 관점에서 말하면 사고 발생 시에 사고에 가장 직접적으로 맞닥뜨리는 위치에 있는 사람이다.

(1) 사고 발생 시

사고가 발생한 경우의 전달 · 보고는 먼저 구두로 현장의 다른 작업자, 책임자에게 이루어지고, 나아가 사내 안전관리부서에도 이루어진다. 사고가 심각하거나 심각해질 수 있는 경우는 보다 광범위한 사람에게 연락된다. 이와 같은 사고 발생 시의 긴급연락체제에서는 보다 신속하게 그리고 누락 없이 전달 · 보고되도록 하는 것이 사고의 확대를 방지하는 것으로 이어진다. 이 경우 얼마나 신속하게 최소의 피해로 수습하게 할 것인지가 중요하다. 일단은 사고를 수습하는 것이 당면 목표이기 때문에 직접원인을 중심으로 조사하는 것이 중심이 된다. 예를 들면, 어딘가에서 엉뚱한 장치를 기동시킨 것이라면 무엇을 기동시켰는지를 조사하고 바로 그 장치를 원래의 상태로 복원시켜야 하기 때문이다. 이와 같은 사고 발생 시의 대응에서는 평상시의 훈련, 긴급 시 시뮬레이션 등을 어떻게 준비해 왔는지가 하나의 관건이 된다. 그리고 팀의 연계도 중요하다.

(2) 사고 수습 후

사고가 수습된 후에도 사고 보고가 이루어진다. 이 경우는 사고 발생 원인에 대한 조사 결과가 주된 내용이 된다. 이것은 사고 수습 후의 보고 목적이 장래의 사고 방지에 있기 때문이다.

그러나 실제 사고 보고서의 보고체제는 이와 같은 목적을 충분히 의식하고 있다고 말할 수 없는 경우가 적지 않다. 구체적으로 보고체제에서 많이 발견되는 문제점을 제시하면, ① 분석의 폭이 좁고 깊이가 얕다, ② 수립된 대책의 근거가 부족하다(안이한 대책을 수립한다), ③ 책임 추궁을 의도하고 있는 경우가 많다, ④ 휴먼에러 발생 시의 (작업)상황 등에 대한 기재가 부족하다, ⑤ 보고자가 기재한 내용에 대해 책임자가 면밀한 검토를 하지 않는다 등이 있다. 이와 같은 경향은 사고가 경미한 경우에 특히 현저하다. 이 같은 경우 보고서에는 사고 발생

경위를 중심으로 기재되어 있고, 요인에 대한 면밀한 분석이 미흡하며 요인의 단서가 될 정보가 상세히 기재되어 있지 않다. 그리고 대책은 앞으로 작업자들에게 충분히 주의를 기울이도록 한다는 식의 내용에 그치거나 사고 관련 정보를 현장에 잘 전달한다는 내용 중심으로 흐르며, 사고의 원인을 기초로 한 대책 검토는 불충분하게 이루어지는 경향이 있다.

이 때문에 사고 사례는 몇 백 개가 되는데도 사고 예방에 거의 활용이 되지 않고 서류를 보관하는 데 머물고 있다. 이와 같이 되는 원인은

- 경미한 재해, 아차사고의 조사·분석의 의미, 중요성을 충분히 알고 있지 못함
- 수집된 사고 사례를 종합적으로 분석하는 방법을 모름
- 사고 발생 사례를 경시함

등을 생각할 수 있다.

경미한 재해, 아차사고의 원인을 상세하게 분석하는 것이 장래의 중대사고 등의 방지에 도움이 된다는 것은 많은 현장에서 인식되고 있다. 그러나 도움이 되기 위하여 어떠한 분석을 하면 좋을는지를 알지 못한 채 단지 수집만 하는 경우도 적지 않다. 그리고 분석방법을 모르기 때문에 어떠한 정보가 필요한지 판단하지 못하고 보고자에게만 맡기고, 대책도 보고자의 반성과 같은 것으로 귀착되어 버리고 있다. 이와 같은 보고로는 장래의 사고 방지에 도움이 되지 않을 것이라는 점은 쉽게 상상할 수 있다.

그러면 어떤 보고체제로 하는 것이 바람직할까. 그것은 휴먼에러 분석 · 평가방법을 적용할 수 있는 정보가 수집되도록 하는 것이다. 이를 위해서는 먼저 보고서의 작성을 사고 당사자에게만 맡길 것이 아니라 안전관리 부서가 많이 관여하는 것으로 바꿀 필요가 있다. 단, 이것은 안전관리 스태프가 휴먼에러 분석 · 평가방법을 알고 있고, 어떠한 정보를 수집해야 하는지에 대한 지견을 가지고 있는 것이 전제조건이다. 즉 안전관리 스태프가 PSF에 대한 지식을 갖고 있고 PSF를 개선하는 방안이 장래의 사고, 휴먼에러 방지로 이어질 수 있다고 하는 휴먼에러 분석의 기본 자세를 습득하고 있는 것이 필요하다.

이를 위해서는 안전관리 스태프가 사고의 상황 등을 파악하기 위해 스스로 현장에 들어가 조사하고 사고에 이른 경위는 물론 간접 · 잠재요인을 검토하는 데 필요하다고 생각되는 여러

정보를 수집해 나갈 필요가 있다. 이들 정보를 보고서로서 정리하여 기록하는 것이 일차적으로 요구되는 사항이다.

그리고 이 조사결과를 관련된 부서뿐만 아니라 조직 내 모든 부서에 수평 전개하는 것이 중요하다. 이때 사고의 내용을 중심으로 작성하면 우리 부서와는 관계없다고 판단해 버릴 우려가 있다. PSF에 중점을 두고 각각의 PSF가 자신의 부서에도 내재되어 있는 것은 아닌지, 개선해야 할 상태에 있지 않은지를 생각하도록 정보의 표현에 대해서도 궁리를 하는 것이 사고의 방지 효과를 보다 높일 수 있다.

이 수집한 결과를 토대로 PSF를 분석 · 평가하고 직접요인뿐만 아니라 간접 · 잠재요인에 이르기까지 추출하는 것이 바람직하다. 이렇게 함으로써 수립된 대책의 효과성도 평가할 수 있다.

각 사례의 요인을 기록함으로써 각 조직에서의 사고 경향을 PSF의 건수에 따라 보는 것이 가능하다. 어떤 PSF에 의한 사고가 많다는 것을 다음 연도의 계획 수립에도 활용할 수 있다. 이 기록은 어떤 의미에서는 각 조직에서의 휴먼에러라고 하는 질병에 대한 진료기록카드라고도 말할 수 있다. 감기라고 하더라도 여러 원인이 있는 것처럼 휴먼에러도 조직에 따라 그 특징은 여러 가지이다. 동일한 업종에서도 조직이 다르면 경향도 다르다. 사고 보고서는 모든 분석 · 평가의 시작이다. 여기에서 얼마나 다양한 정보를 수집하고 있는지, 기재되어 있는지에 따라 휴먼에러 활동의 질이 결정된다고 해도 과언이 아니다. 그리고 각 사고를 개별적으로 분석 · 평가할 뿐만 아니라 통계적인 평가도 실시함으로써 자신의 부서 · 조직의 현상을 알 수 있게 된다. 이 같은 광범위한 이용을 상정한 보고서, 보고체제를 구축하는 것이 필요하다.

제11장

인적 신뢰성 분석

제11장

인적 신뢰성 분석

신뢰할 수 있는 이용 가능한 시스템에서 필요로 하는 인간의 행동이 성공할 확률을 인적 신뢰성(human reliability)이라고 한다. 간단히 말하면, 어떤 작업에서 휴먼에러가 발생하지 않을 확률이다. 이 인적 신뢰성을 산출하는 기법이 인적 신뢰성 분석기법이다.

1. 확률론적 안전성 평가

여기에서는 시스템의 안전성을 평가하는 대표적인 기법을 소개한다. 시스템의 안전성을 해당 시스템이 정상적으로 기능하는 기대치(확률)로서 산출하고 그 수치를 평가하는 접근 방법을 확률론적 안전성 평가(Probabilistic Safety Assessment: PSA)라고 한다. 이 대표적인 기법이 FTA(Fault Tree Analysis, 결함나무 분석), ETA(Event Tree Analysis, 사건나무 분석), FMEA[Failure Mode and Effects Analysis, 고장모드(형태) 영향 분석], FMECA[Failure Mode, Effects and Criticality Analysis, 고장모드 영향 및 위험도(치명도) 분석]이다.

1) FTA

(1) FTA의 특징

FTA는 원래 재해 조사를 위해서가 아니라 미국 공군에서 대륙간탄도미사일의 잠재적인 문제점을 분석하고 그 시스템의 안전성을 예측 · 평가하기 위해 개발된 것이다. 그 특징은 시스템의 신뢰성과 특성에 영향을 미치는 요인으로서, 시스템의 구성요소와 환경조건에 추가하여 인적 요인도 분석조건으로 한다는 점에 있다.

이 FTA 기법에 의해 재해 요인 분석을 하면 재해에 관계되는 요인의 누락이 적어지고, 연역적으로 진행되어 요인 간의 지배조건이 명확하게 되는 등의 장점이 있다고 말해지고 있지만, 실제로 FTA가 효과를 발휘하는 것은 이미 발생한 재해의 재발방지대책을 어떻게 결정할 것인가와 시스템의 재해를 상정하고 그 안전도를 분석 · 평가하는 경우이다.

FTA는 시스템 고장의 원인이 되는 사건군(事件群)을 "그 사건이 발생하려면 무엇이 필요한가"라는 생각으로 '결과로부터 원인으로'라는 흐름(top down)으로 분석하는 기법이다. 1962년에 벨(Bell) 연구소의 와트슨(H. A. Watson)에 의해 그 원형이 개발되었고, 현재는 시스템 분석에서 가장 많이 알려져 있다.

(2) 재해 분석과 FTA

FTA의 목표는 본래 재해의 발생 가능성을 확률적으로 수치로서 평가하는 것에 있으므로, FTA의 절차에는 기계부품의 고장률, 인간의 작업행동의 에러율 등의 데이터를 수집하고, 작성한 결함나무(fault tree) 그림에 재해의 발생확률을 수식화하여 기입하며, 수학적으로 처리하기 쉽게 하는 등이 필요하다. 그러나 이들 데이터를 충분히 얻을 수 있는 경우가 적기 때문에, FTA를 수학적으로 실시하는 것은 매우 곤란하다.

따라서 FTA 기법은 재해 원인 분석과 대책 검토에 응용되어, 분석해야 할 재해의 원인 및 원인 상호 간의 관련을 도식화하여 추적하고, 이것을 토대로 안전대책을 정성적으로 검토하는 것에 활용되는 경우가 많다.

(3) 결함나무의 작성

재해를 정상사건(top event)이라고 하고, 그 정상사건의 발생원인을 수목(樹木) 모양으로 전개시켜 나가는 식으로 그림을 그린다. 이 수목 모양으로 표현된 그림을 결함나무라고 한다.

결함나무를 작성하는 절차는 그림 11-1과 같다. 먼저, 분석하려고 하는 재해를 정상사건으로 최상단에 기재하고, 그 밑의 단에 그 재해의 직접원인이 되는 불량상태, 작업자 에러(결함사건이라고 부른다)을 나란히 기재하며, 정상사건과의 사이를 게이트(gate)로 연결한다.

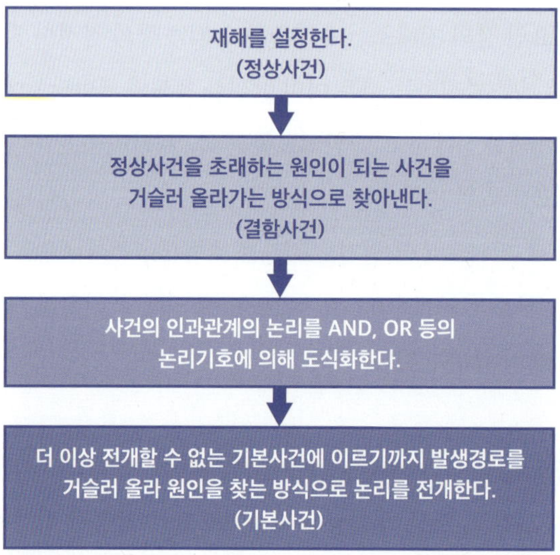

그림 11-1 결함나무 전개도

다음으로, 2단째인 각각의 결함사건의 직접원인이 되는 결함사건을 각각 3단째에 기재하고, 2단째와의 사이를 게이트로 연결한다. 이런 식으로 위에서 아래로 순차적으로 상세하게 원인이 되는 사건을 써 내려가면 수목(樹木) 형태가 되므로 나무라고 부른다.

이와 같이 순차적으로 상정되는 원인을 분해해 가면, 그것 이상으로 세분화할 수 없다고 생각되는 기본요인(기본사건)에 도달한다. 이 FTA의 논리 전개에는 사건기호와 논리기호가 표 11-1 및 표 11-2와 같이 정해져 있다.

조선소의 비계에서 추락하는 사고를 예로 들어 결함나무로 전개한 것이 그림 11-2이다.

표 11-1 사건기호

기호	기호의 의미	
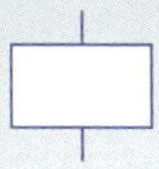	결함사건	기본사건 등의 조합에 의해 발생하는 결함사건을 나타내고, 논리기호의 입력 또는 출력이 된다.
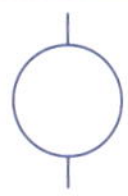	기본사건	원인을 이것 이상으로 찾는 것이 불가능하거나 무의미한 기본적인 결함사건

표 11-2 논리기호

기호	기호의 의미	
	AND 게이트	모든 입력사건이 공존하는 경우에만 출력사건이 발생한다. 논리적인 관계는 논리곱으로서 A·B=X이다.
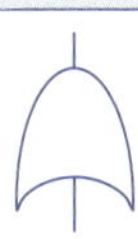	OR 게이트	입력사건 중 적어도 어느 1개가 발생하면 출력사건 X가 발생한다. 논리적인 관계는 A+B=X이다.
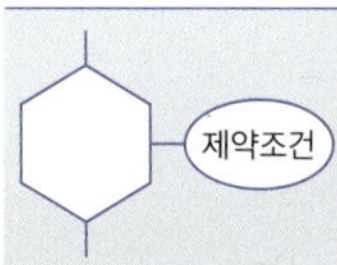	제약 게이트	입력사건이 발생하고 제약조건이 충족되면 출력사건이 발생한다.

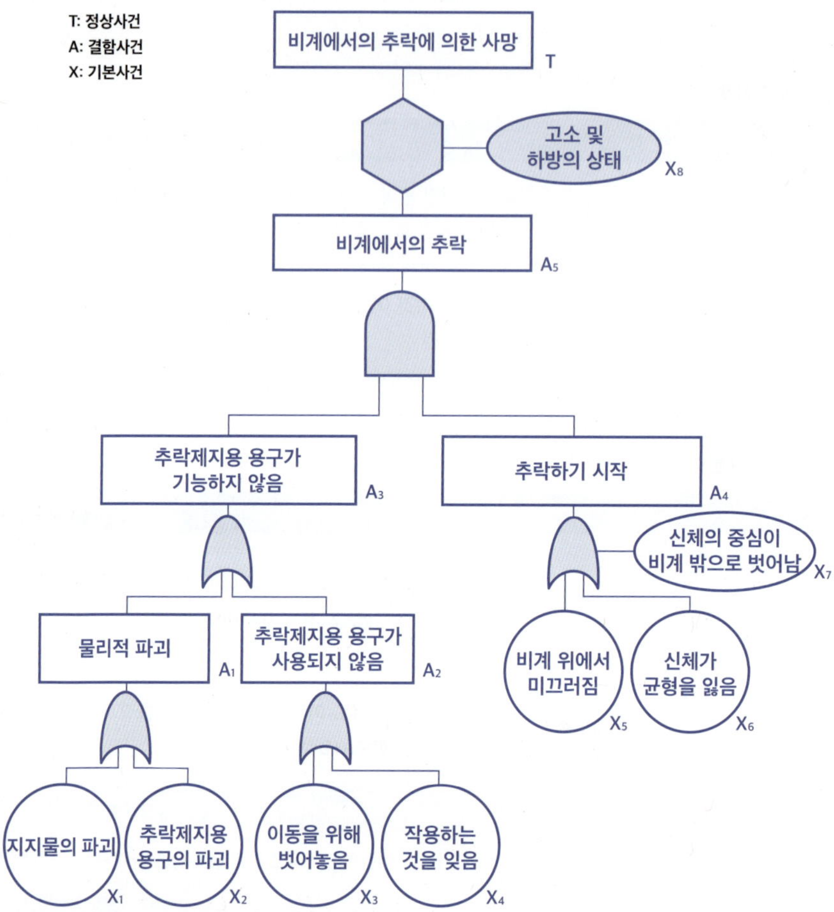

그림 11-2 조선소 비계에서의 추락재해의 결함나무

(4) 나무의 간략화

FT를 통해 전개하면, 그림 11-3의 예와 같이 되지만, 실제로는 안전성을 검토할 때에는 가급적 간략화하는 것이 바람직하다.

그림 11-3은 모든 사건이 OR(어느 하나의 사건이 존재하면 출력사건이 발생)로 연결되어 있는 경우의 간략도이고, 그림 11-4는 모든 사건이 AND(모든 입력사건이 공존할 때에 출력사건이 발생한다)로 연결되어 있는 경우의 간략도이다.

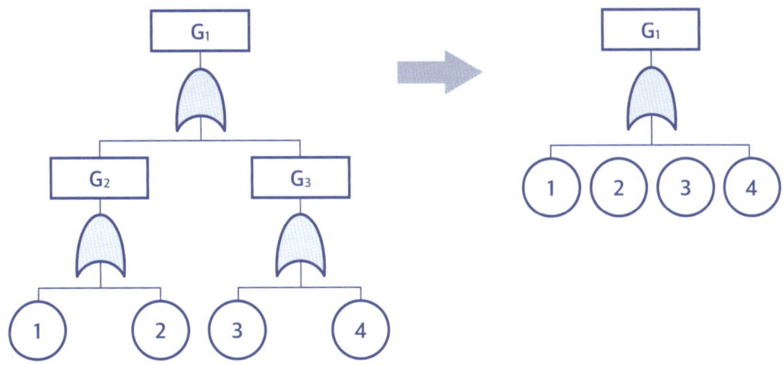

그림 11-3 OR만 있는 경우의 간략도

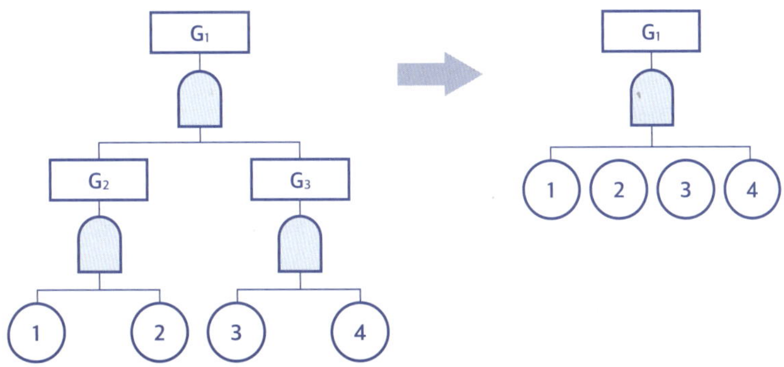

그림 11-4 AND만 있는 경우의 간략도

(5) 재해의 발생확률

각 사건은 논리기호를 통해 그 원인이 되는 하위사건과 연결되며, 기본사건에 도달할 때까지 그려진다. 이들 기본사건의 발생확률을 사용하여 결함나무에 표현된 각 사건 간의 논리구조로부터 정상사건의 발생확률을 산출한다.

그림 11-5의 결함나무 그림을 통해 살펴보면, 사건 G_1은 기본사건 ① 및 ②의 논리곱으로 나타나 있으므로, ① 및 ②가 동시에 존재할 때만 발생하고, 그 발생확률은 $PG_1 = P_{①} \cdot P_{②}$가

된다.

사건 G_2는 기본사건 ③과 ④의 논리합으로 나타나 있으므로, 그 발생확률은 $PG_2 = P_{③} + P_{④}$가 되고, 정상사건의 발생확률은 $PG_3 = PG_1 \cdot PG_2 = P_{①} \cdot P_{②} (P_{③} + P_{④})$가 되므로 이론상으로 확률이 구해진다.

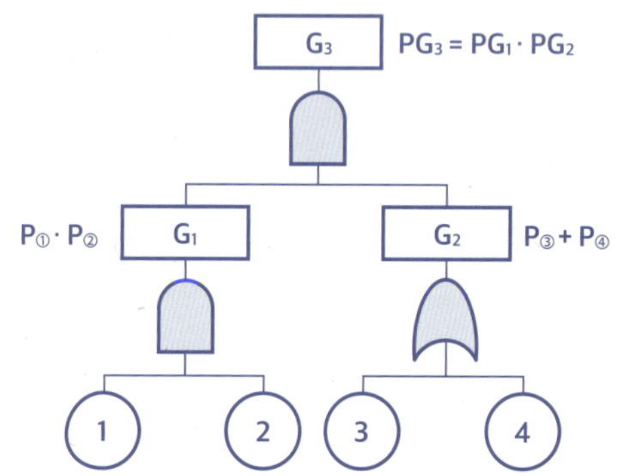

그림 11-5 결함나무의 정상사건의 발생확률

그러나 산업재해에 관해서는 사람은 재해의 요인이 되기도 하고, 반대로 재해를 억제하는 작용도 하므로, 작업행동의 확률적 데이터가 일률적이지 않은 등 실제로 확률 계산을 하는 데에는 어려움이 있다.

결함나무에 의한 분석은 열거한 원인사건과 정상사건을 논리기호로 연결시키고, 이것을 반복함으로써 기계 · 설비, 작업공정, 작업행동 등 기본요인까지 파악하는 것이 가능하므로, 재해 원인을 간과하는 경우가 적어진다.

그리고 이 분석에 의해 요인이 상세하게 되므로, 그 요인을 뒤집은 대책을 강구함으로써 재해의 발생을 억제하는 것이 가능하다.

그림 11-6은 터널 화재의 결함나무인데, 그림 11-7은 이것을 뒤바꾸어(AND와 OR의 교체) 대책으로 변화시킨 예이다.

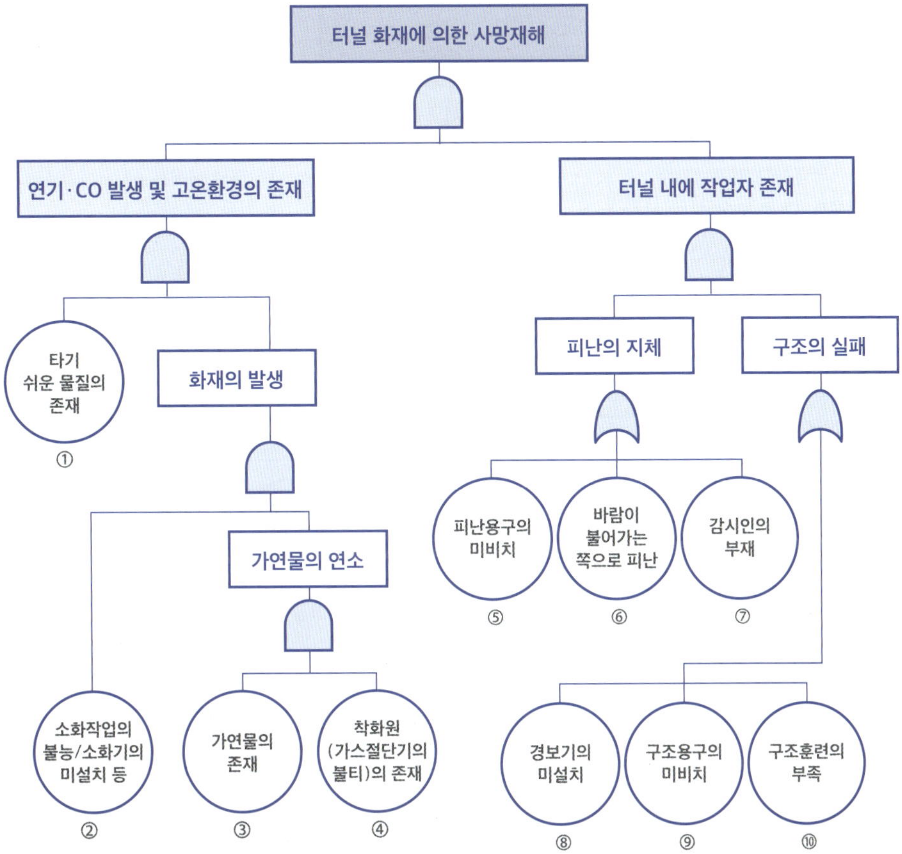

그림 11-6 터널 화재의 결함나무도

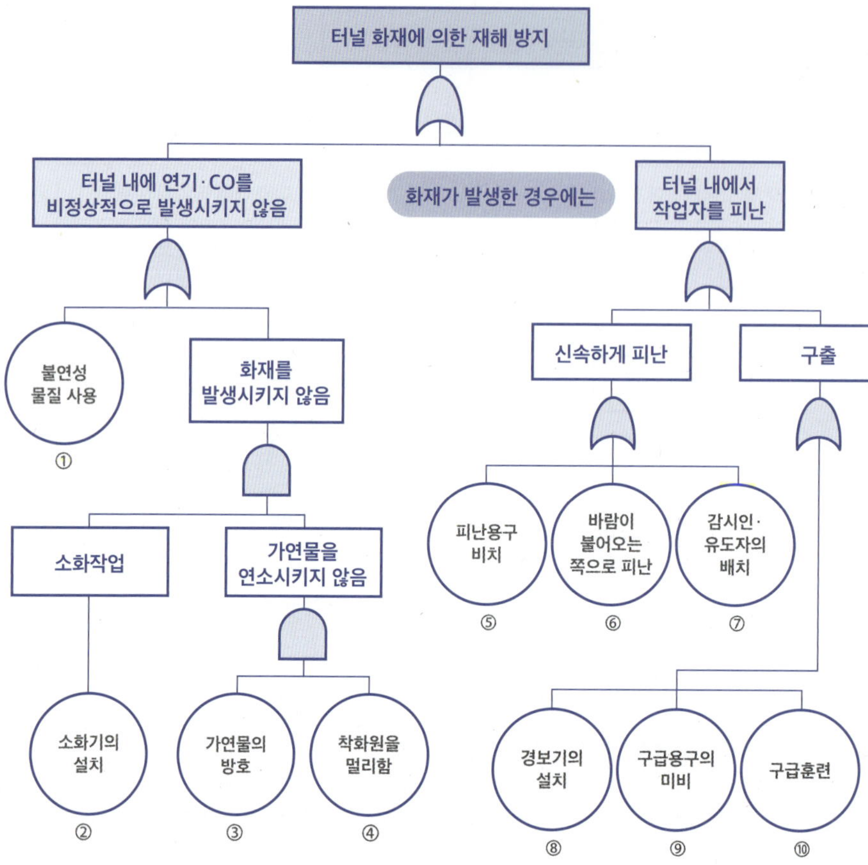

그림 11-7 터널 화재의 방지

2) ETA

(1) ETA의 특징

ETA는 시스템 내의 요소의 신뢰도를 이용하여 시스템 전체의 신뢰도를 나타내는 시스템 모델이다. 기능적 기법으로서 정량적인 분석도 가능하다.

FTA가 결과로서의 재해를 설정하고, 그것으로부터 재해 원인 분석으로 나아가는 것에 반해, ETA는 분석의 방향이 완전히 반대이고, 초기사건으로부터 최종적인 결과에 이르기까지의 각 단계에 존재하는 문제점을 분석하는 기법이다. 즉, ETA는 재해의 발단이 되는 것(입력 사건)이 초기사건으로 시스템에 들어온 경우에 그 영향으로 잇달아 어떤 부적합이 사건으로 발전해 가는지 그 과정을 수목의 가지가 갈라지는 식으로 추적하여 분석하는 것이다.

시스템 내 각 요소의 상태(예: 성공/실패)별로 분기(分岐)되어 가고, 순차적으로 다음 요소로 연결되며, 마지막으로 시스템의 상태를 나타내는 출력에 도달하는 선(線) 그림으로 표현된다. 이 선 그림을 사건나무(event tree)라고 부른다.

(2) 사건나무의 절차

분석은 '원인으로부터 결과로'라는 흐름(bottom up)으로 이루어진다. 즉 고장원인이 되고 있는 사건으로부터 시작하여, 시간적 경과에 따라 그 사건이 어떤 식으로 파급되며, 마지막으로 어떤(바람직하거나 바람직하지 않은) 결과에 도달하는지를 분석한다. 작성되는 그림은 왼쪽에서 오른쪽으로 전개되고 가지를 펼쳐나간다. 분기(分岐)마다의 발생확률을 알면, 그것들의 곱과 합에 의해 시스템이 바람직하지 않은 상태로 될 확률을 구하는 것이 가능하다.

분석작업의 최초는 재해의 유인(誘因)이 되는 바람직하지 않은 초기사건, 즉 시스템을 구성하는 요소의 고장, 시스템 자체의 작동 불량, 인적 요인(조작 미스 등) 등을 정하고, 그다음으로 초기사건이 발생할 경우에 대비하여 설계에 채용되어 있는 안전조치의 기능 상황(경보기, 안전장치, 작업자의 판단 등)에 대한 분석을 한다.

기본적인 전개도는 그림 11-8과 같이 초기사건을 그림의 좌측에 기재하고, 논리의 전개 결과를 우측을 향해 기재해 가는 것이다. 그리고 그림의 상부에 사건, 안전장치의 작동, 대응조치 등을 시계열적으로 기재한다. 대응조치가 정상적이거나 적절한지 여부는 YES, NO 방식으로 그림 속에 위(Success: S)와 아래(Failure: F)로 나누어 기재해 가므로 비교적 알기 쉽다.

(3) 전개 예시

ETA에 의해 구체적으로 전개한 예가 그림 11-9이다. 실제 작업에서는 안전장치의 작동확률, 작업자의 행동확률을 정하기 어려우므로, 최종적으로 발생확률로 제시하는 것은 곤란하다.

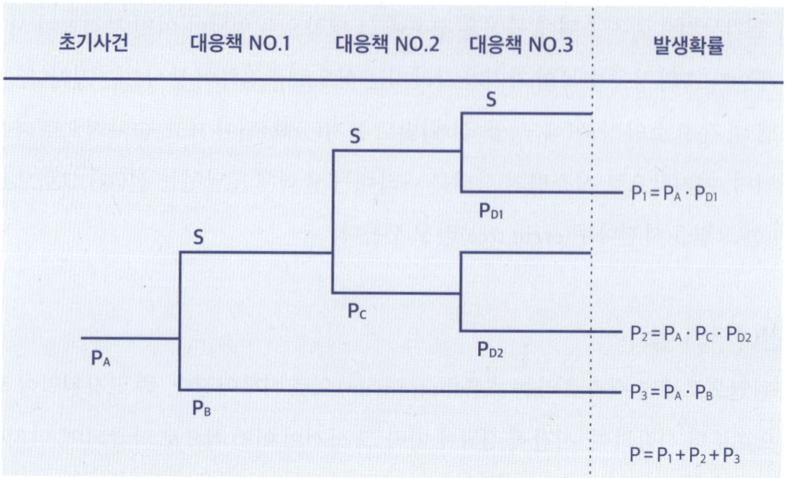

S : 정상적으로 작동 또는 조작
F : 오작동 또는 오조작
P_A : 초기 사건의 바람직하지 않은 사고의 유인이 되는 사건·행동의 발생확률
P_B : 대응책 NO.1 의 오작동·부적절 행동의 발생확률
P_C : 대응책 NO.2의 오작동·부적절 행동의 발생확률
P_{D1}, P_{D2} : 대응책 NO.3의 오작동·부적절 행동의 발생확률

그림 11-8 ETA에 의한 전개도

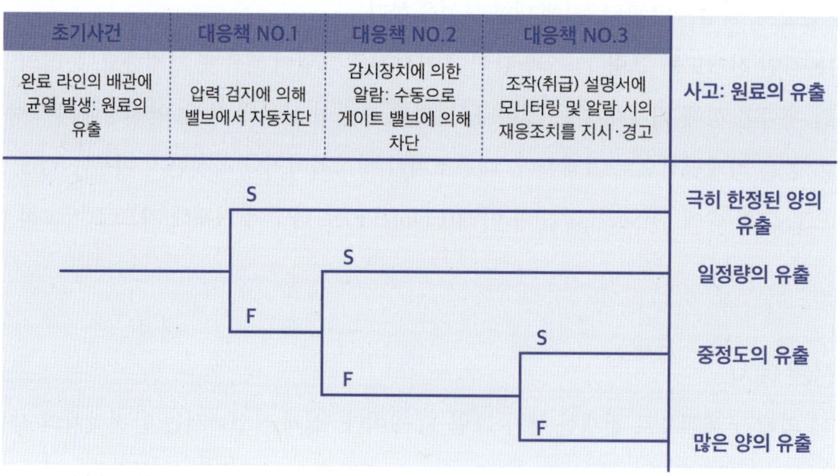

S : 정상적으로 작동 또는 조작
F : 오작동 또는 오조작

그림 11-9 ETA에 의한 전개(예)

3) FMEA·FMECA

FMEA는 시스템을 구성하는 요소 또는 서브시스템이 고장났을 때에 그 고장에 의해 시스템의 기능 장해, 조작상의 장해 등에 어떠한 영향을 미치는지를 정성적으로 분석하고 그 영향을 평가하여 등급부여를 하는 기법이다. 부품 등의 하위에 위치하는 요소가 상위의 요소에 미치는 영향을 파악하는 방법(bottom up)으로 실시한다. 이 기법은 정성적인 인과관계를 밝혀 나가는 식으로 진행한다. 공정에 따라 행하는 경우는 공정 FMEA라고 한다.

미국 자동차협회가 개발하고 신뢰성 분석 분야에서 활용되어 온 기법이지만, 현재는 휴먼에러가 시스템에 미치는 영향, 소프트웨어의 에러가 시스템에 미치는 영향의 분석 등에도 활용되고 있다.

FMEA를 할 때에는 FMEA 표(그림 11-10)라고 불리는 것을 준비한다. 이 표에는 분석 대상인 시스템 또는 서브시스템의 다음 사항을 기재한다.

항목	기능	고장모드	고장원인	고장률	검출방법	영향 (위험도)	비고
냉각수 펌프 PV-01	냉각수의 순환	운전 정지	이물의 끼임	-	운전표시기	A	
			동력원의 상실		전류계		
		파손	장기사용에 의한 피로	-	유량계F101	B	
			부식				
		외부 누출	봉인 부분의 손상	-	운전표시기	C	
					전력계		

위험도 1. safe(A) 2. marginal(B) 3. unsafe(C)

고장률

분류	발생확률의 정도
A	매우 자주 발생
B	일어나기 쉬움
C	적당히 발생
D	별로 발생하지 않음
E	거의 발생하지 않음
F	매우 발생하기 어려움

그림 11-10 FMEA 표(고장이 시스템에 미치는 영향)의 예

- **항목**: 기기, 구성품, 부품
- **기능**: 항목에 요구되는 기능
- **고장모드**: 고장의 형태는 전기부품의 단락, 회로의 차단 등
- (상정되는) 고장원인
- **고장률**: 고장모드의 발생확률
- **(고장의) 검출방법**: 고장에 관한 정보를 알리는 장치 또는 그러한 고장을 보상하기 위한 구성[예비(back up)기의 존재 등]
- **영향(위험도)**: 인명(人命), 시스템에 미치는 영향을 기술한다. 분석결과를 일정한 기준과 대조하여 위험도의 등급을 매기는 경우도 있다.

이 FMEA에 추가하여 고장모드가 시스템에 미치는 영향을 고장등급으로서 정량적으로 평가하는 분석방법이 FMECA이다. 고장이 미치는 위험도가 고장의 영향도, 고장의 발생빈도 등의 함수로 주어져 정량적으로 분석할 수 있는 것이 특징으로 되어 있다.

2. 인적 신뢰성 분석·평가의 현재

인적 요인도 시스템 구성요소의 하나이다. 따라서 인적 요인에 관해서도 앞에서 설명한 시스템 신뢰성 분석기법에 의해 평가할 수 있고 인적 신뢰성을 도출할 수 있다. 실제 FTA의 기본사건에는 인적 사건이 있고 인적 신뢰성 분석을 포함하고 있다. 그러나 이것은 어디까지나 형식적인 의미밖에 없고, 현실적으로는 FTA, ETA로 인적 신뢰성을 정확하게 평가하는 것은 곤란하다.

인적 신뢰성을 평가하기 위해서는 다음과 같은 조건이 필요하다.

① 순서관계를 명기하고 평가할 수 있을 것

② 휴먼에러의 시나리오를 성공의 시나리오로부터 파생시키는 식으로 찾아 필요한 계산을 할 수 있도록 할 것

③ 요소적 행위로의 분해, 재통합의 구체적 모습을 명시할 수 있을 것

④ 신뢰성 계산에 필요한 정보를 신뢰성 모델 내에서 알기 쉽게 기술할 수 있을 것

인간의 행위는 작업이라는 흐름 속에서 진행되어 가기 때문에 행위의 순서가 분석상 필요 불가결하다. FTA에서는 이 순서의 표기를 하는 것이 불가능하다. ETA는 ①부터 ③까지의 조건은 충족시키지만, ④의 내용을 기술하기 위한 룰이 없다. 이 점을 고려하여 ETA를 기본으로 하여 ④의 내용을 반영한 인적 신뢰성 기법이 개발되어 있다.

인적 신뢰성 분석의 기본적인 흐름을 그림 11-11에 나타낸다. 인적 신뢰성 분석 기법에서는 매뉴얼 등 시스템에서 규정된 작업내용대로 작업이 수행될 확률을 구하는 것을 목적으로 하고 있고, 작업을 요소행위라고 불리는 단위작업으로 분할하고, 단위작업마다의 휴먼에러 확률을 토대로 작업 전체의 신뢰도를 구한다.

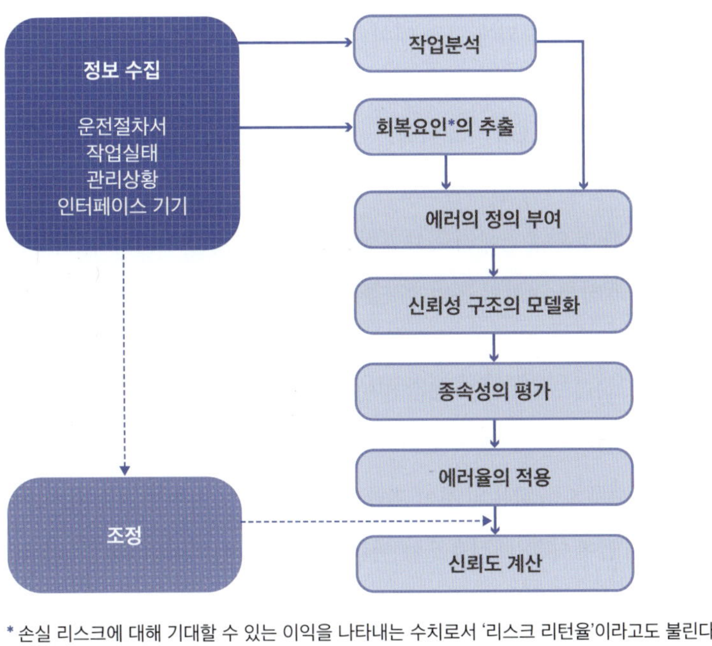

그림 11-11 **인적 신뢰성 분석의 절차**

단위작업마다의 휴먼에러 확률은 기본에러율(basic human error probability)이라고 불리는데, 데이터베이스에 축적된다. 단, 실제 분석에서는 단위작업 간의 관계성[종속성(dependence)이라고 한다]을 고려해야 한다. 예를 들면, 동종의 기기를 연속하여 조작하는 경우에 첫 번째의 조작에 성공하면 두 번째의 조작도 성공하기 쉬어진다는 관계성이다.

인적 신뢰성 분석기법으로는 THERP(Technique for Human Error Rate Prediction)가 유명하다. 이것은 스웨인(Alan D. Swain)에 의해 개발된 기법으로서 HRA(Human Reliability Analysis) 사건나무를 그리고 신뢰성 구조 모델을 작성한다. 이 구조 모델에 에러율 데이터를 대입함으로써 작업에서의 인적 신뢰도를 도출한다. 단, HRA 사건나무로는 그리는 가지가 너무 많아 완전한 나무를 그리는 것이 곤란한 점 등 실용상의 난점이 몇 가지 있다.

인적 신뢰성 분석기법에 의한 기본적 평가에서는 작업에 관한 여러 조건, 즉 시간 압박, 스트레스, 환경의 불비(不備), 기능의 부족과 같이 각 행위의 옳고 그름에 간접적으로 영향을 미치는 요인, 즉 PSF의 영향을 고려하고 있지 않다. 따라서 실제 작업에서의 신뢰도를 추정하기 위해서는 PSF를 평가 · 분석해야 한다.

한편, 기본에러율로서 수집되어 있는 데이터에도 신뢰할 수 없는 점이 있다. 실험 데이터는 실제로 존재하는 PSF가 없기(긴장감 등) 때문에, 실제보다도 에러율이 낮아질 가능성이 높아진다. 한편, 실제 데이터에서는 휴먼에러의 건수는 있어도 성공 수까지는 수집되어 있지 않다(성공 수는 너무 방대하여 현실적으로 수집하는 것은 어렵다). 게다가 실제의 휴먼에러는 그 자리에서 회복된 것은 휴먼에러로 보고되지 않는 경우가 대부분이다. 회복은 버튼을 잘못 눌렀지만 바로 수정하는 것처럼 휴먼에러를 복구하는 행위이다. 레스토랑을 나올 때 가방을 가지고 오는 것을 깜박 잊었지만 함께 있던 사람이 말을 해주어 가지고 나온 것 같은 행위도 회복이라고 할 수 있다. 깜박 잊은 에러가 발생했지만 무사히 끝났기 때문에, 휴먼에러였다는 인식이 되지 않고 휴먼에러로 보고되지 않는 경우가 많다. 이 때문에 실제의 휴먼에러 건수라고 생각하는 숫자에는 회복된 것이 포함되어 있지 않고 대부분 과소평가되어 있다.

이처럼 각 요소작업에 대한 에러율조차 여러 영향을 받은 데이터 외에는 수집할 수 없기 때문에, 각각의 데이터를 이용하여 어떤 작업의 인적 신뢰성을 평가하더라도, 이용한 데이터가 그 작업의 평가에 적절하였는가 하는 의문을 완전히 해소할 수 없다.

이 때문에 현재는 신뢰도라고 하는 확률에 의해 휴먼에러를 평가하는 것은 거의 이루어지고 있지 않다. 현재 인적 신뢰성 분석기법의 목적은 해당 작업에서의 인적 신뢰성의 구조를 분석하는 것으로서, 휴먼에러를 정성적인 관점에서 평가하는 것이 인적 신뢰성 분석기법의 주(主)가 되고 있다. 나아가 PSF에 대한 평가를 중심으로(확률이 아니라) 휴먼에러 발생 용이성이라고 하는 가능성을 평가하는 흐름으로 변하고 있다. 즉, 인적 신뢰성을 절대적으로 평가하는 것이 아니라 상대적으로 평가하도록 되어 있다. 상대적인 평가란 어떤 작업의 현상과 어떤 대책을 시행한 후를 비교하고, 그 대책의 휴먼에러 방지 효과를 평가하는 것이다.

이와 같이 현재는 인적 신뢰성이라고 하는 경우, 확률로서의 신뢰성이 아니라 휴먼에러의 발생 용이성을 정성적으로 평가한다는 의미로 사용되고 있고, 인적 신뢰성 평가의 중심은 신뢰도, 에러율이라고 하는 정량적 평가가 아니라 신뢰성을 좌우하는 요인(PSF)을 평가하는 연구로 이동하고 있다.

제12장

PSF에 의한 휴먼에러 분석

제12장

PSF에 의한 휴먼에러 분석

1. PSF(Performance Shaping Factors)

인간의 행동은 여러 요인의 결과이다. 행동에 이르는 흐름에는 여러 요인이 영향을 미친다. 이 같은 인간의 행동에 영향을 미치는 요인을 PSF(Performance Shaping Factors)라고 하며, 행동형성요인, 행동유발요인이라고 번역한다.

PSF는 휴먼에러 분석 분야에서 탄생했으며, 지금까지의 많은 PSF 연구가 휴먼에러에 관한 것이었다. 휴먼에러 발생을 억제하기 위해서는 휴먼에러의 유발요인인 PSF를 배제하거나 PSF로부터의 영향을 완화시켜야 한다. 이것이 휴먼에러 미연 방지의 기본이다. 따라서 PSF는 일반적으로 휴먼에러의 유발요인이라는 의미로 사용하고, 안전 분야에서는 나쁜 PSF를 대상으로 한다.

PSF는 원래 스웨인이 인적 신뢰성 평가(작업에 성공하는 신뢰도의 평가: 간단히 말하면 어떤 작업에서의 휴먼에러 발생 확률은 어느 정도인가를 측정한다)를 하기 위하여 제창한 것이다. 이를 위해 PSF라고 하면 휴먼에러의 요인이라고 자리매김되는데, 그 명칭대로 해석을 하면 휴먼에러뿐만 아니라 폭넓게 인간의 행동에 기여하는 요인이라고 이해할 수 있다. 즉, PSF에는 인간의 행동에 나쁜 영향을 주는 '나쁜 PSF'와 인간의 행동에 좋은 영향을 주는 '좋은 PSF'가 있다.

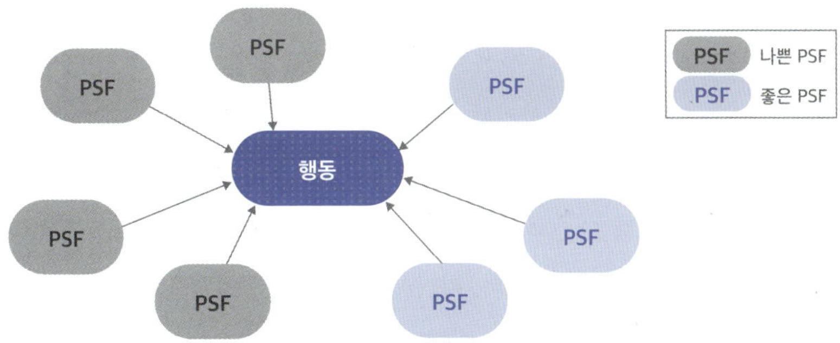

그림 12-1 PSF

인간과 기계의 조화를 도모하기 위해서는 나쁜 PSF을 가능한 한 배제하고 좋은 PSF를 늘려 나가는 것이 이상적이다. 그러나 나쁜 PSF를 모두 배제하는 것은 사실상 불가능하다(모든 것의 배제는 작업을 하지 않는 것을 의미하기 때문이다). 따라서 나쁜 PSF가 행동에 미치는 영향을 완화시키는 것, 즉 행동과의 관계성을 희박하게 하는 것이 안전에서의 중요한 과제이다.

한편, 좋은 PSF를 새롭게 추가시키는 것은 작업 자체의 내용을 변화시킬 우려가 있고, 이것으로 인해 다른 나쁜 PSF를 파생시키는 경우도 있어 안이하게 추가해서는 안 된다. 따라서 우선 현재 존재하는 좋은 PSF의 영향을 증폭시키는 것이 바람직하다고 할 수 있다.

전술한 대로 PSF의 주된 검토 대상은 나쁜 PSF이다. 나쁜 PSF의 개선이 정확하게 이루어지지 않은 채 좋은 PSF를 검토하더라도 그 효과는 그다지 기대할 수 없기 때문이다. 작업의 분석 등에서는 좋고 나쁨에 관계없이 모든 PSF를 추출한 후에, 먼저 나쁜 PSF의 개선을 행하고, 그 후 좋은 PSF에 관한 검토를 통해 사용성의 향상을 도모하는 것이 기본적인 흐름이 된다.

PSF 연구는 인적 요인 연구 그 자체라고 말할 수 있다. 그것은 PSF를 어떻게 관리해 나갈 것인가가 인간과 기계 · 시스템 등과의 관계를 결정하는 열쇠가 되기 때문이다. PSF는 매우 다양하고, 대상으로 하는 분야 · 시스템 · 제품 · 환경 등에 따라서도 변화한다.

PSF를 상세하게 추출하는 방법은 인적 신뢰성 분야에서 몇 가지가 개발되어 있다. 단, PSF를 분석하는 사람의 능력(경험, 지식을 포함한다)에 따라 추출되는 인자에 편향이 생길 수 있다. 이것은 분석자의 선입관, 사고방식, 지식 · 경험이 인자의 추출에 강하게 반영되기 때문이다. 따라서 작업내용에 밝은 자, 사용성 또는 휴먼에러 연구 경험이 있는 자, PSF 추출 경험이 있는 자와 같은 복수의 분석자를 포함하는 그룹에서 PSF 추출을 도모하는 것이 바람직하다.

PSF는 계층적인 구조를 가지고 있다. 즉 그림 12-2와 같이 행동에 PSF가 단순하게 연결되어 있는 것이 아니라, 그림 12-3과 같이 PSF 간에도 연관이 있으며, 이것들의 최종 지점에 인간의 행동(작업)이 존재하는 구조이다. 따라서 작업에 직접 영향을 미치는 PSF뿐만 아니라 간접적, 나아가 잠재적으로 인간 행동에 영향을 주는 PSF까지 망라하여 추출하지 않으면 PSF 분석이 정확하게 이루어질 수 없다.

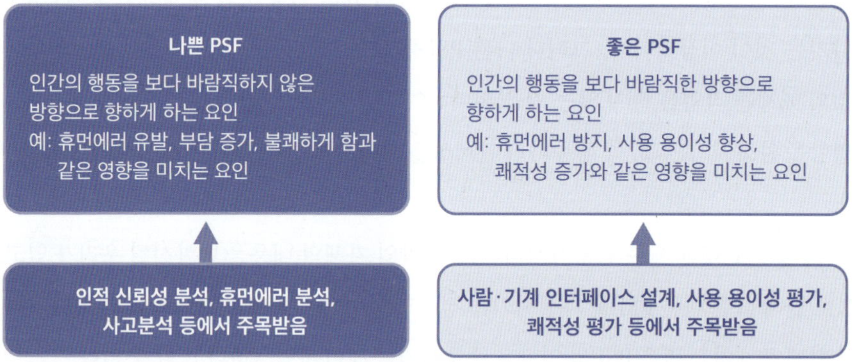

그림 12-2 좋은 PSF와 나쁜 PSF

인간의 행동은 다양한 PSF가 서로 얽혀서 나타난 결과로 파악되므로, 사용자가 바람직한 행동을 실행할 수 있도록 여러 PSF를 개선해 가는 것이 필요하다.

사용 용이성, 쾌적성, 휴먼에러 등을 포함한 종합적인 사용성을 생각할 때, 그 작업에서의 인간의 행동, 특히 인간의 정보처리 흐름을 고려하는 것은 매우 중요하다. 결과로서의 행동만을 관찰하는 것만으로는 표층적인 해결밖에 도모할 수 없다. 인간의 내면을 파악하고 분석하는 것을 통해 인간과 기계의 관계를 보다 잘 이해할 수 있다. 그리고 인간의 행동에만 주목하는 것이 아니라, 그것에 영향을 미치는 환경, 상황 등을 포함한 요인, 즉 PSF를 정확하게 추출하고 개선을 도모하는 것이 바람직하다.

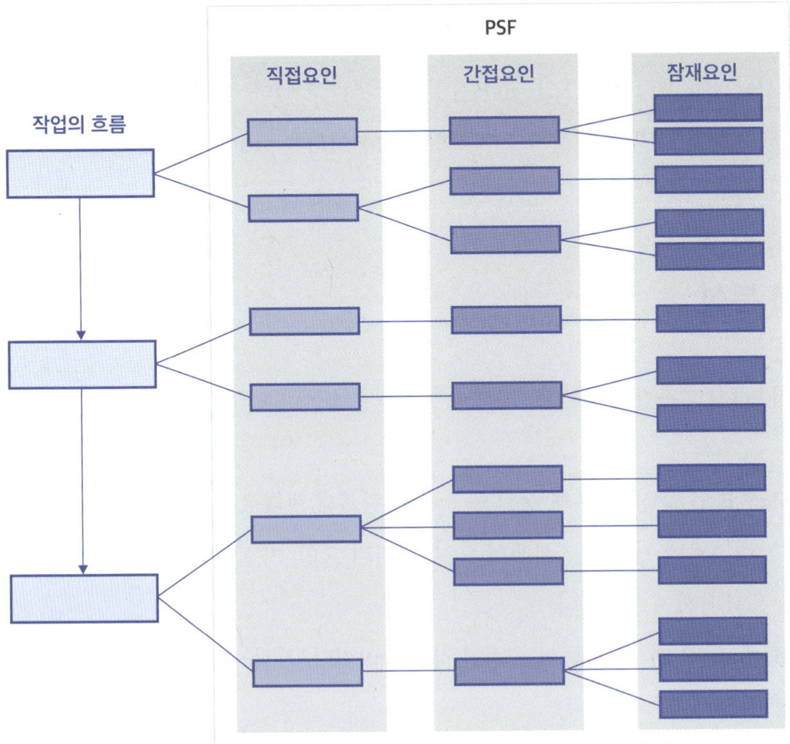

그림 12-3 PSF의 기본적 계층구조

2. 휴먼에러의 원인 분석

사고 · 재해 발생 시의 휴먼에러를 분석할 때는 휴먼에러 그 자체가 아니라 휴먼에러를 유발한 요인인 PSF를 분석하지 않고는 근본적인 대책을 강구할 수 없다. 즉, PSF를 정확히 추출하고 분석 · 평가하는 것을 통해 PSF를 개선하는 대책을 수립하는 것이 현재의 휴먼에러의 분석기법의 기본이 되고 있다.

그러나 사고 · 재해의 경위를 단순히 조사하는 것만으로는 PSF를 알 수 없다. 따라서 PSF 분석기법을 이용하여 휴먼에러의 원인이 된 PSF의 추출부터 이에 대한 대책의 제안까지 수행할 필요가 있다. 여기에서는 대표적인 PSF 분석기법을 소개한다.

아래에서 소개하는 분석기법들은 모두 휴먼에러의 원인 규명, 대책 수립에서 휴먼에러를 일으킨 사람만을 생각해서는 안 된다는 것을 강조하고 있다. 물론 휴먼에러를 일으킨 사람을 주목해야 하긴 하지만, 여러 요소의 복합적 작용이라는 사고방식으로 접근하는 것이 중요하다.

1) 4M 분석

4M 분석은 4M의 관점에서 사고 · 재해의 요인을 추출한다.

- Man: 본인 및 상사, 부하, 동료 등 작업에 뭔가의 형태로 관련되는 인간 모두를 가리킨다. 작업자에 관련되는 신체적 요인, 심리적 요인, 자질(성격 등), 기량(skill), 지식과 같은 내용까지 포함한다.
- Machine: 기계·설비 등의 물적인 것을 가리킨다. 사람·기계 인터페이스도 이것에 해당한다.
- Media: 취급설명서, 절차서 등의 매체·환경에 관련된 것으로 기계·설비의 사용방법을 포함하는 작업방법·절차, 작업정보 제공방법 그리고 팀 내의 커뮤니케이션(명령, 지시, 연락 등), 연계(지원, 확인 등) 등의 인적 환경, 물리적 환경 등을 포함한다.
- Management: 관리규정 등의 관리에 관련된 것으로 안전법규 등의 규제, 작업계획, 교육훈련 등을 포함한다.

이들 4M 요인으로부터 대책을 검토한다. 단, 이 방법은 사고 · 재해 사례 분석을 목적으로 한 것이어서 휴먼에러 자체가 요인 중에 들어가게 되면 휴먼에러 분석이 이루어지지 않은 채 종료될 가능성이 있다. 따라서 목적의식적으로 휴먼에러 분석이 이루어지도록 하기 위해서는 인적 요인(Man)에 대한 심층적 분석방법을 마련해 놓을 필요가 있다.

4M 모델은 다음의 M-SHELL 모델과 본질적으로 동일하다. Man은 중심의 Liveware-1, Machine은 Hardware, 그리고 Media 중 물리적 환경은 Environment, (Media 중) 인적 환경

은 주변의 Liveware-2, (Media 중) 작업은 Software에 해당한다. Management는 동일하다.

2) SHELL 분석

SHELL은 Software, Hardware, Environment, Liveware(작업자 본인과 다른 사람)라는 다섯 가지 요인으로 사고 · 재해에 관한 PSF를 분류하고 평가하는 방법이다.

- Software
- Hardware
- Environment
- Liveware-1
- Liveware-2

이것들에 Management 요소를 추가하여 M-SHELL 분석이라고 부르는 경우도 있다.

작업자인 인간을 중심에 놓고 요인 추출을 도모하기 때문에, 인적 요인의 관점을 강조한 모델이라고 할 수 있다. 단, 이 방법은 사고 · 재해 사례 분석을 목적으로 한 것이어서 휴먼에러 자체가 요인으로 분류되면 휴먼에러 분석이 이루어지지 않은 채 종료될 가능성이 있다. 따라서 휴먼에러 분석이 이루어지도록 하기 위해서는 목적의식적으로 인적 요인(Man)에 대한 심층적 분석방법을 마련해 놓을 필요가 있다.

3) 5Why 분석

5Why 분석은 사고(부적합사건)의 원인을 파악하기 위하여 그 사고의 발생을 기점으로 하여 '왜?'를 반복해 가는 기법으로서 주로 품질관리 분야에서 이용되고 있다. 5Why 분석에서는 '왜?'로 파생되어 나온 사건이 파생된 원인을, 또 '왜?'의 형태로 밝혀나간다. 이와 같이 몇 번이나 '왜?'를 반복해 가는 것으로 사고의 직접요인(1차 요인), 간접(배경)요인(2차 요인), 잠재요인(3차 요인)까지를 추출하는 것을 도모한다. '왜?'를 5회 정도는 계속해서 묻는 것으로 되어

있는데, 횟수에 구애받지 않고 근본요인에 도달할 때까지 분석하는 것이 중요하다.

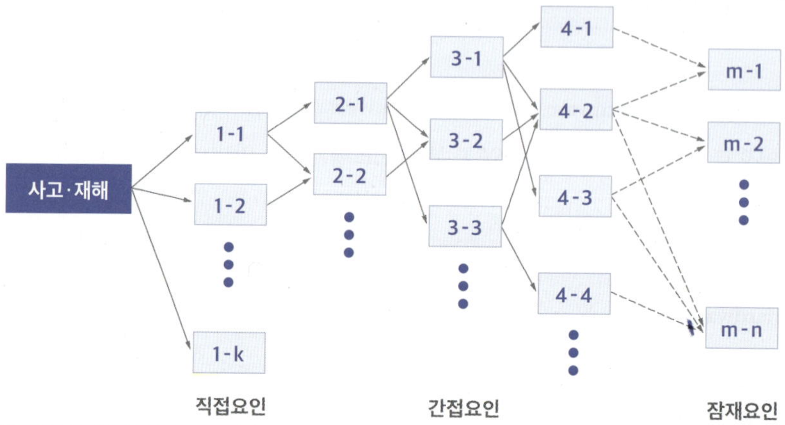

그림 12-4 5Why 분석

5Why 분석은 휴먼에러 사건을 분석하기 위한 기법은 아니다. 따라서 휴먼에러에 대해 적용하는 경우, 4M, SHELL 모델과 같은 것을 참고하지 않으면 편중된 분석결과가 될 뿐만 아니라 휴먼에러의 요인을 도출할 수 없게 될 수도 있다.

하나의 사고에서 휴먼에러가 반드시 한 개인 것만은 아니다. 이 경우 각각의 휴먼에러에 대해 5Why 분석을 해야 한다. 이때 각 휴먼에러의 시간적 관계도 중요하다. 따라서 그림 12-5와 같이 작업의 흐름과 휴먼에러 행위를 기재하고, 각각의 휴먼에러 행위에 대해 5Why 분석을 진행해 나가는 형식이 바람직하다.

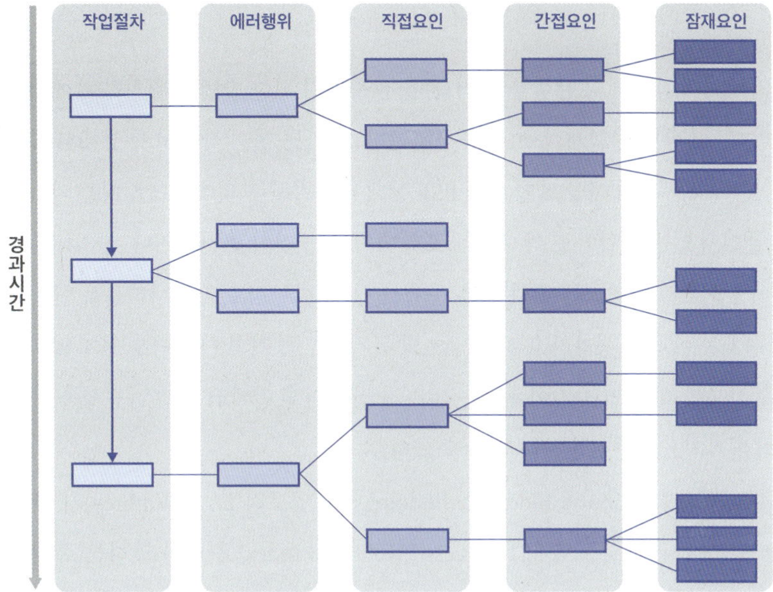

그림 12-5 휴먼에러 원인분석용 5Why 분석

3. PSF에 의한 휴먼에러 발생 가능성의 평가

PSF는 발생한 휴먼에러에 대해서는 '원인'으로 자리매김되지만, PSF의 본래의 의미는 '요인'이다. 따라서 '원인'으로 현재화(顯在化)한 PSF뿐만 아니라 폭넓게 휴먼에러의 유발요인으로서의 PSF를 평가하는 것이 휴먼에러의 미연 방지에 있어서는 중요하다.

먼저 과거의 사고 사례에서 얻어진 PSF를 정리하고, 이들 PSF가 현재 행해지고 있는 작업에서 어떠한 상태로 존재하고 있는지를 평가함으로써 각 작업의 (잠재적인) 휴먼에러 발생 가능성을 추정하는 것이 가능하다.

1) 에러율 평가법

어떤 작업에서의 휴먼에러 발생률(에러율)을 산출하기 위한 방법을 총칭하여 에러율 평가법이라고 한다. 이 방법은 크게 두 가지로 구분된다. 하나는 여러 작업의 특징, PSF를 비교평가하는 것, 또 하나는 분석 대상 작업 내의 PSF 상태를 평가하는 것이다. 단, 이들 기법은 에러율이 이미 알려져 있는 작업이 분석 대상에 포함되어 있는 것이 조건이거나, 작업내용에 따라서는 확률이 1을 초과해 버리는 것과 같은 문제가 있어, 현실적으로는 에러율을 산출하는 것이 어렵고, 현재는 에러율 평가라고 하는 당초의 목적으로는 거의 사용되고 있지 않다. 다만, 이 에러율을 산출할 때에 지표로 이용되는 값은 각 작업의 휴먼에러 발생 가능성을 나타내는데, 휴먼에러 평가지표로는 유용하다고 할 수 있다.

SLIM(Success Likelihood Index Methodology)은 엠브리(D. E. Embrey)가 개발한 기법으로서 다음과 같은 흐름으로 SLI(Success Likelihood Index) 값이라고 하는 휴먼에러 발생 가능성을 부여하는 지표를 도출한다.

먼저, 분석 대상 작업에서의 PSF를 선정한다. 다음으로, 각 PSF에 대해 이상값(가장 휴먼에러를 일으키기 어려운 상태)을 설정한다. 작업에서의 PSF 상태를 평가한 후 이상값과의 차이를 토대로 수정치로 변환한다. PSF마다 그 수정치에 각 PSF가 휴먼에러에 영향을 미치는 크기를 곱한 값을 구하고, 이들 값의 총합을 SLI 값으로 도출한다. 각 PSF가 휴먼에러에 영향을 미치는 크기는 분석자의 주관적 평가에 의해 정해진다. 이 SLI 값을 기초로 에러율을 산정하는 것이 SLIM의 절차이다. SLI 값은 휴먼에러 발생 가능성을 나타내는데, 그 값이 클수록 휴먼에러가 발생하기 쉽다고 평가할 수 있다. 단, SLIM은 동일한 PSF를 공유하는 작업 간을 비교평가하는 기법이므로, SLI 값은 절대적인 지표가 아니라 상대적인 비교로서 이용할 수밖에 없다. 따라서 어떤 작업에 대하여 개선대책을 수립한 경우 그 효과를 평가하는 것에 적용할 수 있다.[219]

---

219 D. E. Embrey, P. C. Humphreys, E. A. Rosa, B. Kirwan and K. Rea, "SLIM-MAUD: An Approach to Assessing Human Error Probabilities Using Structured Expert Judgement", *NUREG/CR-3518*, Vol. II, US Nuclear Regulatory Commission, 1984 참조.

HEART(Human Error Assessment and Reduction Technique)는 영국 인간공학자인 윌리엄즈(J. C. Williams)가 개발한 방법으로서 일정한 PSF가 작업에 미치는 영향의 크기를 나타내는 기법이다.[220] TESEO(Technical Empirica Stima Errori Operatori)는 벨로(G. C. Bello)와 콜롬바리(V. Colombari)에 의해 개발된 기법으로서 발전소의 운전에 관한 각종 데이터 등을 기초로 하여 PSF가 휴먼에러에 미치는 영향의 정도를 나타낸다.[221] HEART와 TESEO는 모두 원자력발전소에서의 작업을 대상으로 하고 있어 그대로는 다른 업종에 적용하기 어렵지만, 중시해야 할 PSF와 그 영향의 크기 등은 PSF 평가에서 참고가 될 수 있다.

보론 HEART[222]

HEART(Human Error Assessment and Reduction Technique, 휴먼에러 평가 · 저감기법)[223]은 많은 잠재적인 위험성을 가지고 있는 기술업종[영국 중앙전력청(CELB) 등]에서 풍부한 경험을 가지고 있던 윌리엄스(J. C. Williams)에 의해 1986년에 개발되었다.[224] 그 상세한 적용방법에 대해서는 그의 논문에 기술되어 있으므로 생략하기로 하고, 여기에서는 HEART의 특징을 개설하는 한편, 에러 유발조건(error-producing condition)이 그것의 상대적인 영향도에 따라 어떻게 등급이 매겨질 수 있는지를 설명하고, 안전작업절차서(Safe Operating Procedure: SOP)의 비준수 가능성에 대한 여러 위반 유발조건(violation-producing

220 J. C. Williams, "HEART: a proposed method for assessing and reducing human error", in *Proceeding of the Ninth Advances in Reliability Technology Symposium*, University of Bradford, 1986 참조.

221 G. C. Bello & C. Colombari, The Human Factors in Risk Analyses of Process Plants: The Control Room Operator Model 'TESEO'. *Reliability Engineering*, 1, 1980, pp. 3~14 참조.

222 J. Reason, *Managing the Risks of Organizational Accidents*, Ashgate, 1997, pp. 142~146 참조.

223 HEART를 직역하면 '휴먼에러' 평가·저감기법이지만, HEART에서 말하는 휴먼에러에는 '위반'도 포함되어 있다.

224 J. C. Williams, "HEART: a proposed method for assessing and reducing human error", in *Proceeding of the Ninth Advances in Reliability Technology Symposium*, University of Bradford, 1986; J. C. Williams, "A data-based method for assessing and reducing human error to improve operational performance", in *Proceeding of IEE Fourth Conference on Human Factors in Power Plants*, IEEE, 6-9 June 1988.

condition)의 영향도를 평가하는 기본적 수단에 대해 소개한다.

HEART는 일련의 일반적 작업유형에 그것과 관련된 명목 에러율(에러 발생 가능성)[225]을 제공한다. 이를 표 12-1에 제시하였다. HEART 분석은 검토 대상 작업이 표 12-1에 기재된 일반적 작업의 어느 것에 해당하는지를 선택하는 것으로 시작한다. 가장 중요한 다음 절차(이것이 HEART의 가장 우수한 부분이기도 하다)에서는 에러 유발조건의 일람표를 참고하여 이 중 어느 에러 유발조건이 해당 작업의 성과에 영향을 미치기 쉬운지를 결정한다. 이렇게 한 후에 해당 에러 유발조건에 부여된 값을 명목 에러율에 곱한다.

사람들에게 특별한 유형의 휴먼에러 발생 가능성에 대해 절대평가를 하도록 요청하면, 그 결과는 사람에 따라 10배 차이가 날 정도로 크게 다를 수 있다. 그러나 인적 요인에 관한 문헌을 광범위하게 조사한 결과, 에러율에 대한 여러 결과가 광범위한 실험적 상황에서 높은 일관성을 보인다는 것을 알게 되었다. 주된 에러 유발조건을 그 영향이 큰 순서로 이하에 제시한다. 괄호 안의 숫자는 각 요인의 영향을 반영하기 위하여 명목 에러율에 곱해야 하는 값을 나타낸다.

- 잠재적으로 중요하지만 생소하거나 드물게 발생하는 상황에 대한 낯설음(×17)
- 오류 발견 및 시정을 위한 시간의 부족(×11)
- 실제 SN(신호 대 잡음) 비율이 낮음(신호가 잡음에 방해됨)(×10)
- 필요 이상으로 접근 가능하여 특징적인 정보가 잘 눈에 띄지 않음(×9)
- 공간적·기능적 정보의 결여 또는 부족(×8)
- 설계자와 사용자의 시스템에 대한 인식이 일치하지 않음(×8)
- 의도하지 않은 행동을 한 경우에 그것을 되돌릴 수단이 뚜렷하지 않음(×8)
- 채널 용량의 과부하, 특히 중복되지 않은 정보가 동시에 제시되어 발생하는 경우(×6)
- 어떤 기술을 버리고 전혀 상반되는 접근방식에 기반한 기술을 적용할 필요가 있음(×6)
- 어떤 작업에서 사용되고 있는 지식을 다른 작업으로 빠짐없이 전달할 필요성(×5.5)

225 여러 요인의 영향도를 가미하기 전의 기준이 되는 에러율을 말한다.

- 요구되는 작업기준의 모호성(×5)
- 감지된 리스크가 실제 리스크와 미스매치가 있음(×4)
- 시스템 피드백이 빈약하거나 모호하거나 어울리지 않음(×4)
- 통제되어야 할 시스템으로부터 의도한 행동의 확인이 불명확하고 간접적이며 시의적절하지 않음(×3)
- 작업자의 미경험(예컨대 처음으로 자격 인정된 기술자)(×3)
- 절차서나 개인 간의 상호작용에 의해 전달되는 정보의 질이 낮음(×3)
- 결과에 대한 독립적인 확인 또는 시험이 부족하거나 없음(×3)
- 당면의 목적과 장기적인 목적이 모순됨(×2.5)
- 정확도를 확인하기 위한 입력정보에 다양성이 없음(×2.5)
- 개인의 교육적 수준과 과제 수행에 필요한 수준이 적합하지 않음(×2)
- 더 위험한 다른 절차서를 사용하도록 하는 동기가 있음(×2)
- 당면한 일에서 벗어나 몸과 마음을 쉴 기회가 거의 없음(×1.8)
- 맞지 않을 것이라고 생각되는 신뢰성 없는 기기(×1.6)
- 작업자의 능력이나 경험을 초과하는 완벽한 판단이 요구됨(×1.6)
- 기능과 책임의 분담이 불분명함(×1.6)
- 작업 수행 중에 진척상황을 파악할 명확한 방법이 없음(×1.4)
- 신체적 능력을 초과할 위험이 있음(×1.4)
- 작업 자체에 의미가 거의 없거나 전혀 없음(×1.4)
- 높은 수준의 감정적 스트레스(×1.3)
- 불건강(ill-health), 특히 발열(×1.2)
- 작업자의 도덕의식이 낮음(×1.2)
- 표시와 절차서의 의미가 일관되지 않음(×1.15)
- 장기간의 비활동(inactivity) 또는 작업의 반복(처음 30분 ×1.1, 그다음 1시간당 ×1.05)
- 통상적인 작업-수면 사이클의 붕괴(×1.1)
- 일의 페이스가 다른 사람의 간섭에 의해 영향을 받음(×1.06)

- 작업을 정상적이고 만족스럽게 수행하는 데 필요한 수를 초과하는 인력이 투입됨(초과 인력당 ×1.03)
- 지각적(perceptual) 작업을 수행하는 직원의 연령(×1.02)

윌리엄스는 2년여에 걸쳐 위반 유발 조건에 대한 유사한 목록을 심리학 및 인적 요인에 관한 문헌을 조사하여 작성했다. 그는 일반적 위반행동의 한정된 목록과 각 위반행동에 관련된 여성의 명목 위반율을 제시하였다. 휴먼에러와 달리 위반에는 성별 차이가 큰 영향을 준다. 남성의 경우에는 이 기준치에 1.4배를 곱할 필요가 있다. 일반적 위반 상황과 여성의 명목 위반율(에러 발생 가능성)은 표 12-2와 같다.

표 12-1 일반적 작업과 해당 에러율

일반적 작업	명목 에러율 (5~95번째 백분위수)
A. 전적으로 생소하고 발생할 수 있는 결과에 대해 생각할 여유 없는 속도로 수행되는 작업	0.55 (0.35~0.97)
B. 감독 또는 절차서 없이 일회성 조작으로 시스템을 새로운 상태로 이행시키나 원래의 상태로 되돌리는 작업	0.26 (0.14~0.42)
C. 높은 수준의 이해와 기능을 필요로 하는 복잡한 작업	0.16 (0.12~0.28)
D. 신속하게 또는 별로 주의를 기울이지 않고 수행되는 상당히 간단한 작업	0.09 (0.06~0.13)
E. 비교적 낮은 수준의 기능으로 수행할 수 있는 일상적이고 고도로 훈련되어 있으며 빨리 진행되는 작업	0.02 (0.007~0.045)
F. 확인도 일부 하면서 절차서에 따라 시스템을 새로운 상태로 이행시키거나 원래의 상태로 되돌리는 작업	0.003 (0.0008~0.007)
G. 매우 익숙하고 잘 설계되어 있으며 고도로 훈련된 일상적인 작업으로서 빈번하게 반복적으로 수행되고 동기부여가 잘 되어 있는 고도로 훈련된 개인에 의해 수행됨. 실패한 경우에는 수정할 시간적 여유가 있지만 중요한 작업 지원은 없는 작업	0.0004 (0.00008~0.009)
H. 시스템 상태에 대한 정확한 설명을 제공하는 강화되거나 자동화된 감독시스템이 있는 데다가 시스템에 정확하게 반응하는 작업	0.00002 (0.000006~0.00009)
M. 설명서가 없는 갖가지 잡다한 작업	0.03 (0.008~0.11)

표 12-2 일반적 위반 상황과 여성의 해당 위반율

일반적 위반 상황	명목 위반율 (5~95번째 백분위수) 남성의 경우 ×1.4
A. 준수하는 것이 명백히 불편함. 잠재적 위반자는 준수해야 할 암묵적 요구에 속박을 느끼지 않음. 위반하기 쉬움. 발각될 가능성 거의 없음	0.42 (0.28~0.58)
B. 준수가 상대적으로 중요하지 않음. 위반하기 쉬움. 준수할 동기가 거의 없거나 전혀 없음	0.35 (0.20~0.59)
C. 준수가 상당히 중요할 수 있지만, 위반이 발각될 가능성이 낮음. 위반의 개인적 이익이 크고 직접적임	0.38 (0.21~0.54)
D. 발각될 가능성은 중정도 이상이지만, 위반의 개인적 이익이 있음. 또는 준수가 상당히 중요하지만, 발각될 가능성이 낮음	0.18 (0.11~0.25)
E. 준수가 중요하고, 통상 법적으로 요구되지만, 발각될 가능성이 중정도 이하로 낮음	0.03 (0.007~0.05)
F. 위반할 직접적인 유인은 없지만, 위반이 발각될 가능성은 중정도 이상임	0.007 (0.001~0.01)
G. 사회적으로 수용되기 어렵지만, 발각될 가능성은 낮고 위반자에 대해 불리한 결과가 발생할 가능성이 낮음	0.007 (0.003~0.02)
H. 사회적으로 수용되기 어렵고, 발각될 가능성이 높으며, 나쁜 결과가 발생할 가능성이 높음	0.0001 (0.00002~0.003)

윌리엄스는 위반 유발조건(8개)의 상대적인 영향을 설정했다. 위반 유발조건을 그것의 가중치와 함께 이하에 열거한다.

- 발각될 가능성이 낮다고 인식함(×10)
- 불편(×7)
- 조언, 요구, 절차 또는 지시를 위반하거나 무시하거나 무효로 하기에 충분한 권한 또는 지위(×3)
- 모방행동(×2.1)
- 비(非)인가 권한을 가지고 있는 인물이 없음(×1.8)
- 성(gender)(남성의 경우 ×1.4)
- 그룹 압력(일탈을 조장하는 개인당 ×1.07, 최대 5명까지)

에러 유발조건과 위반 유발조건의 이들 목록은 직장 내에서 휴먼에러와 위반을 일으키는 요인을 가장 잘 설명하고 있다. 이것들에 높은 신뢰성 등급이 부여될 수 있다(그 결과, 우리는 각각의 요인의 상대적 영향을 평가할 수 있다)는 사실은 큰 진전이고 안전에 관심 있는 관리자에게 매우 가치 있는 것이다.

2) 휴먼에러 발생 가능성의 평가

앞에서 설명한 SLIM의 접근방식을 더욱 확충함으로써 작업에서의 휴먼에러 발생 가능성을 평가할 수 있다. 어떤 작업에서의 휴먼에러 유발요인으로서의 PSF를 추출하고 평가함으로써 그 작업에서의 휴먼에러 발생 가능성을 도출하고 그 값을 토대로 대책을 검토한다. 이때 분석되는 PSF는 작업에 잠재하는 요인으로서 장래의 휴먼에러의 씨앗이라고 할 수 있다.

평가는 각 PSF의 상태와 각 PSF의 휴먼에러에 관한 영향의 크기의 곱을 각 PSF의 휴먼에러 발생 가능성으로 하고, 그 결과를 PSF의 구조에 적용하여 통합함으로써 작업 전체의 휴먼에러 발생 가능성을 구한다. 실제의 작업은 몇 개의 절차로 구성되므로 작업절차마다 휴먼에러 발생 가능성을 구하고 이를 누적하여 작업 전체의 값을 도출한다.

3) 휴먼에러 평가에서의 PSF의 중요성

휴먼에러를 분석하는 것은 PSF를 분석하는 것이라고 할 수 있다. PSF 분석은 사고의 재발 방지는 물론 미연 방지에도 도움이 된다. 그러나 PSF의 추출이라고 하는 기본작업은 아직 간편하다고는 말할 수 없고, PSF 분석의 하나의 벽이 되고 있는 것은 부정할 수 없다. 향후의 휴먼에러 분석·평가를 활성화하기 위해서는 PSF의 사용성을 높이는 것이 필요하다. PSF를 추출·평가하는 것이 최종 목적은 아니다. 그 추출·평가결과를 효과적인 대책 수립으로 이어지게 하는 것이 중요한 과제라고 할 수 있다.

제13장

집단과 개인의 주의 깊음과 휴먼에러 대책

제13장

집단과 개인의 주의 깊음과 휴먼에러 대책

1. 일관성과 변동성

복잡하고 위험한 시스템을 관리하고 제어하는 사람들에게 있어 불안전행동의 저감은 중요한 과제의 하나가 되어 왔다. 당연하지만 휴먼에러와 위반은 바람직하거나 적절한 행동으로의 일탈로 간주된다. 시스템 관리자들은 기술의 신뢰할 수 없음과 동일하게 인간의 신뢰할 수 없음이 바람직하지 않은 변동성(variability) 때문이라고 보고, 표준작업절차, 자동화 및 심층적 방호수단에 의해 인간 행동의 일관성을 높이고 그에 따른 시스템 전체 성과의 일관성을 높이는 것이 해결책이라고 보고 있다.

그러나 이들 시스템 관리자들은 종종 불확실하고 동적인 세계에서 불안전한 시스템을 보존할 수 있는 것은 시의적절한 조정, 미세변경 및 적응의 형태로 나타나는 '인간의 변동성' 덕분이라는 점을 충분히 인식하지 못하는 경우가 많다. 여기에 안전관리의 많은 패러독스들 중의 하나가 있다.[226] 시스템 관리자들은 인간의 변동성을 선험적으로 안전하고 생산적이라고 판단되는 행동만으로 제약함으로써 시스템의 가장 중요한 안전조치를 약화시킬 수도 있다.

226 J. Reason, "Safety Paradoxes and Safety Culture", *Journal of Injury Control and Safety Promotion*, 7, 2000, pp. 3~14.

허드슨 강의 기적[227]에서 보여준 셀렌버거(Chesley B. Sullenberger)의 대응과 같은 이따금씩 발견되는 경이적인 회복은 인간의 변동성이 중요하다는 것을 증명한다.

2. 동적 비사건

동적 비사건(dynamic non-event)의 진수는 "신뢰성이란 동적 비사건(non-event, 非事件)이다."라는 웨익(Karl E. Weick)의 통찰력 있는 말로 잘 표현된다.[228] 시스템의 상태는 인적 요소에 의해 이루어지는 계속적인 조정, 적응 및 보정으로 인해 끊임없이 통제를 받고 있기 때문에 '동적'이다. 결과가 정상적이거나 무사하면 거의 또는 전혀 주목되지 않기 때문에 '비사건'이다. 이 패러독스(동적이지만 비사건)는 사고는 눈에 띄는 반면에, '정상상태(비사건)'는 당연히 눈에 띄지 않는다는 사실에 뿌리박고 있다.

웨익과 그의 동료들은 조직의 신뢰성은 일상적인 일과 활동의 일관성, 반복성 및 불변성에 의해 정해진다고 하는 통념에 의문을 제기했다. 그들에 의하면, 일정불변의 수행은 예기치 않은 것에 대처할 수 없다. 그들은 예상하지 못한 사건에 잘 대처하는 고신뢰조직(High Reliability Organization: HRO)의 성공을 설명하기 위해 조직 기능의 두 가지 측면, 즉 인지와 활동을 구분한다.

인지적 요소는 바람직하지 않은 뜻밖의 사건의 가능성에 주의를 게을리하지 않는 것, 나쁜 결과가 발생하기 전에 바람직하지 않은 뜻밖의 사건을 발견하고 이해하며 복구하는 데 필요한 '집단적 마음가짐(collective mindset)'을 갖는 것과 관련된다. 전통적인 관점에서 '유능한' 조직은 안정적인 활동 패턴을 지향하지만 인지에 있어서는 가변적인데, 인지의 가변성은 중대재해 발생 전과 후에 가장 뚜렷하다. 반면, 고신뢰조직은 활동에서는 가변성(유연성,

227 2009년 1월 15일 뉴욕시 라과디아 공항에서 출발해 노스캐롤라이나주 샬럿으로 향하던 US 에어웨이즈 1549편 에어버스 A320 N106US기가 버드 스트라이크로 인해 허드슨 강에 비상 착수한 항공사고. 통칭 '허드슨 강의 기적(Miracle on the Hudson)'이라고 불린다. 이에 대해서는 바로 뒤에서 설명한다.

228 K. E. Weick, "Organizational Culture as a Source of High Reliability", *California Management Review*, 29, 1987, pp. 112~127.

variation)이 있지만, 이들 활동을 이해하는 인지 프로세스(작업상의 위험요인과 관련된 조직의 마음가짐)에는 안정성(일관성)이 있다. 이 인지적 안정성은 '정보에 입각한 문화(informed culture)'에 의해 크게 달려 있는데, 웨익과 그의 동료들은 이것을 '집단의 주의 깊음(collective mindfulness)'이라고 명명했다.

3. 개인의 주의 깊음

휴먼에러가 발생할 가능성이 높은 상황을 이해하고, 가능하다면 그것을 피하기 위한 기본적인 마음가짐으로서 정신적 기량을 몸에 익히는 것이 필요하다. 정신적 기량에 해당하는 개인의 주의 깊음(마음가짐)이 각 분야에서 필요한 기술적 기량 이상으로 우수한 성과를 내는 데 중요한 역할을 한다는 것을 보여주는 많은 증거가 있다.[229] 사고 예방을 위해서는 다음과 같은 개인의 주의 깊음이 필요하다.

① 휴먼에러는 발생할 수 있고 발생할 것이라는 점을 받아들여라.
② 작업에 착수하기 전에 해당 현장에서의 중요한 위험요인을 평가하라.
③ 예상되는 문제에 대처할 준비를 하라.
④ 보다 적합한 지원을 모색할 준비를 하라.
⑤ 동업자 간의 예의가 작업자, 특히 새로운 작업자의 지식과 경험을 확인하는 것을 방해하지 않도록 하라.
⑥ 부정적인 사고로 향하는 길은 잘못된 가정으로 포장되어 있다는 점을 충분히 인식하라.

US 에어웨이즈 1549편(에어버스 A320기)이 버드 스트라이크(비행기와 새가 부딪히는 현상)로 인해 허드슨 강에 비상 착수한 항공사고(일명 허드슨 강의 기적)의 주인공인 셀렌버

229 J. M. McDonald and T. Orlick, "Mental Readiness in Surgery and its Links to Performance Excellence in Surgery", *Journal of Pediatric Orthopaedics*, 15(5), 1995, pp. 691~697.

거(Chesley Burnett Sullenberger)와 같은 위기를 구한 영웅적 존재는 기술적 기량만으로 갑자기 나타난 것은 아니다. 이들은 그들이 속한 조직에 의해 기술적 기량과 함께 정신적 기량에 대해서도 훈련받고 육성되었으며 지원되었다.

4. 집단의 주의 깊음

집단의 주의 깊음에 의해 조직은 바람직하지 않은 뜻밖의 사건에 최적의 방법으로 대처할 수 있다. '최적'이라는 것은 반드시 '어떤 경우에도'를 의미하는 것은 아니지만, 증거에 따르면 지속적인 인지 프로세스, 즉 끊임없는 불안감의 존재가 조직의 리질리언스의 중요한 구성요소이다.

잘 방호되거나 위험요인이 적은 시스템에서는 심각한 실패(중대재해)는 좀처럼 일어나지 않는다. 이 때문에 집단적으로 주의 깊은(지능적으로 경계심이 있는) 조직에서는 그들이 가지고 있는 적은 양의 사고 · 재해 데이터로부터 최대한 많은 정보를 이끌어내려고 열심히 노력한다. 휴먼에러와 아차사고를 보고하는 것에 대해 구성원들을 칭찬하거나 보상까지 함으로써 보고하는 문화를 조성하려고 적극적으로 나선다. 그들은 단발적인 실패 또는 휴먼에러로 보이는 것도 '상류에 있는(upstream)' 많은 기여요인들의 영향을 받아 발생한 것이라는 가정하에 활동하고 있다.

또한 집단적으로 주의 깊은 조직은 실패를 고립된 것으로 '국소화'하지 않고 다른 곳에도 적용할 수 있도록 '일반화'하며, '국소적' 개선 대신에 '시스템' 개선을 위해 노력한다. 그들은 과거를 미래 예측의 확실한 지침으로 여기지 않는다. 즉, 과거의 사건을 아무리 누적해도 장래를 확실히 예측하는 것은 불가능하다고 생각한다. 나아가 시스템 실패는 지금까지 경험한 적이 없는 매우 다양한 형태를 취할 수 있기 때문에, 그들은 즉발적 에러와 잠재적 상황이 결합하여 시스템의 방호수단(defense), 방호(barrier), 안전장치(safeguard)를 파괴하거나 빠져나갈 수 있는 '의도치 않은 경로' 또는 지금까지 보지 못한 길을 계속적 찾아내려고 한다. 요컨대, 집단적으로 주의 깊은 조직은 실패할 가능성에 골몰한다.

5. 개인 레벨의 휴먼에러 대책

기술이 진보하고 시스템이 보다 복잡해짐에 따라, 어느 업종에서든 가장 세련된 프로세스조차도 여전히 인간의 판단과 기능에 의존한다는 점을 우리는 이따금 잊어버린다. 공구를 재설계하고 보다 좋은 재료를 선택하며 보다 좋은 프로세스를 개발하는 것은 가능하지만, 인간 조건(본성) 자체를 개량하는 것은 불가능하다. 좋든 싫든 오늘날의 복잡한 시스템을 유지하는 것은 어쩔 수 없이 인간 조건의 지배를 받는 사람이다. 인간 조건의 변할 수 없는 부분이 '인간은 에러를 저지르기 쉽다'는 점이다.

많은 사고가 시스템 문제를 반영하지만, 작업자 자신이 시스템의 최종 방어선이다. 대부분의 작업자는 작업시간, 장비 및 작업일정과 같은 시스템 문제를 거의 통제하지 못하지만, 작업자 개인이라 하더라도 사고로 이어질 가능성을 줄이기 위해 할 수 있는 일은 분명히 있다. 가장 중요한 것은 우리의 기능, 습관, 신념 및 지식은 모두 인간 행동의 신뢰성을 높이는 방법으로 변화될 수 있다는 점이다.

1) 휴먼에러 유발요인의 이해

휴먼에러를 방지하기 위해 작업자에 대해 첫 번째로 이루어질 필요가 있는 조치는 인간 행동에 관련되는 기본적인 지식을 습득하는 것이다. 예를 들면, 작업자는 자기 자신의 단기기억의 한계, 피로가 행동에 영향을 미치는 정도 등 인간의 장점과 단점에 대해 잘 이해할 필요가 있다. 이 이유 때문에 작업자에 대한 인적 요인 훈련이 요구된다.

작업자가 자기 자신의 약점을 알면, 인간 행동의 위험한 징조를 인식하는 것을 배울 수 있다.[230] 이들 '위험 신호'의 의미를 이해하는 능력은 개발할 가치가 있는 자기보호기술이다. 이하에서는 작업 과정에서 작용하는 가장 강력한 휴먼에러 유발요인에 해당하는 것들을 설명한다.

230 D. Schwartz, "Maintaining Operational Integrity Through the Introduction of Human Factors Training", *The CRM Advocate*, 93, 1993, pp. 1~2.

(1) 기억에의 과도한 의존

인간의 기억은 우리들이 생각하고 있는 만큼 항상 확실한 것이 아니니다. 특히 피로할 때에는 더욱 그렇다. 망각은 보수작업에서 가장 공통적으로 발생하는 휴먼에러이다. 예를 들면, 부분적으로 완성한 일이 어디까지 진행되었는지를 자신, 동료에게 충분히 상기시키거나 알리지 않고 중단하면 끔찍한 사태가 발생할 수 있다.

상기시키기 위한 궁리를 하지 않은 채 뒤로 미뤄 놓은 중요한 작업절차를 기억해 두려고 하는 경우 항상 망각의 위험을 무릅쓰게 된다. 기억하기를 기대하기보다는 망각할 것을 가정하고 주의하는 것이 바람직하다.

(2) 중단

작업, 특히 보수작업은 종종 중단되기도 한다. 즉, 작업 도중에 조언을 받거나 전화를 하거나 뭔가의 긴급한 일을 해야 한다. 그러나 성질이 어떠하든 그와 같은 중단은 모두 작업자의 스트레스를 높이고 망각의 가능성을 증대시킨다. 전술한 바와 같이 가장 일어나기 쉬운 휴먼에러는 생략이다. 이 위험성을 인식하고 휴먼에러를 저지르지 않을 조치를 취하는 것이 매우 중요하다. 간단한 대책은 일을 재개할 때 '어디까지 진행되었는지'를 자신에게 묻는 것, 일을 중단해야 했던 시점에서 정확하고 명확한 메모를 남겨 놓는 것이다.

(3) 압박

압박(pressure)의 징후는 여러 가지 형태로 나타난다. 예를 들어, "얼마나 걸릴까?"라는 질문을 반복해서 받는 것, 작업 중에 화내는 것, 평소보다 더 불평하는 것, 일이 끝나자마자 귀가하려고 안달하는 것 등이 있다. 이러한 압박 속에서는 가장 주의 깊은 작업자라도 작업절차를 생략하거나 지름길을 택하게 될 수 있다. 따라서 이러한 압박을 인식하고, 위험감수행동 또는 지름길행동으로 이어지지 않도록 주의해야 한다.

(4) 피로

피로하다고 느끼지 않을지도 모르지만, 만약 지난 24시간 이내에 자주 졸리거나 12시간 이상 일을 계속하고 있다면, 피로로 인해 기능이 약화될 위험이 있다. 피로는 휴먼에러를 일으킬 기회를 증가시키는데, 특히 망각을 촉진한다. 졸린 사람들은 좀 더 과민하고 함께 일하기도 어려워진다.

(5) 작업자 간의 불충분한 조정

조정의 실패가 사고로 이어지는 것은 빈번히 일어나는 일이다. 조정의 실패는 암묵적인 가정을 하고 상황을 확인하기 위한 충분한 커뮤니케이션을 상호 간에 취하지 않을 때에 발생한다. 작업자는 종종 동료들의 작업을 너무 철저하게 확인하거나 너무 많은 질문을 하는 것으로 보이면 그들에게 불쾌감을 주지 않을까 우려한다.

조정의 위험신호는 서둘러 한 교대조의 인수인계, 충분한 커뮤니케이션의 결여, 어리석게 느껴지거나 작업동료를 불쾌하게 하고 싶지 않아 질문하지 않는 것, 잘 모르는 사람과 일하는 것을 포함한다.

(6) 익숙하지 않은 작업

만약 당신이 일상적인 업무가 아닌 작업을 하고 있다면, 설령 그것을 이전에 수행했었다고 하더라도, 휴먼에러의 위험지역에 들어가는 것이다. 만약 익숙하지 않은 유지보수작업이 '시행착오'에 기초하여 수행되고 있다면, 작업이 잘못될 가능성이 크게 증가한다는 점을 인식해야 한다. 게다가 명심해야 할 것은 많은 사고가 감독자가 직접 작업에 관여하면서 도와주다가 발생하고 있다는 점이다. 이와 같은 감독자는 아마도 기술적으로 작업을 수행할 자격을 갖추고 있고 작업을 적절하게 수행하려는 의욕이 확실히 강함에도 불구하고, 실질적인 기량은 저하되어 있을 수 있다.

(7) 모호성

어떤 일이 진행되고 있는지 확신하기 어렵다면, 작업을 멈추고 작업내용을 명확히 할 신호라고 보아야 한다. 이런 상황은 특히 팀에 기반한 작업환경에서 흔히 볼 수 있다. 그곳에서는 '책임의 분산'이 사람들로 하여금 다른 누군가가 진행상황을 알고 조치를 할 것이라고 생각하게 만들 수 있다.

(8) 고도로 루틴화된 절차

덮개를 열고 닫거나 오일의 높이를 확인하는 일과 같은 '눈 감고도' 수행할 수 있는 절차는 행위착오와 망각이 일어날 수 있는 위험지역이다. 우리는 이러한 작업에 너무 익숙해져 있기 때문에, 행위가 대체로 '정신적 자동운행장치(mental autopilot)'의 통제에 맡겨진 채 주의가 산만해질 수 있다. 그러한 작업이 '자동모드'에 들어가는 것을 막을 수는 없지만, 경계를 게을리하지 않으면서 때때로 발생할 수 있는 휴먼에러를 파악해 내는 것은 가능하다.

2) 적정한 절차 위반 이유의 이해

착각, 망각 또는 행위착오와 달리, 위반은 대부분 고의에 의한(의도적인) 행위이다. 사람들은 안전작업절차, 규칙 그리고 승인된 실행지침으로부터 일탈하는 것을 '선택'하는 것이다. 이 의도적인 요소가 개인 및 팀의 위반에 대해 관리자 측에 훨씬 더 수용할 수 없게 한다. 배경에 있는 태도와 신념을 변화시키는 것은 오랜 시간이 걸리는 경우가 많지만, 충분히 가능한 일이다.

위반하는 의도는 다음에 제시된 상호 관련된 세 가지 요인에 의해 형성된다.[231]

① 행동하는 태도("나는 그것을 할 수 있다.") 인간은 어떤 행위의 결과에 관하여 가지고 있는 믿음이 있다. 위반하는 것의 인식된 이익이 초래될 수 있는 리스크와 제재를 얼마나 상회할까?

② 주관적인 기준("그들은 나에게 이렇게 하기를 바랄 것이다/바라지 않을 것이다.") 일부 중요한 준거 그룹(친척, 동료, 친구 등)이 자신의 행동을 지지해 줄 것이라고 생각하는 견해이다. 그들이 좋다고 볼까? 그렇지 않을까?, 그리고 이 '가까운 다른 사람들'로부터 얼마나 많이 칭찬 또는 존중 받기를 원하는가?

---

231 J. Reason, D. Parker and R. Free, *Bending the Rules: The Varieties, Origins and Management of Safety Violations*, Universiteit Leiden, 1994, pp. 5~6; P. Hudson, R. Lawton, D. Parker and J. Reason, *Bending the Rules II: Why Do People Break Rules or Fail to Follow Procedures? and What Can You Do About It?*, Universiteit Leiden, 1995, p. 33 참조.

③ 인지된 행동 통제("어쩔 수 없다.") 위반행동에 대해 얼마나 많은 통제를 행사하고 있다고 느끼는가? 이 요소는 숙명론적 문화에서, 특히 위반의 결과에 대한 판단과 관련하여 매우 중요하다. 이것은 개인이 부서 관리자가 말로는 규칙을 따르라고 하지만, 실제로는 위반을 묵인하는 것을 알게 될 때, 특히 비준수가 긴급한 일을 제때에 끝나게 하는 방법을 의미할 때에도 영향을 미칠 것이다. 그 부서의 풍토가 규칙 준수에 대해 보상도 하지 않고 위반에 대해 제재도 하지 않는 경우에, 구성원들은 그 상황을 통제할 수 없다고 느끼며, 다른 모든 사람이 하는 대로 따르는 것이 가장 좋은 방법이라고 생각할 가능성이 크다.

3) 위반을 줄이기 위한 대책

위반을 줄이기 위해 가장 일반적으로 사용되는 기법은 전술한 첫 번째 항목, 즉 '행동하는 태도'를 겨냥하는 것이다. 불안전한 행동의 무시무시한 결과를 눈에 띄게 한 생생한 포스터와 영상으로 작업자들을 질겁하게 하여 규칙을 준수하도록 하는 노력이 이루어진다.

이들 공포 호소는 세 가지의 유익한 기능을 가질 수 있다. 첫째, 사람들에게 불안전행동과 안전의 연관성에 대해 알려준다. 둘째, 충격을 주는 힘이 있다. 셋째, 일을 처리하는 올바른 방식을 제시한다.

그러나 공포 호소는 그것만으로는 한정된 효과밖에 없는 경향이 있다. 주된 문제는 위반을 가장 잘 할 것 같은 사람들(예: 젊은 사람들)이 비현실적 낙관주의에 의해 그런 공포 호소에 대해 면역력을 갖기 쉬운 경향이 있다는 점이다.

전술한 두 번째 요인, 즉 '주관적인 기준'에 대해서는 사회적 통제가 필요하다. 사회적 통제는 다른 사람들—그들의 의견이 구성원들에게 중요하다—이 위반행동을 승인하거나 불승인하는 정도이다.

중요한 사실은 사회적 통제가 개인의 행동을 변화시키는 가장 영향력 있는 방법 중 하나라는 점이다. 우리들은 사회적 동물이다. 우리는 자신이 신경 쓰는 사람들의 동의, 호의 및 존경을 필요로 한다. 이들 '중요한 타인'이 자신이 계획한 행동에 강하게 반대할 것을 알게 되면, 아마도 그것을 행동에 옮기기 전에 다시 생각할 가능성이 높다. 이것은 우리들이 위반을 결코 저지르지 않을 것이라는 의미는 아니지만 망설이게 할 가능성이 높다.

사회적 통제에 영향을 주는 가능한 방법의 상당수는 그룹 토의 및 그룹 활동과 관련된다. 스웨덴 기업 운전자의 운전행동의 변화에 상당한 공헌을 한 방법은 다음 3단계 절차로 구성되어 있다.[232]

- **제1단계**: 개인들을 작은 그룹으로 나눈다. 작업반을 기초로 이루어지는 것이 이상적이다. 각각의 그룹에는 토의를 유도하는 훈련된 리더 또는 조력자(facilitator)가 있다. 최초 회의에서는 참가자가 업무과정에서 접하는 일반적인 안전과 품질 문제를 토의하는 것에 집중한다. 리더 또는 조력자는 제기된 과제 목록을 기재한다.
- **제2단계**: 두 번째 회의에서는 최초 회의에서 제기된 과제 목록을 자세히 검토한다. 주요 과업은 이들 과제를 2개의 그룹으로 나누는 것이다. 즉, 해결을 위하여 관리자에게 넘겨져야 하는 과제와 참가자 자신들이 효과적으로 대처할 수 있다고 생각하는 과제이다. 위반행동과 기타 불안전행동은 특별한 것이 아닌 한 '자신들이 해결해야 하는' 과제로 분류한다. 다른 과제는 관리자에게 넘겨진다.
- **제3단계**: 마지막 회의에서 각각의 그룹은 멤버들이 해결해야할 수 있다고 생각한 과제에 집중한다. 멤버 모두가 각 문제를 어떻게 해결할 수 있을지를 토의한다. 회의 마지막에 각 그룹 멤버 한 사람 한 사람이 그 과제 해결을 위하여 무엇을 실천해 나갈지(즉 그 시점부터 자신이 무엇을 실천할 수 있을지)를 적는다. 이 결심을 다른 사람에게 보여주도록 요구되지는 않는다. 그것은 단지 자신들의 결심의 개인적인 비망록에 해당할 뿐이다.

이 방법을 사용한 스웨덴 연구는 매우 흥미로운 두 가지 결과를 발견하였다. 하나는 토의에 참여한 850명 운전자들의 교통사고(대부분 위반 중의 에러에 의해 발생한 사고) 발생률이 50% 감소했다는 점이다. 통제군(토의에 참가하지 않은 점을 제외하고는 모든 요인에서 같은 수의 동등한 운전자들)은 5년간에 걸친 연구기간(연구 전 3년, 연구 후 2년) 동안 사고율 변화가 없었다.

---

232 B. Brehmer, N. P. Gregersen and B. Moren, *Group Methods in Safety Work*, Uppsala University, 1991.

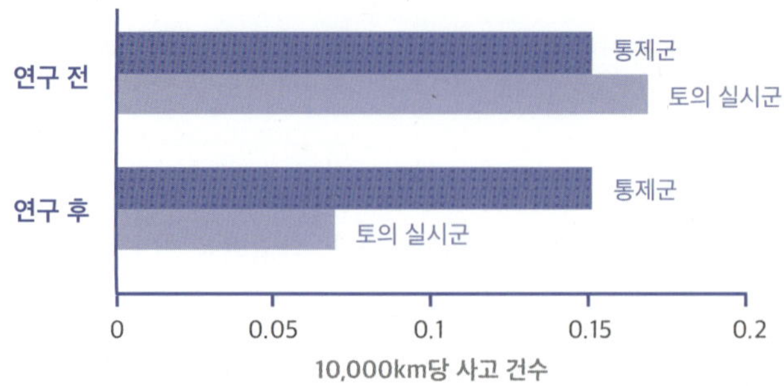

그림 13-1 통제군과 토의 실시군의 안전에 관한 토의 실시 전후의 10,000km당 사고 발생 건수

또 하나의 흥미로운 발견은 이 토의에 참가한 많은 운전자가 이들 활동이 사고율의 감소에 중요한 역할을 했다고 생각하지 않았다는 점이다(위에서 설명된 결과는 명백히 중요한 역할을 했다는 점을 보이고 있지만). 토의 후 설문지가 배부되어 토의 참가자에 의해 운전 스타일이 변화했다고 답한 것은 응답자의 단 12%에 불과했고, 25%만 토의 참여가 무언가의 유익한 영향을 미쳤다고 생각했다.

이것을 어떻게 설명해야 할까? 스웨덴의 운전자는 이미 안전에 대한 전향적인 태도를 가지고 있지만, 그들 간에 안전이 화제가 되는 것은 거의 없기 때문에, 다른 운전자가 어떻게 느끼고 있는지를 몰랐던 것은 아닐까? 그룹 토의의 효과는 이들 그룹의 가치관을 토의 그룹의 모든 멤버의 눈에 보이도록 하는 점이다. 그룹 토의의 또 다른 효과는 안전하게 운전하려는 동기부여와 안전운전이 달성될 수 있는 방법에 대한 실제적 결정을 연결시키는 점이다. 작업을 안전하고 신뢰성 있게 수행하려는 사전 의도는 그 후의 행동에 강력한 영향을 미친다. 이 영향은 집단 환경에서 형성된 의도이기 때문에 상당히 증폭될 수 있다 — 설령 이 의도가 실제로는 다른 그룹 멤버와 공유되지 않을 수도 있지만.

이 연구 및 유사하게 유익한 영향을 보이는 다른 연구에서 두 가지 중요한 결론을 얻었다. 첫째, 이런 종류의 그룹 토의는 더욱 안전하고 신뢰성 있는 행동을 형성하게 하는 데 중요한 공헌을 한다는 점이다. 이것은 보수작업 환경에 특히 잘 들어맞는 것 같다. 그리고 그룹 토의의 기본적 구조가 어떻게 위반을 감소시키는 데 적합할 수 있는지를 보이는 것은 어렵지 않다.

둘째, 사람은 자신의 행동이 왜 변화했는지를 항상 이해하고 있는 것은 아니다. 사람은 자신의 행동변화의 실제 이유와 효과적인 원인이라고 생각하는 것이 대립될 때는 실제 이유를 보고하지 않으려 한다는 점을 제시하는 추가 연구결과가 있다. 대신에 그들은 왜 자신의 행동이 변화했는지에 대한 자신의 생각이나 이론을 보고한다. 교훈은 명백하다. 즉 왜 행동이 변화했는지에 대하여 사람이 말하는 것을 항상 믿어서는 안 된다.

강조해야 하는 것은 태도를 변화시키려면 긴 시간이 걸리고 매우 어렵다는 점이다. 그러한 프로그램의 최종목적은 준수행동의 통제가 외적 요인에서 내적 요인으로, 외부로부터 강요된 보수와 제재로부터 내적인 동기부여로 이동하는 지점에 도달하는 것이다. 즉, 이를 통해 개별 작업자는 자연스럽게 규칙 준수를 선호하게 된다.

외적 통제로부터 내적 통제로 이행하는 과정에는 두 개의 중간적인 단계가 있다, 첫 번째 단계는 '죄책감에 호소하는 것'이다. 사람은 죄책감(규칙을 따르고 싶어 하는 것과 반대에 있다)을 피하려고 하기 때문에 양심이 명령하는 대로 따른다. 두 번째 단계는 '공감(identification)'이다. 여기에서 사람들은 규칙준수(행동)의 결과에 공감한다. 사람들은 규칙준수에 수반되는 것을 좋아하지 않을 수 있지만, 규칙준수의 성과가 달성되었을 때 '기분 좋음'을 느낀다(답장 기한이 지난 많은 편지에 답하는 것이 귀찮지만 답장을 마친 후에는 기뻐하는 것과 비슷하다). '내재적 동기(intrinsic motivation)'[233]의 최종점에서만 내적 갈등이 없다.[234]

몰두에 관한 연구는 나쁜 습관을 타파하는 데에는 다섯 단계가 있다는 점을 제시한다. 최초 단계는 '무의식(pre-contemplative)'이다. 습관을 바꾸려고 생각조차 하지 않는 상태다. 두

---

233 외적인 보상에 따라 자신의 행동을 선택하고 행하는 것이 아니라 일 자체에 대한 즐거움, 성취감, 보람, 호기심과 같이 일 자체가 제공하는 내재적인 보상으로 인해 생기는 동기를 말한다. 즉, 내재적으로 동기부여된 사람들은 외적인 보상(강제적 요인을 포함한다)에 의해서가 아니라 내재적인 보상에 의해 행동한다. 일반적으로 내재적 동기는 외재적 동기에 비해 강도가 강하며 능동적이다. 내재적 동기에 관한 대표적인 이론은 로체스터대학 심리학과 교수인 데시(E. Deci)와 라이언(R. Ryan)의 인지평가이론(cognitive evaluation theory)이다. 인지평가이론에 따르면, 내재적 동기는 외재적 동기와 역관계(trade-off relationship)에 있다. 다시 말해서 내재적으로 동기부여된 개인에게 외적인 보상이 제공되면 오히려 내적인 동기가 감소한다. 이러한 현상은 업무수행자가 자신이 일을 수행하는 이유를 업무 자체가 주는 만족이나 성취감으로 인한 것이 아니라 외적인 보상 때문이라고 인지적으로 평가하기 때문에 발생된다. 인지평가이론은 외적인 보상에 의존하는 동기부여 전략이 항상 바람직한 것은 아니며, 오히려 구성원들의 내재적 동기를 저하시키는 위험을 내포하고 있음을 시사한다.

234 C. Sansone and J. Harackiewicz(eds.), *Intrinsic and Extrinsic Motivation*, Academic Press, 2000 참조.

번째는 '사색(contemplative)'하는 단계이다. 습관으로부터 해방되는 것은 좋은 생각일 수 있다고 느끼기 시작하지만 바꾸려는 확고한 결정은 하지 않은 상태다. 세 번째는 '결심하는' 단계이다. 실제로 습관을 버리려고 결심을 하는 상태다. 네 번째는 습관을 '실제로 그만두는' 단계이다. 그리고 마지막 단계는 개선된 상태를 '유지'하기 위해 마련된 절차와 관련이 있다.

실제 행동의 변화는 일련의 과정에서 상당히 늦게 일어난다는 것에 주목할 필요가 있다. 행동의 변화를 추구하는 많은 기법들이 객관적으로는 기대에 못 미치는 결과를 보일 수 있지만, 변화에 대한 중요한 결심을 촉진하는 점에서는 상당한 주관적 진전을 이루어 온 것 같다(그림 13-2 참조). 실제 결과를 확인할 수 있기 전에 행동의 예비단계를 통해 진행되는 것의 중요성을 과소평가해서는 안 된다. 주의해야 할 점은 사람들이 스스로가 현재 프로세스의 어디에 있는지를 말하는 것이 용이하지 않거나, 말하고 싶어 하지 않는 경우도 적지 않다는 점이다. 요컨대, 계속적으로 도전(노력)할 필요가 있지만, 하룻밤 사이에 기적을 기대해서는 안 된다.

그림 13-2 행동변화와 그 기초를 이루는 정신변화의 비율
주) 정신변화는 눈에 보이지 않지만, 행동변화의 필수적인 전조이다.

4) 일 시작 전에 할 것

일을 실제로 하기 전에 마음의 준비가 바람직한 수준에 도달하면 사람 행동의 질과 신뢰성 모두를 크게 향상될 수 있다는 점을 보여 주는 많은 증거가 있다. 이것은 특히 올림픽 선수, 탁월한 외과의사를 대상으로 한 최초의 심리학 연구와 성과 탁월성에 관한 연구에서 얻어진 사실이다.[235] 두 유형의 연구 모두 우수한 성과는 일하는 동안 내내 사전에 주의 깊게 상상력을 작동시키는 것에 의해 달성된다는 점을 보이고 있다. 이러한 과정을 심리학에서는 정신적 리허설(mental rehearsal)[236]이라고 부른다. 이 정신적 기량을 습득하고 실천하는 능력은 평균적인 선수와 탁월한 선수를 나누는 분수령이다.

휴먼에러 관리는 문제 있는 사람을 좋게 하는 것이 아니라 좋은 사람을 우수하게 하는 것이다. 이하에서는 마음의 준비가 어떻게 주의의 집중 문제를 개선하는 것으로 작용하는지를 설명한다.

① 명확한 심상(positive imagery)

탁월한 실천자는 실제로 작업을 하기 전 또는 업무에 대해 생각하고 일을 실제로 마주하기 전에 일의 전개 양상을 상상하는 데 시간을 보낸다. 예를 들면, 외과의사의 경우에는 2차원의 교과서 사진을 현실적인 3차원의 화상으로 변환한다. 보다 원활한 움직임을 진전시키기 위해 절차적 단계를 정신적으로 리허설한다. 각 단계에서 완벽한 결과를 마음에 떠올리는 데 집중하기 때문에 심상이 명확하다.

② 문제에 대비하기

정신적 리허설의 또 하나의 중요한 기능은 문제의 예견과 이것에 대처하기 위한 효과적인 대책을 준비하는 것이다. 탁월한 실천자는 항상 작업의 한 스텝 앞을 의식하는 것의 중요성을

---

235 T. Orlick, *In Pursuit of Excellence*. 5th ed., Zone of Excellence, 2015.

236 마음속으로 실제 행동을 미리 그대로 따라 해보는 것을 의미한다. 수영 황제라고 불리던 미국 수영선수 펠프스(Michael Phelps)가 정신적 예행연습을 했고, 한국 양궁선수들도 실제 시합에 앞서 정신적 예행연습을 한다고 한다.

알고 있다. 탁월한 외과의사의 다음 증언은 본질을 꿰뚫고 있다.

> 머릿속에서 수술을 리허설한다. 그리고 그것을 하룻밤 자면서 잘 생각한다. 수술의 한 스텝 한 스텝이 눈에 보인다. 자신이 수술을 하고 있는 모습을 보듯이 다른 스텝을 밟는다. …… 발생할 수 있는 문제와 그 대처를 어떻게 할지에 대해 생각한다. 항상 모든 복잡한 상황에 대해 생각할 수는 없지만, 그것이 발생하면 어떻게 할 것인지 준비되어 있어야 한다.[237]

③ 마음의 준비

이것은 좋은 일을 하기 위하여 '집중력을 높이는 것'과 관련된다. 예를 들면, 외과의사는 책이나 모형과 같은 참고가 될 만한 것을 이용하여 마음의 준비를 한다. 그들은 수술 절차를 혼자서 그리고 동료와 협의하여 계획한다. 많은 탁월한 외과의사들은 사전에 최량의 '상상'을 한다.

④ 분산 컨트롤

보수작업은 중단과 주의산만이 많다. 최근의 심리학 연구에서는 이 주의산만의 영향을 회피하려면 이것을 예상하고, 주의산만이 발생할 때 개별적으로 대응하는 것이 가장 좋은 대책이라고 말하고 있다.[238] 컴퓨터상에 표시된 산술 문제를 해독하는 작업에 참여한 두 개 그룹의 작업성적을 비교한 연구가 있다. 이 그룹들은 도중에 화면의 상부에 작업을 방해할 가능성이 있는 지시 화상이 표시된다. 한 그룹은 그 화상을 무시하는 정신적 '준비'를 하도록 지시받는다(주의산만 억제). 또 하나의 그룹은 그 지시 화상에도 불구하고 산술문제를 해결할 수 있고 해결할 것이라고 스스로에게 말함으로써 주의산만에 대응하도록 지시받았다(과업 촉진). 성적은 전자 그룹(주의산만 억제 그룹)이 과업 촉진 그룹보다 유의미하게 높았다. 그러나 양

---

237 Ibid, p. 123.

238 P. M. Gollwitzer and J. A. Bargh(eds.), *The Psychology of Action: Linking Cognition and Motivation to Behavior*, Guilford, 1996.

그룹 모두 준비된 주의산만 통제 수단을 사용하지 않은 통제군[239]보다 성적이 좋았다. 이것의 교훈은 명확하다. 발생할 가능성이 있는 주의산만과 중단의 종류를 (가능한 한) 예상하고 각각에 대처하는 특정 전략을 미리 궁리할 필요가 있다. 아래에서 하나의 대처방안을 소개한다.

⑤ 위치상실 에러의 회피

특히 보수작업에서는 일련의 작업절차 중에서 지금 어디까지 진행되었는지를 놓치거나 잊어버리기 쉽다. 중단으로 인해 일을 재개한 후 어떤 필요한 절차를 생략해 버리는 일이 종종 있다. 이 에러는 작업이 중단되고 있을 때 스스로 작업절차가 어디까지 진행되었는지를 (라벨 또는 다른 확실히 보이는 표식으로) 표시해 두면 최소화할 수 있을 것이다. 이러한 방법은 미리 준비하거나 생각할 수 있으면 가장 효과적이다.

정신적 리허설은 신뢰성 있는 성과를 올리는 데 있어 매우 효과적이고 집중과 주의의 초점을 개선하기도 한다.

보수작업을 수행하는 경우, 성과는 세 가지에 의해 영향을 받는다. 즉 문서화된 절차(작업카드 또는 매뉴얼), 눈앞의 현실, 그리고 다음에 무엇이 일어날지에 대한 '정신 모델'이다. 이 정신 모델은 장기 기억 속에 축적되어 있는 작업 관련 이미지와 지식구조(schemata)로 구성된다. 이것은 종종 불완전하거나 부정확하지만, 절차서를 읽는 것과 작업을 수행하는 것을 항상 동시에는 할 수 없기(하지 않기) 때문에, 이 정신 모델이 필요하다. 정신적 리허설의 좋은 점은 일차적으로 정신 모델의 질을 개선하고 의도한 목표를 향해 올바른 길(작업절차)을 활성화하는 것이다. 이것은 적절한 때에 주의의 스포트라이트를 비출 수 있는 좋은 기회를 제공한다. 잘못된 작업절차보다도 올바른 작업절차 쪽이 주의의 집중을 모으는(주의를 집중시키는) 경쟁에서 승리할 가능성이 높다.

---

239 비교의 기준이 되는 그룹.

6. 팀 레벨의 휴먼에러 대책

대부분의 시스템 사고는 이런저런 팀 레벨의 휴먼에러를 포함한다. 팀은 어떤 공통된 목적 또는 과제를 달성하기 위하여 함께 일하는 많은 사람들이다. 작업의 상당 부분은 팀으로 수행된다. 팀으로 작업하는 것은 장단점 양면이 있다. 팀 내이든지 팀 간이든지 여러 사람이 무엇이 일어나고 있는지 또는 무엇이 일어났는지에 대해 같은 인식을 공유할 필요성은 휴먼에러 발생 가능성을 증가시킬 수 있다. 그러나 동료 팀멤버의 존재는 휴먼에러 발견과 복구의 가능성을 높일 수도 있다.

민간항공은 오랫동안 필요한 전문적 기술을 가르치고 자격을 인정하는 것을 매우 잘 해 왔다. 항공업계는 1990년대에 들어와 비로소 인적 요인이 품질, 신뢰성 및 운행 효과성에 기여하기 위한 요건에 체계적으로 대처하기 시작했다.[240] 사고를 분석할 때, 항공회사는 팀 레벨의 휴먼에러는 안전에 가장 심각한 위협요인 중 하나라고 결론 내려왔다. 이 문제는 다음 사항을 포함한다.

- 팀 리더가 사소한 기술적 문제에 지나치게 몰두하는 것
- 임무와 책임을 위임하는 것의 실패
- 우선순위를 설정하는 것의 실패
- 불충분한 감시와 감독
- 커뮤니케이션의 실패
- 작업표준의 비준수를 발견하는 것 및/또는 문제 삼는 것의 실패
- 과도하게 권위적인 리더십 스타일
- 그룹 또는 팀의 하위 구성원들이 상급자의 에러를 바로잡으려는 것을 꺼리는 것

240 E. Wiener, B. Kanki and R. Helmreich, *Crew Resource Management*, Academic Press, 1993; N. Johnston, N. McDonald and R. Fuller(eds.), *Aviation Psychology in Practice*, Avebury, 1994.

이들 요인이 중첩되어 1977년 세계 항공 역사상 최악의 사고가 발생했다. 그 사고는 테네리페(Tene-rife) 섬[241]의 안개로 뒤덮인 활주로에서 점보제트기끼리 충돌하여 500명 이상이 사망하는 대참사였다. 사고가 일어난 것은 네덜란드 기장이 이륙의 허가를 얻었다고 착각하여 이륙하려던 순간에 발생했는데, 팬아메리칸(PAN AM) 항공기가 유도로를 따라 활주로로 진입한 것을 알지 못했던 것이다. 종종 최상의 인재가 최악의 에러를 일으킨다는 것을 이전에 지적한 적이 있다. 이 사고에서의 KLM기의 기장은 항공회사에서도 가장 존경받는 선임 조종사이고, KLM 항공의 운항훈련부문의 장이기도 하였다. 이 대참사에는 커뮤니케이션 에러, 시간 압박 그리고 기장의 이륙 결정에 대해 부조종사가 단호하게 이의제기를 하지 못한 명백한 실수와 같은 많은 인적 요인이 관련되어 있었다.

이 참혹한 사고가 항공업계의 전환점이 되었다. 1970년대 후반부터 1980년대에 발생한 테네리페 사고와 잇따라 발생한 다른 사고가 안전훈련방식의 전면적인 재검토를 촉발하였고 팀 관리(team management) 문제를 다루게 되었다. 승무원자원관리(Crew Resource Management: CRM) 훈련이라고 일반적으로 알려진 이러한 훈련은 세계의 대부분의 항공회사에 도입되어 있고, 많은 국가에서는 법적 요건으로까지 되어 있다. 이들 프로그램의 성공으로 CRM은 운항승무원 외에 다른 직원(객실승무원, 정비사, 지상관제관 등)으로 확장되었다. 나아가 점점 많은 항공회사에서 보수자원관리(Maintenance Resource Management: MRM)으로 불리는 보수작업자용 CRM 훈련을 도입하고 있다.[242]

보수작업 CRM 코스의 목표는 다음 사항을 포함한다.

- 지적인 자원(지식, 경험, 노하우)을 어떻게 팀멤버 간에 공유할 것인지를 가르치는 것
- 부하직원들로부터의 이의 제기를 허용하는 공동의 상황인식을 습득하는 것
- 팀워크의 중요성을 강조하는 것
- 커뮤니케이션 문제를 최소화하기 위한 공통용어를 설정하는 것

241 스페인령 카나리아 제도에서 가장 큰 섬.

242 B. Sian, M. Robertson and J. Watson, *Maintenance Resource Management Handbook*, Federal Aviation Administration, 1998.

- 리더십 및 팀멤버십 기량을 훈련하는 것
- 조직의 규범과 그것이 안전에 미치는 영향을 인식하는 것
- 조직문화를 이해하고 가치관을 공유하는 것을 인식하는 것
- 커뮤니케이션 기량을 개선하는 것
- 스트레스에 대해 이해하고 관리하는 것

콘티넨탈항공(Continental Airlines)은 CRM을 항공기 보수작업에 적용할 때에 20~25명의 참가자 및 2명의 강사에 의한 이틀간의 세미나를 개최한다.[243] 첫날에는 좋지 못한 팀워크 사례, 인식과 현실의 차이 예시, 여러 행동과 의사결정 방식에 관한 논의, 자기주장의 자세 및 여러 스트레스 관리요인에 대한 설명을 포함한다. 둘째 날에는 주로 세 가지 주요 영역을 다룬다: ① 팀워크, 의사결정 활동, ② 조직규범의 인식에 관한 사례연구, ③ 대인관계 기술(듣기, 지지하기, 마주하기 및 피드백)에 대한 대화형 토론. 훈련 프로그램은 처음에는 관리직을 대상으로 수립되었고, 그다음에 항공기 정비사로 확대되었다.

보수작업에 CRM 기법을 적용하는 또 다른 선구자인 노스웨스트항공은 훈련이 4개 부분으로 구성되어 있다.

- 커뮤니케이션 기술
- 승무원 능력개발 및 리더십 기술
- 작업부하 관리
- 기술적 기량

CRM 실시 전후를 비교하면, 지상에서의 항공기 손상사고의 상당한 감소와 운송 신뢰성의 개선을 보였다. 또한 CRM 훈련과정 실시 전후에 행해진 태도 · 행동조사에서도 강한 긍정적 효과가 얻어졌다. 보수작업자용 CRM은 안전뿐만 아니라 신뢰성 향상과 비용삭감

---

243 W. B. Johnson, "Human Factors in Maintenance: An Emerging System Requirement", *GroundEffects*, 2, 1997, pp. 6~8.

에서도 측정 가능한 확실한 효과가 있다는 광범위한 증거가 있다. 최근의 연구는 미국 내의 150개의 항공기 수리센터에서의 보수작업 관련 CRM 훈련과정의 효과를 발견했다.[244] 주된 결론은 다음과 같다.

- CRM 훈련과정에 참가한 직후에는 훈련의 잠재적 가치에 대한 강한 관심이 있다.
- 훈련 직후에 CRM의 가치에 긍정적인 태도를 보이는 것은 15~20% 증가한다.
- CRM 훈련은 산업재해의 감소로 이어지고 지상에서의 항공기 손상사고가 감소한다. 이것은 항공기의 운송률의 향상도 가져온다.

CRM 코스의 운영에 유일한 올바른 방법은 없다. '기성(旣成)' 훈련은 각 조직의 특수한 수요와 문화에 적합하도록 마련된 코스만큼 효과적이지 않을 것이다.

항공업계에서의 CRM이 항상 호의적으로 받아들여져 온 것은 아니다. 〈좋은 CRM을 망가뜨리는 방법〉이라는 제목의 보고서는 CRM이 실패할 수 있는 10가지 방법에 대해 소개하고 있다.[245] 이 항목들은 CRM에 '혐오감'을 갖게 하는 주된 요인을 나타낸다. 이를 제시하면 다음과 같다.

- CRM을 다른 형태의 훈련과 통합하지 않는 것(CRM 자체는 기술적 기량을 제공하지 않는다. 이것이 효과적이려면 다른 형태의 훈련과 체계적으로 통합되어야 한다)
- 각 회사 문화가 가지고 있는 고유의 수요를 인식하지 못하는 것
- CRM 광신자에게 좌지우지하게 하는 것
- 조사 및 자료수집 절차를 건너뛰는 것
- 훈련 및 확인 기준과 관련된 것을 무시하는 것
- 도표, 박스 및 생략기호를 많이 사용하는 것

---

244 J. C. Taylor, "Evaluating the Effectiveness of Maintenance Resource Management(MRM), Paper given to 12th International Symposium on Human Factors in Aircraft Maintenance and Inspection, 11–12 March 1998.

245 W. R. Taggart, "How to Kill Off a Good CRM Program", *The CRM Advocate*, 93, 1993, pp. 11~12.

- CRM 프로그램을 일회성의 이벤트로 운영하는 것
- 통속적인 심리요법 전문용어를 사용하는 것
- CRM을 긴장을 풀어주는 치료 · 상담시간으로 변질시키는 것
- CRM의 C를 '카리스마적(Charismatic)'으로 고쳐 정의하는 것(그렇게 되면 참가자는 업무에 적용해야 할 것을 얻기보다는 강사 자신과 그가 얼마나 흥미로웠는지를 기억한다)

어떠한 CRM 형태의 프로그램이든 이것을 궤도에 안착하게 하는 방법은 비교적 간단하다.

- 운영관리(operational management)가 현재 종사하고 있는 감독자와 참가자를 대상으로 하는 CRM 프로그램과 계속해서 관련되어 있어야 한다.
- 운영상의 높은 신뢰성을 보유하고 있는 사람이 가르쳐야 한다(즉 외부의 전문가 또는 컨설턴트가 아니라 보수작업자 자신)
- CRM은 훈련활동과 완전히 통합되어야 한다.
- 실시상황, 참가자의 반응을 추적하고 훈련의 질을 모니터링하기 위하여 피드백 시스템을 만드는 것이 필수적이다.
- 보수에러에 대응하기 위해서는, CRM 훈련이 일회로 그치는 예방접종이 되어서는 안 된다. 정기적인 보강훈련과 재훈련이 매우 중요하다.

사람들을 작업자, 조직(시스템)에서 분리시킨 채 그들에게 인적 요인 훈련 등을 제공하는 것만으로는 그들의 행동에서 극적인 개선을 기대할 수 없다. 개인 및 팀에 기반한 대책만으로는 충분하지 않다. 개인 및 팀에 기반한 대책은 다음에서 살펴볼 작업장(workplace), 작업(task) 및 조직(시스템) 전체에 기반한 휴먼에러 관리 개입을 동반하지 않으면 제한적인 효과밖에 얻을 수 없다.[246]

---

246 J. Reason and A. Hobbs, *Managing Maintenance Error*, Ashgate, 2003, pp. 113~116.

7. 작업장 및 작업 차원의 대책

앞 절에서 제시한 휴먼에러 관리대책은 개인과 팀에 기반한 것이었다. 즉 기량의 향상, 태도와 신념의 교정 및 조정과 커뮤니케이션에 대한 제언이었다. 사람을 바람직하게 하는 것은 가치 있는 목적이지만, 작업환경이 휴먼에러를 계속적으로 유발하고, 특히 동일한 유형의 휴먼에러가 계속 재발한다면, 개인과 팀에 기반한 대책은 한정된 효과밖에 얻지 못한다.

많은 휴먼에러는 작업환경에 그 원인을 가지고 있기 때문에, 휴먼에러를 저감하기 위한 가장 강력한 조치들 중의 일부는 작업의 질에 위협을 주는 작업 관련 문제들을 제거하는 것에 향해 있는 것들이다. 이 절에서는 휴먼에러, 위반을 일으키는 것으로 알려져 있는 환경요인 및 작업요인에 관한 몇 가지 과제에 대해 논한다. 대상으로 하는 요인은 피로 관리, 작업빈도, 설계, 정리 · 정돈, 예비품, 공구 및 장비이다.

이 절의 마지막 부분에서는 생략에러를 저감하기 위해 설계된 과제 지향적 대책에 대해 상세히 설명한다. 생략에러의 관리는 두 가지 절차가 있다. 하나는 작업에서 생략에러가 발생하기 쉬운 절차를 파악하는 것이고, 다른 하나는 적합한 기억보조장치(reminder)를 준비하는 것이다.

1) 피로 관리

피로는 알코올과 동일한 방법으로 휴먼에러를 일으킬 가능성을 증가시킨다. 어떤 조직에서도 술 취한 작업자에게 출근을 권하지는 않을 것이다. 그러나 많은 조직에서는 리스크가 유사함에도 불구하고 피로한 작업자의 출근을 허용하고 있다.

만약 보수작업이 표준근로시간 외에 실시된다면, 피로 관리는 조직이 직면하는 가장 중요한 사항 중 하나가 된다. 잘 설계된 근무당번표는 피로에 의한 리스크를 저감하기 위한 하나의 방법이다. 교대제의 설계에 필요한 여덟 가지 원칙은 다음과 같다.[247]

---

247 P. Knauth, "Changing Schedules: Shifework", *Chromobiology Internatinal*, 14, 1997, pp. 159~171.

① 3일을 초과하여 연속적인 야근을 하지 않는 것이 바람직하다.

② 항구적인 야근작업을 피한다.

③ 근무시간을 순방향으로 교대한다(아침 → 저녁 → 밤).

④ 마지막 야근 후 적어도 2일간의 휴식을 준다.

⑤ 연속적인 근무일수는 5~7일을 넘지 않는 것이 바람직하다.

⑥ 교대제의 근무시간이 8시간보다 긴 경우에는 초과근무를 허가하지 않는 것이 바람직하다.

⑦ 교대근무 전에 최소한 11시간의 휴식을 준다.

⑧ 가능하면, 교대제 스케줄이 미리 충분히 주지되도록 하고, 그 이후에는 변경을 최소화한다.

2) 작업 빈도

엔지니어는 종전부터 개별 설비의 일생에 걸친 고장 빈도를 나타내기 위해 널리 알려져 있는 욕조 곡선(고장률 곡선, bathtub curve)을 이용하였다. 현재는 그다지 사용되고 있지 않지만, 이 모델에 의하면 초기 도입기에서는 고장 리스크가 비교적 높지만, 일단 이 같은 초기 고장이 해결되면, 일반적으로 신뢰성이 높은 기간이 뒤따르고, 그 후 설비의 설계 수명에 근접하게 되면 고장이 빈발하게 된다. 보수작업 성과의 신뢰성은 설비 수명 사이클과는 관계없고, 보수작업자의 경험에 좌우되는 경향을 보일 수 있다. 드물게 수행되는 작업의 에러율이 높을 가능성이 큰 것은 숙련되지 않은 작업자들이 에러를 일으키기 쉬운 지식 기반 레벨에서 작업을 수행하는 경향을 가지고 있기 때문이다. 그러나 일단 경험이 축적되면 지식 기반의 에러 가능성은 줄어드는 반면, 숙련 기반 행위착오와 망각이 발생할 가능성은 오히려 증가한다. 부주의(방심)는 초심자보다도 베테랑에게 문제가 된다.

보수작업자에게 작업을 맡길 때에는 작업자로 하여금 경험 연속체(continuum of experience)의 어디에서 작업에 접근하도록 할 것인지를 고려할 가치가 있다. 비정상작업과 정상작업은 각각의 고유의 휴먼에러를 일으킬 수 있다. 그러나 지능적인(intelligent) 작업 할당은 이

리스크를 저감하는 데 도움이 될 수 있다.[248]

3) 설계

많은 보수에러는 부적절한 시스템 설계에 기인한다. 대부분의 보수작업자는 위아래 또는 앞뒤를 거꾸로 설치할 수 있는 기기(부품), 접근하기 어려운 시스템, 또는 보수작업자가 3개의 팔을 가지고 있는 것으로 상정하고 설계된 작업을 (문제 있는 것으로) 열거할 수 있을 것이다. 보수작업의 용이성 문제는 시스템 설계자에게 일반적으로 우선순위가 낮다. 다음은 시스템 설계 시 보수성(maintainability)을 높이기 위한 여섯 가지 설계원칙이다.[249]

① 기기에 용이하게 접근할 수 있어야 한다.
② 기능적으로 관련 있는 기기는 함께 분류해 놓아야 한다.
③ 기기에는 명료하고 유익하게 라벨을 붙여야 한다.
④ 특수한 공구를 필요로 하는 상황을 최소화해야 한다.
⑤ 현장에서 섬세한 조정을 할 필요가 없도록 해야 한다.
⑥ 설비는 결함 분리(fault isolation)[250]가 용이하도록 설계되어야 한다.

현대의 보수작업은 다양한 고도의 시험, 측정 및 진단 장비를 이용하는 것이 요구된다. 각 작업에는 사용자 인터페이스가 딸려 있는데, 그것을 사용하여 보수작업자는 뭔가의 목표를 달성하기 위해 행동하고 거기에서 정보를 입수한다. 실행(행동)과 평가(정보) 두 단계에서 불충분한 설계에 의해 에러, 오해가 일어날 가능성이 있다. 이것은 대체로 설계자 측이 사용

248 J. Reason and A. Hobbs, *Managing Maintenance Error*, Ashgate, 2003, pp.120~121.

249 A. E. Majoris and E. Boyle, "Maintainability", in G. Salvendy (ed.), *Handbook of Human Factors and Ergonomics*, 2nd ed., Wiley, 1997; B. S. Dhillon, *Engineering Maintainability: How to Design for Reliability and Easy Maintenance*, Butterworth-Heinemann, 1999.

250 시스템 및 설비를 이루고 있는 하부시스템 및 하부설비의 결함 발생 시 구성요소의 결함으로 인하여 전체 시스템 및 설비에 영향을 미치지 않도록 결함이 발생한 구성요소를 분리 또는 격리시키는 것을 말한다.

자의 관점을 이해하지 못하는 것에서 발생한다. 미국의 저명한 인지심리학자인 노먼(Donald A. Norman)은 이 오해가 발생하는 두 가지 주된 상황을 밝혀냈다. 즉 실행 격차와 평가 격차이다. 이 두 가지의 기본적인 설계문제를 그림 13-3에 제시한다.[251]

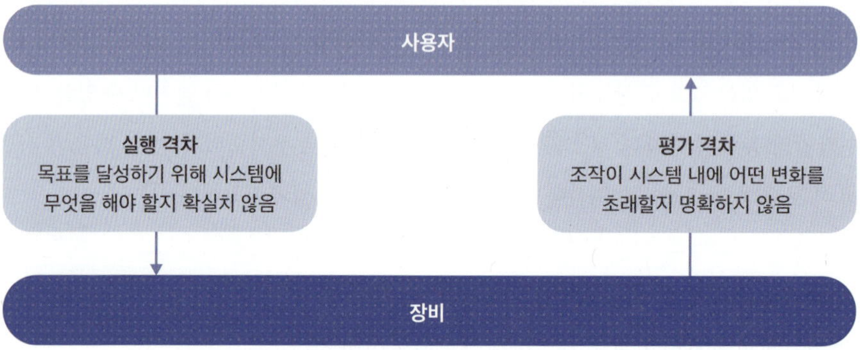

그림 13-3 무엇이 진행되고 있는지에 대한 사용자 모델과 시스템의 실제 상태 사이의 실행과 평가의 격차

설계자가 시스템에 관한 자신들의 모델과 사용자의 모델이 동일하다고 추정하는 것에서 많은 문제가 발생한다. 그러나 이것은 설계자가 사용자에게 직접 이야기하는 경우는 드물다는 점과 설계자가 일어날 수 있는 다양한 휴먼에러에 대해 항상 잘 알고 있는 것은 아니라는 점 때문에 반드시 사실인 것은 아니다. 사용자 모델은 시스템 이미지로부터 도출되는데, 이것은 취급설명서와 사용자가 추측한 설비의 설계의도로 구성된다. 만약 이 이미지가 설계자의 모델을 분명히 이해하지 못하면, 사용자는 시스템의 기능에 대해 잘못 인식할 것이다.

이 문제를 피하기 위한 하나의 방법은 장비를 구매하기 전에 사용자 중심의 설계인지를 묻는 것이다. 이들 질문은 사용자가 될 가능성이 있는 그룹에게 제기되어야 한다. 최초이면서 가장 근본적인 질문은 사용자가 시스템 또는 장치의 기능을 얼마나 용이하게 이해할 수 있는가이다. 그러고 나서 실행에 관한 다음 세 가지 질문을 한다.

---

251 이하의 내용은 주로 D. A. Norman, *The Psychology of Everyday Things*, Basic Books, 1988; D. A. Norman and S. W. Draper, *User Centered System Design*, Erlbaum, 1986 참조.

- **의도**: 어떤 조작이 가능한지를 사용자가 얼마나 쉽게 말할 수 있는가?
- **행위 지정**: 의도와 조작의 매핑(대응)을 사용자가 얼마나 쉽게 이해할 수 있는가?
- **실행**: 사용자가 얼마나 쉽게 조작할 수 있는가?

그다음에 장치 또는 시스템 상태의 평가에 관한 질문을 추가로 한다.

- **지각**: 시스템이 어떤 상태에 있는지를 사용자가 얼마나 쉽게 말할 수 있는가?
- **해석**: 시스템 상태와 올바른 해석의 매핑(대응)을 사용자가 얼마나 쉽게 이해할 수 있는가?
- **평가**: 시스템 또는 장치가 바람직한 상태에 있는지를 사용자가 얼마나 쉽게 말할 수 있는가?

사용자가 에러를 일으킬 가능성을 모두 배제하는 시스템을 설계하는 것은 불가능하지만, 설계자와 구매자 쌍방이 에러 발생을 줄이기 위해 할 수 있는 것은 많다. 예를 들면, 최신 전자장치의 공통적인 특징 중 하나는 전용 키 또는 제어장치로 상당히 많은 기능을 실행할 수 있다는 점이다. 장치의 완전한 기능성을 확보하기 위해, 사용자는 한정된 키 또는 제어장치를 사용하기 전에 우선 바람직한 조작 모드를 선택하여야 한다. 이것이 그러한 장비를 사용할 때 발생하는 가장 흔한 에러 유형의 하나를 촉진한다. 그것은 어떤 한 모드에 적합한 조작을 하지만 실제로는 사용자는 다른 모드에 있고 그것을 인식을 못하는 것과 관련되는 '모드에러'이다. 이러한 모드에러는 많은 항공기 사고의 원인이다. 이 같은 사고에서 승무원이 다른 모드에 있다고 잘못 생각하면서 비행관리시스템의 조작에 들어간다. 이러한 시스템의 문제점 중 하나는 새로운 비행 모드가 불충분하게 사용자에게 제시된다는 점이다. 매우 중요한 것은 다양한 모드의 장비를 구매할 가능성이 있는 사람은 사용자에게 제공되는 새로운 모드에 관한 정보가 명확하고 애매하지 않다는 점을 초기에 분명히 해야 한다. 요컨대, 모드의 표시가 분명하게 눈에 띄어야 하고 쉽게 이해할 수 있도록 해야 한다.

4) 정리 · 정돈

정리 · 정돈 실시의 정도는 조직문화에 관한 설득력 있는 지표이다. 작업 완료 후에 와이어의 잘린 조각과 같은 것들이 바닥에 떨어져 있거나 제거된 부품들이 닥치는 대로 보관되어 있다고 하면, 그 환경에서는 휴먼에러가 보다 빈번하게 발생하고 휴먼에러의 결과가 심각할 가능성이 높다.

불충분한 정리 · 정돈이 장기간에 걸쳐 방치되고 이런 상황에 대해 어떠한 대처도 취해지지 않은 경우에는, 불충분한 정리 · 정돈은 시스템 문제의 명백한 신호가 된다. 관리 실패가 없으면, 불충분한 정리 · 정돈이 오랫동안 제멋대로 방치될 리가 없다. 이 실패는 다음 3종류가 있을 수 있다.

- 경영진은 점검을 실시하고 문제를 인식하고 있지만, 그것에 대해 무엇도 하고 있지 않는다.
- 경영진은 점검을 실시했지만, 문제를 인식하지 못하고 있다.
- 경영진은 점검을 충분한 빈도로 실시하지 않고 있다.

정리 · 정돈의 요령은 중용의 길을 걷는 것이다. 한편으로는 청결, 정연(整然) 및 외관에 대해 과도하게 신경질적이 되는 것을 피하고, 다른 한편으로는 위험한 무질서를 소홀히 하는 것을 피하는 것이다. 어느 쪽이든 극단적이면 불이익이 따른다. 안전하고 신속하며 효과적인 작업 수요를 충족하면서 이 목표를 지나치게 초과하지 않는 정리 · 정돈의 표준을 탐색할 필요가 있다.

5) 예비품, 공구 및 장비

작업자가 여러 장해와 문제에 직면하면서 자신들의 일을 수행하려고 노력할 때, 예비품, 공구 및 장비의 이용 가능성과 같은 실용적인 문제가 휴먼에러의 강력한 기폭제가 될 수 있다. 이들 문제를 관리하려면, 심리학적인 특별한 지식은 필요하지 않다. 필요한 것은 휴먼에러 관리의 중요한 부분은 작업환경을 적정하게 하는 것이라는 인식뿐이다. 이들 문제는 작업장에 대한 감사(audit)의 핵심이 될 수 있다. 공구와 장비에 관한 중요한 질문을 다음에 제시한다.

- 작업자는 지금까지 승인되지 않은 도구 또는 장비를 사용한 적이 있는가?
- 사용 가능한 보수장비가 수리될 때까지 작업현장에 방치되어 있는가?
- 자주 사용되는 예비품, 소모품의 재고가 떨어진 적이 있는가?
- 보수가 쉴 새 없이 계속되는 경우에 기술적 지원을 항상 이용할 수 있는가?
- 공구를 추적할 수 있는 시스템을 갖추고 있는가?
- 작업현장은 정돈되어 있는가?
- 분해된 부품은 적절한 방법으로 보관되고 표시되어 있는가?
- 장비가 수리 또는 교정을 위하여 현장에 없을 때 대체품을 이용할 수 있는가?

6) 생략에러를 관리하는 방법 이용

재조립 또는 설치 중에 필요한 절차를 생략하는 것이 가장 빈발하는 유형의 보수에러이다. 일부 보고서는 보수작업에서 생략에러가 모든 인적 요인 문제의 절반 이상을 차지한다고 제시하였다. 여기에서는 보수절차에서 생략 유발 작업절차를 미리 파악하고 적합한 기억보조장치를 준비함으로써 생략에러를 관리하는 데 초점을 맞추고자 한다.

생략에러가 특히 위험한 것은 공통의 모드 고장을 일으킬 수 있기 때문이다. 이들 고장에서는 누락된 부품 또는 구성요소의 '하류(downstream)'에 있는 기능적으로 관련된 많은 기기가 사용 불능이 될 가능성이 있다. 더군다나 생략은 발견될 때까지, 또는 더 나쁘게는 재해 또는 사고를 일으키는 원인이 되는 국소적 결함과 상호작용하기 전까지 상당한 시간 동안 보이지 않을 수 있다. 이처럼 휴먼에러 관리에서는 생략에러라고 하는 카테고리를 특별한 타깃으로 취급해야 한다는 점을 시사하는 강력한 상황이 존재한다. 다행히 생략에러를 유발할 가능성이 있는 작업절차의 특징에 대해서는 많은 것이 알려져 있다. 그러나 미리 생략에러가 일어나기 쉬운 지점을 알고 있는 것은 효과적인 휴먼에러 관리의 고작 절반에 도달한 것에 지나지 않는다. 나머지 절반은 생략을 회피하기 위하여 생략에러가 일어날 가능성에 사람들의 주의

를 끄는 효과적인 방법을 발견하는 것이다.[252]

(1) 에러를 유발하기 쉬운 특징

특히 이하의 네 가지 요인이 작업절차의 생략에러 가능성을 결정한다. 첫 번째 요인은 절차의 '기억 부하'이다. 즉, 절차를 완료하기 위하여 기억하고 있어야 하는 정보의 양이다. 하나의 절차의 기억 부하가 높으면 높을수록 그 일부 또는 전부가 생략될 가능성이 높아진다. 두 번째 요인은 '눈에 잘 띄는 정도'이다. 감추어져 있거나 눈에 띄지 않는 부품은 생략되기 쉽고 재조립 과정에서 눈에 띄지 않는 부품의 교환을 기억에 의지하여 행하는 경우에는 특히 현저해진다. 세 번째 요인은 일련의 작업순서(task sequence) 중 절차의 '위치'이다. 중간 절차와 마지막 절차 두 개의 위치가 취약하다. 중간 절차의 취약성은 그것의 성질에 달려 있는데, 작업 완료를 향하는 길에 있는 거의 모든 절차가 잊어버리거나 조기에 끝나기 쉽다. 네 번째 요인은 '실시 계기'이다. 많은 절차는 앞의 절차가 계기 또는 자극이 된다. 예를 들면, 맨 볼트(bare bolt)가 와셔와 너트의 원래대로 돌려놓기를 유발하고, 비어 있는 나사 구멍이 나사 삽입의 계기가 된다. 그러나 기능이 작업의 나머지와 독립되어 있는 경우가 종종 있는데, 재조립이 특히 그렇다. 이와 같은 독립된 절차에서는 생략에러에 대해 특히 취약해진다.

이들 요인 모두가 조합되어 일상생활에서 가장 흔한 생략에러를 일으킨다. 예를 들면, 가정용 복사기에서 서류 여러 장을 복사한 후 서류의 마지막 페이지를 깜박 잊고 두고 가는 생략에러가 저질러진다. 먼저, 서류의 마지막 페이지를 제거하는 행위는 기능적으로 독립되어 있다. 서류의 앞 페이지를 제거하는 행위는 새로운 서류를 놓는 것과 기능적으로 연결되어 있어 그것에 의해 촉발된다(제거된다). 둘째, 마지막 페이지는 복사기의 커버 밑에 가려져 있다. 셋째, 행위는 서류 복사라는 일련의 절차의 마지막에서 발생하고, 그 시점에서 이미 마음은 다음 작업에 있다. 넷째, 이 행위는 작업의 주요 목표가 완료된 후에 이루어진다는 사실에 의해 최종 지점의 확인은 더욱 어려워진다. 즉, 복사물의 마지막 페이지가 나오는 것을 확인한 것은 그 자리를 떠나는 것에 대한 강력한 신호로 작용한다. 생략에러 유발작용은 더해진다.

---

252 J. Reason, "How Necessary Steps in a Task Get Omitted: Revising Old Ideas to Combat a Persistent Problem", *Cognitive Technology*, 3, 1998, pp. 24~32.

하나의 절차에 결합되는 특징이 많을수록 생략될 가능성이 높아진다.

(2) 작업절차 체크리스트

전술한 일반적인 원칙을 실천적인 휴먼에러 관리기법으로 전환하는 방법의 하나는 표 13-1에 제시하는 20개 항목의 체크리스트를 사용하는 것이다. 이하에 제시된 절차는 여러 보수작업에 적용될 수 있다.

표 13-1 작업절차 체크리스트

작업분석 또는 매뉴얼에서 확인된 모든 작업절차에 이 체크리스트를 적용한다. 확신이 안 서면 '예'라고 한다. 각 작업절차에 대한 점수를 합계하여 점수표의 집계란에 기입한다.

생략에러를 유발하기 쉬운 특징	장기기억의 특성
1. 이 절차가 과거에 잘못하여 생략된 적이 있었는가?	'예'이면 3점
2. 이 절차는 설치 또는 재조립 연쇄(sequence)의 일부를 형성하는가?	'예'이면 3점
3. 이 절차는 일상적이면서 매우 습관적으로 이루어지는 행위를 포함하는가?	'예'이면 2점
4. 이 절차는 작업조건과 반드시 부합한다고 할 수 없는 문서화된 절차를 참고하는 것을 수반하는가?	'예'이면 2점
5. 이 절차는 기능적으로 나머지 절차와 분리되어 있는가?(예: 선행 행위가 명백한 계기가 되지 않거나 떨어져 있다)	'예'이면 2점
6. 이 절차의 수행에는 해당 업무를 이행할 때 종전의 방식이 변경된 새로운 방식을 필요로 하는가?	'예'이면 2점
7. 이 절차에는 다른 상당히 유사한 작업에서는 필요로 하지 않는 행위 또는 항목이 포함되어 있는가?	'예'이면 2점
8. 이 절차를 잘못하여 생략하면, 그 누락이 나중에 시계(視界)에서 보이지 않게 되는가?	'예'이면 2점
9. 이 절차에는 어떤 작업조건 또는 요구사항에 따른 행위의 반복이 수반되는가?	'예'이면 1점
10. 이 절차에는 다수의 항목[예: 부시[253], (볼트의) 와셔, 너트]의 설치가 수반되는가?	'예'이면 1점
11. 이 절차는 단서, 또는 쉽게 볼 수 없거나 검지할 수 없거나 바로 사용할 수 없는 항목을 필요로 하는가?	'예'이면 1점
12. 이 절차는 작업의 완료 근처에서 실시되는가?	'예'이면 1점

(계속)

253 마찰 방지용으로 구멍 안쪽에 끼우는 금속통.

생략에러를 유발하기 쉬운 특징	장기기억의 특성
13. 이 절차는 작업의 주된 목적을 달성한 후이지만 실제 완료 전에 실시되는가?	'예'이면 1점
14. 이 절차의 수행은 중단 또는 외부의 방해를 받기 쉬운가?	'예'이면 1점
15. 이 절차는 작업을 개시한 사람과는 다른 사람이 실시할 가능성이 있는가?	'예'이면 1점
16. 이 절차의 수행은 어떤 이전의 행위, 조건 또는 상태에 의존하는가?	'예'이면 1점
17. 이 절차는 상세한 설명을 기억하는 것을 필요로 하는가?	'예'이면 1점
18. 이 절차에서는 공구 또는 쓸모없는 것을 작업장소의 바로 근처에서 제거하는 것을 필요로 하는가?	'예'이면 1점
19. 이 절차는 복수의 잠그는 설비의 설치와 조정을 필요로 하는가?	'예'이면 1점
20. 현 작업의 실시 중에 이 절차를 필요로 하지 않는 경우가 종종 있는가?	'예'이면 1점

(3) 생략에러를 유발하기 쉬운 특징

생략에러를 일으키기 쉬운 20개 특징의 각각에 대한 설명을 이하에 제시한다. 각 설명은 작업절차 체크리스트의 각 항목에 대응하고 있다.

① 이 절차에서 지금까지 발생한 생략이 품질 관련 트러블로 기록되었을 수도 있고 그렇지 않았을 수도 있다. 중요한 것은 이 작업을 정기적으로 수행하는 사람들이 생략된 절차가 기록되지 않은(또는 나중에 발견하여 복구된) 사례가 있었는지 여부를 찾아보는 것이다.

② 여기에서 중요한 것은 분해와 재조립 간의 구별이다. 어떤 것을 원래대로 재조립하는 것은 분해하는 것보다 몇 배나 휴먼에러를 일으키기 쉽다.

③ 방심상태의 생략에러는 '자동조정장치'에 의해 작동되는 작업 또는 보조작업에서 발생할 가능성이 높다.

④ 문장 또는 그림이 일을 하는 사람들에게 보여지는 현실과 일치하지 않는 절차서, 매뉴얼, 작업지시서는 잘못된 생략에러에 종종 관련되어 있다.

⑤ 이것은 어느 정도 분석자 측의 판단이 필요한 특징이다. 어떤 절차가 어떤 면에서 작업연쇄(sequence)의 나머지와 떨어져 있으면, 그리고/또는 선행 행위가 명백한 계기가 되지 않으면 그 절차는 기능적으로 독립되어 있는 것이다.

⑥ 이 특징은 해당 작업을 실시하는 과정에서 최근 변화가 있었을 때 적용된다. 예를 들면, 작업 연쇄의 어느 단계에서 추가의 검사 또는 체크가 지금 요구된다고 판단될 수도 있다. 또는 어떤 다른 추가조치가 지금 요구되는 경우가 있다. 이들 '추가사항'은 쉽게 잊힌다.

⑦ 이 특징은 앞의 학습이 나중의 학습을 억제 또는 방해하도록 작용하는 부정적 전이(negative transfer) 또는 사람이 어떤 작업으로부터 많은 유사점이 있지만 일부 중요한 차이점도 있는 다른 작업으로 이동하는 것과 관련된다. 예를 들면, 항공기에 따라서는 휠 스페이서가 휠에 장착되어 있는 것도 있지만 그렇지 않은 것도 있다. 이 상황은 후자의 케이스에서 휠 스페이서(wheel spacer)의 설치를 생략하는 원인이 된다. 이것이 재발하기 쉬운 상황은 기술자가 하나의 항공기 타입에서 다른 타입으로 이동할 때와 필요한 행위 간에 아주 작은 차이밖에 없는 경우이다.

⑧ (볼트의) 와셔, 스페이서, 덮개, 잠금장치 등의 빠뜨림과 같은 생략에러의 많은 것은 뒤이은 재조립 또는 설치작업에 의해 시야에서 가려지는 경우가 종종 있다. 이것이 생략에러를 발견하여 복원하는 것을 매우 어렵게 한다.

⑨ 어떤 작업조건을 충족하기 위하여 선행 행위의 반복을 필요로 하는 절차는 특히 생략에러가 일어나기 쉽다.

⑩ 절차가 하나 이상의 부품(component)의 설치 · 장착을 필요로 하는 경우에는 이들 부품 중 일부는 누락되기 쉽다.

⑪ 눈에 띄지 않거나 가까이 있지 않은 절차 또는 항목은 '보이지 않으면 마음에서 멀어진다'는 원칙의 영향을 받기 쉽고 생략되기 쉽다.

⑫ 작업의 완료 가까이에서 이행되는 절차의 경우, 작업자가 처음 작업을 다 끝내지 않고 다음 작업으로 이동하는 조기 퇴장을 하기 쉽다.

⑬ 모든 필요한 작업이 완료되기 전에 작업의 주된 목적이 달성되는 경우가 있다. 예를 들면, 메인 기어의 차륜과 타이어의 설치에서 주된 목적인 차륜의 설치와 휠캡 어셈블리의 교환은 일이 완료되기 전에 달성된다. 그러나 회로차단기의 폐지(閉止), 태그의 제거, 타이어 압력의 시험 등은 아직 남아 있다. 이들 나머지 절차는 시간 압박, 작업부하가 높은 상황에서는 특히 생략에러에 취약하다.

⑭ 원리적으로 모든 절차는 방해 또는 중단되기 쉽지만, 어떤 것은 다른 것보다 더 취약하다. 이것이 어떤 절차에 해당되는지는 분석자의 판단과 지식의 문제이다.

⑮ 많은 작업은 일을 시작한 사람이 반드시 끝내야 하는 것은 아니다. 이것에 해당되는 경우에는 생략에러의 리스크가 커진다.

⑯ 특정 절차의 이행이 당해 작업에서 보다 일찍 마주치는 상황, 조건에 의존하는 경우가 때때로 있다. 이와 같은 조건부 절차는 쉽게 잊힌다.

⑰ 대부분의 보수작업 절차는 기억에 대량의 정보를 간직하거나 절차서를 바로 가까이에 둘 것을 요구한다. 사람이 '읽는 것과 행하는 것'을 동시에 하는 경우는 드물기 때문에, 절차의 올바른 실시에 필요한 정보의 일부를 잊어버려, 그 결과 절차가 생략될 가능성이 높다.

⑱ 품질 관련 트러블과 에러 데이터로부터 얻어진 증거는, 공구와 외부에서 반입된 물건을 치우는 것의 필요성이 잊히는 경우가 많아 그것이 자주 생략된다는 점을 매우 명확히 보여준다. 나아가 이것은 작업 연쇄의 끝부분에서 실시되는 것의 영향을 받는 것이지만, 여전히 특별하고 분명한 케이스이다.

⑲ 잠그는 일, 특히 복수의 잠그는 일은 유달리 생략되기 쉽다. 그리고 잠그는 일은 조기에 끝내버리기 쉽다.

⑳ 어떤 상황에서는 필요하지만, 다른 상황에서는 필요하지 않은 절차는 생략되기 쉽다. 특히 그 절차를 이행할 필요성이 비교적 드문 경우에 생략되기 쉽다.

(4) 우수한 기억보조장치의 특징

일반적으로 생략에러가 일어나기 쉬운 절차 또는 항목을 눈에 띄게 하기 위하여 어떤 종류의 기억보조장치(reminder)를 사용해야 할지에 대해 가장 적절하게 판단할 수 있는 사람은 실제 일을 하는 사람이다. 그러나 기억보조장치가 어떤 형태를 취하는지에 관계없이, 효과적으로 기억을 되살아나게 하기 위해 도움이 될 수 있는 몇 가지 원칙이 있다. 이 원칙을 표 13-2에 제시한다.

많은 조직에서는 이미 여러 종류의 기억보조장치를 사용하고 있다. 그래서 다른 휴먼에러 관리기법과 마찬가지로 한계가 있다는 점이 쉽사리 이해될 것이다. 사람은 그것을 사용하는 것을 잊어버리거나 무시하기도 한다. 영향력 또한 줄어든다. 동일한 기억보조장치가 오랫동안 있을수록 배경의 또 다른 일부가 되기 십상이다. 계속적으로 효과가 있으려면, 기억보조장치는 갱신되고 재활성화되어야 한다. 그러나 그 노력은 가치가 있는 것이다. 예를 들면, 일어날 수 있는 모든 생략에러의 4분의 1을 방지할 수 있을 뿐이지만, 여전히 중대한 인적 요인 문제에 상당한 영향을 미칠 것이다.

표 13-2 우수한 기억보조장치 기준

효과적으로 작업하기 위하여, 필요한 작업절차의 생략에러를 방지하기 위한 기억에 도움이 되는 것(기억보조장치)은 이하에 설명하는 다섯 가지 조건을 모두 충족할 필요가 있다.	
눈에 띔	중요한 시기에 작업자의 주의를 끌 수 있어야 한다.
인접함	필요한 작업절차의 장소에 시간적으로도 거리적으로도 가능한 한 가깝게 두어야 한다.
상황	잊어서는 안 되는 작업절차가 언제, 어디에서 실시되어야 하는지에 대한 충분한 정보를 제공해야 한다.
내용	작업자에게 무엇이 실시되어야 하는지에 대한 충분한 정보를 제공해야 한다.
수를 셈	작업절차의 올바른 수행에 포함될 필요가 있는 행위 또는 항목의 수를 작업자가 셀 수 있도록 해야 한다.
이들 주요기준을 충족하는 것에 추가하여, 우수한 기억보조장치는 이하에 제시하는 2차 기준도 충족할 필요가 있을 수 있다.	
포괄적	잊어서는 안 되는 작업절차 전반에 대해 효과적으로 기능해야 한다.
강제성	(정당한 근거가 있거나 가능한 경우) 작업이 완료될 때까지는 추가의 진행을 막음으로써 기술자가 필요한 절차를 이행하도록 강제해야 한다.
확인	필요한 절차가 계획대로 이행된 것을 기술자에게 확인하게 하여야 한다. 환언하면, 절차 이행 시간이 도과된 후에도 계속해서 존재하고 눈에 보여야 한다.
편리성	원치 않거나 추가적인 문제를 일으키지 않아야 한다. 특히 일어날 수 있는 생략에러보다도 중대한 생략에러가 일어나지 않도록 해야 한다.
종결	행위와 그 체크시간이 도과되면 간단히 제거될 수 있어야 한다.

8. 조직적 대책

휴먼에러는 인간의 행위이지만, 휴먼에러를 조장하는 상황은 시스템 전체의 산물이다. 휴먼에러에 대한 대처는 개인, 작업장 레벨의 행위뿐만 아니라, 조직의 모든 레벨에서의 대처가 필요하다. 이 장에서는 조직적 요인의 관리대책에 대해 검토한다. 조직적 요인과 그 관리는 휴먼에러, 사고에 대해 '상류로부터의' 강력한 영향을 미치는 것으로 알려져 있다.

1) 사고는 어떻게 발생하는가

구체적인 관리수단에 대해 검토하기 전에 좋지 않은 뜻밖의 사건의 특질을 간단하게 검토한다. 여기에서 말하는 '사건'은 바람직하지 않은 상정 외의 사건을 의미한다. 사건은 사소한 휴먼에러부터 시작하여 대참사까지 이를 수 있다. 모든 사건은 다음 세 가지의 기본적인 구성요소로 구성된다.

- **인과관계적 요인**: 휴먼에러, 위반, 잠재적 시스템조건, 기술적 실패 등
- **시기**: 인과관계적 요인들이 합쳐져 시스템의 많은 방어벽의 일부 또는 모두를 돌파하는 길을 만들어 버리는 시점
- **결과**: 사소한 불편함부터 생명과 재산의 막대한 손실까지 폭넓은 범위가 포함될 수 있음

사고가 발생하는 시기를 제어하는 것은 어렵지만, 문제가 되는 상황에서 보다 많이 피해를 끼치는 인과관계적 요인의 일부를 제거함으로써 방어벽이 파괴되어 큰 피해가 현실이 될 가능성을 저감할 수 있다. 이것에는 두 가지 방법이 있다. 첫 번째는 '사후적 결과 대책(reactive outcome measure)'을 사용하여 과거의 사건으로부터 올바른 교훈을 얻는 방법이다. 두 번째는 '선제적 과정 대책(proactive process measure)'을 사용하여 시스템의 '안전 건전성'을 평가하고 시스템의 운용에 수반하는 잠재적 리스크에 대한 기본적 저항력을 높이는 것을 목적으로 하는 개선대책을 전개하는 방법이다. 이와 같은 두 가지 데이터 수집기법을 통합적 방법으

로 활용함으로써, 인과관계적 요인들이 합해져 재해, 손실 또는 손해를 끼치기 전에 그것들의 많은 것을 파악하고 제거할 수 있다.

사건의 '시기'는 특히 복잡하고 엄중하게 방호된 시스템에서는 대부분 우연의 손 안에 들어가 있다. 어떤 인과관계적 요인들이 조직 내에 있는지에 대해서는 우리가 다소의 영향을 미칠 수 있지만 사고가 정확하게 언제 발생할지는 대체로 우연이 결정한다.

재해를 일으키는 여러 인과관계적 요인들이 합해진 것의 결과는 주로 현장 상황(local circumstance)에 의해 구체화된다. 그것이 온화한 것이면 그 결과는 별것 아닐 수 있고, 그것이 힘든 것이면 그 결과는 비참할 수 있다. 경영자가 재해에 대해 시스템 전체가 저항력을 갖도록 열심히 노력하면, 이들 영향은 어느 정도 완화될 수 있다.

2) 사후적 대책 및 선제적 대책의 협력

사후적 결과 대책과 선제적 과정 대책은 상호 보완적으로 기능함으로써 어느 주어진 시점에서 조직의 핵심적 활동 중 어느 것이 가장 개선을 필요로 하고 있는지를 파악하는 것이 가능하다. 이 두 가지 대책의 상호 보완적 사용방법이 표 13-3에 제시되어 있다.[254]

모든 사업활동은 상업적인 성공뿐만 아니라 시스템 전체의 '안전 건전성'에도 지대한 영향을 미치는 많은 공통 요인을 공유하고 있다. 조직적 레벨에서는 조직구조, 훈련과 선발, 인사관리, 공구와 장치의 정비, 상업 · 운영상의 압박, 계획과 일정관리, 커뮤니케이션, 건물과 설비의 보수가 공통 요인에 해당한다. 이들 실천사항 모두는 작업자와 관리자의 암묵적 신념, 가치 및 규범과 함께 조직문화 — 조직문화에서 안전문화는 중요한 구성요소이다 — 를 결정하는 데 협력적으로 작용한다.

이러한 '상류로부터의' 영향은 어떤 특정 작업장소에서 국소적 상황을 형성한다. 이들 국소적 요인에는 작업자의 지식, 기능 및 능력, 공구와 장비의 질, 부품의 유용성, 문서작업, 매뉴얼 및 절차서, 작업 접근의 용이성, 컴퓨터 지원 등이 포함된다. 이들 요인은 결국 작업자 개인의 신뢰성 및 효율성에 직접적인 영향을 미친다. 이들 국소적 상황은 휴먼에러, 위반을 번

254 J. Reason and A. Hobbs, *Managing Maintenance Error*, Ashgate, 2003, pp. 133~135 참조.

식시키는 '늪'이 되거나, 양호한 성과를 지속시키기 위한 불가결한 조건이 될 수 있다. 그 어느 쪽이든 모니터링과 (목표로 하는) 개선의 계속적인 사이클을 구축할 필요가 있다. 재검토와 개선 프로세스가 소홀해질 경우 이러한 핵심적 활동이 장래 발생할 수 있는 사고의 인과관계적 요인들이 될 것이다.

표 13-3 시스템과 방호의 약점을 드러내기 위하여 사후적 결과 대책과 선제적 과정 대책이 협동할 수 있는 방법

구분	사후적 결과 대책	선제적 과정 대책
작업장소와 조직적 요인	많은 사고를 분석함으로써 단일 사건들에서는 인식할 수 없었던 원인과 영향의 재발 패턴이 명확하게 될 수 있다.	시스템의 '활력 징후'을 정기적으로 샘플링함으로써 조정 필요성이 가장 큰 부분을 알 수 있다. 이것은 '적합성' 또는 리질리언스(강인력)의 견실한 진전으로 이어진다.
방호수단, 방호 및 안전장치	각각의 사건은 시스템의 다중방호의 부분적이거나 완전한 관통을 나타낸다.	정기적인 체크에 의해 현재 방호상의 약점이 어디에 있고, 장래 어느 부분에 나타날 가능성이 있는지도 알 수 있다.

참고 | 안전의 평가

대부분의 조직은 주로 결과지표, 특히 사망자 수, 휴업재해자 수와 같은 좋지 않은 사건의 발생을 기록하는 부정적 결과지표에 의존한다.

그러나 안타깝게도 이런 결과 데이터는 시스템의 본질적인 안전에 대한 신뢰할 수 없는 지표를 제공한다. 이는 특히 부정적 사건의 수가 어떤 낮은 점근값(asymptotic value) 이하로 떨어지고, 이 때문에 어떤 기간에서 다음 기간 사이의 작은 변동이 '신호'라기보다는 '무의미한 정보(noise)'에 더 가까운 경우에 특히 그러하다. 잘 방호되는 시스템에서는 이들 데이터가 너무 적고 효과적인 안전관리를 안내하기에는 너무 늦다. 사실 일부 현대 기술은 지금까지 안전의 키잡이 역할을 해온 관례적인 결과지표를 거의 의미 없는 것으로 해버렸다. 예를 들면, 민간항공 분야에서 사고 위험은 지난 25년간에 걸쳐 거의 일정하게 유지되어 왔는데, 백만 마일 비행당 승객 1명 사망이 전 세계적 평균이다.

가장 널리 사용되는 지표는 부정적 결과의 수이지만, 이것은 사고율이 충분히 높은 경우에만 도움이 된다. 게다가 특정 장소와 시간에 원인 요소들의 우연한 조합이라는 우연의 문제가 남는다.

시스템 관리자가 모든 가능한 사고 유발요인을 완벽하게 통제하는 경우에만, 부정적 결과 데이터가 시스템의 본질적 안전의 타당한 지표가 될 수 있다. 그런 경우에만 재해율을 안전관리의 질과 직접 연결시킬 수 있다. 그러나 어떠한 위험방지기술도 결코 완벽한 통제를 할 수 없다. 재해에 어느 정도 대비할 수 있고 불안전행동은 어느 정도 감소시킬 수 있지만, 전적으로 제거할 수는 없다. 잠재적 상황 또는 병원체는 항상

(계속)

존재하기 마련이다. 그것들이 부정적으로 결합할 가능성은 항상 제로보다 크다. 재해 인과관계에서 우연성 요소는 '안전한' 조직에서도 나쁜 재해가 발생할 수 있고, '불안전한' 조직에서도 오랫동안 나쁜 재해가 발생하지 않을 수 있다는 것을 의미한다. 불운이 가치 있는 것을 파멸시킬 수 있지만, 행운이 가치 없는 것을 보호할 수도 있다.

이러한 난국을 돌파할 하나의 방법은 안전에 대한 과정지표를 사용하는 것이다. 그런 지표를 효과적으로 적용하기 위해서는 안전이 두 가지 면, 즉 부정적인 면과 긍정적인 면을 가지고 있다는 점을 인식할 필요가 있다.

3) 사후적 결과 대책

인적 요인 문제의 감소와 억제에 진지한 조직이라면 어떤 조직이든 자신의 시스템에서 발생하는 휴먼에러의 성질과 다양성을 우선적으로 이해해야 한다. 안전문화는 정보에 입각한 문화이다. 기록하지 않을 수 없는 심각한 피해를 초래한 휴먼에러를 단순히 수집하고 분석하는 것만으로는 충분하다고 할 수 없다. 왜냐하면 이러한 사례는 눈에 보이는 빙산의 일각에 지나지 않기 때문이다. 반복되는(그래서 관리할 수 있는) 휴먼에러 패턴을 완전히 이해하고 한정된 휴먼에러 관리의 자원을 가장 효율적인 방식으로 배분할 수 있도록 하기 위해서는, 아차사고, 즉 '무료 교훈'에 대해 알 필요가 있다. 이것은 발생할 뻔한 휴먼에러 또는 나쁜 영향 없이 발견되고 회복된 휴먼에러이다.

아차사고에서 지식을 얻기 위해서는, 작업자들을 설득하여 이러한 적은 비용의 사건들이 유용하도록 충분한 건수로 상세하게 (그렇지만 작업자들의 입장에서는 큰 번거로움이 없게) 보고되도록 하여야 한다. 이것은 용이한 일은 아니다. 왜냐하면, 사람은 자신의 큰 실수를 기꺼이 털어놓지 않기 때문이다. 그러나 몇 가지 성공적인 사례가 말해주듯이, 사람들에게 이렇게 보고하도록 하는 것은 충분히 가능할 수 있다. 이것에는 신뢰와 보고의 용이성이라는 두 가지가 중요하다. 신뢰의 문제는 안전문화의 중심에 위치해 있다. 신뢰는 허용되는 행동과 허용되지 않는 행동의 차이를 모든 사람이 이해하고 있는지 여부에 크게 달려 있다. 이 비율은 통상 90 대 10이다. 즉 작업에 관련된 휴먼에러의 90%는 비난할 부분이 없는 카테고리에 들어가는 것이고, 이러한 휴먼에러가 자발적으로 보고되면, 보고자에게 제재가 가해져서는 안 된다. 오히려 이러한 보고는 보상되어야 한다. 안전문화의 지지가 없으면, 휴먼에러 관리의 모든 시도는 매우 한정적인 성공밖에 거두지 못할 것이다.

일단 충분한 수의 휴먼에러가 보고되면 휴먼에러 발생과 관련될 수 있는 다양한 요인에 따라 그것들을 분석할 수 있다. 이 같은 휴먼에러 요인에는 작업자, 작업, 장비의 배치 및 유형이 포함될 수 있다.

그림 13-4는 다양한 휴먼에러 요인과 관련하여 두 가지의 가능한 분포를 나타내고 있다. 좌측의 분포도는 휴먼에러 요인에 대응한 휴먼에러의 분포가 균등하다는 것을 나타내고 있다. 이런 종류의 분포는 휴먼에러 발생과 X축의 요인 간의 관계가 대체로 무작위적이라고 가정한 경우에 나타난다. 그러나 우측의 분포도는 어떤 특정 요인에 대하여 유의미한 에러의 집중을 보이고 있는데, 휴먼에러 요인 중 일부는 인적 요인 문제의 발생을 조장하고 있다는 것을 시사하고 있다. 우측의 그림에서 보이는 계통적인 패턴이야말로 가장 흥미 깊다. 왜냐하면 한정된 휴먼에러 관리의 자원을 추가의 조사와 대처가 가장 필요한 영역에 집중적으로 투입하는 것이 가능해지기 때문이다.

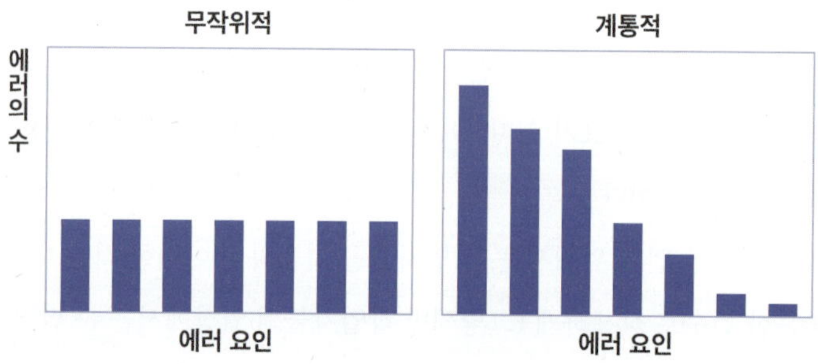

그림 13-4 **무작위적 휴먼에러 패턴과 계통적 휴먼에러 패턴의 구별**

재발하는 휴먼에러 패턴이 있다는 사실은 시스템 중에 휴먼에러 함정이 존재한다는 것을 나타내는 중요한 단서를 제공한다. 휴먼에러 함정이란 작업장, 시스템 중에 존재하는 일종의 조건이고, 누가 업무를 하든 같은 종류의 휴먼에러를 계속해서 일으킨다. 문제는 확실히 사람이 아니라 상황에 있다. 안전한 우량조직을 결정짓는 특징의 하나는 조직 내의 휴먼에러 함

정을 철저히 찾아내어 제거하기 위하여 열심히 노력한다는 점이다.[255]

4) 선제적 과정 대책

이런저런 감사(audit)는 아마도 가장 일반적으로 이용되는 선제적인 과정 평가 도구이다. 그러나 과거 오랜 기간에 걸쳐 다른 선제적 장치가 마련되어 왔다. 그것은 현장 제일선의 표준화된 판단에 광범위하게 의존하는 장치이다. 이들 도구는 감사와 달리 하향식 도구라기보다는 정보를 상층부에 보내는 상향식 장치이다. 이것은 감독자와 관리자에게 현장 제일선의 작업상황이 실제로 어떠한지를 알려준다. 특히 이것은 사람의 행동에 부정적인 영향을 미칠 수 있는 작업장 요인 및 조직적 요인을 파악하고 우선순위를 매기는 데 도움을 준다. 선제적 과정 대책은 휴먼에러 또는 바람직하지 않은 사건의 과거 발생에 의존하는 것이 아니다. 그 목적은 장래 사건을 일으킬 수 있는 작업장 요인과 조직적 요인을 파악하고, 가장 유의할 필요가 있는 문제에 개선 노력을 쏟는 것이다.

선제적 과정 대책은 다음과 같은 전제를 토대로 하고 있다.

- 안전이란 단순히 부정적 결과(사고, 재해)의 (측정) 문제가 아니다. 안전은 작업상의 유해 · 위험요인, 사고 유발요인에 대한 시스템의 본질적인 저항력의 함수이다.
- 안전건전성은 국소적 작업장 수준과 조직적 수준 쌍방에서 많은 요인들 간의 상호작용으로 명백해지는 것이다.
- 시스템의 안전건전성은 국소적 요인들과 조직적 요인들의 일정한 부분을 정기적으로 측정하는 것을 통해서만 효과적으로 평가되고 관리될 수 있다.

선제적 과정 도구는 단순히 또 하나의 안전 '부가물'이 아니다. 그것은 안전에 관련되는 만큼 생산 및 품질에도 관련되는 작업장 요인과 조직적 요인을 측정한다. 따라서 이 도구는 모든 관리자의 전문적인 도구가방(tool bag)의 중요한 일부분을 구성한다.

---

255 Ibid., pp. 135~136 참조.

5) 방호수단의 틈 식별하기

휴먼에러를 피하기 위해 최선을 다하더라도 일부 휴먼에러는 여전히 발생할 것이다. 시스템의 휴먼에러 내성을 가능한 한 높일 필요가 있다. 적절한 방호수단을 갖춤으로써 이것을 달성할 수 있다. 이와 관련해서는 2종류의 방호수단이 중요하다. 즉 휴먼에러를 발견하도록 설계된 방호수단과 발견되지 않은 휴먼에러의 영향을 억제하는 것을 의도한 방호수단이다.

여기에서 두 가지 문제를 고려할 필요가 있다. 첫째, 휴먼에러는 발생하기 마련이라는 점이다. 둘째, 수행 중인 일을 넘어 부정적인 영향을 초래할 가능성이 있다는 점이다. 이러한 생각은 자신의 작업에 몰두할 가능성이 있는 작업자에게는 자연스럽게 느껴지지 않을 수 있다. 따라서 피할 수 없는 휴먼에러를 발견하고 복구할 가능성을 개선하기 위해 적극적인 조치를 취하고, 만약 이것이 실패하는 경우에는 휴먼에러가 시스템의 다른 부분에 나쁜 영향을 초래하지 않도록 하는 것은 그 책임이 특정 작업장 범위를 넘어서는 관리자들의 몫에 해당한다. 개개의 휴먼에러는 그 대부분이 예측이 곤란한 것이지만, 방호의 틈은 언제라도 찾아낼 수 있다(단, 이러한 틈을 찾아내려고 할 때만). 다음에 제시하는 것은 긍정적으로 답해질 경우 휴먼에러를 발견하는 방호수단에 약점이 있다는 것을 시사하는 질문 목록이다.

- 작업이 자가 점검되거나 같은 작업그룹의 멤버에 의해 점검되는가?
- 시간 압박 때문에 기능 체크가 누락되거나 단축된 적이 있는가?
- 작업자가 요구되는 모든 기능 체크를 하려면 시간이 불충분하지 않은가?
- 명백히 불필요한 기능 체크가 요구되는가?
- 작업장의 풍토가 동료의 작업에 대한 철저한 체크를 방해하는가?
- 안전상 중요한 작업에 대해 휴먼에러를 발견하는 방호가 결여되어 있는가?
- 기능 체크가 주로 작업자가 피로하기 쉬운 근무시간 끝에 이루어지는가?
- 지금까지 완전하고 만족스럽게 수행된 것으로 처리된 작업이 나중에 발생된 사건에 의해 실은 그렇지 않은 것으로 판명된 적이 있는가?
- 시스템이 작업 후의 테스트에 통과했지만 실제 가동이 되자마자 기능하지 않게 된 적이 있는가?

다음에 제시하는 질문의 답이 부정적이면 휴먼에러를 방지하는 방호수단이 충분하지 않을 가능성이 상당히 높다.

- 만약 작업이 시스템 '가동 중'에 수행되는 경우에는 시스템의 다른 부분에 지장을 가장 적게 초래하는 시기에 이루어지는가?
- 작업허가시스템은 적절한가?
- 다중용장시스템이 동시에 고장 나지 않도록 부단한 노력을 계속하고 있는가?
- 보수에러에 의한 문제를 피하기 위하여 시차를 둔 보수가 이루어지고 있는가?
- 보수 후 시스템이 풀가동의 상태로 되돌아가기 전에 관대한 환경에서 작동되는가?
- 최근의 보수작업에 대해 오퍼레이터 또는 생산라인의 작업자에게 정보가 제공되고 있는가?

나쁜 사건에 대한 완전한 면역을 보장할 수 없지만, 방호수단을 강화하고, 모든 시스템에 잠재하는 알려진 인과관계적 요인을 (가능한 한) 파악하고 제거함으로써 시스템의 내재적인 저항력을 강화하는 것은 가능하다. 사고 제로, 재해 제로 그리고 인간 행동 문제로부터 전적인 해방은 현실적인 목표는 아니다. 그러나 작업상의 유해 · 위험요인에 대해 합리적으로 실현 가능한 범위에서 저항하는 것은 도달 가능한 목표이다. 이 도전은 시설을 완전히 폐쇄하는 것이 아니라, 사업을 여전히 계속적으로 영위하면서 바랄 수 있는 최선의 방책이다.

6) 조직의 지원

현장 제일선에서 일하는 사람들의 '휴먼에러에 관한 지혜(human error wisdom)'를 포함한 안전역량(안전사고가 발생할 수 있는 초기의 징조를 발견하고, 그것에 대응하며, 그것으로부터 회복하는 능력)을 향상시키기 위하여 만들어진 프로그램에는 중간관리자, 최고관리자로부터의 강력한 지원이 필요하다는 것은 명백하다. 단순히 일회성의 훈련프로그램을 제공하고 실시하는 것만으로는 불충분하다. 정신적 기량에는 전문적 기술과 동일하게 훈련, 실천, 개선을 반복하는 것이 요구된다. 이와 같은 시도가 미완으로 끝나지 않으려면 다른 안전기획과 마찬가지로 장기에 걸친 노력이 이루어져야 한다.

조직은 현장 제일선에서 일하는 사람들이 자신의 판단력을 이용하고, 필요한 때에는 잠재적으로 위험한 상황으로부터 물러나 도움을 요청할 수 있는 결정권을 부여해야 한다. 작업현장의 경우 반드시 그것이 가능한 것은 아니다. 그것이 가능하려면, 직원들이 일을 멈추고 뒤로 물러나 생각하는 것이 허용된다는 것을 직원들이 피부로 느낄 수 있도록 해야 한다. 단순히 현장 제일선의 사람들에 대해 '휴먼에러에 관한 지혜'를 발휘하도록 강하게 압박하는 것만으로는 유효하게 작동하지 않는다. 안전문화의 실천을 통해 끊임없이 구성원들에게 위험요인과 그것에 대한 관심을 갖는 것의 필요성을 상기시켜 주어야 한다. 개인의 주의 깊음에 대한 지원이 조직에 내장되어 있어야 한다. 그러한 인프라가 없으면, 안전 프로그램은 서서히 존재감이 없어지고 일상 업무의 압박에서 길을 잃게 될 것이다.

조직의 지원에 관한 좋은 사례로는 오스트레일리아 서부에 있는 웨스턴 마이닝(Western Mining Corporation)의 시도가 있다.[256] 이 회사에서는 '시간을 가져라. 통제해라'라는 프로그램이 실시되고 있다. 이것은 작업자가 일을 멈추고 생각하고 나서 적절한 행동을 취하는 것을 목적으로 한다. 이 프로그램에서는 매일 감독자가 작업자에게 '시간을 가지고 통제하는' 상황에 대해 묻는다. 이 회답은 주간 경영회의에 보고된다. 중요하다고 생각되는 것에 대해서는 대책이 수립되고 최초의 보고자에게 피드백된다. 나아가 이 회사에는 모든 프로세스를 모니터링하는 전임 직원이 있다. 이 프로그램은 현장 제일선 작업자의 위험성 인식을 향상시키는 것을 목적으로 하고 있지만, 관리자 및 감독자의 적극적인 참여를 필요로 한다. 프로그램의 성패를 결정하는 것은 관리자와 감독자이다.

7) 정리

사건 발생의 세 가지 요소에는 ① 인과관계적 요인, ② 이것의 상호작용 시기, ③ 결과가 있다. 사건의 시기에 영향을 미치거나 휴먼에러를 완전히 피하는 데 있어 우리가 할 수 있는 것은 거

---

256 A. Hopkins, *Safety, Culture and Risk: The Organizational Causes of Disaster,* CCH Australia Limited, 2005, p. 19.

의 없지만, 대부분의 많은 인과관계적 요인, 특히 시스템 내에 현재 존재하는 것을 식별하고 제거하는 것을 추구할 수 있다. 나아가 방호, 방벽 및 안전장치, 특히 불안전행동의 발견과 방지와 관련된 것들을 개선함으로써 휴먼에러의 결과를 완화할 수도 있다.

저항력 있는 조직에 필수불가결한 것은 광범위한 안전정보시스템이다. 이것은 두 가지 구성요소가 있다. 즉 사후적 방지 대책과 선제적 프로세스 대책이다. 이들 두 가지 대책은 작업장과 조직에서의 휴먼에러 유발요인을 파악하는 데 협동할 수 있고 방호수단의 틈을 드러낼 수도 있다.

9. 재해는 실제로 필요한가?

참사가 발생한 후에는 일시적이긴 하지만 안전의 이유가 흘러넘친다. 정치인이나 최고경영자가 안전 투자는 좋은 사업이라는 것을 이해하기 위해서는 그 전에 참사가 발생해야만 한다고 결론을 내려야 할까? 조직이 어느 곳에 있는지를 알려면 위기에서 추락해 보아야 할까? 경미한 재해라도 안전대책의 효과를 확인하기 위해 자주 발생할 필요가 있는 것일까? 조직은 마지막 불을 진압하거나 최후의 붕괴를 막기 위해 노력할 수밖에 없는 운명인가? 만약 위험한 조직이 계속해서 '결과지표'에 주로 의존한다면 대답은 틀림없이 "예"이다.

잠재적인 재해 유발 상태는 늘 존재한다. 그것이 무엇인지 알기 위해 나쁜 사건을 기다리는 것은 필요하지 않다. 그러나 그것 모두가 한 번에 개선되기를 기대할 수는 없다. 조직은 개선을 위한 한정된 자원을 가장 효율적이고 시의적절한 방법으로 활용하기 위해서는, 그것의 가장 긴급한 과정(process) 문제[257]들을 알아내기 위한 원칙적인 방법을 필요로 한다.

시스템의 활력징후를 선제적으로 평가하고 조치하는 것과 함께 아차사고 보고를 지능적으로 활용하는 것은, 재해가 발생하지 않는 것을 보장하는 것은 아니지만, 조직을 달성 가능한 유일한 안전목표, 즉 유해 · 위험요인에 대한 내재적 저항력을 최대한의 수준으로 끌어올리는 것과 그것을 유지하는 것에 보다 근접시킬 것이다. 유지야말로 가장 어려운 것이다.

---

257 과정 문제는 '미래' 성과와 관련되는 문제로서 '과거' 성과 문제에 대비되는 문제를 가리킨다.

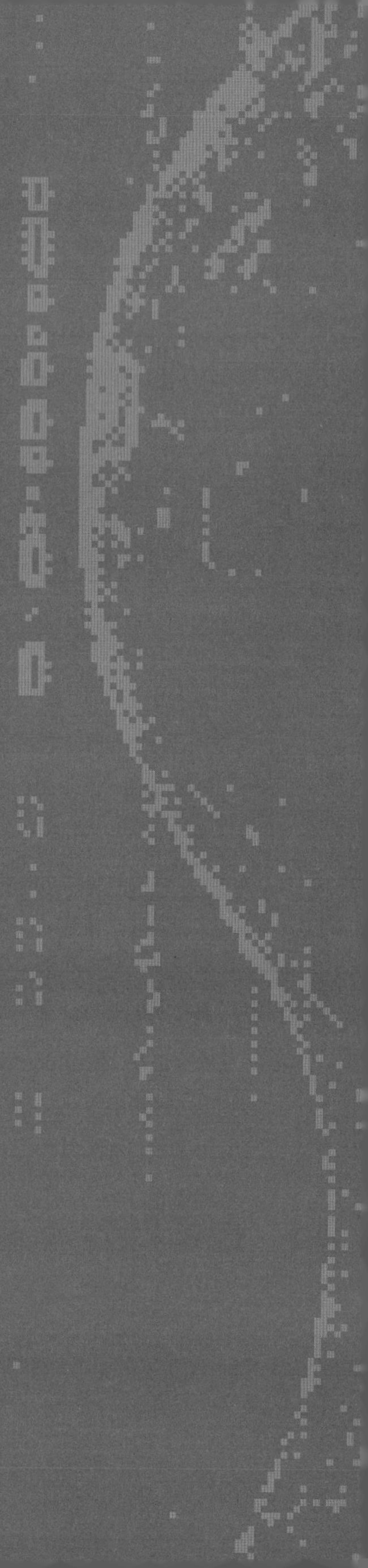

제14장

휴먼에러 관리

제14장

휴먼에러 관리

휴먼에러는 안전, 품질, 서비스 관리에 있어 해결해야 할 문제로서 많은 현장에서 검토되고 있다. 그러나 그 활동의 실체에 있어서는 조직에 따라 큰 차이가 있다. 특히 문제가 되는 것이 휴먼에러 대책을 중요시하는 조직과 그렇지 않은 조직 간의 괴리이다. 이것은 '무엇을 휴먼에러라고 할까', '휴먼에러 발생 메커니즘을 어떻게 바라봐야 할까?'와 같은 것에 대한 생각 차이가 원인인 경우가 많다.

휴먼에러는 작업자의 단순 오조작, 간과, 누락과 같은 행위만이 아니다. 관리감독자가 깜박 잊고 지시를 하지 않거나 어떤 행위가 어떤 사태를 초래하는가와 같은 교육을 하지 않은 것도 휴먼에러에 해당한다.

휴먼에러는 반드시 어느 하나의 요인만으로 발생하는 것은 아니다. 여러 요인이 휴먼에러 발생에 복합적으로 작용하는 경우도 적지 않고, 작업조건(환경), 조직과 같은 개인적 차원이 아닌 문제도 휴먼에러 발생에 영향을 미칠 수 있다.

개인의 의식에 편중된 활동, 체크 등의 확인에만 의지하는 방식으로는 휴먼에러를 방지하는 데 많은 한계를 노정한다. 바람직한 상태가 무엇인지를 부서를 넘어 조직이 논의하고 방향성을 세워 조직의 체질 · 문화를 바꿔 나가야 한다. 단, 현실은 멈춰 있는 것이 아니다. 시간의 경과와 함께 조직의 인원은 물론 작업도 변해 간다. 따라서 조직 차원에서 휴먼에러에 대한 컨센서스를 확립하면서 지속적으로 휴먼에러 대책을 강구하고 대처해 나가야 한다.

휴먼에러라고 하면 에러행위 그 자체에 시선이 향해 버린다. 그러나 에러행위는 결과에 지나지 않는다. 에러행위만을 눈여겨보고 대책을 강구하려고 하면, 반성 또는 매뉴얼 추기(追記)와 같은 표층적인 대책밖에 수립하지 못한다. 휴먼에러를 정확하게 파악하고 효과적으로 방지하기 위해서는 휴먼에러의 특징을 이해하는 한편, 휴먼에러의 요인을 분석 · 평가하는 데까지 나아가야 한다.

휴먼에러 관리라고 하는 것은 안전부서 담당자만이 휴먼에러 분석기법을 배우고 실천하면 현실적인 성과를 낳을 수 있는 '기술'은 아니다. 이 장에서는 휴먼에러에 대하여 조직이 어떻게 대처해야 하는지에 대한 것을 휴먼에러 '관리'로 소개한다. 휴먼에러관리시스템을 확립하여 PSF에 기초한 휴먼에러 조사 · 분석을 체계적으로 실천하는 것이 휴먼에러 발생을 억제하여 중대사고를 포함한 사고 발생의 방지로 이어질 수 있다.

1. 서설

휴먼에러를 관리하는 시도에서 새로운 것은 없다. 위험한 작업에 관련된 모든 책임 있는 조직은 다양한 휴먼에러 관리 조치를 오랫동안 채택해 왔다. 위험작업에 대해서는 다음과 같은 대책들이 취해져 왔다.

- 선발
- 훈련 및 재훈련
- 작업계획
- 작업지시서
- 잠금 및 표지(Log-Out/Tag-Out)
- 기억보조장치(reminder)
- 교대근무 인계절차
- 작업허가 시스템
- 면허 및 자격
- 확인 및 점검
- 안전감사(safety audit)
- 절차서, 매뉴얼, 규칙, 규제
- 징계절차

이들 기법은 과거 수년에 걸쳐 발전해 왔다. 이것들은 시범적으로 실시되거나 유효성이 조사되기도 하였지만, 전체적으로 위험작업 관련 휴먼에러의 지속적인 증가를 막지 못하였다. 이들 기법의 한계는 원칙에 입각한 것이기보다는 임시방편적인 것이고, 선제적인 것이기보다는 사후대응적인 것이며, 이론에 근거하여 실시되는 것이기보다는 유행에 편승하여 실시하는 것이다. 휴먼에러의 성질, 다양성에 대한 이해에 있어 과거 20년간 이루어져 왔던 본질적인 발전을 무시하고 있다.

모든 관리는 본질적으로 비너(Earl Wiener)가 4개의 P라고 명명한 것, 즉 철학(philosophy), 방침(policy), 절차(procedure), 실천(practice)에 달려 있다.[258] 휴먼에러 관리의 경우, 철학은 다른 3개의 항목의 적어도 2배의 가치가 있다. 일련의 통일적인 지도원리가 없으면, 우리가 성공할 가능성은 적을 것이다.

2. 휴먼에러에 대한 고전적 견해와 새로운 견해

데커(Sidney Dekker)는 휴먼에러에 대한 다음과 같은 이해를 '과거의 견해'라고 부르고, '부패한 사과 이론'이라고도 명명하였다.[259]

① 복잡한 시스템은 완전할 것이다. 단, 신뢰할 수 없는 사람들(썩은 사과)의 상궤(常軌)를 벗어난 행동이 시스템 중에 존재하지 않아야 한다.

② 휴먼에러가 사고를 일으킨다. 인간이 사고의 2/3 이상의 지배적인 원인이다.

③ 장애는 반갑지 않은 예기치 않은 일로 발생한다. 이것들은 예측의 범위를 넘는 것이고 시스템 자체의 문제는 아니다. 인간의 신뢰할 수 없는 태생적인 한계가 시스템에 침투되어 발생한다.

---

258 A. Degani and E. L. Wiener, "Philosophy, policies procedures and practices: The four 'P's flight deck operations", in N. Johnston, N. MacDonald and R. Fuller(eds.), *Aviation Psychology in Practice*, Avebury, 1994.

259 S. Dekker, *The Field Guide to Human Error Investigations*, Routledge, 2002, p. 3.

그러나 부패한 사과가 아니더라도 사람은 누구라도 실수한다. 사람은 누구라도 실수를 한다는 것을 이해하지 않고, 에러를 저지르지 않는 사람만을 선발할 수 있다거나, 개인이 노력을 하면 에러를 방지할 수 있다고 생각하는 것은 전근대적인 정신론이다. 이 생각은 다음과 같은 신념에 기초하고 있다.

① 휴먼에러는 부주의에 의해 일어난다(확실히 주의하면 실수는 하지 않는다).
② 휴먼에러는 일부의 사람만 저지른다(에러를 저지르는 사람은 해이해져 있거나 적성이 맞지 않는 것이다).
③ 결정된 것을 결정된 대로 행하면 반드시 원활하게 굴러간다(결정된 것 이외는 해서는 안 된다).
④ 위반, 미스를 엄하게 벌하면 위반, 미스는 하지 않게 된다.

이와 같은 생각으로 휴먼에러에 대처하면, 에러 또는 위반을 저지른 사람에 대한 엄벌주의, 과도한 매뉴얼주의에 빠지고, 작업자의 의욕이 꺾이거나 위축되어 새로운 것에 대한 도전이 없어지게 되어, 결과적으로 생산성이 저하될 뿐 사고는 줄어들지 않을 것이다.

데커가 '휴먼에러의 새로운 관점'이라고 접근하는 것을 요약하면 다음과 같다.[260]

① 휴먼에러는 실패의 원인은 아니다. 오히려 휴먼에러는 보다 깊은 곳에 있는 문제의 산물이고, 문제가 있다는 것을 나타내는 증거이다.
② 휴먼에러는 무작위로 발생하는 것은 아니다. 사용한 도구, 작업, 작업환경의 특성과 규칙적인 관계를 갖고 있다.
③ 휴먼에러는 원인조사의 결론이 아니라 출발점이다.

이상의 내용은 Human Factors의 전문가들 사이에서는 널리 공유되고 있는 이해이다. 사고 조사 또는 재발 방지의 관점에서는, 휴먼에러는 '사람이 일으키는' 것이 아니라, 기계 · 설

260 Ibid., p. 61.

비 · 도구의 설계, 작업환경 등이 나쁘면 '일어나고 마는' 것으로 접근할 필요가 있다. 따라서 방지대책은 안이하게 작업자의 주의력, 노력에서 구할 것이 아니라, 기계, 설비, 소프트웨어, 인간, 교육훈련, 관리 등을 포함하는 시스템 전체의 관점에서 바라보는 것을 원칙으로 삼아야 한다.

3. 휴먼에러 관리 요소: 휴먼에러 감소와 휴먼에러 억제

휴먼에러 관리는 두 가지 요소로 구성되어 있다. '휴먼에러 감소(방지)'와 '휴먼에러 억제(확대 방지)'이다. 휴먼에러 감소는 에러 발생을 제한하도록 설계된 조치로 이루어져 있다. 그러나 이것만으로는 완벽하게 성공할 수 없기 때문에 휴먼에러 억제 또한 필요하다. 휴먼에러 억제는 지속적으로 발생하는 에러의 부정적 결과를 제한하기 위해 설계된 조치이다.

휴먼에러 관리에는 대체로 다음과 같은 것이 포함된다.

- 개인 또는 팀의 휴먼에러 경향을 최소화하기 위한 조치
- 특정 작업 또는 작업요소의 휴먼에러 취약성을 저감하기 위한 조치
- 작업장에서 휴먼에러 발생(및 위반 발생)요인을 발견하고 평가하며 제거하기 위한 조치
- 개인, 팀, 작업 또는 작업장에서 휴먼에러 발생요인을 만들어 내는 조직적 요인을 규명하기 위한 조치
- 휴먼에러 발견을 강화하기 위한 조치
- 작업장 또는 시스템의 휴먼에러 내성을 증가시키기 위한 조치
- 시스템을 운영하고 관리하는 사람들에게 잠재적 상황을 보다 잘 볼 수 있도록 하기 위한 조치
- 휴먼에러 발생 가능성에 대한 조직의 내재적 저항력을 향상시키기 위한 조치

휴먼에러 감소는 휴먼에러의 발생단계에서 가능한 한 휴먼에러의 절대 수를 적게 하는 것

이다. 이것은 다음과 같이 나타낼 수 있다.

휴먼에러의 건수 = 작업의 수 × 각 작업에서의 휴먼에러 발생 가능성(확률)

따라서 휴먼에러의 수를 줄이기 위해서는 ① 작업의 수를 줄이는 대책과 ② 각 작업에서의 휴먼에러의 발생 가능성(확률)을 저감하는 대책이 필요하다.

아무리 휴먼에러의 발생을 방지하는 활동을 하더라도 휴먼에러를 제로로 하는 것은 사실상 불가능하다. 즉 휴먼에러의 발생을 완전히 피할 수는 없다. 그렇다면 휴먼에러는 피할 수 없다는 전제에서 접근하는 것이 안전관리의 기본적인 사고방식이 될 것이다. 즉 에러가 발생하더라도 그것이 최종적으로 사고로 이어지지 않도록 하면 무방하다. 따라서 상기 두 가지 대책에 추가하여 다음과 같은 대책이 필요하다. ③ 휴먼에러를 가능한 한 조기에 발견하여 수정 작업을 하는 대책을 마련해야 한다. 그러나 이것도 완전하지는 않으므로 휴먼에러를 발견할 수 없는 경우가 있을 수 있다[이상의 세 가지는 휴먼에러 관리의 '휴먼에러 감소(방지)'에 해당한다]. 이 경우를 감안하여 ④ 피해를 최소화하기 위해 대비해 두는 대책[휴먼에러 관리의 '휴먼에러 억제(확대 방지)'에 해당한다] 또한 필요하다.

이상의 고찰을 통해서 전략적 휴먼에러 관리의 접근방법은 다음의 네 가지 단계로 분해할 수 있다.

- **1단계**: 휴먼에러 발생 가능 작업 접촉횟수 저감(Minimum encounter)
- **2단계**: 각 작업에서의 휴먼에러 발생 가능성(확률) 저감(Minimum probability)
- **3단계**: 다중 휴먼에러 발견 대책(Multiple detection)
- **4단계**: 피해를 최소화하기 위한 대비(Minimum Damage)

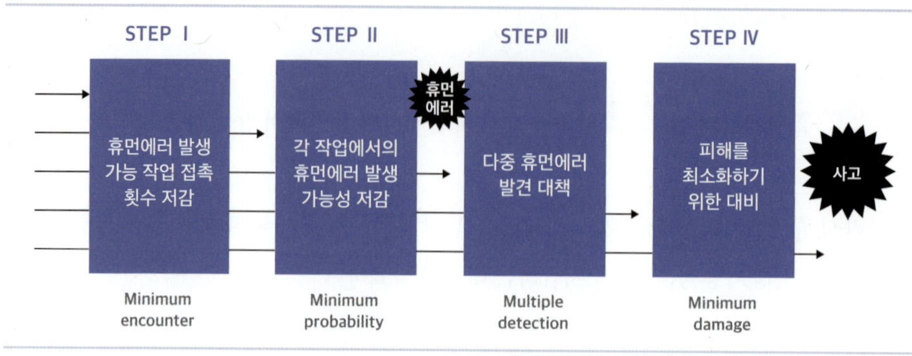

그림 14-1 전략적 휴먼에러 관리의 접근방법

4. 휴먼에러 관리의 원칙

1) 휴먼에러는 보편적인 것이고 불가피한 것이기도 하다

휴먼에러는 모럴 문제가 아니다. 휴먼에러의 결과는 바람직하지 않고 파국적일 수도 있지만, 휴먼에러를 일으키는 것은 숨을 쉬거나 잠자는 것과 마찬가지로 인간 생활의 일부이다. 이 위반에도 악의 있는 행위는 거의 없고 종종 선의에 의한 것도 있다. 인간의 불완전성은 완화될 수는 있지만 근절하는 것은 불가능하다. 또 근절해서도 안 된다.

2) 휴먼에러는 본질적으로 나쁜 것은 아니다

성공과 실패는 동일한 심리적인 근원에서 나온다. 휴먼에러는 본질적으로 유용하고 적응성이 있는 것이다. 인간은 에러에 의해 안내를 받는 동물이다. 착륙등이 활주로의 경계를 표시하는 것처럼 휴먼에러는 성공적인 행위로 향하는 길의 경계를 표시해 준다. 만약 휴먼에러가 없다면 안전하고 효율적인 작업에 불가결한 기술을 배우는 것도 습득하는 것도 불가능하다.

3) 인간의 조건을 바꿀 수는 없지만 인간이 일하는 조건은 바꿀 수 있다

휴먼에러에 관하여 문제가 되는 것은 휴먼에러를 형성하는 심리적인 작용이 아니라, 복잡한 시스템에 내재하는 것으로서 인간이 만들어 내는 때로는 열악한 작업현장이다. 휴먼에러에는 두 가지 측면이 있다. 즉 심적 상태와 상황이다. 순간적인 부주의 또는 때때로 발생하는 망각과 같은 마음의 상태는 주어진 것이지만, 상황은 그렇지 않다. 그리고 상황은 바람직하지 않은 행동을 유발할 가능성에 있어 매우 다양하다. 이러한 휴먼에러 함정을 파악하고 그것의 특성을 인식하는 것은 효과적인 휴먼에러 관리를 실시하는 데 필수적인 준비수단이다.

4) 가장 우수한 사람도 최악의 잘못을 저지를 수 있다

소수의 부적절한 개인들이 대부분의 휴먼에러에 대해 책임이 있다는 것이 일반적인 생각이다. 이것이 사실이라면, 휴먼에러 문제의 해결책은 비교적 간단한 일이 될 것이다. 이러한 사람을 찾아내어 재교육하거나 해고하거나 또는 해를 끼치지 않도록 다른 자리로 이동시키면 된다. 그러나 자료에 의하면 현실은 꽤 다르다. 세계 최악의 사고 중에는 아주 오랫동안 비난할 여지가 없는 실적을 가지고 상당한 경험을 축적한 사람이 저지른 에러가 원인이 된 것도 있다. 휴먼에러는 언제든지 어디에서도 발생할 수 있다. 피할 수 있는 사람은 아무도 없다. 그리고 가장 우수한 사람이 가장 책임 있는 자리에 있는 경우가 많기 때문에, 그들의 에러는 전체 시스템에 가장 큰 영향을 미칠 수 있는 것 또한 사실이다.

5) 사람은 의도치 않게 저지른 행위를 쉽게 피할 수 없다

에러를 저지른 사람을 비난하는 것은 감정적으로는 만족을 주지만 개선방법으로는 그 효용이 크지 않다. 도덕적 판단이 적절한 것은 행위가 의도대로 이루어지고 의도가 비난받아야 할 경우뿐이다. 의도는 좋았지만 행위가 계획한 대로 이루어지지 않은 경우에는 비난과 제재는 개선효과에 많은 한계가 있다.

우리는 비난(제재)과 결과책임(accountability)[261]의 문제를 혼동해서는 안 된다. 휴먼에러를 저질렀다고 해서 반드시 비난을 받아야 하는 것은 아니기 때문이다. 그러나 누구나 자신의 에러에 대하여 결과책임을 져야 한다. 에러를 저지른 사람이 그 에러를 인정하지 않고(결과책임을 지려 하지 않고) 재발을 방지하기 위해 노력하지 않으면, 교훈이 얻어지지 않고 경험으로부터 얻을 수 있는 것이 거의 또는 전혀 없다.

6) 휴먼에러는 결과이고 원인은 아니다

바람직하지 않은 사건이 발생한 후 인간의 자연스러운 경향은 최초의 일탈한 인간 행동까지 시간을 거슬러 올라가 그것을 원인으로 보는 것이다.[262] 그다음에 사람 X가 사건을 일으켰다고 계속하여 말하고, 그에 따라 그 사람을 제재한다. 그 제재는 결과(손해 또는 부상의 정도)에 비례하는 경우가 많다. 이것은 '눈에는 눈'의 원칙으로 작동되는 사회에서는 적절할 수 있지만, 여러 요인이 복합적으로 상호작용하여 사고가 발생하고 사고 후 조사의 주된 목적이 시스템의 방호수단을 강화하는 것이어야 하는 경우에는 전혀 적절하지 않다. 전술한 바와 같이 사고 조사 또는 재발 방지의 관점[263]에서는 휴먼에러는 원인이 아니라 결과로 여기는 것이 최선이다. 바람직하지 않은 사건과 마찬가지로 휴먼에러에는 연혁이 있다. 일반적으로 각 휴먼에러는 사람, 팀, 작업, 작업현장 및 조직적 요인과 관련된 연쇄적 사건의 산물이다. 휴먼에러를 발견하는 것은 원인조사의 시작이지 끝은 아니다.

전술한 바와 같이, 휴먼에러란 심리학적 특성, 인지적 특성, 생리학적 특성 등 인간이 본래 가지고 있는 여러 특성(지식, 경험을 포함한다)과 인간을 둘러싼 광의의 환경이 잘 합치하지

---

261 결과책임(accountability)은 고의·과실 또는 법위반 여부에 관계없이 행위(직무)의 결과에 대해 지는 책임을 가리킨다. 결과책임이 반드시 법적 책임, 징계책임을 의미하는 것은 아니고, 윤리적(도의적) 책임을 포함하기도 하며, 자책(自責)에 그칠 수도 있다. 사회인은 누구나 다 자신의 위치에서 행위가 가져오는 의도하지 않은 나쁜 결과에 대해서까지 항상 고민하고 경계해야 하는 책임이 있기 때문에, 조직의 구성원으로서도 자신의 행위(직무)에 따른 결과책임을 지는 것이다.

262 H. L. A. Hart and A. Honoré, *Causation in the law*, 2nd ed., Clarendon, 1985, p. 68 이하 참조.

263 책임 추궁을 목적으로 하는 사고 수사의 관점이 아니라는 점에 유의해야 한다.

않아 유발된 것으로서 어떤 기대된 범위로부터 일탈된 것이라고 정의하자면, 에러를 일으킨 인간 특성과 더불어 상황(circumstance)을 이해하는 것에 의해서만 휴먼에러의 재발 가능성을 제한하는 것을 기대할 수 있다.

7) 많은 휴먼에러는 되풀이되는 패턴을 보인다

휴먼에러는 ① 상황의 독특한 조합, 또는 ② 작업과정에서 여러 번 반복적으로 직면하는 작업상황으로 인해 발생할 수 있다. 전자는 무작위 에러이고, 따라서 그 발생을 예견하는 것은 매우 어렵다. 후자는 시스템 에러[264] 또는 재발성 에러[265]이다. 인적 요인에 기인하는 사고의 반 이상은 이전에 발생한 적이 있고, 그중 많은 것은 여러 번 발생한 것으로 파악된다.[266] 예를 들면, 보수의 어떤 측면, 특히 재조립 또는 재설치에서는 특별한 종류의 에러, 특히 생략—일련의 절차 중의 필수적인 절차를 생략하거나 작업 완료 시에 불필요한 것을 제거하지 않는 것—이 발생하는 경우가 많다. 자주 발생하는 또 다른 에러는 보수팀 또는 교대조 내부 및 상호 간의 커뮤니케이션의 실패 또는 부족이다. 이들 되풀이되는 휴먼에러 유형의 방지를 타깃으로 삼는 것은 한정된 휴먼에러 관리 자원을 가장 효과적으로 사용하는 방법이다.

8) 안전상 중대한 휴먼에러는 시스템의 모든 레벨에서 일어날 수 있다

휴먼에러를 저지르는 것은 손을 더럽히는 일을 하는 사람들에게 특유한 것은 아니다. 관리자들은 휴먼에러 감소와 억제는 전적으로 제일선의 작업자들에게만 적용되는 것이라고 생각하는 경우가 많다. 그러나 일반적인 경험칙으로 보면, 어떤 사람의 지위가 조직에서 높으면 높

264 시스템의 약점을 방치했기 때문에, 그 상황이 재현됨으로써 발생하는 에러.

265 현실에서 몇 번이나 발생하는 에러.

266 A. Hobbs, *Human Factors in Aircraft Maintenance: A Study of Incidence Reports*, Bureau of Air Safety Investigation, 1997.

을수록 그 사람의 에러는 보다 위험해진다. 따라서 휴먼에러 관리 기법은 시스템 전체에 걸쳐 적용될 필요가 있다.

9) 휴먼에러 관리는 관리 가능한 것을 관리하는 것이다

휴먼에러 관리에서 가장 일반적인 잘못의 하나는 컨트롤할 수 없는 것을 컨트롤하려고 분투하는 점이다. 말할 필요도 없이, 이것은 사실상 변경할 수 없는 인간 본성의 측면, 즉 주의산만, 선입관, 순간적 부주의 및 가끔씩의 망각의 경향 등을 바꾸려고 시도하는 것을 수반한다. 그리고 이들 시도가 실패하면(확실히 그럴 것이다), 그다음의 잘못은 비난과 책임을 조직 전체에서 분리하여 에러를 저질렀다고 알려진 불운한 사람들에게로 향하게 하는 것이다. 이러한 잘못된 접근이 산업계에서 작업과 관련된 휴먼에러가 감소되지 않은 하나의 원인으로 작용하고 있다.

상황 그리고 시스템조차도 관리할 수 있다. 이에 반해, 가장 넓은 의미에서의 인간 본성은 관리할 수 없다. 인적 요인 문제에 대한 오래 지속되는 해결책의 대부분은 순수한 심리적 대책보다는 기술적 · 절차적 · 조직적 대책을 필연적으로 포함한다. 문제는 시스템 개선보다도 개인을 비난하는 것이 인간 본성에 깊게 뿌리를 내리고 있다는 점이다. 개인을 비난하는 것은 얼마간 단기간의 감정적 만족을 제공할 수 있지만, 오래 지속되는 효과적인 개선책에는 거의 또는 전혀 기여하지 못한다. 효과적인 휴먼에러 관리에서 중요한 조치는 기본적 귀인오류(fundamental attribution error)[267]의 존재를 인식하고 그것과 싸우는 것이다.

10) 휴먼에러 관리는 좋은 인재를 더욱 훌륭하게 하는 것이다

휴먼에러 관리는 에러를 일으키기 쉬운 소수의 사람을 교정하기 위한 과정이라고 생각하는

267 관찰자가 다른 이들의 행동을 설명할 때 상황요인들의 영향을 과소평가하고 행위자의 내적 기질적인 요인들의 영향을 과대평가하는 심리적 경향을 말한다. 심리학자들은 기본적 귀인오류를 사람을 비난하는 경향이라고 부른다.

경우가 많다. 그러나 사실이 아니다. 휴먼에러 관리의 주된 목적은 충분히 훈련을 받고 의욕이 강한 사람들을 더욱 훌륭하게 하는 것이다. 전문적으로 우수한 인재는 다음 두 가지의 중요한 요소를 가지고 있다. 즉 기술적 기량과 정신적 기량이다. 둘 다 훈련과 실천을 통해 습득해 갈 필요가 있다. 심적 요소는 적어도 필수적인 기술적 기량을 갖추는 것만큼 중요하다는 점을 제시하는 여러 연구가 있다. 심적 요소에는 많은 여러 구성요소가 관련되어 있다. 이들 중 가장 중요한 것은 마음의 준비이다. 우수한 실천자는 상정되는 여러 상황에의 대응을 정신적으로 리허설(예행연습)함으로써 잠재적으로 장래에 발생할 수 있는 사건에 일상적으로 대비한다. 이것을 효과적으로 실시하려면 작업이 잘못될 수 있는 경로를 이해하는 것이 요구된다. 보수작업의 경우, 다양한 휴먼에러와 그것을 유발하는 상황에 대해 아는 것을 의미한다. 이런 종류의 자기 인식(self-knowledge)[268]은 하나의 장치가 고장 날 수 있는 상황을 예상하는 것과 최소한 같은 정도로 중요하다.

위험작업자에 대해서는 두 가지의 방향으로 훈련될 필요가 있다. 먼저, 그들은 인간 행동 문제가 발생할 가능성이 있는 상황에 대해 정보를 제공받고 되풀이되는 패턴에 대해 이해할 필요가 있다. 즉 인간 행동의 특성, 휴먼에러와 위반의 다양성 및 발생 메커니즘 등에 대해 정통할 필요가 있다. 다음으로, 심적 준비에 대한 기량을 습득해야 한다. 구체적으로는 개별 작업에 착수하기 전에 자신들과 그 동료들이 잘못될 수 있는 상황을 정신적으로 리허설하는 방식으로 훈련받는 것이 바람직하다. 이 훈련에 의해 휴먼에러를 유발하는 상황의 리스크에 대해 경계할 뿐만 아니라 손실을 일으키기 전에 이들 휴먼에러를 발견하거나 복구하는 방법을 미리 계획할 수 있게 된다. 휴먼에러 발견의 기량을 향상시키는 것은 휴먼에러가 어떻게 발생하는지를 미리 알도록 하는 것과 최소한 같은 정도로 중요하다.

11) 유일한 최선의 방법은 없다

이 원칙은 두 가지의 해석이 가능하다. 첫 번째의 해석은 휴먼에러 관리를 위한 유일한 최선의 기법은 없다고 하는 것이다. 인적 요인 문제는 조직의 각 레벨에서 발생하고 다른 관리기

268 자신을 내재적으로 조망하고 객관시하는 것.

법을 필요로 한다. 예를 들면, 착각과 위반의 기본적인 메커니즘은 다르다. 착각은 주로 정보처리의 문제이지만, 위반에는 사회적 및 동기부여적 부분을 많이 가지고 있다. 효과적 또는 종합적 휴먼에러 관리는 기업의 여러 대상, 즉 사람, 팀, 작업, 작업현장, 그리고 조직 전체에 대해 각기 다른 대책을 겨냥하는 것을 필연적으로 포함한다.

두 번째의 해석은 휴먼에러 관리대책의 유일한 최선의 패키지는 없다는 것이다. 각 조직문화는 기법들의 여러 조합의 '혼합과 매칭'을 필요로 한다. 어떤 기업에서 원활하게 작동하는 방법이 다른 기업에서는 원활하게 작동하지 않을 수 있고 그 반대도 있을 수 있다. 이것이 '휴먼에러 관리의 원칙'이 매우 중요한 이유이다. 인적 요인 문제의 원칙에 입각한 저감과 억제를 달성하는 데에는 많은 방법이 있다. 조직들에 대해 가장 원활하게 작동할 방법을 선택하거나 개발하는 것은 각 조직에 달려 있다. 자신의 방법을 고안하거나 적어도 기존의 기법을 자신들의 독특한 수요에 합치하도록 조정하는 것이 보다 바람직한 경우도 많다. 구성원들은 많은 경우 외부에서 구매된 것보다 자체적으로 개발한 대책을 받아들일 가능성이 높다. 기본원칙이 이해되고 준수되는 한, 효과적인 휴먼에러 관리를 달성하는 많은 여러 방법이 있다. 물론 이것들 중 대부분은 더욱 궁리하고 발전시킬 여지가 있다.

12) 효과적인 휴먼에러 관리는 부분적 수정이 아니라 계속적 개선을 겨냥한다

최근에 발생한 일부 사건들에만 초점을 맞추어서 그것들의 재발을 방지하려고 하는 강한 유혹은 항상 존재한다. 이러한 경향은 특정한 구체적인 문제를 해결하고자 하는 엔지니어의 자연스러운 성향에 의해 한층 조장된다. 그러나 개개의 휴먼에러의 재발을 방지하려고 시도하는 것은 흡사 모기를 때려잡는 것과 같다. 한 마리를 죽여도 나머지가 물으려고 계속해서 날아올 것이다. 모기 문제를 해결하기 위한 유일한 방법은 모기가 번식하는 습지를 없애는 것이다. 작업 중 에러로 치환하면, 이것은 시스템의 방호수단을 강화하고 확장하는 것과 작업자들이 일하는 상황을 개선하는 것을 의미한다.

시스템 전체의 개선은 단 하나의 큰 실수가 아니라 에러군(群) 전체를 저감하고 억제하는 것을 목적으로 하는 계속적인 과정이어야 한다.

참고 | 휴먼에러(위반 제외) 및 위반 관리의 주요 원칙[269]

- 가장 우수한 사람도 때로는 최악의 오류를 저지를 수 있다.
- 선입관(preoccupation), 주의산만, 건망증, 부주의와 같은 단기간의 정신상태는 에러 순서(sequence)의 마지막 부분이고 가장 관리하기 어려운 부분이다.
- 우리들은 인간 조건(human condition)을 바꿀 수 없다. 인간은 항상 에러를 저지르고 위반을 범할 것이다. 그러나 불안전행동이 덜 유발되도록 인간이 일하는 상황을 바꿀 수는 있다.
- 에러에 대해 사람을 비난하는 것은, 감정적으로는 만족시키겠지만, (에러에 따라서는) 사람들이 장래에 에러를 저지르는 경향에는 거의 또는 전혀 영향을 미치지 못할 것이다.
- 휴먼에러는 대체로 의도되지 않은 것이다. 사람들이 당초에 하려고 의도하지 않은 것을 관리자가 컨트롤하는 것은 매우 어렵다.
- 휴먼에러는 정보 문제로부터 발생한다. 이에 대한 최선의 해결방법은 사람의 머리 또는 작업현장의 어딘가에 있는 가용정보를 개선하는 것이다.
- 위반은 사회적 문제 및 동기부여 문제이다. 이에 대한 대책으로서 최선의 방법은, 한편으로는 사람들의 규범, 신념, 태도 및 문화를 바꾸는 것이고, 다른 한편으로는 절차서의 신뢰성, 적용성, 가용성 및 정확성을 향상시키는 것이다.
- 위반은 두 가지 방식으로 작용한다. 하나는 위반자가 후속적인 에러를 범할 가능성을 높인다는 점이고, 또 하나는 이 에러들에 의해 해로운 결과가 초래될 가능성을 높인다는 점이다.

5. 전술적 휴먼에러 관리의 접근방법

앞에서 설명한 전략적 휴먼에러 관리는 휴먼에러 관리를 거시적으로 이해하는 데는 바람직하지만, 구체성이 부족하고 실제로 무엇을 해야 할지 알기 어려울 수 있다. 따라서 전략적 휴먼에러 관리의 4단계를 세분할 필요가 있다. 이것은 실행할 수 있는 수준까지 분해하는 것이므로 이른바 전술적 휴먼에러 관리의 접근방법이라고 할 수 있다. 이하에서 이에 대해 구체적으로 설명한다.

---

269 J. Reason, *Managing the Risks of Organizational Accidents*, Ashgate, 1997, pp. 153~154 참조.

1) 1단계: 휴먼에러 발생 가능 작업 접촉 횟수 저감

(1) 위험의 정도를 줄인다

원래 위험이 존재하기 때문에 휴먼에러를 저질렀을 때 재해가 발생하는 것이다. 그렇다면 먼저 해야 할 것은 '위험의 배제'이다. 위험이 없으면 휴먼에러를 저질러도 영향은 거의 없을 것이다. 본질적 안전이라고 부르는 것을 원칙적으로 우선해야 하는 이유이다.

예를 들면, 신체에 중대한 영향을 미칠 수 있는 유해한 물질은 사용하지 않거나, 사용하더라도 미량을 사용하거나, 1회의 휴먼에러가 미치는 잠재적 위험의 정도를 낮추는 조치 등을 생각할 수 있다.

(2) 작업공정 수를 줄인다

간단한 작업이더라도 인간이 개재(介在)하면 에러가 저질러질 가능성이 있다. 인간의 개재 자체가 에러를 발생시키게 되는 것이다. 따라서 가능한 한 인간의 개재를 적게 하는 대책이 필요하다.

구체적으로 말하면, 작업공정을 기술하여 불필요한 공정이 있으면 그것을 없애고 가능한 한 작업공정을 적게 하는 대책을 생각할 수 있다. '예전부터 해오고 있어서'가 아니라 실제로 그것이 필요한 작업인지를 재검토할 필요가 있다.

'위험의 정도를 줄인다'와 '작업공정 수를 줄인다'를 합하여 알기 쉬운 한 단어로 나타내면 '❶ 그만둔다(없앤다)'고 표현할 수 있다.

2) 2단계: 작업에서의 휴먼에러 발생 가능성(확률) 저감

인간은 환경을 지각 · 인지하여(즉 머리 속에 환경을 매핑하여) 심리적 공간을 구축하고, 이 심리적 공간에 터잡아 판단하고 행동한다. 행동에 선택지가 있는 경우에는 이익과 손실을 비교하여 자신에게 사정이 유리한 것을 선택하고 행동으로 옮긴다.

레빈의 행동모델 B=f(P, E), 즉 인간이 가지고 있는 특성과 휴먼에러를 유발하는 환경을 전제로 휴먼에러 대책을 생각하면, 다음과 같은 조건을 충족시켜야 한다고 말할 수 있다.

- 환경 중에 올바른 정보가 존재한다
- 그것을 올바르게 매핑하여 심리적 공간과 물리적 공간을 일치시킨다
- 심리적 공간에서 올바른 판단을 할 수 있는 능력을 갖춘다

이렇게 생각하면, 먼저 올바르게 판단하기 위해 충분한 정보가 물리적 공간에 있어야 한다. 그리고 인간은 이 정보를 올바르게 매핑하여 이해하여야 한다. 이를 위해서는 정보가 인간의 지각 레벨의 범위 내에 있어야 한다. 즉 필요한 지식이 있어야 한다. 그런데 아무리 올바른 정보와 지식이 충분히 있더라도 올바르게 판단하고 실행하기 위해서는 능력이 있어야 한다.

레빈의 행동모델에서 '휴먼에러를 일으키기 어려운 환경을 만드는 것'과 '휴먼에러 내성을 습득하는 것'이라는 두 가지 대책이 도출된다.

(1) 휴먼에러를 일으키기 어려운 환경을 만든다

휴먼에러를 일으키기 어려운 환경이란, 기대되는 행동을 하는 것을 촉진하고 기대되지 않는 행동을 저지하는 환경을 가리킨다. 인간 특성을 고려한 작업환경, 즉 인간공학의 최종 목적인 '인간 중심의 시스템'을 구축하도록 노력할 필요가 있다.

지금까지 fool proof 기술, 즉 기대되지 않는 행동을 저지하기 위해 물리적인 제약을 가하는 것을 생각할 수 있다. '❷ 불가능하게 한다'는 것이다.

작업에는 반드시 부담이 생기기 마련이다. 부담이 증가하면 휴먼에러를 저지르기 쉬워진다. 이 부담은 정신적 부담과 신체적 부담으로 구분된다. 정신적 부담에서는 특히 인지적 부담이 휴먼에러와 관련되므로 기억, 판단이라는 인지적 부담을 경감하는 환경을 구축하는 것을 생각할 수 있다. 정보처리모델을 참고하면, 지각적 부담, 인지적 부담의 경감, 예컨대 식별, 판단, 기억, 주의의 경감 등을 생각할 수 있다. 간단하게 표현하면 '❸ 알기 쉽게 한다'는 것이다.

신체적 부담에서는 이를 경감하는 환경으로 하는 것을 생각할 수 있다. 예컨대 인간의 주

의력은 한계가 있으므로, 들기 어려운 것을 운반할 때 떨어뜨리지 않는 데 주의를 기울이면 들고 있는 것에 주의를 빼기기 쉽다. 그 때문에 발밑에 주의를 기울이는 것을 소홀히 하여 뭔가에 걸려 넘어질 수 있다. 그래서 '❹ 하기 쉽게 한다'는 대책이 필요하다.

(2) 휴먼에러 내성을 높인다

휴먼에러 확률을 저감하는 또 하나의 방법은 작업자가 휴먼에러 유발 환경에 놓이더라도 휴먼에러가 유발되지 않도록 작업자 자신이 에러에 대한 내성을 높이는 것이다.

어떠한 환경에 놓이더라도 작업자가 올바르게 지각하고, 올바르게 인지하고, 올바르게 이해하고, 올바르게 판단하고, 올바르게 행동하면 휴먼에러는 발생하지 않는다. 따라서 정보처리모델을 이용하여 정리하면, '❺ 지각 능력을 갖게 한다', '❻ 인지 · 예측하게 한다', '❼ 안전을 우선시한다', '❽ 할 수 있는 능력을 갖게 한다'는 것으로 분해할 수 있다.

한편, 위반을 하면 휴먼에러가 저질러질 가능성이 매우 높아진다. 원래 절차(규칙)는 어떤 일정한 작업을 올바르고 효율적으로 처리하기 위하여 있는 것이다. 절차가 휴먼에러를 방지하기 위하여 만들어져 있는 것을 감안할 때, 절차를 지키지 않은 위반은 바로 휴먼에러로 이어질 가능성이 높아진다.

3) 3단계: 다중의 휴먼에러 발견 대책

휴먼에러를 제로로 하는 것은 극히 곤란하다. 그래서 휴먼에러 발견방법을 다중으로 하여 발생한 휴먼에러를 올바른 것으로 수정하게 하는 대책이 필요하다. 즉 휴먼에러를 발견하기 쉽도록 궁리하는 것이다. 이것은 자기 자신이 발견하는 방법, 즉 '❾ 스스로 깨닫게 한다'와 자신 이외의 것으로 휴먼에러를 발견하는 방법, 즉 '❿ 검출한다'는 두 가지 방법으로 구분된다.

4) 4단계: 피해를 최소로 하기 위한 대비

휴먼에러 방지대책에 완전은 없다. 아무리 노력해도 휴먼에러는 발생하고 그것을 발견하지 못할 가능성이 있다. 그래서 최후의 수단은 에러에 '⓫ 대비한다'는 것이다. 즉 휴먼에러 발생에 대비하여 피해를 최소로 하는 대책이 필요하다.

이상을 정리하면, 그림 14-2와 같이 11단계에 걸친 전술적 휴먼에러 관리의 접근방법을 나타낼 수 있다.

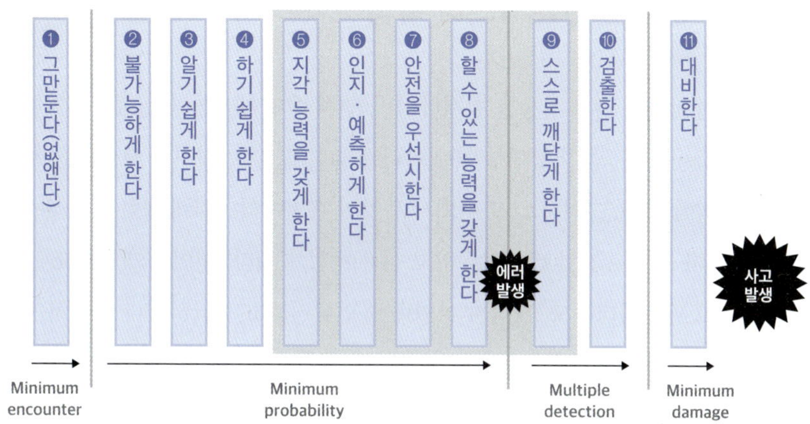

그림 14-2 **전술적 휴먼에러 관리의 접근방법(11단계)**

6. 휴먼에러 방지활동

휴먼에러는 사고 · 재해의 원인이 된다. 따라서 사고 · 재해를 방지하기 위해서는 그것과 관련된 휴먼에러 방지는 불가결하다. 휴먼에러 방지를 생각하는 기본은 발생한 휴먼에러를 분석하고 동일하거나 유사한 휴먼에러가 발생하지 않도록 조치하는 것이다. 이것을 재발 방지라고 한다. 그러나 재발 방지는 휴먼에러가 한 번이라도 발생하지 않으면 대책이 수립되지 않게 되는 것이기도 하다. 즉, 재발 방지만으로는 처음 발생하는 사고 · 재해에서의 휴먼에러에는 대응할 수 없다.

발생한 휴먼에러를 철저히 분석하고 재발하지 않도록 조치하는 것은 물론 가장 중요한 것이다. 그러나 안전관리이든 품질관리이든 서비스관리이든 거기에서 요구되는 것은 단순히 과거에 발생한 휴먼에러의 재발을 방지하는 것뿐만 아니라 장래에 있어서의 모든 휴먼에러 발생을 억제하는 것이다. 이를 위해서는 과거에 발생하지 않은 사항도 유추하고 검토하여 대책을 수립한다는 접근방식을 취하여야 한다. 이것이 휴먼에러의 미연 방지이다. 이하에서는 미연 방지활동의 절차에 대해 설명하고자 한다.

1) 휴먼에러에 대한 컨센서스의 확립

휴먼에러의 미연 방지를 향한 활동을 전개하려면, 먼저 어떤 행위가 휴먼에러인지를 규정하는 것에서 시작해야 한다. 공장 등에서 '휴먼에러를 줄이자', '휴먼에러를 제로로 하자'와 같은 슬로건이 게시되어 있다. 그러나 그 조직에서 무엇이 휴먼에러인지에 대한 컨센서스를 확립하지 않는 한 문자 그대로 겉만 번지르르하고 실속이 없게 된다. 책임자의 눈으로 보면 분명히 휴먼에러라고 판단되더라도, 작업자 본인이 휴먼에러라고 실감하거나 자각하지 않으면 아무리 휴먼에러에 대한 대책을 강구해도 그 효과는 기대하기 어렵다. 현장에 있는 사람들에게 그 행위가 왜 휴먼에러인지를 교육하고 인식시키는 것이 휴먼에러 대책의 효과를 높이기 위해 필요하다. 그것이 미연 방지활동의 첫걸음이 된다.

2) 휴먼에러의 요인 알기

휴먼에러의 미연 방지란 장래에 있어서의 휴먼에러의 발생을 추측하고 그 예방대책을 강구하는 것이다. 이를 위해서는 과거의 사고에서 휴먼에러의 현재화한(직접적인) 원인(직접요인)뿐만 아니라 간접적인 원인(간접요인)까지를 도출하는 노력이 필요하다.

실제로 발생한 휴먼에러를 대상으로 하여 직접적인 요인(직접요인)뿐만 아니라 간접적인 원인에 해당하는 배경적인 요인(간접요인)과 잠재적인 요인(잠재요인)까지를 추출해야 휴먼에러에 대한 효과적인 대책을 강구하는 것이 가능해지고, 이를 통해 휴먼에러의 발생을 보다 많이 줄이는 데 기여할 수 있다. 배경요인, 잠재요인은 분석 대상뿐만 아니라 다른 작업에도 영향을 주는 요인이기 때문이다.

예를 들면, 그림 14-3과 같은 사례에서는 밸브의 식별명(識別名) 표시가 보기 어려웠다는 것이 원인이 되고 있다. 이 경우 여기에서 분석을 끝내고 대책을 강구하면, 이 사고에 관련된 밸브의 표시만을 보기 쉽게 하는 것으로 마무리된다. 그러나 그림 14-3과 같이 한 걸음 더 나아가 배경요인, 잠재요인까지 추출하면 그와 같이 보기 어려운 표시였던 것은 그 공장 설비의 "정비가 불량하다.", "휴먼에러를 고려한 인터페이스 설계가 되어 있지 않다."와 같이 그 공장 전반에 걸친 문제를 지적하는 것이 가능하게 된다. 이와 같은 요인에 대해서는 공장에 있는 모든 설비의 식별 용이성에 관한 점검, 정비 상황의 철저, 인터페이스 설계의 적정성 검토와 같은 대책이 수립될 것이다. 그렇게 하면, 다른 설비의 보기 어려움에 의한 오조작과 같은 사건을 방지하는 것이 가능하다. 물론 실제 분석에서는 배경요인, 잠재요인까지 분석하는 것이 곤란한 경우도 있지만, 미연 방지를 위해서는 최대한 배경요인, 잠재요인까지 추출하는 것이 필요하다.

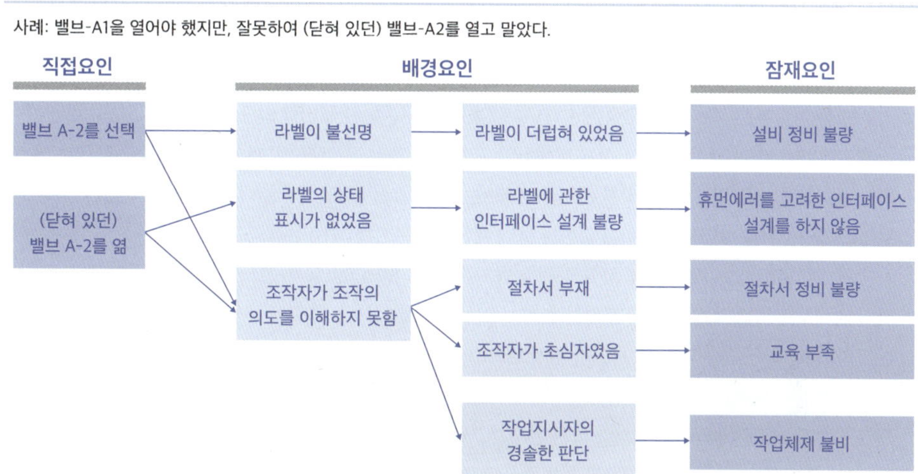

그림 14-3 추출된 PSF의 예

참고 | 휴먼에러와 배경요인·잠재요인

종래의 사고·재해사례의 취급방법은 휴먼에러를 적확하게 파악한다는 관점에서 보면 충분하다고는 할 수 없다. 많은 사례는 발생상황, 원인, 대책이라는 관점에서 제시되고 이용되는 경우가 많다. 이 방법 자체에 뭔가 문제가 있는 것은 아니지만, 중요한 것은 사례에 제시된 정보로부터 무엇을 알아낼 것인가 하는 점이

(계속)

다. 일반적으로는 발생상황에 관한 설명을 기초로 원인 파악과 대책 수립을 행한다. 이 프로세스 자체는 의미가 있지만, 원인 파악이 표면적인 것에 머무르고 배경요인·잠재요인에 이르기까지 깊게 파고들지 않으면, 휴먼에러에 대한 충실한 대응으로 이어지는 정보를 얻는 것은 어렵다. 즉 제시된 사례에 대해 원인 파악과 대책 수립이 이루어지더라도 직접요인에 국한될 경우, 원인 파악과 대책 수립의 훈련으로서의 효과는 기대할 수 있어도, 제시된 사례와 완전히 동일한 조건이 아니면 재발 방지의 효과는 기대하기 어렵다.

중요한 점은 사고·재해 사례로부터 알아낼 수 있는 휴먼에러의 다양한 요인, 즉 직접요인 외에 배경요인·잠재요인이 어떠한 조건·상황이 되면 휴먼에러로 발전할 가능성이 있는지 검토하는 것이다. 휴먼에러의 관점에서는 직접요인과 더불어 배경요인·잠재요인을 찾아내어 검토하는 것이 중요하다.

참고 | 무엇을 위한 휴먼에러 분석인가

휴먼에러 분석을 할 때 고민스러운 것이 "어디까지 분석하면 좋을까?"라는 점이다. '어디까지'라는 것에는 "어디까지 거슬러 올라가야 바람직한가?"라는 점과 "어디까지 정확히 분석하면 바람직한가?"라는 점이 있을 것이다.

이것은 분석의 목적에 따라 다르다. 예컨대 형사벌, 행정벌 등과도 관련 있는 휴먼에러 분석의 경우에는 가능한 한 엄밀한 분석을 하고, 단정(사실)과 추정(추론)을 구분하여 표기할 필요가 있다.

휴먼에러에 기인하는 중대한 사고가 발생하였고, 원인과 재발 방지대책이 확실히 요구되는 경우에는 정확한 분석을 할 필요가 있다. 정확한 분석을 위해서는 진심을 끌어내는 인터뷰 훈련을 받은 직원이 관계자로부터 의견청취를 하면서 조사하고 정성을 들여 세심하게 분석해 가는 것이 중요하다.

한편, 관리자의 입장에서 당해 사고의 재발 방지뿐만 아니라 다른 유사사고의 미연 방지로 이어지도록 하기 위해서는 '구조적 원인'까지 분석을 심화시키는 것이 필요하다. '구조적 원인'이란 제도, 관리감독, 예산, 권한 등과 같은 것이다. 당해 사고의 한 원인으로 작용한 휴먼에러의 직접요인만 분석하면 당해 사고와 동일한 사고의 재발을 방지하는 효과밖에 거두지 못하는 한계가 발생한다. 휴먼에러의 배후요인(배경·잠재요인)까지 거슬러 올라가 분석해야 다른 유사사고를 방지하는 방안까지를 도출할 수 있다.

교육목적으로 분석하는 경우도 있다. 이것은 휴먼에러를 저지른 사람, 휴먼에러가 발생한 작업장에서 앞으로 어떠한 것에 유의해야 하는지, 어떠한 대책을 강구할 필요가 있는지를 스스로 생각하게 함으로써 안전의 개선, 안전의식의 고양을 도모해 가기 위한 것으로서 '범인 찾기'는 아니다. 이 경우는 반드시 정확한 분석일 필요는 없고, 시야를 넓히는 것이 목표이므로, 혼자 분석하기보다는 몇 명이 토론하면서 작성하거나, 각자가 작성한 것을 갖고 와서 협의하는 것이 바람직하다. 교육목적으로 분석을 하게 하는 경우에도, 잘 유도하지 않으면 자기 자신에게 불리한 것은 모른 체하고 회피하거나 문제를 바꿔치기하는 경우 또는 관리자에게 책임을 전가해 버리는 경우 등이 있을 수 있다. 따라서 관리자 측은 사전에 분석방법을 상세하게 교육할 필요가 있다.

7. 휴먼에러 방지대책의 수립

휴먼에러 방지대책은 PSF의 개선을 도모하는 것을 목적으로 수립되는 것이지만, 각 PSF에 대해 개별적으로 준비되지 않아도 무방하다. 휴먼에러 대책 수립의 목적은 어디까지나 휴먼에러의 발생 가능성을 높이는 PSF를 개선하는 것이다. 대책 수립을 통해 휴먼에러의 발생 가능성을 낮추고 사고의 방지를 도모할 수 있다. 따라서 PSF를 각개격파하는 대책이든 몇 개의 PSF를 일망타진하는 대책이든 PSF가 보다 개선되는 대책이 휴먼에러 방지의 관점에서 바람직하다.

휴먼에러가 연루된 사고의 발생을 방지하기 위해서는 휴먼에러를 방지하는 여러 방어벽, 즉 대책을 강구하는 것이 필요하다. 그러나 대책의 실행에는 경비 · 시간 · 노력 등 여러 가지 비용이 소요된다. 따라서 생각할 수 있는 모든 대책을 강구하는 것은 이론상으로는 이상적이지만 현실적으로는 불가능하다. 그것은 대책을 실천하는 데 소요되는 비용의 문제일 뿐만 아니라 대책 실행을 위한 노력 · 시간 등 여러 제약이 조직의 운영에 수반되기 때문이다.

이와 같이 대책의 실행에 의해 기업의 본래 생산업무에 지장을 주고 매출, 이익에 직 · 간접적으로 부담을 준다. 이러한 부정적 영향과 대책을 강구하지 않아 장래에 발생할 수 있는 사고에 의한 부정적 영향을 비교 검토하는 방식으로 대책의 실행 방안을 판단한다.

대개 여러 개의 PSF의 결과로 휴먼에러가 발생한다. 나아가 그 휴먼에러가 다른 사건, 다른 휴먼에러와 복합적으로 작용하여 사고가 발생하는 경우가 많다. 이 사고의 위험성이 높을수록 그 개선요구는 높아진다. 반대로 말하면, 위험성을 높이는 휴먼에러를 유발시키는 PSF는 바로 대처해야 할 대상이다.

예를 들면, 동일하게 버튼을 잘못 누르더라도 어떤 장치를 단순히 정지시킬 뿐인 경우와 기기가 폭주하고 유독한 가스를 방출해 버리는 경우가 있다. 전자에서는 위험성이 낮고, 후자에서는 위험성이 높다. 따라서 후자의 버튼 조작에 관한 대책 쪽이 우선도가 높고 보다 많은 방어벽(대책)이 검토되어야 한다.

대책 수립이라는 관점에서는 PSF, 휴먼에러, 사고라고 하는 세 가지의 흐름(관계)을 조감해야 한다. 그런데 이 세 가지는 단순한 관계에 있지 않은 점이 분석 · 평가를 어렵게 한다. 그것은 PSF, 휴먼에러, 사고의 발생 시기가 항상 같지는 않고, 엄밀히 말하면 시간적 차이가 큰 경우가 많이 있기 때문이다.

예를 들면, 발전소에서 어떤 자동제어기 시스템이 정지해 버린 사고의 요인(원인)을 분석해 보면, 사고가 발생한 '시스템의 운용단계'와는 다른 단계인 설계, 운용준비 등의 단계에서 요인이 추출될 수 있다. 따라서 이 요인이 발생한 설계, 운용준비 등의 단계에서의 개선이 필요하게 된다. 그러나 이 단계는 부서는 물론, 나아가서는 회사 자체가 다를 수 있다. 발전소의 자동제어기 시스템의 경우 운용은 전력회사, 설계는 제조회사가 담당한다. 즉 전력회사에서의 사고를 방지하기 위해서는 제조회사에서의 소프트웨어 설계작업의 개선도 요구될 수 있다.

이와 같이 실제 분석에서는 사고가 발생한 부문(부서), 회사와는 다른 장소에서 PSF가 추출되는 경우가 적지 않다. 따라서 사고 방지대책을 강구하기 위해서는 부문, 회사를 뛰어넘는 체제를 갖추고 정보가 수평 전개될 수 있도록 하는 것이 필요하다. 역으로, 그와 같은 체제가 구축되어 있지 않으면, 적확한 요인분석이 이루어지더라도 사고 발생 이전의 문제에 대한 대처가 이루어지지 않게 되고, 결과적으로 문제를 남겨 놓게 된다. 몸 안의 문제는 몸 안에서 해결한다고 하는 접근으로는 충분하지 않다. 그와 같이 접근하면, 몸 안에서 해결할 수 있는 범위에서의 요인 추출만 하게 되는 경향에 빠지고, 직접요인 이외의 요인은 분석도 이루어지지 않게 된다. 즉 휴먼에러 분석 · 평가기법이 전혀 기능하지 않는 상태가 될 수 있다.

8. 조직의 대응체제

조직 내부에서의 바람직한 대응체제를 생각해 보자. 사고가 발생한 부서, 그 사고에 관여한 휴먼에러가 발생한 부서에서의 조사를 중심으로 사고 및 휴먼에러의 원인(요인)인 PSF를 추출할 필요가 있다. 직접요인은 부서 내에 존재하겠지만, 간접요인(2차 요인) 이하는 부서를 뛰어넘어 존재하는 경우가 있을 수 있다. 그리고 개선대책을 실천하는 부서도 다른 경우가 있을 수 있다.

제품 · 시스템은 기획에서 시작하여 설계, 제작, 운용(이용) 준비, 운용(이용), 보수, 폐기 등이라는 라이프사이클을 가지고 있다. 이 라이프사이클의 각 단계에서 PSF가 존재할 가능성, 휴먼에러가 발생할 가능성, 사고가 발생할 가능성이 있다. 그리고 각각의 단계에 걸쳐 PSF가 휴먼에러를 유발하고, 휴먼에러가 사고의 원인이 될 수 있다.

예컨대 휴먼에러가 운용단계에서 발생한 경우, 휴먼에러의 많은 원인은 다른 라이프사이클의 단계에 존재할 수 있다. 즉 방지대책은 휴먼에러가 발생한 단계에서만이 아니라 PSF가 발생한 단계까지도 포함하여 수립하지 않으면 근본적인 해결을 도모할 수 없게 된다. 라이프사이클을 통한 대책 수립의 체제가 구축되어 있지 않으면, 휴먼에러가 발생한 단계만의 대책이 되고, 다른 단계의 요인은 대책에서 빠지게 된다. 이것은 직접요인에 한정된 대책이라고 할 수 있다.

휴먼에러, 나아가 사고를 방지하기 위해서는 이들의 원인을 상세하게 그리고 망라하여 분석 · 평가하는 것이 중요하다. 그러나 아무리 간접요인(2차 요인), 잠재요인(3차 요인), 배후요인(4차 요인)까지 추출하더라도 이들에 대한 대책을 검토하는 체제가 제대로 갖춰져 있지 않으면 의미가 없다. 제품 · 시스템의 라이프사이클이라는 관점에서 휴먼에러를 조사 · 분석 · 평가하고 대책을 검토하는 체제가 구축되어야 휴먼에러에 효과적으로 대처할 수 있는 것이다.

9. 정상작업과 비정상작업

작업에는 일상적으로 행하는 작업(정상작업, normal work)과 특정 상황에서만 행해지는 작업(비정상작업, abnormal work)이 있다. 비정상작업에서의 사고 · 휴먼에러의 발생 건수는 일반적으로 정상작업에서의 그것보다 많은 경향이 있다. 이것은 실제로 PSF 분석을 하면 바로 알 수 있는데, 비정상이라는 상황이 낳는 PSF가 많이 존재하는 것에 기인한다. 그리고 비정상작업은 일상적이지 않은 환경, 상태하에서의 작업이고, 매뉴얼이 없는 경우도 많다. 이 때문에 작업자의 기량에 관계없이 경험이 없는 것과 다름없는 작업이라도 말할 수 있다.

추출된 PSF에 대해 대책을 강구하는 것은 기본이지만, 각각의 PSF가 일상적으로 그 현장에 존재하고 있는지, 어떤 상황의 변화에 의해 생긴 것인지에 따라 대응 · 대책은 다르다. 예컨대 주변이 어두워 확인에 오류(휴먼에러)가 있었던 경우, 그 원인은 부적절한 조명환경이 될 것이다. 이 경우 일상적(정상적)으로 조명환경이 나쁜 것이라면 조명기기의 위치 변경 등 설비의 변경이 그 대책으로 적절할 것이다. 그러나 그 날만 뭔가의 이유로 조명이 비춰지기 어렵게 된 것이라면 추가로 PSF 분석을 속행하고 조명이 비춰지기 어렵게 된 PSF의 개선을 도모해야 한다. 즉 동일한 PSF라도 그것이 항상적인(constant) 요인인지, 변동적인(occasional) 요인인지에 따라 대책을 강구하는 데 필요한 PSF 분석에 차이가 난다.

일상적(정상적)으로 존재하는 PSF라면 그 PSF의 상태에 대한 개선을 도모하고, 어떤 특정 상황에서 생긴 PSF라면 그 PSF가 생기지 않는 대책을 수립하기 위하여 추가적으로 PSF 분석을 하는 식으로 대처해 나가야 한다. 그런데 비정상이라는 상황하에서 생긴 PSF라면, 그 대책은 비정상작업을 하지 않는다는 것으로 귀착될 수도 있는데, 이것은 현실적으로는 채택하기 어렵다. 따라서 비정상 상태에서는 '이와 같은 PSF가 생길 가능성이 높으므로 그것들을 충분히 의식하고 작업에 종사한다'와 같은 방식으로 대응하는 것이 하나의 대책이 된다. 단, 충분한 PSF 평가가 이루어지지 않으면 효과적인 휴먼에러 정보를 전달하는 것이 불가능하다.

이와 같이 PSF의 정상성(定常性)을 평가하고 대책 수립으로 연결시켜 가는 것이 필요하다.

10. 아차사고 보고(발굴)

1) 아차사고의 수집과 분석

현실에서 휴먼에러 분석이 이루어지는 사고는 재해로 현재화(現在化)한 사고가 중심이다. 그러나 휴먼에러는 재해로 현재화한 사고가 발생한 경우에만 발생하는 것은 아니다. 재해가 발생할 뻔했던 사고, 즉 아차사고가 발생한 경우에도 대부분 휴먼에러가 발생한다. 이 같은 재해 예비군인 아차사고에서 발생한 휴먼에러를 분석하여 휴먼에러 요인에 대한 지견을 이용하는 것도 휴먼에러 미연 방지에 있어 매우 유효한 수단이다.

아차사고를 수집 · 분석하는 것의 효과가 높은 것은 확실하지만, 아차사고 보고를 활성화는 데는 몇 가지 장해가 있다. 특히 재해로 현재화하지 않은 것이기 때문에, "보고가 귀찮거나 번거롭다.", "보고하는 것에 무슨 의미가 있는가?"와 같은 생각을 하는 작업자가 많을 수 있다. 보고내용이 너무 상세할수록 본래 작업의 정체를 초래하거나 번잡성을 싫어하여 보고를 피할 가능성이 커진다. 이러한 장해를 극복하기 위해서는 최소한 다음 두 가지 사항이 필요하다.

먼저, 간편하면서 유효한 정보를 수집할 수 있는 시스템을 구축할 필요가 있다. 단, 간편함을 너무 추구하면 의미 있는 데이터를 수집할 수 없게 된다.

두 번째는 "아차사고에 불과하기 때문에 보고하지 않아도 문제없다."라는 생각을 교정하는 것이 필요하다. 이런 생각이 조직이 강하게 있는 한 어떤 간편하고 효과적인 아차사고 수집시스템을 제공하더라도 그다지 활성화되지 않을 것이다.

물론 개개인이 아차사고, 나아가 휴먼에러가 발생하지 않도록 노력하는 것도 반드시 필요하다. 그러나 조직적 차원에서 안전문화 조성을 통해 많은 아차사고 사례가 수집되도록 하고, 나아가 휴먼에러가 발생하기 어려운 조직으로 발전시켜 나가는 것이 보다 중요하다.

2) 아차사고 보고(발굴)의 필요성

아차사고 상황은 나쁜 결과를 초래할 수 있었지만 그렇게 되지 않은 사건을 가리킨다. 아차사고는 방호수단의 일부가 뚫린 경우부터 대부분의 방호수단이 뚫린 경우까지 넓은 범위에 걸쳐 있다. 환언하면, 아차사고는 경미한 사고에서부터 종이 한 장 차이로 참사를 피한 경우까지 그 범위가 넓다. 후자는 결과를 제외하면 참사와 구별되지 않으므로 확실히 사후대책의 범주에 들어가고, 전자는 시스템 리질리언스에 대한 유용한 선제적 정보를 제공한다.

아차사고를 수집하고 분석하는 것의 이점은 명확하다. 엑슨 모빌(Exxon Mobil)에 따르면, 아차사고는 다음과 같은 '무료 교훈'을 제공한다.[270]

- 올바른 결론이 도출되고 그것을 기초로 행동한다면 아차사고는 미래의 좀 더 중대한 사건에 대하여 시스템의 방호수단을 강력하게 작동시키는 '백신'처럼 작용할 수 있다.

270 J. Reason, *Managing the Risks of Organizational Accidents*, Ashgate, 1997, p. 119.

그리고 아차사고는 좋은 백신처럼 그 과정에서 어느 누구에게도, 어느 것에도 손해를 입히지 않고 이러한 작용을 한다.

- 아차사고는 작은 방호수단의 실패들이 어떤 식으로 정렬하여 참사를 일으킬 수 있는지에 대한 정성적 통찰력을 제공한다.
- 아차사고는 나쁜 결과(재해)보다 빈번하게 발생하기 때문에, 보다 심도 있는 정량적 분석에 필요한 많은 정보를 제공한다.
- 아마도 가장 중요한 것은, 아차사고가 시스템이 직면하는 위험에 대한 강력한 기억보조장치(reminder)를 제공함으로써 두려워하는 것을 망각하는 과정을 늦춘다는 점이다. 그러나 이렇게 되려면 정보가 널리, 특히 조직의 고위직 재무 담당자에게 제공될 필요가 있다. 조직의 고위직 재무 담당자에 대한 정보제공은 각 사건 관련 정보가 조직의 잠재적인 경제손실에 대한 현실적 추산을 포함하는 경우에 특히 경각심을 높이는 효과가 있는 것으로 알려져 있다.

물론 아차사고 보고와 관련하여 직면하고 있는 문제가 상당수 존재한다. 특히 사고에서 중요한 역할을 했을지도 모르는 개인들 스스로가 사고를 보고하려는 의지가 어떠하냐가 보고 제도에 많은 영향을 준다.

정보제공자가 사고를 기꺼이 보고하려는 의지가 있더라도, 기여요인에 대해 충분히 상세한 설명을 하지 못할 수 있다. 보고자들은 종종 선행적인 배후요인(upstream precursor)을 알지 못한다. 어떤 경우에는 작업현장(local workplace)요인의 중요성을 인식하지 못할 수도 있다. 만약 그들이 기준 이하의 장비로 작업하는 데 익숙해져 있다면, 그들은 이것을 사고의 기여요인으로 보고하지 않을 수도 있다. 보고자가 그간 감독을 받아야 했는데 실제로는 그렇지 않은 일을 습관적으로 수행해 왔다면, 그는 감독의 결여를 문제로 인식하지 않을 수 있다. 이 외에도 여러 경우가 있을 수 있다.

요컨대, 보고 의지와 능력 문제가 두 가지 측면에서 영향을 미칠 수 있다. 한 가지는 모든 아차사고가 보고되지는 않을 것이라는 점이고, 또 다른 한 가지는 아차사고에 대한 정보의 질이 중요한 배후요인을 파악하기에는 충분하지 않을 수 있다는 점이다.

그러나 아차사고로부터 얻어지는 장점이 앞에서 지적한 장해를 훨씬 능가한다는 것이 보고 제도의 매우 성공적인 사례를 통해 확인되고 있다. 아차사고 보고 제도가 재해 예방을 위한 여정에서 매우 귀중한 도우미가 될 수 있다는 점은 의심의 여지가 거의 없다.

조직에서 예방접종과 유사한 것은 재해, 아차사고에 의해 제공되는 시스템 개선의 기회이다. 시스템은 이러한 위험신호로부터 시스템 방호수단의 강점과 약점을 배움으로써 재해에 대한 '백신접종'을 맞을 수 있다.

3) 아차사고 보고(발굴)의 실제

현장에서 발생한 아차사고의 보고를 요구하는 사업장이 적지 않다. 아차사고를 보고하게 하는 것은 바람직하지만 보고의 목적, 보고방법, 보고체제, 보고결과의 취급방법을 잘 정해 놓지 않으면 활성화되기 어렵다.

먼저 보고의 목적을 명확하게 설정할 필요가 있다. 보고의 목적으로 작업자에게는

- 휴먼에러에 대한 관심을 높임
- 휴먼에러에 대한 정보를 공유하고 타산지석으로 삼음

등을 제시할 수 있다. 관리자에게는

- 집계하여 사업장의 약점을 간파함
- 휴먼에러 방지를 위한 사업장 개선의 포인트를 파악함
- 사고의 미연 방지를 위하여 구조적 문제를 개선하는 착안점을 얻음

등이 주된 목적일 것이다.

목적이 모호한 채로 다른 회사가 하고 있으니까 우리도 한다는 식이어서는 곤란하다. 목적을 명확히 하고 그것에 따른 보고방법을 강구할 필요가 있다.

현장의 입장에서는 보고서를 작성하는 것은 수고스러운 일이다. 이 점을 잘 생각할 필요가 있다. 보고가 활성화되기 위해서는 메리트가 있어야 한다. 메리트란 꼭 금전적 보상을 의

미하는 것이 아니라, 구성원들에게 "사업장 안전규칙이 정교해졌다.", "현장이 개선되었다." 등과 같은 정신적 보상을 포함하는 것이다. 성실하게 보고했는데, "저 사람은 실수가 많다."는 험담을 하거나, "몸 상태 때문에 아차사고를 저질렀다."고 있는 그대로 보고했더니 상사에게 불려가 꾸지람을 듣는다면 누구도 보고하지 않을 것이다. 보고서는 시말서가 아니다. 아차사고를 저질렀다고 보고하는 것은 누구에게나 민망한 일이기 때문에 좋아할 사람은 없을 것이다. 아차사고 보고 제도는 보고자의 이러한 기분을 아는 것으로부터 출발해야 한다. 보고자가 원하면 식별할 수 없도록 하는 것이 원칙이다. 보고 경로도 보고자가 원할 경우에는 직제상의 상사를 거치지 않아도 되는 것으로 해야 한다. 이를 위해서는 보고자의 의사에 따라 안전부서로 직접 보고할 수 있도록 하는 경로를 마련해야 한다.

보고서를 작성하는 데 시간이 많이 걸리면 누구라도 귀찮아 보고하지 않을 것이다. 작성에 시간이 많이 걸리면 작업시간이나 휴식시간이 줄어들어 휴먼에러를 유발할 수도 있다. 그렇다고 하여 체크항목을 체크하는 것만으로는 당시의 상황을 알 수가 없어 휴먼에러를 제대로 공유하지 못하게 되고, 집계하더라도 의미 있는 일이 되지 않을 수 있다. 어느 정도 상세한 보고를 요구할지는 사업장의 실정에 따라 다를 수 있어 일률적으로는 말할 수 없지만, 작성에 과도한 부담이 되는 것은 피해야 한다.

'부주의', "몸 상태 불량" 등이라고만 작성하는 것은 본인의 자각을 촉구하는 점에서는 의미가 전혀 없는 것은 아니지만, "부주의로 간과하게 된 것은 원래 확인해야 할 표시가 보기 어려웠기 때문이다.", "몸 상태가 불량했는데 일을 하고 있었던 것은 납기가 촉박했기 때문이다." 등과 같은 내용이 보이지 않으면, 사고의 방지에 도움이 되지 않을 것이다.

마지막으로, 보고를 어떻게 현장에 피드백할 것인지를 생각할 필요가 있다. 보고를 하는 것이 사고 방지로 이어져야 한다. 1년간의 보고서가 집계되어 "금년은 ○○작업장에서는 전도 아차사고가 많았다, 주의하자."와 같은 전단이 배포되는 것만으로는 부족하다. 만약 이와 같은 전단조차 배포되지 않는다면 점점 보고할 의욕도 잃어버릴 것이다. 보고 의욕의 상실은 조직풍토의 흐트러짐, 안전문화의 붕괴로 이어질 수 있다. "○○작업장에서는 전도 아차사고가 많았다."로 그치는 것이 아니라, '어떻게 하면 그것을 방지할 수 있을 것인가'까지 나아가야 한다. "주의 포인트는 ○○이다!"와 같은 구체적인 제언, "그래서 이렇게 작업장을 개선한다."와 같은 개선계획 제시 등을 할 필요가 있다. 이렇게 함으로써 현장은 안도하고, 이 안도감은 관리자, 최고경영자에 대한 신뢰감으로도 이어진다.

아차사고 보고서

사고의 내용

이 사고는 '언제' '어디에서' '어떻게' 발생했는가? 아는 범위에서 기입하시오. 추정해도 무방합니다.
언제: 월 일 시 분경
어디에서:
어떻게:

이 사고를 일으킨 사람은 다음의 어떤 사람입니까? 해당 항목 모두에 ○을 표시하십시오.
- 초심자 · 베테랑 · 지원자 · 20대 · 30대 · 40대 · 50대 · 60대 · 70대 · 남성 · 여성 · 기타 ( )

- 이 사고를 일으킨 요인이라고 생각하는 것에 체크해 주십시오.
- 직접적 요인이라고 생각하는 것에는 ◎, 간접적 요인(배경적 요인, 잠재적 요인)이라고 생각하는 것에는 ○을 표시하십시오.
  (짐작이 가는 것에 ◎, ○을 여러 군데 표시해도 무방합니다)
- 그 외에 짐작이 가는 것이 있으면 여백 란에 추가로 기입해 주십시오.

L(본인)	S(소프트웨어)	H(하드웨어)	E(환경)	L(주변 사람)	M(관리)
피곤하였다	절차서에 불비가 있었다	공도구가 사용하기 어려웠다	많이 덥거나 추웠다	지시가 불명확했다	사람이 부족했다
서둘렀다	절차서에 불명확한 점이 있었다	잘못된 공도구를 사용했다	너무 어둡거나 밝았다	지시를 이해하지 못했다	작업지휘자가 필요한 작업에서 혼자서 작업했다
걱정거리가 있었다	다른 절차서를 참조했다	공도구를 올바르게 사용하지 않았다	소음이 심했다	호흡이 맞지 않았다	작업지시, 작업주의가 없었다
몰랐다	절차서가 읽기 어려웠다	공도구가 사용 중에 부서지거나 고장 났다	유해 화학물질에 노출되었다	업무인계가 이루어지지 않았다	작업지시, 작업주의가 부적절했다
기량이 부족했다	작업방법에 대해 배운 적이 없었다		시간이 없었거나 시간에 쫓겼다	업무인계가 불충분·부적절했다	작업중단이 있었다
익숙하지 않았다	잘못된 작업방법을 배웠다		좋지 않은 작업자세로 일할 수밖에 없었다		
멍한 상태였다	작업요령에 부적절하거나 애매한 점이 있었다				
착각했다	알기 어려운 작업방법이었다				
귀찮았다					
나라면 할 수 있다고 생각했다					

보충 설명할 것이 있으면 기재해 주십시오(뒷면 사용 가능).

그림 14-4 아차사고 보고양식(예)

아차사고 보고 제도를 운영하는 경우에는 만연히 계속할 것이 아니라 계획적이고 체계적으로 실시하는 것이 바람직하다.

지금까지 이러한 노력을 전혀 하지 않은 사업장에서는 안전교육 등의 기회를 이용하여 실시의 목적, 실시방법 등을 설명한다. 운영하면서 아차사고 보고서의 체재(體裁)를 수정할 필요성이 생길 수 있다. 그리고 일정 기간 계속되다 보면 매너리즘에 빠질 수도 있으므로, 그렇게 되지 않도록 지속적으로 모니터링할 필요가 있다.

4) 통상작업으로부터의 휴먼에러 이미지화

재해, 아차사고뿐만 아니라 통상작업으로부터도 휴먼에러의 발생에 관한 요인을 추출하고 이들 요인에 대한 대책을 강구하는 것이 가능하다. 그러나 이것은 재해 사례 분석에서 얻은 요인, 나아가 아차사고 사례 분석에서 얻은 요인으로 구성된 데이터베이스가 구축되지 않고는 제대로 이루어지기 어렵다. 이러한 데이터베이스가 구축되어 있어야 이곳에 포함되어 있는 요인이 통상작업에 존재하는지, 존재한다면 개선해야 할 상태에 있는지와 같은 평가를 할 수 있게 되기 때문이다.

그러나 이것은 단순히 요인 데이터베이스를 참조하면 되는 것이 아니라, 통상작업에서 휴먼에러를 이미지화하고 요인과 연결하여 평가하지 않으면 안 된다. 휴먼에러에 대한 식견과 이미지화 능력이 요구된다. 이들 휴먼에러를 이미지화하는 능력을 가진 사람이 조직에 한 사람이라도, 나아가 다수 존재하는 것이 미연 방지를 더욱 발전시키게 된다.

재해 외에 아차사고를 정성 들여 분석해 온 경험이 휴먼에러 이미지화 능력을 높인다. 휴먼에러 이미지화 능력이 높은 사람에 의한 교육 등 조직 차원에서 휴먼에러를 체계적으로 교육하는 것에 의해서도 이미지화 능력이 높아질 수 있다.

11. 사고 방지를 위한 두 개의 방벽

휴먼에러를 검토하는 이유는 사고 발생을 방지하는 것에 있다. 즉 휴먼에러는 사고의 원인으로 지목되어 분석 · 평가된다. 이 때문에 대책이라고 하는 경우 휴먼에러 방지대책이 아니라 사고 방지대책이라는 의미로도 사용되게 된다.

따라서 휴먼에러가 발생하더라도 사고에 이르는 것을 방지할 수 있는 것도 사고 방지대책이 되지만, 휴먼에러의 발생을 방지하는 것, 즉 휴먼에러의 유발요인인 PSF가 휴먼에러로 발전하는 것을 방지하는 것도 사고 방지대책이 된다.

즉 사고라는 관점에 선 경우, 휴먼에러에 대해서는 그 발생을 방지하는 제1의 방어벽과 휴먼에러가 발생해도 사고가 되지 않도록 하는 제2의 방어벽이 존재한다.

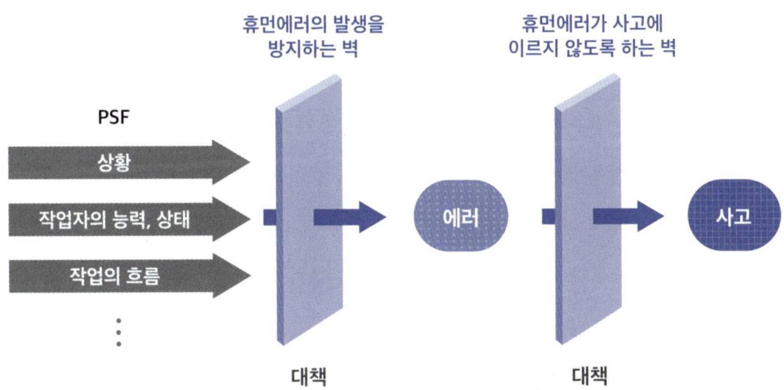

그림 14-5 휴먼에러로부터 사고로의 흐름을 방지하기 위한 방어벽

1) 제1방어벽

제1방어벽은 휴먼에러의 발생을 방지하기 위한 대책이다. 휴먼에러의 발생을 방지하는 방법은 앞에서 설명하였듯이 휴먼에러의 유발요인인 PSF를 정확하게 추출하고 분석 · 평가하는 것이다. 분석 대상 행위인 휴먼에러에서의 PSF의 구조를 명확히 하는 것으로 휴먼에러에 이른 경위, 즉 휴먼에러 발생 메커니즘을 알 수 있기 때문이다.

단, 휴먼에러의 분석에서는 해당 에러가 발생한 시점에서의 상황에 주의가 향하고, 휴먼에러의 직접요인 추구로 PSF의 분석이 끝나버리는 경우가 있다. 그러나 이 직접요인을 파생시킨 PSF, 즉 휴먼에러를 낳은 배경 · 토양을 간과해서는 근본적인 대책을 강구하는 것이 불가능하다.

PSF는 크게 나누어 기계 · 시스템 · 타자(他者) · 작업환경이 관여하는 외적 요인, 지각, 사고, 조작 등 인간의 정보처리기능이 관여하는 내적 요인, 그리고 내적 요인에 영향을 미치는 요인군으로서 인지적 요인, 생리적 요인, 사회심리적 요인 세 가지 요인이 있다.

이러한 점을 포함하여 다양한 관점에서 PSF를 적확하게 추출하는 것이 제1의 방어벽의 구축에 필요하다. 이것은 추출된 PSF에 대해, 그 PSF의 상태를 개선하거나 PSF가 휴먼에러에 미치는 영향을 변화시킴으로써 휴먼에러 발생 가능성을 억제시킬 수 있기 때문이다. 방어벽이 개선해야 할 PSF에 유효하지 않거나, 개선해야 할 PSF에 대한 방어벽이 없으면 제1방어벽이 작동하지 않게 된다.

특히 시간적인 흐름을 토대로 휴먼에러에 이른 경위를 분석하지 않고서는 개선해야 할 PSF를 누락할 수 있다. 병원에서 간호사가 잘못된 약품을 주사기에 주입하는 사고가 발생하였다. 이 사고의 원인인 휴먼에러는 주사 시의 간호사에 의한 확인행위의 태만이다. 이 확인행위의 태만에 관한 PSF는 많은 환자에 기인한 업무시간의 부족, 시간 압박, 간호사의 경험부족을 제시할 수 있다. 그렇다면 이 행위 자체의 발생을 방지하는 대책은 간호사의 증원 또는 작업스케쥴의 완화가 된다. 그러나 환자수를 억제하는 것은 불가능하고, 현실적으로 단기간에 간호사를 증원하는 것은 어려울 것이다. 따라서 단기적으로 실시할 수 있는 대책은 간호사 자신의 주의환기 외에는 없다. 이러한 대책으로는 다른 간호사에 의해 동일한 사고가 발생할 가능성이 여전히 높은 상태여서 제1의 방호벽은 없는 것이나 다름없다고 할 수 있다.

이러한 분석의 문제점은 확인행위를 태만히 한 원인을 찾는 데 그쳤다는 점이다. 그런데 실체를 면밀히 조사해 보면 확인해야 할 지시서가 두 개 있었는데, 그중 하나가 잘못되어 있었다는 것이 밝혀졌다. 그리고 그 간호사는 잘못된 지시에 따라 행위를 했다는 것을 알게 되었다. 물론 그 시점에서 조회가 충분히 되었더라면, 잘못된 지시서를 정정할 수 있는 가능성은 있었으므로, 잘못된 약품을 주입한 간호사의 행위에 문제가 있었던 것은 부정할 수 없지만, 그것이 문제의 전부는 아니다. 오히려 잘못된 지시서 쪽이 보다 중대한 문제인 것을 알 수 있다. 잘못된 지시서가 작성된 경위를 조사해본 결과, 지시서의 작성(단말기의 입력작업)에서 휴먼에러가 있었던 것을 알게 되었다. 이 휴먼에러에 대한 PSF를 분석함으로써 병원 내의 환자정보시스템의 입력작업에서의 문제(작업내용, 입력방법 등)가 발견되어 그 개선이 이루어졌다. 즉 사고 시점에서만의 행위에 주목해서는 분석이 불충분하게 되고 적절한 방어벽을 세울 수 없게 된다.

제1방어벽을 강구하는 경우, 사고에 이른 경위를 면밀하게 조사하고 그 경위의 내용에 해당하는 모든 휴먼에러(부적절 · 불충분한 행위)를 찾아내어 이들 행위 모두에 대해 PSF 분석을 하는 것이 필요하다. 사고 시점에만 사로잡히면 분석해야 할 휴먼에러는 물론 개선해야 할 많은 PSF도 발견할 수 없기 때문이다.

2) 제2방어벽

제2방어벽은 휴먼에러가 사고에 이르지 않도록 하는 대책이다. 이 대표적인 예는 Fool Proof를 도입하는 것, 검사체제의 강화(더블체크, 체크리스트 등의 철저)이다.

Fool Proof는 작업자가 잘못을 해도 그 결과가 사고 · 재해가 되지 않도록 하는 구조를 가리킨다. 작업자가 잘못된 행위를 할 수 없도록 한다는 의미로 사용되는 경우도 있다. 한편, 시스템 내의 기기 등이 파손되거나 고장 났을 때 시스템 전체를 안전 측으로 작동하게 하는 구조를 Fail Safe라고 한다.

Fool Proof는 효과적인 구조이지만 자명한 휴먼에러에 대해서만 대비할 수 있다. 그리고 Fool Proof는 인간의 어떤 행위를 시스템이 받아들이지 않게 되는 것이므로, 인간의 행위를 제한하거나 이용성(utility)의 저하를 초래할 우려도 있다. 효과적인 Fool Proof를 도입하기 위해서는 Fool Proof가 대상으로 하는 행위, 즉 휴먼에러 및 PSF를 적확하게 파악하는 것이 중요하다.

한편, 검사의 경우 자주 사용되는 것이 체크리스트이다. 체크리스트란 검사해야 할 항목을 열거하고 각 항목의 상태를 검사하여 검사결과를 기입하는 것이다. 단, 이 체크리스트를 이용한 작업에 문제가 있을 수 있다. 예컨대 체크해야 할 항목이 너무 많으면, 검사자의 동기부여 저하, 검사작업의 질 열화가 발생한다. 즉 체크리스트에 의한 검사작업 자체에 휴먼에러가 발생할 가능성이 높고, 충분히 검사로서 기능하지 않는 경우가 있다. 그리고 검사자가

"이것은 잘못되어 있지 않을 것이다.", "그 작업자는 문제없을 것이다." 등과 같은 선입관을 가지고 있는 것도 검사에는 마이너스가 된다.

이들 문제를 개선하는 방법으로는, 체크항목에 중요도의 부여, 체크내용 기재방법의 재검토, 기입방법의 이용성 향상(필기가 아닌 음성입력으로 하는 것, 체크리스트를 전자화하여 검사자의 부담을 경감하는 것 등) 등을 제시할 수 있다.

나아가 검사작업에서의 PSF를 충분히 검토하고 검사작업의 내용을 음미하는 것도 필요하다.

3) 방어벽의 바람직한 모습

휴먼에러에 의한 사고를 방지하기 위해서는 앞에서 제시한 2개의 방어벽이 확실하게 기능하는 것이 필요하다. 이를 위해서는 각각의 방어벽이 다중적으로 구성될 필요가 있다.

효과적인 방어벽을 구축하기 위해서는 가장 근저에 있는 PSF를 적확하게 추출하고 분석하는 것이 불가결하다. 각각의 방어벽은 PSF로부터 상상할 수 있는 사항에 대해 확실하게 구축되어야 한다. 이를 위해서는, PSF로부터 휴먼에러를 이미지화하는 것, 휴먼에러로부터 사고를 이미지화하는 것과 같은 이미지화 능력이 대책 수립자에게 요구된다. 이 이미지화 능력은 다양한 사고 사례, 휴먼에러 사례의 분석 경험을 통해 배양되는 것이다. 이미지화 능력에 숙달된 사람으로부터 교육을 받는 것으로도 충분히 능력을 향상시킬 수 있다.

이와 같이 PSF로부터 사고로의 흐름을 단절하는 식으로 방어벽, 즉 대책을 강구하는 것이 바람직한 모습이라고 할 수 있다.

12. 휴먼에러관리시스템

휴먼에러 분석 · 평가기법, PSF 분석 · 평가기법은 어디까지나 기법이고, 그것을 실천해도 휴먼에러를 완전히 방지할 수 있는 것은 아니다. 이들 기법을 토대로 휴먼에러의 활동방침을 책정하고 그것을 실천함으로써 비로소 휴먼에러를 관리해 나갈 수 있다. 이를 휴먼에러관리시스템이라고 한다. 직접적으로는 휴먼에러의 관리가 되지만, 그 실체는 PSF의 관리라고 할 수 있다.

휴먼에러관리시스템의 기본적인 구조를 품질관리에 관한 ISO 9000 시리즈, 환경관리에 관한 ISO 14000 시리즈, 산업안전보건관리에 관한 ISO 45000 시리즈 규격과 동일하게 묘사하면 그림 14-6과 같다.

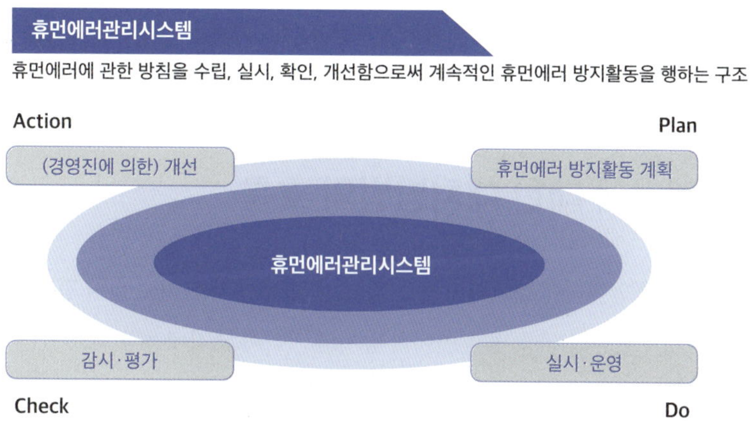

그림 14-6 **휴먼에러관리시스템의 개요**

① Plan: 휴먼에러 방지활동 계획

계획이라고 해도 단순히 휴먼에러 발생 건수에 대한 수치목표를 내거는 것이 아니라 PSF의 분석 · 평가를 통하여 개선해야 할 PSF를 결정하고 그 실행안을 계획하는 것이다. 이를 위해서는 PSF의 분석 · 평가를 항상적으로 행하는 구조가 구축되어야 한다.

② DO: 실시(운영)

평가를 실시하고 활동을 전개하는 것이다. 이것은 안전관리부서뿐만 아니라 조직 전체가 실시한다는 의미를 가지고 있다.

③ CHECK: 모니터링 · 평가

실시상황을 모니터링하고 적절하게 평가를 행한다. 이 평가에는 PSF에 기초한 휴먼에러 평가 및 휴먼에러 발생 가능성 평가 등을 행하게 된다. 발생한 아차사고, 재해를 휴먼에러 분석기법으로 평가한다. 안전관리부서에서 휴먼에러 분석에 숙련된 사람에 의해 행해지는 것이 바람직하다.

④ ACT: 개선

지금까지의 휴먼에러 방지활동에 대한 평가결과를 토대로 개선을 행한다.

13. 휴먼에러에 대한 대처방법의 흐름

실제로 각 기업이 휴먼에러에 대처하고 있는 깊이, 즉 휴먼에러 관리의 실시 정도는 실시되고 있는 휴먼에러 방지활동의 내용 및 휴먼에러 방지의 의식이 조직에 침투되고 있는 범위와 관련된다. 휴먼에러에 대처하는 방법은 그림 14-7과 같은 다섯 가지 단계로 대별할 수 있다. 최후의 5단계가 휴먼에러 관리가 일상적으로 행해지고 있는 가장 바람직한 상태이다.

1) 제1단계: 불모기

제1단계는 휴먼에러에 대한 대처를 기업활동으로 전혀 하고 있지 않은 단계이다. 종업원에 대해서 "실수하지 말라"와 같은 훈계, 포스터로 주의를 환기하는 상태이다. 이 단계에서는 휴먼에러의 데이터를 축적하는 것은 물론, 발생한 휴먼에러의 분석도 충분히 이루어지고 있지 않다. 휴먼에러 대책도 휴먼에러를 저지른 본인의 반성에 의존한다. 휴먼에러에 관한 정보가 기업 내에서 활용되고 있지 않기 때문에, 동일한 사고를 다른 사람이 일으킬 가능성이 매우 높다고 말할 수 있다.

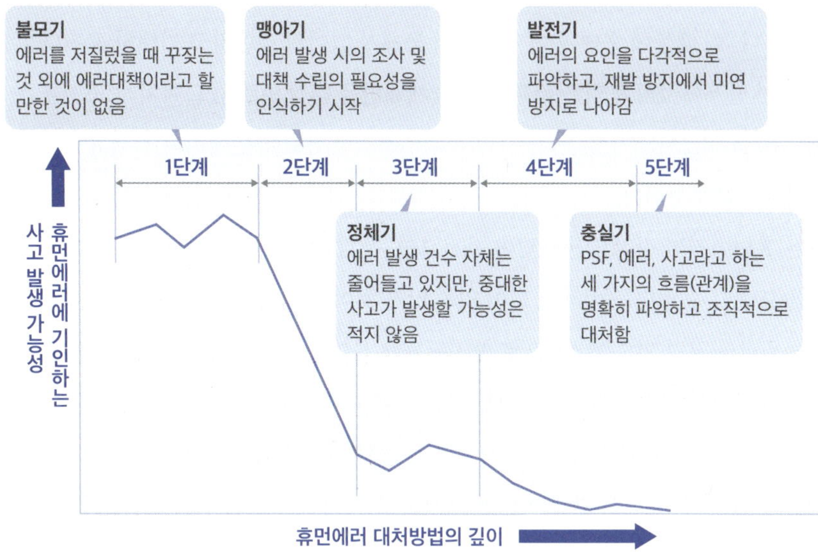

그림 14-7 휴먼에러관리시스템의 성장

많은 경우, 이 단계에 있는 기업에서는 '에러=나쁜 것', '에러를 저지른 사람=기량이 부족한 사람'이라는 풍조가 강하고, 조직의 문제가 아니라 개인의 문제로 포착되는 경향이 강하다. 그리고 제2의 방어벽도 불충분하기 때문에, 휴먼에러의 발생이 사고에 직결하는 경향도 현저하게 높다고 말할 수 있다.

2) 제2단계: 맹아기

휴먼에러에 대하여 기업으로서 뭔가의 활동을 행해야 한다고 느끼고, 사내에서 휴먼에러에 대한 대처를 하기 시작하는 단계가 2단계이다. 이 단계가 되면 사고 및 휴먼에러가 발생한 경우에 조사를 실시하고 관련 데이터를 축적하는 체제가 준비된다. 나아가 이들 데이터를 토대로 하여 일상작업에서의 '체크 체제'도 구축된다.

이 단계에서는 휴먼에러 발생 건수가 제1단계에 비해 상당히 줄어든다. 그리고 지금까지 강구하지 않았던 제2방어벽을 구축함으로써 휴먼에러에 의한 사고 발생이 일정 기간 계속해서 감소한다. 특히 제2단계로 이행한 초기에는 비약적으로 휴먼에러에 관한 사고 건수가 감소하기도 한다. 이 때문에 수년 후에 휴먼에러 문제가 없어질 것이라고 기대하게 된다.

그러나 이 단계에서의 분석은 결과가 중한 재해만을 대상으로 하고 아차사고는 물론 경미한 재해도 충분히 조사되지 않는다. 그리고 원인분석에서도 휴먼에러의 직접요인까지만 검토되는 경우가 대부분이다.

이것은 휴먼에러의 직접요인을 넘어 간접요인, 잠재요인 등까지 찾지 않으면 효과적인 대책 수립을 도출할 수 없다는 이해가 되어 있지 않은 것이 원인이라고 할 수 있다. 나아가 이 단계에서는 조직의 경영진이 적극적으로 방지활동에 참여하고 있지 않은 경우도 적지 않다. 즉 현장의 작업자 활동으로 그치고 있는 것이다. 이 때문에 휴먼에러 대책이 현장에서 할 수 있는 범주를 벗어나지 못하게 되고, 그 결과 실시되는 대책은 직접요인에 대한 체크가 주(主)가 되는 경향이 있다. 이것은 휴먼에러 발생을 사고로 이어지지 않게 하는 벽(제2방어벽)에 지나지 않는다. 즉 휴먼에러 자체의 발생을 억제하지는 못한다. 그리고 시간이 지남에 따라 누적된 휴먼에러 사례에 대응하기 위해 체크리스트 항목이 방대해지고 점차 체크 자체가 기능하지 않게 되어 갈 위험이 있다.

제2단계는 휴먼에러에 관한 활동 필요성을 조직 차원에서 느끼기 시작하는 시기이지만, 그 활동의 내용 자체에는 많은 문제가 존재하고 있다. 그러나 이 문제점을 깨닫는 것은 휴먼에러 활동이 정체 상태에 빠지고 나서이다.

단, 제2단계와 제1단계는 그 본질에서 큰 차이가 있다. 제2단계에서는 조직 전체라고까지는 말할 수 없어도 휴먼에러에 대처하는 것의 의의와 필요성을 인식하게 되었기 때문이다. 이 싹을 어떻게 성장시켜 나갈 것인지가 다음 단계에서 요구된다.

3) 제3단계: 정체기

제2단계에서 이루어지는 활동은 휴먼에러의 표층적인 부분에 대한 검토가 중심이다. 대책은 휴먼에러 방지가 아니라 휴먼에러가 사고로 파급되는 것에 대한 방지 기능이 주를 이룬다. 따라서 제2단계에 진입하고 나서, 즉 휴먼에러 활동을 개시한 후 수년 후에는 휴먼에러와 관련된 사고 발생 건수의 감소가 정체된다. 아직 휴먼에러를 분석 · 평가하는 것의 본질, 즉 PSF를 분석 · 평가한다고 하는 관점에는 이르지 못하고 있다. 그리고 위험성을 상정한 대책 수립이 잘되고 있지 않으므로, 위험성이 큰 작업 · 상황에 대한 검토가 불충분한 경우도 있다.

제3단계는 휴먼에러 감소가 정체 상태에 빠지게 되고, 나아가서는 휴먼에러 활동 자체가 막다른 골목에 빠질 수도 있다. 제3단계에서 정체가 되는 이유로는 다음과 같은 장해사항이 제시될 수 있다.

① 휴먼에러에 관한 지견이 낮다.
② PSF 분석이 불충분하다.
③ 제1방어벽이 없다.
④ 조직 · 체제가 휴먼에러 방지활동을 확실히 뒷받침하고 있지 않다.

그러나 이와 같은 활동의 장해사항을 명확히 파악하기 위해서는 조직 내부의 활동만으로는 부족하다. 외부의 휴먼에러 교육 수강, 나아가 휴먼에러 활동을 모범적으로 하고 있는 기업 벤치마킹, 휴먼에러 전문가 자문 의뢰 등 외부로부터 정보나 도움을 받음으로써 조직의 휴먼에러 활동의 문제점을 파악할 필요가 있다. 이를 통해 다음 단계로 가는 길을 개척할 수 있다.

제4단계로 나아가는 길이 보이기 시작한 때에 휴먼에러관리시스템이 작동하기 시작했다고 말할 수 있다. 같은 제3단계이더라도 미궁에 있는 상태와 제4단계로의 가능성이 보이는 상태는 현상적인 활동성과에는 차이가 없지만, 수년 후에는 큰 차이가 되어 나타날 것이다.

4) 제4단계: 발전기

제3단계에서 휴먼에러에 관한 활동의 문제를 인식하고 새로운 형태로의 휴먼에러 활동이 전개될 수 있게 된 단계이다.

휴먼에러 교육 수강, 휴먼에러 대처방법의 학습 · 이해, PSF를 추출하는 것의 의미 숙지, PSF 분석 · 평가기법의 실천, PSF에 기초한 대책의 수립 등이 휴먼에러 활동이 필요한 모든 부서에서 충분히 이루어지고 있으면 제4단계에 진입했다고 말할 수 있다.

휴먼에러 활동이 바로 성과로 나타나는 것은 아니다. 어느 정도 긴 호흡으로 활동을 평가해 가는 것이 필요하다. 이를 위해서는 CEO를 비롯하여 관리자들이 휴먼에러 방지활동에 대한 관심과 이해를 바탕으로 사후관리(follow up)를 지속적으로 수행해 나가는 것이 필요하다. 이것은 효과적인 대책을 수립하는 것에도 영향을 미친다.

사고 사례의 평가 · 분석을 중심으로 PSF 분석을 실시하고 그 조직에서의 PSF 경향을 명확히 함으로써, 다음 단계로 나아가기 위한 정보, 경험 및 노하우를 배양해 가는 것이 이 단계에서의 제일의 목적이다. 그리고 제4단계는 지속적인 노력과 인내가 필요한 단계이다. 그러나 눈앞의 성과에 집착하게 되면 PSF 분석이 불충분하게 되어 장래의 활동을 위한 축적이 이루어지지 않게 된다. 충분한 정보, 경험 및 노하우가 다음 단계로 나아가기 위한 필수조건이다.

나아가 이 제4단계에서 행해야 할 것으로서 조직 전체적으로 휴먼에러에 관한 사고방식을 널리 보급시키는 것이 요구된다. 아무리 안전관리 부서가 휴먼에러 방지활동을 전개하려고 해도 조직 차원의 의식이 변하지 않으면 그 활동은 대책으로 연결되지 않고 휴먼에러를 체계적으로 방지하는 것이 어렵게 된다. 특히 다음과 같은 점을 조직에서 상식적인 것으로 할 필요가 있다.

- 휴먼에러는 이것을 일으킨 사람의 문제로만 볼 것이 아니라 조직 차원에서도 대응하여야 할 문제이다.
- 휴먼에러를 방지하기 위해서는 그 원인인 PSF 개선으로 시작하여 PSF 개선으로 끝난다. 조직 전체적으로 여러 가지 PSF를 방지하지 않고서는 휴먼에러에 충분히 대응할 수 없다. 즉 개인, 부서 차원의 노력만으로는 부족하다.
- 평상시부터 휴먼에러 가능성을 개개인들이 의식하고 휴먼에러를 이미지화하며 스스로 가능한 PSF 개선은 자주적으로 행한다.
- 사고 사례는 최대한 이용한다. 아차사고 사례부터도 얻을 수 있는 것이 많다. 한 사람의 경험을 조직이 공유함으로써 방지의 폭은 넓어진다.
- 휴먼에러에 관한 활동은 성과를 바라는 것이 아니라 당연한 것으로 여겨지는 것이 이상적이다.

5) 제5단계: 충실기

앞에서 설명한 여러 사항이 실제로 조직 내에서 시스템적으로 일상적으로 운용되어 휴먼에러에 관한 의식이 조직의 구석구석에까지 침투된 상태가 이 최종단계이다. 이 단계에 이르러서야 비로소 휴먼에러 관리가 구축되어 있다고 말할 수 있다. 구축한 휴먼에러 관리를 지속적으로 운영해 감으로써 PSF가 사고로 발전하는 것을 방지하는 활동을 전개해 나가야 한다.

나아가 조직 내의 활동으로 머무르지 않고, 다른 조직, 다른 분야와의 정보교환, 연계를 도모하는 등 휴먼에러 활동의 폭을 넓혀 감으로써 활동의 질을 보다 향상시켜 나갈 필요가 있다.

휴먼에러 관리는 단순히 휴먼에러를 분석 · 검토할 뿐만 아니라 휴먼에러를 일으키기 어려운 토양, 문화를 조직 속에 뿌리 내리게 하는 것이다. 그리고 그와 같은 활동이 하나의 조직, 하나의 업계에서만 이루어지는 것이 아니라 사회 전체적으로 이루어지는 것이 장래를 향해 보다 안전한 사회로 이어진다고 기대할 수 있다.

휴먼에러 관리활동은 그 내용이 화려하지 않고 그 성격상 '발생하지 않는 것'이 좋은 것으로 생각되어 다른 활동처럼 각광을 받을 가능성은 적다. 그러나 휴먼에러 관리활동은 인간에게 물이나 공기와 같이 기업 등 조직에 필수불가결한 활동이다. 따라서 앞으로 조직 차원에서 휴먼에러 관리활동에 대한 인식과 이해를 높이는 것이 우리 사회의 커다란 과제라고 할 수 있다.

제15장

휴먼에러 관리의 관리

제15장

휴먼에러 관리의 관리

앞 장에서 휴먼에러 관리에 두 가지 요소(휴먼에러 감소, 휴먼에러 억제)가 있다고 했지만, 휴먼에러 관리를 광의로 보면 세 가지 요소가 있다고 할 수 있다. 즉 휴먼에러 감소, 휴먼에러 억제 외에, 이 활동들(휴먼에러 감소+휴먼에러 억제=휴먼에러 관리)이 계속 작동하도록 하기 위한 이 활동들에 대한 관리(휴먼에러 관리의 관리)가 있다. 이 세 가지 중 가장 도전적이고 어려운 일은 확실히 세 번째 요소인 '휴먼에러 관리의 관리'이다. 휴먼에러 관리가 지속적인 효과를 거두기 위해서는, 계속적으로 모니터링하고 변화하는 상황에 맞추어 가는 것이 필요하다. 휴먼에러 관리대책을 수립하고 이행할 뿐 이행점검, 개선 등 사후관리가 없으면, 그 대책이 유효하게 기능할 것이라고 기대하는 것은 불가능하다. 즉, 휴먼에러 관리대책을 수립·이행하는 것만으로는 끝이라고 할 수 없다.

이 장에서는 휴먼에러 관리를 어떻게 관리할지에 대하여 설명한다. "만약 당신이 에러를 효과적으로 관리할 수 없으면, 에러가 당신을 관리하게 될 것이다." 이 말은 작업들에 많은 휴먼에러 유발요인이 내재되어 있는 조직에서는 특히 그러하다. 실패의 비용은 막대하다. 휴먼에러가 사고의 큰 기여요인으로 작용하여 많은 대형사고가 발생해 왔다. 그러나 이러한 대형사고가 일어날 가능성이 있음에도 불구하고, 많은 조직에서는 휴먼에러를 적절하게 관리하지 못한 결과 매년 큰 손실을 보고 있다. 설령 참사의 가능성이 희박하더라도, 많은 인명피해와 경제적 타격을 방지하거나 경감하는 것이 휴먼에러 관리를 올바르게 운용하도록 하는 강력한 동기가 될 것이라는 점은 의심의 여지가 없다.

1. 또 다른 시스템인가

효과적인 휴먼에러 관리의 운용에 있어 하나의 장벽이 될 수 있는 것은 지금까지 오랫동안 조직이 많은 관리시스템을 이행하도록 요구받아 왔다는 사실이다. 이미 과중한 업무가 되고 있는 많은 관리시스템에 휴먼에러 관리의 실시가 추가적인 부담을 지우는 또 하나의 관리시스템이 되는 것은 아닐까? 실은 그렇지 않다. 이것을 이해하기 위해서는 품질관리시스템(Quality Management System: QMS), 안전보건관리시스템(Occupational Safety and Health Management System: OSHMS) 및 휴먼에러 관리 간의 차이점과 유사점을 정리할 필요가 있다.

1) 품질관리시스템

종합적 품질관리(Total Quality Management: TQM)[271] 활동은 1920년대에 뉴욕의 벨 연구소에서 개발된 기법인 통계적 공정관리(Statistical Process Control: SPC)를 기원으로 한다.[272] SPC에서는 품질관리가 생산관리의 마지막에서가 아니라 제조과정에서 이뤄질 것을 요구하였다. 품질관리의 대가인 데밍(W. Edwards Deming)은 SPC를 1950년대에 일본으로 들여왔고(그 결과에 대해서는 널리 알려져 있다), 계획-이행-확인-개선(Plan-Do-Check-Action) 사이클을 개발하는 등 지속적인 품질개선을 이끌었다.[273] 데밍은 그후 주란(Joseph

---

271 TQM은 TQC(Total Quality Control)를 발전시킨 것으로서 제품의 품질은 물론 서비스업무의 질, 경영의 질 등 품질의 향상을 추구하는 '품질관리' 방법이라고 정의된다.

272 T. Bendell, J. Kelly, T. Merry and F. Sims, *Quality: Measuring and Monitoring*, Centry Business, 1993.

273 이행에 치중하는 업계의 일반적인 경향은 POCA 사이클의 이행 부분에 초점을 맞추고 계획단계와 확인단계는 날림으로 하는 경향이 있다.

M. Juran), 파이겐바움(Armand V. Feigenbaum), 이시카와(Kaoru Ishikawa)와 같은 다른 품질관리 전문가가 미국의 품질관리에 지대한 영향을 미치고 있었던 1970년대에 SPC를 미국으로 역수입하였다. 이런 결과로 TQM은 산업계 전체로 확산되었다.

TQM의 중요한 특징은 품질은 회사 종업원 모두의 책임이라는 것이다. 품질은 라인의 마지막에서 전문검사원에 의해 '제어되는(controlled)' 것이 아니라, 전체 작업 프로세스 처음부터 끝까지에 걸쳐 최고경영진 결정부터 작업현장 개인작업자의 행동에까지 '보증되어야(assured)' 하는 것이다. 그래서 '품질관리(quality control)'가 아니라 '품질보증(quality assurance)'에 대해 이야기하는 것이다. 요컨대, 품질은 모든 단계에서 제품(작업) 속에 '만들어 넣어져야(engineered)' 한다.

품질보증은 TQM의 감사적 기능을 담당하고 있다. 그것의 주된 특징은 다음과 같다.

- QA는 시스템이 제품과 서비스를 요구되는 품질에 부합하게 제공한다는 점을 고객 등에게 보증하는 것이다.
- QA는 어떤 것이 어떻게 처리되어야 하는지를 문서화하고, 그것이 의도대로 처리되도록 감사함으로써 품질보증을 달성한다.
- 조직이 적절한 개선조치를 취할 수 있도록 모든 어긋남(모순)이 '피드백'됨으로써 성과가 계속적으로 개선된다.

2) 안전보건관리시스템

안전보건관리시스템의 기원은 1974년 영국 산업안전보건법(HSW Act)의 제정 토대가 된 로벤스 보고서이다. HSW Act는 자율규제를 향한 광범위한 움직임을 시작한 로벤스위원회에 의해 제정된 법이다. 그 이전에는 안전에 관한 법령이 매우 파편화되어 있었고 거의 전적으로 규칙에 기반하였으며(rule-based) 사업주에게 무거운 의무를 부과한 반면, 근로자의 참여는 주로 징계조치를 통해서만 확보되었다. 이전의 법과 달리 HSW Act는 특정 위험(예를 들면, 기계류, 호이스트, 사다리, 리프트, 기타)에 관하여 매우 상세하게 규정하지 않고, 사업주, 근로자, 공급자 및 사용자의 의무에 대한 광범위한 가이드라인을 제시하였다. 요컨대, 품질과 동일하게 안전은 모든 사람의 책임이 되었다.

규칙 기반 규제(rule-based regulation)에서 목표 기반 규제(goal-based regulation)로의 이행은 1988년 파이퍼 알파(Piper Alpha) 참사[274]에 관한 〈컬런 보고서(Cullen Report)〉에 의해 크게 가속되었다.[275] 이 보고서는 1990년에 발행되었고 해상 석유 · 가스 시설에 대한 새로운 규제모델을 만들었다. 나중에 이 새로운 규제 모델은 넓은 범위의 위험업종으로 확산되었다. 새로운 모델은 사업주에게 주된 위험요인에 대해 공식적인 안전성 평가(safety assessment)를 실시하고 적절한 통제, 방호수단 및 안전장치를 조치하였다는 것을 제시하도록 요구하였다. 이러한 실천의 결과물은 Safety Case(안전규정)라고 불리었다. 안전보건관리시스템은 Safety Case의 주요 구성요소였다. 〈컬런 보고서〉를 다음에 인용한다.

> 안전보건관리시스템은 안전목표 및 그것을 달성하기 위한 시스템, 충족해야 할 성과기준, 그리고 이들 기준을 충족하고 있는 것을 모니터링하는 수단을 정연하게 제시하여야 한다. 안전보건관리시스템은 ISO 9000의 원칙에 유사한 품질보증 원칙에 입각해야 한다.[276]

석유 · 가스업계에서 제1세대의 안전보건관리시스템 발전을 주도한 것은 셸 탐사 · 생산(Shell Exploration and Production)이다. 이 선구적인 노력은 그 후에 개발된 대부분의 시스템들에 영향을 주었다. 셸의 안전보건관리시스템 프로세스는 다음 네 가지의 기본 절차를 포함하고 있었다.[277]

---

274 1988년 7월 6일 화재사고로 옥시덴탈 페트롤리움에 의해 조업된 북해의 석유 플랫폼에 있던 229명 중 167명이 사망하고 62명이 생존했으며 구조대원 2명이 추가로 사망했다. 지금까지 발생한 해상 유전 사고 중 가장 큰 사고다.

275 Lord Cullen, *Public Inquiry into the Piper Alpha Disaster*, HMSO, 1990.

276 Ibid., Vol. II, p. 388.

277 SIPM, *The Safety Management System SIPM Guidance,* Vol. I, Report EP 92-0100, Shell International Petroleum Maatschppij BV, 1992.

- **유해·위험요인 파악**: 작업 중에 접촉하는 유해·위험요인에는 무엇이 있는가? 무엇이 잘못될 수 있는가?
- **위험성 평가**: 유해·위험요인이 얼마나 위험한가? 그것에 의해 피해 또는 손실이 발생할 가능성은 어느 정도인가?
- **방호수단 및 안전장치**: 유해·위험요인이 초래할 악영향을 경고, 예방 및 억제하기 위해 어떠한 조치가 필요한가?
- **복구**: 만약 무언가 잘못되는 경우에는 무엇을 해야 하는가?

ISO 관리시스템 규격에 따르면, 이들 각 절차는 문서화되어야 한다. 이것들은 안전보건관리시스템의 '시스템' 구성요소이다.

공식적 안전성 평가, 안전 확보 프로그램 그리고 방침, 원칙 및 프로세스의 문서화로 구성되는 Safety Case가 완성되면, 이것은 규제자가 해당 조직에 대한 안전 준수를 가늠하는 기준이 된다. 목표 기반 규제(goal-based regulation)로의 이동은 많은 장점을 가져다주었다. 특히, 규제받는 조직이 자신들의 사업(operation)에 내재하는 유해·위험요인에 대하여 대개 처음으로 스스로 생각할 필요성을 인식하게 해주었다. 그러나 안전보건관리시스템에도 문제가 있다. 이하에서 간단하게 설명하기로 한다.

2. 안전보건관리시스템과 품질관리시스템의 공통적 특징

산업계에서 품질관리 동향이 안전보건관리시스템의 도입에 큰 영향을 미쳤기 때문에, 양자가 공통적인 생각과 특징을 공유한다는 것은 당연하다고 할 수 있다.

- 안전이든, 품질이든 단편적인 접근방법이 아니라 양자 모두 계획과 관리가 필요하다.
- 양자 모두 측정, 모니터링 및 문서화가 중요한 역할을 한다.
- 양자 모두 조직 전체, 즉 모든 부서, 모든 프로세스 및 모든 사람에 관련되어 있다.
- 양자 모두 극적인 향상보다는 작고 계속적인 개선을 위해 노력하는 것이다.

그러나 양자는 문제도 공유해 왔다. 종종 문서화에 과도하게 의존하고 있어(항상 그런 것은 아니지만) 형식이 내용을 압도하고, 두꺼운 바인더가 몇 권 있는 것이 마치 조직 내의 품질 또는 안전의 실재를 증명하는 것으로 간주될 수 있는 위험이 있다[그것을 작성하는 데 막대한 맨아워(man-hour, 한 사람이 1시간 동안 일한 작업량)가 소요된다는 것은 말할 필요도 없다]. 그러나 이들 서류가 아무리 대량으로 있더라도, 안전 또는 품질의 실재는 이들 서류에 있는 것이 아니라 최고경영자의 생각, 조직문화, 마음가짐 및 현장 제일선 작업자들의 작업관행에 존재한다. 규제자, 관리자 및 감사자는 매우 바쁜 사람들이고, 안전보건관리시스템 또는 품질관리시스템을 평가할 때 체크리스트적인 접근방법을 취하고자 하는 유혹이 상존한다. 문서에 적절한 부분이 존재하고 내용이 올바르면, 문서에 규정되어 있는 것이 현실 세계에서 실제로 존재하거나 작동한다고 생각하는 자연스러운 경향이 있다.

안전보건관리시스템과 품질관리시스템에는 하나의 상당한 난점이 있다. 그것은 둘 다 기술적(공학적) 실패라기보다는 인적 및 조직적 문제가 조직이 안고 있는 리스크의 주를 이룬다는 널리 인정된 사실에서 출발하고 있지 않다는 점이다. 안전보건관리시스템은 본질적으로 하향식(top down) 방법이자 규제적 도구이고, 규제자들은 기술적 또는 업무적 지식을 가지고 있는 경향이 있다. 이들은 행동과학, 사회과학 분야에서 진전되어 온 발전내용을 잘 알지 못한다. 이것이 휴먼에러 관리가 중요한 역할을 담당해야 하는 이유이다.

3. 휴먼에러 관리가 필요한 이유: 안전보건·품질관리시스템과의 차이점

휴먼에러는 안전 및 품질에 중대한 위협을 주기 때문에, 휴먼에러 관리는 안전보건·품질관리시스템을 올바르게 운영하기 위해 중요한 역할을 할 필요가 있다. 어떠한 시스템도 실질적으로 휴먼에러를 관리하는 대응을 하지 않으면, 시스템에 중대한 결함을 초래할 것이다. 그러나 경험상 휴먼에러 관리는 안전보건·품질관리시스템을 운영하는 데 있어서 기대만큼 눈에 띄는 역할을 하지 못하고 있다. 안전보건·품질관리시스템은 주로 기술적 또는 행정적 프로세스의 문서화에 중점을 두고 있다. 안전보건·품질관리시스템을 창안한 사람들이 눈에 띄게 공학적, 운영적 또는 관리적 배경을 가지고 있는 점을 감안하면 전혀 놀랄 일이 아니다. 따라서 이 불균형을 교정하는 데 필요한 배경지식, 모델 및 도구가 제공될 필요가 있다. 이를 위해서는 휴먼에러 관리와 안전보건·품질관리시스템을 구별 짓는 휴먼에러 관리의 특징을 이해할 필요가 있다.[278]

- 휴먼에러 관리를 효과적으로 하기 위해서는 문서화에 집중할 것이 아니라 적절한 마음가짐을 갖는 것이 중요하다. 이런 의미에서 휴먼에러 관리는 그 자체가 정식의 '시스템'은 아니다. 두꺼운 바인더 더미가 있는 것으로 '증명'될 수 있는 것이 아니다. 휴먼에러 관리의 요소가 정식으로 안전보건·품질관리시스템의 일부분으로 반영될 때 비로소 문서화될 수 있고 또 문서화되어야 한다.
- 효과적인 휴먼에러 관리는 머피(Edward A. Murphy)의 법칙(잘못될 수 있는 것은 잘못되게 마련이다)을 출발점으로 삼는다. 휴먼에러의 발생은 당연하다. 즉 그것들은 숨쉬고 죽는 것과 같이 인간생활의 현실이다. 그것들은 제거될 수 없지만 개인, 팀, 업무, 작업장소 및 시스템 전체를 대상으로 한 광범위한 대책으로 컨트롤하는 것은 가능하다. 유일한 최선의 방법이 있는 것은 아니다. 각 조직은 자신의 업무방식에 가장 적합한 대책을 적용해야 한다.
- 휴먼에러 관리를 효과적으로 하기 위해서는 휴먼에러의 다양성 및 휴먼에러의 발생을 조장하기 쉬운 조건을 이해하는 것이 필요하다. 휴먼에러의 유형이 다르면 대책도 달라진다. 가능하다면, 인간의 조건을 바꾸려고 하기보다는 상황을 개선하는 쪽이 항상 더 낫다. 사고는 휴먼에러를 하기 쉬운 인간이 초래하는 결과가 아니라, 휴먼에러를 유발하는 작업 및 작업장소 조건이 초래하는 결과인 측면이 크다. 많은 경우 심리적 해결책이 필요하긴 하지만 그것보다 기술적(공학적) 또는 조직적 해결책이 더 잘 기능하고 그 효과가 보다 오래 지속된다.
- 휴먼에러 관리를 효과적으로 하기 위해서는 인간 행동을 저해하는 요인에 대한 '집단의 주의 깊음'을 가지고 있으며 생산적인 활동과 위험한 활동 간의 경계가 어디에 있는

278 J. Reason and A. Hobbs, *Managing Maintenance Error*, Ashgate, 2003, pp. 164~ 165 참조.

지를 아는 '정보에 입각한 문화(informed culture)'를 필요로 한다. 바꾸어 말하면, 공정하고, 불안전행동을 기꺼이 보고하며, 불안전행동으로부터 배울 수 있는 조직문화를 조성하는 것이 필요하다.

● 단순히 휴먼에러 감소 또는 휴먼에러 억제 도구만을 실시하고, 그 도구가 추가의 주의를 기울이지 않고도 저절로 작동할 것이라고 생각해서는 결코 효과적인 휴먼에러 관리를 달성할 수 없다. 이것은 많은 기술계 관리자들의 특별한 생각이 아니다. 그들은 전력 공급이 지속되는 기기를 설치하고 그것이 기대한 대로 작동될 것이라는 합리적인 기대하에 스위치를 넣는 것에 익숙해져 있다. 그들은 개개의 작업이 종료된 후에 확인될 수 있는 작업 리스트를 활용하는 것에도 익숙하다. 그러나 휴먼에러 관리 도구는 그러한 것이 아니다. 그것은 리스트로 확인되지 않을 수 있다. 그것은 정기적으로 관찰하고 개량하고 다듬고 조정할 필요가 있다. 적절한 마음가짐(mindset)은 효과적인 휴먼에러 관리의 핵심이다.

안전보건·품질관리시스템과 휴먼에러 관리 간에는 또 하나의 중요한 차이가 있다. 전자는 그 적용에 있어 주로 하향식인(top-down)—고위경영진 또는 규제자에 의해 부과되는—반면, 휴먼에러 관리는 상향식(bottom-up) 구성요소가 많다. 품질·안전보건관리시스템의 문서는 조직이 어떻게 기능해야 하는지를 기술한다. 정반대로, 사고 보고 프로그램과 선제적 과정 대책(proactive process measure)과 같은 휴먼에러 관리 도구는 사물이 실제로 어떠한지를 나타낸다. 하나는 접근방법에 있어 규범적이고(normative), 다른 것은 기술적(descriptive)·정보제공적(informative)이다. 양자는 상호 보완하는 관계에 있다. 휴먼에러 관리가 안전보건·품질관리시스템을 대체하지는 않는다. 즉 양자는 서로에게 새로운 차원을 부여한다.

4. 리질리언스의 양상

미국의 저명한 사회과학자인 웨스트럼(Ron Westrum)은 사고·재해로부터 조직을 보호하는 것은 사고 · 재해가 발생하기 전에 선제적으로 이루어지거나, 사고 · 재해와 동시에 이루어지거나, 또는 사고 · 재해가 발생한 후에 이에 대한 대응으로서 이루어질 수 있다고 주장하였다.[279] 이들 각각은 리질리언스(강인력)의 요소이다. 이들은 다음과 같은 세 가지의 뚜렷한 실체를 가지고 있다.

① 나쁜 일이 발생하지 않도록 하는 능력
② 나쁜 일이 악화하지 않도록 하는 능력
③ 일단 나쁜 일이 발생하였다면 그것으로부터 회복할 능력

휴먼에러 관리의 관리는 이 리질리언스를 추구하는 것이라고 할 수 있다.

5. 리질리언스의 추구: 휴먼에러 관리의 관리를 향하여

여기에서는 리질리언스라는 말을 업무상의 유해 · 위험요인에 대한 저항력을 한층 강화하는 조직의 특성이라는 의미로 사용하는 것으로 한다. 조직의 리질리언스는 어떤 기간에 조직이 경험한 부정적인 사건의 수를 세는 것으로 평가되기도 한다. 그러나 이들 부정적인 결과의 측정은 목적에 맞지 않는다. 첫째, 부정적인 결과는 조직의 '건전성'의 기초를 이루는 상태보다는 약함의 특별한 순간을 반영하는 것일 수 있다. 둘째, 부정적인 사건이 발생할지 여부는 우연이 큰 역할을 한다. 우연은 좋은 방향으로도 나쁜 방향으로도 작용한다. 우연이 가치 있는 것에 피해를 입힐 수도 있고 가치 없는 것을 보호할 수도 있다. 어떤 기간 중에 부정적인 사건이 없는 것은 반드시 조직이 건전하다는 것을 의미하지는 않고, 단발적인 사건의 발생이 기본적인 강건함이 결여되어 있다는 것을 나타내지는 않는다. 요컨대 다른 종류의 측정이 필요하다.

---

279 R. Westrum, "Resilience Typology" in E. Hollnagel, D. Woods and N. Leveson(eds.), *Resilience Engineering: Concepts and Precepts*, Ashgate, 2006, p. 59.

엔지니어들은 리질리언스의 측정에 대해 파괴시험과 같은 매우 직접적인 방법을 사용한다. 비교시험은 작업장 밖에서 시스템이 다운되기 전의 평균적인 저해요인 수로 비교한다. 최근의 한 연구는 사고 발생에 영향을 미칠 수 있는 16개의 기여요인—조종사 실수, 기상, 엔진고장, 기체구조상의 결함, 연료 부족 등—중 얼마나 많은 요인이 사고 조사관에 의해 사고에 기여하는 것으로 언급되었는지를 명확히 할 목적으로 1970년대부터 1990년대까지 영국 항공사고 조사국(Air Accident Investigation Branch)이 발표한 90개의 사망사고 조사보고서를 검토하였다.[280] 세 가지 유형의 항공기—대형 상업용 비행기, 경비행기(일반항공기) 및 헬리콥터—에 대해 비교하였다. 명확한 차이가 발견되었다. 헬리콥터 추락에서는 평균 1.95건의 문제, 경비행기에서는 3.38건의 문제, 그리고 대형 상업용 비행기에서는 4.46건의 문제가 있었다. 대형 상업용 비행기는 확실히 헬리콥터, 경비행기보다 강인하였다(resilient).

상기의 방법은 표면적 타당성을 가지고 있지만, 파국적인 사건을 경험하지 않은 시스템에 적용하는 것은 곤란하다. 다른 접근방법은 강인한 조직을 결정짓는 특징을 명확히 하는 것이다. 이것은 고신뢰조직의 특징을 파악함으로써 많은 유익한 정보를 얻을 수 있을 것이다.

다음에 제시하는 두 가지 체크리스트는 조직의 강건함(robustness)을 나타내는 몇 가지 특징을 식별하기 위한 것이다. 첫 번째 체크리스트[인간 행동 인식 체크리스트(Human Performance Awareness Checklist: HPAC)]는 조직의 시스템이 인간 행동 문제의 발생에 얼마나 민감한지와 그것에 적절하게 대처하기 위한 수단에 대하여 조직 구성원으로부터 의견을 이끌어낼 수 있도록 설계되어 있다. 두 번째의 체크리스트[조직 리질리언스 평가 체크리스트(Checklist for Assessment of Institutional Resilience: CAIR)]는 보다 광범위한 접근방법으로서 안전관리와 휴먼에러 관리의 도구가 회답자의 조직에 어떤 식으로 적용되고 있는지에 보다 주목하고 있다. 두 개의 체크리스트 모두 조직의 리질리언스는 3개의 C, 즉 Commitment(의지), Cognizance(인식), Competence(역량)의 산물이라는 가정에 근거하고 있다.[281]

---

280 J. Reason, *Managing the Risks of Organizational Accidents*, Ashgate, 1997, p. 116.

281 이하의 내용은 J. Reason and A. Hobbs, *Managing Maintenance Error*, Ashgate, 2003, pp. 167~173.

1) 3개의 C

- **의지**(Commitment): 점점 증가하는 영리적(commercial) 압박에 직면하여 최고경영진이 휴먼에러 관리를 효과적으로 기능하게 하려는 의지를 가지고 있는가?
- **인식**(Cognizance): 관리자가 '안전전쟁(safety war)'의 본질, 특히 인적 및 조직적 요인에 대해 이해하고 있는가?
- **역량**(Competence): 휴먼에러 관리 도구가 이해되고 있는가, 목적에 적합한가, 적절하게 사용되고 있는가?

2) 인간 행동 인식 체크리스트(HAPC)

회답자는 30개의 설문 각각에 대해 자신들의 조직이 그것에 해당되는지를 회답한다. 회답의 편중을 피하기 위해 약 반수의 항목이 긍정적인 표현이고, 약 반수의 항목이 부정적인 표현으로 되어 있다. 항목이 조직에 해당되면 조직이 강인하다는 것을 나타내는 항목은 (+), 반대로 조직이 강인하지 않다는 것을 나타내는 항목은 (−)로 하여 각 항목의 끝에 있는 괄호 안에 기재되어 있다. (+)의 항목에서 조직의 실정에 맞아 답이 '예'이면 1점, (−)의 항목에서는 '아니요'의 경우가 1점, '모르겠다'는 0점으로 한다.

설문은 뒤섞인 순서로 회답자에게 제시되지만, 편의상 3개의 C로 분류되어 있다. 아래 리스트의 목적은 점수 산출이 아니라 리질리언스의 특성을 나타내기 위한 것이다.

① 의지 항목(10개)

- 무언가가 잘 되지 않으면 경영진(management)은 비난할 사람부터 찾는다. (−)
- 인간 행동 문제는 관리의 과제 중에서 우선순위가 높다. (+)
- 경영진은 손익에만 관심이 있다. (−)
- 인간 행동 문제가 있으면, 관리자들(manager)은 그것을 유발한 조건을 개선하기 위하여 최선을 다한다. (+)
- 관리자들은 절차서가 항상 올바르고 적절하다고 믿는다. (−)

- 관리자들은 인간 행동에 관련된 문제에 진정으로 관심을 가지고 있다. (+)
- 관리자들은 인간 행동 문제를 재발하게 하는 부적절한 작업조건에 대한 인식이 결여되어 있다. (−)
- 관리자들은 종종 작업조건과 인간 행동 문제에 대해 현장 제일선에서 일하는 사람들과 논의한다. (+)
- 경영진은 징벌에 대한 위협이 에러를 최소화하는 최선의 방법이라고 믿고 있다. (−)
- 경영진은 안전과 신뢰성을 향상시키는 좋은 제안이라면 설령 그것이 젊은 종업원으로부터 나온 것이라고 하더라도 기꺼이 수용한다. (+)

② 인식 항목(10개)

- 우리의 인간 행동 담당직원은 잘 교육훈련되어 있고 인간 행동 분야의 발전 동향에 밝다. (+)
- 관리자들은 제일선의 작업자들만이 위험한 에러를 저지른다고 생각한다. (−)
- 관리자들은 시스템 개선보다 손쉬운(일시적) 해결책에 더 관심이 있다. (−)
- 우리의 제일선 감독자들은 매우 높은 수준의 역량까지 교육훈련되어 있다. (+)
- 우리는 에러가 발생하는 것으로 예상하고 직원들을 에러를 발견하고 복구하도록 교육훈련한다. (+)
- 관리자들은 작업조건을 바꾸기보다도 사람들의 행동을 바꾸는 편이 보다 저렴하고 간단하다고 생각한다. (−)
- 경영진은 방호수단과 제어수단이 보호를 제공할 뿐만 아니라 문제를 만들어내기도 한다는 점을 충분히 인식하고 있지 않다. (−)
- 우리의 관리자들과 감독자들은 에러와 위반을 촉진할 가능성이 있는 작업장 요인에 대해 올바로 이해하고 있다. (+)
- 불안전행동이 관련된 각 사건은 주의 깊게 검토되고 관련된 사람들은 공정하게 취급된다. (+)
- 경영진은 현재의 절차서가 일어날 수 있는 모든 사태를 커버할 수 없다는 것을 충분히 인식하고 있지 않다. (−)

③ 역량 항목(10개)

- 만약 우리들이 보다 안전하고 신뢰성 높은 작업방법을 제안하면, 공로를 인정받고 그 정보가 폭넓게 전달된다. (+)
- 우리들은 새로운 일을 시작하기 전 또는 작업조건을 변경하기 전에 인간 행동에 대해 거의 의논하지 않는다. (−)
- 우리는 작업현장에서 관리자들을 자주 본다. (+)
- 모든 직원은 인적 요인 문제에 관한 기본적인 교육훈련을 받는다. (+)
- 근로자들은 제재를 받을 수 있는 것을 두려워하여 에러와 아차사고를 보고하는 것에 소극적이다. (−)
- 누군가가 일을 하는 방법에 대해 모를 때는 언제나 그에게 기꺼이 조언하고 조언할 수 있는 사람이 있다. (+)
- 인간 행동에 관련된 문제를 제기하는 것은 환영되지 않는다. (−)
- 중대한 사건이 발생할 때, 경영진은 비난할 사람을 찾는 것보다 방호수단이 어떻게 실패했고 왜 실패했는지를 발견하는 것에 더 관심을 갖는다. (+)
- 우리들은 효과적인 사고 및 에러 보고 프로그램을 갖고 있지 않다. (−)
- 같은 종류의 사건이 반복해서 지속적으로 발생한다. (−)

이상의 것은 망라적 리스트는 아니다. 그 외에 들어갈 수 있거나 들어가는 것이 바람직한 항목도 있을 것이다. 따라서 각 조직이 자신의 리스트를 만들 것을 추천한다. 그러나 위 항목들은 인간 행동에 대한 각 조직의 준비 정도, 적절한 대책이 취해지고 있는지를 이해하는 데는 충분할 것이다. 득점이 15점 이하인 조직은 휴먼에러에 의한 손실과 파괴에 대해 취약하다는 것을 나타낸다(최대는 30점).

3) 조직 리질리언스 평가 체크리스트(CAIR)

CAIR은 어떤 조직의 태도, 관행이 강인한 시스템을 상징하는 특징들의 '소망 목록(wish list)'에 어느 정도 해당하는지를 평가하는 것이다(표 15-1 참조). 그것은 3개의 C, 즉 의지, 인식 및 역량이 경영 도구(managerial application)의 네 가지 레벨, 즉 철학, 방침, 절차 및 실천의 각각에서 어떻게 구현되는지를 묻는 방식으로 표현되어 있다.

회답자에 대한 질문은 "당신의 조직은 다음과 같은 특징을 가지고 있는가?"이다. 각 설문은 1점, 0.5점, 0점으로 점수화된다. 합계점이 16~20점인 경우는 너무 좋아 아마도 진실이 아닐 수 있다. 합계득점이 8~15점인 경우는 인적 또는 조직적 유해 · 위험요인에 대한 내재적 저항력이 적당한 수준임을 나타낸다. 합계점이 5점 이하인 경우는 허용되기 어려울 정도로 취약한 수준임을 시사한다.

마지막으로 건전성에 대한 경고이다. CAIR에서 좋은 득점을 얻었다고 해서 재해에 대한 면역을 보장해 주는 것은 아니다. '가장 건전한' 조직이더라도 여전히 나쁜 사건이 발생할 수 있다. 높은 신뢰성을 달성하려면, 일이 잘 되지 않을 수 있는 많은 경로에 대한 지능적인 경계심(intelligent wariness)과 지속적인 관심이 필요하다. 자기만족은 최대의 적이다. 인간의 오류 가능성과 잠재적인 시스템의 약점은 사라지지 않을 것이다. 최종적인 승리는 없다고 생각하는 것이 바람직하다. 그러나 휴먼에러와 그것의 영향은 관리될 수 있다.

표 15-1 조직 리질리언스 평가 체크리스트(CAIR)

체크리스트를 다음과 같이 완성하시오.
Yes = 우리 조직에 정확하게 들어맞는다(1점)
? = 모른다, 또는 부분적으로는 들어맞을 수 있다(0.5점)
No = 우리 조직에는 전혀 들어맞지 않는다(0점)

평가 항목	Yes	?	No
관리자들은 업무를 위험에 빠뜨리게 할 수 있는 인적 및 조직적 요인에 항상 주의 깊다.			
관리자들은 이따금 발생하는 실패 및 위험한 뜻밖의 일을 피할 수 없는 것으로 받아들인다. 그들은 직원들이 실수하기 마련이라고 생각하고, 직원들이 에러를 발견하고 복구하도록 교육훈련한다.			
최고경영자는 시스템 안전의 촉진에 진심으로 헌신하고 이 목적에 기여하기 위해 충분한 자원을 제공한다.			
안전 관련 이슈와 인간 행동 문제가 부정적인 사건이 발생한 후뿐만 아니라 정기적으로 고위급 회의에서 검토된다.			
과거 사건은 고위급 회의에서 철저히 검토되고 얻은 교훈은 국소적 개선이 아니라 전체적인 개선을 위해 활용된다.			

(계속)

평가 항목	Yes	?	No
어떤 부정적인 사건이 발생한 후에 최고경영진의 일차적인 목적은 특정 개인에게 책임을 돌리는 것이 아니라 실패한 시스템 방호수단을 파악하고 그것을 개선하는 것이다.			
최고경영진은 안전에 대해 선제적인 입장을 취한다. 즉 다음 사항의 일부 또는 전부를 실시한다. 반복되는 에러 함정을 파악하고 이것을 제거하기 위한 조치를 취하고, 에러를 유발할 것 같은 작업장 요인 및 조직적 요인을 제거하려고 노력하며, 실패의 새로운 시나리오를 '브레인스토밍'하고, 재해의 원인이 될 수 있는 것으로 알려진 조직 프로세스에 대한 정기적인 '건전성 체크'를 한다.			
에러를 유발하는 시스템 요인(예: 인원 부족, 부적절한 장비, 미경험, 불충분한 교육훈련, 불량한 사람-기계 인터페이스 등)이 주의산만, 부주의 및 망각과 같은 순식간의 심리적인 상태보다 관리하고 수정하기에 용이하다는 것을 최고경영진이 인식하고 있다.			
다른 관리시스템과 마찬가지로 안전의 효과적인 관리는 관련 정보의 수집, 분석 및 주지에 크게 달려 있다는 점이 이해되고 있다.			
경영진이 사후적인 결과 데이터(예컨대 아차사고·재해보고시스템)를 선제적인 과정 정보와 결합하는 것의 필요성을 인식하고 있다. 후자는 가끔의 감사(audit)보다 훨씬 많은 것을 필요로 한다. 그것에는 다양한 조직적 특성(예컨대 일정관리, 예산조치, 근무부, 절차, 방호수단, 교육훈련 등)을 정기적으로 샘플링하고 이들 활력 징후 중 어느 것이 가장 주의를 필요로 하는지를 파악하고 대책을 실행하는 것이 포함되어 있다.			
다양한 부문 및 레벨의 대표가 안전 관련 회의에 참석한다.			
안전 관련 또는 인적 요인 직무에의 배치가 막다른 곳이 아니라 승진이 빠른 코스로 여겨진다. 그런 직무에는 적절한 지위와 봉급이 제공되고 있다.			
아차사고·재해보고시스템에 관한 방침이 제재에 대한 조건부(제한적인) 면책, 기밀성 및 데이터 수집 부서와 징계조치 관련자들의 조직적 분리에 관한 조직의 입장을 명확히 하고 있다.			
징계방침이 허용할 수 있는 행동과 허용할 수 없는 행동 간의 합의된(협정된) 구분에 근거를 두고 있다. 소수의 불안전행동은 매우 무모하여 제재의 정당한 이유가 되지만, 불안전행동의 대부분은 제재를 받아서는 안 되는 것이라는 점이 모든 직원들에 의해 인식되고 있다.			
라인관리자들은 직원들에게 안전하고 효과적인 행동을 하는 데 필요한 기술적 기량뿐만 아니라 정신적 기량을 습득하도록 장려한다. 정신적 기량은 발생할 수 있는 에러의 예상과 적절한 복구의 리허설을 포함하고 있다.			
조직은 사후적 및 선제적 안전 정보시스템으로부터 얻어진 교훈을 전달하기 위한 신속하고 유용하며 알기 쉬운 피드백 채널(얻어진 정보·교훈을 제일선의 작업자, 관리감독자에게 전달하는 것)을 갖추고 있다. 실패와 약점을 단순히 국소화하지 않고 교훈을 시스템 전체로 일반화하는 것에 중점을 두고 있다.			

(계속)

평가 항목	Yes	?	No
조직이 에러를 인정하고, 에러에 대해 사과하며, 재해로부터 얻은 교훈이 재발 방지에 도움이 될 것이라는 점을 피해자(또는 유족)에게 확신시킬 의지와 자원을 가지고 있다.			
영리적 목표와 안전문제는 충돌할 수 있다는 것이 충분히 이해되고 있고, 그런 충돌을 인식하고 효과적이고 투명한 방법으로 해결하는 수단이 갖추어져 있다.			
누구나가 안전 관련 사항을 제기하도록 장려하는 방침이 마련되어 있다.			
조직은 효과적인 안전관리, 특히 에러·사고보고프로그램은 종업원의 신뢰에 크게 좌우된다는 것을 인식하고 있다.			

6. 요약

휴먼에러 관리는 품질 · 안전보건관리시스템에서 중요한 역할을 하지만, 많은 점에서 뚜렷한 차이가 있다. 첫째, 휴먼에러 관리는 인적 요인, 조직적 요인에 관한 연구의 최근 발전에서 유래된 측면이 크다. 휴먼에러 관리는 휴먼에러의 다양성과 불안전행동을 유발하는 작업장 요인과 시스템 요인에 대한 이해에 기초하고 있다. 휴먼에러 관리는 안전보건관리시스템, 품질관리시스템과 같은 정식의 관리'시스템'이 아니라, 시스템의 다양한 레벨, 즉 작업자 개인, 작업팀, 작업 및 조직 전체를 겨냥한 다양한 도구와 결합된 기초적인 인적 요인 훈련으로 구성되어 있다. 휴먼에러 관리는 접근방법에 있어 하향식이라기보다는 상향식이다. 사물이 어떠해야 한다는 방식보다는 사물이 어떠하다는 방식에 기초하고 있다. 휴먼에러 관리는 안전보건관리와 품질관리 둘 다에 필수적인 보완물이다.

아마도 효과적인 휴먼에러 관리의 가장 독특한 특징은, 휴먼에러 관리가 많은 금액, 인력 또는 기타 값비싼 자원의 투자보다는 적절한 마음가짐을 습득하는 것에 더 좌우된다는 점이다. 잠재적으로 위험한 조건에서 업무를 하면서도 재해의 '공정한 몫(fair share)'보다도 훨씬 적은 재해가 발생하고 있는 고신뢰조직은 구성원들이 갖고 있는 '집단의 주의 깊음'에 의해 특징지어진다.

고신뢰조직은 인적, 기술적 또는 조직적 실패 가능성에 대한 경각심을 계속적으로 유지한다. 휴먼에러는 발생하기 마련이라는 것이라고 생각하고 그들의 구성원이 휴먼에러를 이해하고 예상하며 그것으로부터 복구할 수 있도록 교육훈련한다. 보고문화를 조성하기 위해 열심히 노력하고, 과거 실패로부터의 교훈을 '국소화'하지 않고 '일반화'함으로써 한정된 사건 데이터를 최대한 활용한다. 고신뢰조직은 발생할 수 있는 사고 시나리오를 '브레인스토밍'하고 그것들에 대처하기 위한 계획을 마련한다. 휴먼에러 관리의 관리도 고신뢰조직의 이러한 안전관리의 일환이라고 할 수 있다.

제로 사건을 위해 노력하는 것은 비현실적인 목표이다. 사업이 존속하는 동안 유일한 실행 가능한 목표는 리질리언스를 최대로 하고 그것을 유지하는 것이다.

이제까지 휴먼에러 관리 프로그램이 잘 이행되지 않은 주된 이유의 하나는 프로그램을 추진하고 살피기 위해 지명된 자가 역할을 제대로 하지 못했기 때문이다. 휴먼에러 관리 프로그램이 성공하기 위해서는 최고경영자의 관심사항이 되도록 할 필요가 있다. 이상적으로는 최고경영자의 자랑거리인 프로젝트가 되어야 한다. 적어도 휴먼에러 관리 프로그램의 가치를 믿고 어려운 상황에서도 기꺼이 끈기 있게 추진해 나가려는 고위직 담당자를 지명해야 한다. 그리고 그 사람이 최고경영자에게 직접 보고하도록 하는 것이 바람직하다. 휴먼에러 관리 프로그램을 개시하거나 강화할 가장 좋은 시기는 불안전행동과 조직적 요인이 복합적으로 작용한 부정적인 사건으로 인해 경영진이 크게 당혹해하고 있을 때이다. 시스템에 미치는 그러한 충격의 유익한 영향은 지속되기는 어렵겠지만 휴먼에러 관리 프로그램이 본격적으로 시작하게 하는 데는 충분하다. 그 이후에 계속하여 운영될 것인지는 안전문화에 달려 있다.

모든 것을 한 번에 시도해서는 안 된다. 광범위한 효과를 얻을 수 있는 간단한 것부터 시작해야 한다. 예를 들면 인적 및 조직적 요인에 관한 간단한 훈련 프로그램을 실시하는 것이 바람직하다. 휴먼에러 관리의 효과적인 향상은 '혁명'이라기보다는 점진적인 '개혁'의 문제이다. 그것은 하룻밤에 이루어지지 않고 1년으로도 쉽지 않다. 개혁은 착실하고 끈기 있는 지속적인 진전의 과정이다. 노력의 상당 부분은 결과(product)보다는 프로세스(과정)에서 찾을 수 있다. 중요한 의미에서는 시스템 개선을 향한 계속적인 노력이라는 프로세스야말로 결과라고 할 수 있다. 사람들은 단기간에 비약적인 도약, 획기적인 진전을 추구하는, 즉 홈런과 같은 단 한 방, 그것도 장외홈런을 치고 싶어 하는 경향이 있지만, 휴먼에러 관리역량(안전역량)은 지속적이고 지난한 노력(과정)을 통해 저 멀리서 찾아오는 것이다.

지속적인 노력을 하지 않으면서 우연한 행운(요행)으로 무재해가 찾아오거나 오랜 무재해

기간이 지속되기를 기대하는 것은 안전문화를 향한 긴 여정에서 가장 경계해야 할 자세이다. 끈기 있는 노력을 경주하지 않는 채 휴먼에러 관리역량을 쉽게 향상시킬 수 있을 것이라는 막연한 생각 역시 수주대토(守株待兎)하는, 즉 요행을 바라는 것으로서 안전의 세계에서 철저히 배격해야 할 태도이다.

● 참고문헌

정진우,『안전심리(5판)』, 교문사, 2025.

岡田有策,『ヒューマンファクターズ概論: 人間と機械の調和を目指して』, 慶應義塾大学出版会, 2005.

片田敏孝,『人が死なない防災』, 集英社, 2012.

河野龍太郎,『医療現場のヒューマンエラー対策ブック』, 日本能率協会マネジメントセンター, 2018.

御領謙,「注意と認知」, 大山正·東洋編,『認知心理学講座 第1巻』, 東京大学出版会, 1984.

島倉大輔·田中健次,「人間による防護の多重化の有効性」,『品質』33(3), 日本品質管理学会, 2003.

白樫三四郎,「社会的手抜き」, 三隅二不二·木下富雄編,『現代社会心理学の発展 2』, ナカニシヤ出版, 1991.

村田厚生,『人間工学概論』, 泉文堂, 1992.

横溝克己·小松原明哲,『エンジニアのための人間工学』, 日本出版サービス, 2013.

A. Chapanis, *Applied Experimental Psychology: Human Factors in Engineering Design*, APA Books, 1949.

A. C. Haynes, "United 232: Coping With the Loss of All Flight Controls", *Flight Deck*, 3, 1992.

A. Degani and E. L. Wiener, "Philosophy, policies procedures and practices: The four 'P's flight deck operations", in N. Johnston, N. MacDonald and R. Fuller(eds.), *Aviation Psychology in Practice*, Avebury, 1994.

A. E. Majoris and E. Boyle, "Maintainability," in G. Salvendy (ed.), *Handbook of Human Factors and Ergonomics*, 2nd ed., Wiley, 1997.

A. Gawande, *A Surgeon's Notes on an Imperfect Science*, Metropolitan Books, 2002.

A. G. Ingham, G. Leviager, J. Graves and V. Peckham, "Ringelman Effect: Studies of Group Size and Group Performance", *Journal of Experimental Social Psychology*, 10, 1974.

A. Hobbs, *Human Factors in Aircraft Maintenance: A Study of Incidence Reports*, Bureau of Air Safety Investigation, 1997.

A. Hobbs, "The Links Between Errors and Error-Producing Conditions in Aircraft Maintenance", Paper given to 15th Symposium on Human Factors in Aviation Maintenance, 27–29 March 2001.

A. Hobbs and A. Williamson, *Aircraft Maintenance Safety Survey-Results*, Australian Transport Safety Bureau, 2000.

A. Hobbs and A. Williamson, "Skills, Rules and Knowledge in Aircraft Maintenance: Errors in Context", *Ergonomics*, 45(4), 2002.

A. Hopkins, *Managing Major Hazards: The Lesson of the Moura Mine Disaster*, Allen & Unwin, 1999.

A. Hopkins, *Safety, Culture and Risk: The Organizational Causes of Disaster*, CCH Australia Limited, 2005.

A. M. Adelstein, "Accident Proneness: A Criticism of the Concept Based Upon an Analysis of Shunters' Accidents", *Journal of the Royal Statistical Society*, 115(3), 1952.

A. Schichor, A. Beck and B. Bernstein and B. Crabtree, "Seat belt use and stress in adolescents", *Adolescence*, 25(100), 1990.

B. Brehmer, N. P. Gregersen and B. Moren, *Group Methods in Safety Work*, Uppsala University, 1991.

B. Fischhoff, "Hindsight Does not Equal Foresight: the Effect of Outcome Knowledge on Judgement Under Uncertainty", *Journal of Experimental Psychology: Human Performance and Perception*, 1, 1975.

B. Latané, K. Williams and S. Harkins, "Many Hands Make Light the Work: The Causes and Consequences of Social Loafing", *Journal of Personality and Social Psychology*, 37(6), 1979.

B. S. Dhillon, *Engineering Maintainability: How to Design for Reliability and Easy Maintenance*, Butterworth-Heinemann, 1999.

B. S. Dhillon, *Human Reliability with Human Factors*, Pergamon, 1986.

B. Sian, M. Robertson and J. Watson, *Maintenance Resource Management Handbook*, Federal Aviation Administration, 1998.

C. Cherry, "Some Experiments on the Recognition of Speech, with One and with Two Ears", *The Journal of the Acoustical Society of America*, 25(5), 1953.

C. Sansone and J. Harackiewicz(eds.), *Intrinsic and Extrinsic Motivation*, Academic Press, 2000.

D. A. Lucas, "Understanding the human factor in disasters", *Interdisciplinary Science Reviews*, 17, 1992.

D. A. Norman, "Categorization of Action Slips", *Psychological Review*, 88(1), 1981.

D. A. Norman, *The Psychology of everyday Things*, Basic Book, 1988.

D. A. Norman and S. W. Drapr, *User Centered System Design*, Erlbaum, 1986.

D. Dawson and K. Reid, "Fatigue, alcohol and performance impairment", *Nature*, 388, 1997.

D. Dörner, *The Logic of Failure*, Henry Holt & Company, 1996.

D. Embrey, "Creating a procedures culture to minimise risks", Paper given to 12th International Symposium on Human Factors in Aircraft Maintenance, 12–16 May 1998.

D. E. Embrey, P. C. Humphreys, E. A. Rosa, B. Kirwan and K. Rea, "SLIM-MAUD: An Approach to Assessing Human Error Probabilities Using Structured Expert Judgement", *NUREG/CR-3518*, Vol. Ⅱ, US Nuclear Regulatory Commission, 1984.

D. F. Bond, *The Spectator*, Vol. Ⅰ, Clarendon Press, 1965.

D. F. Dinges, M. M. Mallis, G. Maislin and J. W. Powell, *Evaluation of Techniques for*

Ocular Measurement as an Index of Fatigue and as the Basis for Alertness Management, National Highway Traffic Safety Administration, 1998.

D. F. Finch, P. Kompfner, C. R. Lockwood and G. Maycock, *Speed, Speed Limits and Accidents*, Project Report No. 58, Transport Research Laboratory, 1994.

D. Meister, *Human Factors: Theory and Practice*, John Wiley & Sons, 1971.

D. P. Miller, A. D. Swain, "Error and Human Reliability" in Gavriel Salvendy(ed), *Handbook of Human Factors*, John Wiley & Sons, 1987.

D. Schwartz, "Maintaining Operational Intigrity through the Introduction of Human Factors Training", *The CRM Advocate*, 93, 1993.

D. Woods et al., *Behind Human Error*, 2nd ed., Ashgate, 2010,

E. Hollnagel, *Human Reliability Analysis: Context and Control*, Academic Press, 1993.

E. Punchard, *Pieper Alpha: A Survivor's Story*, Virgin Books, 1989.

E. Wiener, B. Kanki and R. Helmreich, *Crew Resource Management*, Academic Press, 1993.

F. A. Haight, "Accident Proneness: The History of an Idea", Institute of Transportation Studies of University of California, 2001.

G. C. Bello & C. Colombari, The Human Factors in Risk Analyses of Process Plants: The Control Room Operator Model 'TESEO', *Reliability Engineering*, 1, 1980.

G. Salvendy(ed.), *Handbook of Human Factors*, John Wiley & Sons, 1987.

H. L. A. Hart and T. Honoré, *Causation in the Law*, 2nd ed., Oxford University Press, 1985.

I. L. Janis, *Victims of groupthink: A Psychological Study of Foreign-Policy Decisions and Fiascoes*, Houghton Mifflin, 1972.

INPO, *An Analysis of Root Causes in 1983 and 1984 Significant Event Reports*, Inpo 85-027, Institute of Nuclear Power Operations, 1985.

Institute of Medicine[L. T. Kohn, J. M. Corrigan and M. S. Donaldson(eds.)], *To Err is Human: Building a Safer Health System*, National Academy Press, 2000.

J. Chapman, System Failure: *Why Governments Must Learn to Think Differently*, 2nd ed.,

Demos, 2004.

J. C. Taylor, "Evaluating the Effectiveness of Maintenance Resource Management(MRM), Paper given to 12th International Symposium on Human Factors in Aircraft Maintenance and Inspection, 11-12 March 1998.

J. C. Taylor and T. D. Christensen, *Airline Maintenance Resource Management*, Society of Automative Engineers, 1998.

J. C. Williams, "A data-based method for assessing and reducing human error to improve operational performance", in Proceeding of IEE Fourth Conference on Human Factors in Power Plants, IEEE, 6-9 June 1988.

J. C. Williams, "HEART: a proposed method for assessing and reducing human error", in *Proceeding of the Ninth Advances in Reliability Technology Symposium*, University of Bradford, 1986.

J. M. McDonald and T. Orlick, "Mental Readiness in Surgery and its Links to Performance Excellence in Surgery", *Journal of Pediatric Orthopaedics*, 15(5), 1995.

J. Rasmussen, *Information Processing and Human-Machine Interaction: An Approach to Cognitive Engineering*, Elsevier Science Ltd, 1986.

J. Rasmussen, "Human Errors: a Texonomy for Describing Human Malfunction in Industrial Installations, *Journal of Occupational Accidents*, 4, 1982.

J. Reason, "A Systems Approach to Organizatianal Errors", *Ergonomics*, 38, 1995.

J. Reason, "How Necessary Steps in a Task Get Onitted: Revising Old Ideas to Conbat a Persistent Problem", *Cognitive Technology*, 3, 1998.

J. Reason. *Human Error*, Cambridge University Press, 1990.

J. Reason, *Managing the Risks of Organizational Accidents*, Ashgate, 1997.

J. Reason, "Safety Paradoxes and Safety Culture", *Journal of Injury Control and Safety Promotion*, 7, 2000.

J. Reason, "The Chernobyl errors", *Bulletin of the British Psychological Society*, 40, 1967.

J. Reason, *The Human Contribution: Unsafe Acts, Accidents and Heroic Recoveries*, Ashgate,

2008.

J. Reason and A. Hobbs, *Managing Maintenance Error*, Ashgate, 2003.

J. Reason, D. Parker and B. Lawton, "Organizational Controls and Safety: The Varieties of Rule-Related Behaviour", *Journal of Occupational and Organizational Psychology*, 71.

J. Reason, D. Parker and R. Free, *Bending the rules: The varieties, origins and management of safety violations*, Universiteit Leiden, 1994.

J. Reason, J. Carthey and M. De Leval, "Diagnosing "vulnerable system syndrome": an essential prerequisite to effective risk management", *Quality in Health Care*, 10(Suppl II), 2001.

J. Savage, "Flight Data Recording in British Airways", *Flight Deck*, 23, 1997.

J. Singer, *There Are No Accidents: The Deadly Rise of Injury and Disaster-Who Profits and Who Pays the Price*, Simon & Schuster, 2022.

K. E. Weick, "Organizational Culture as a Source of High Reliability", *California Management Review*, 29, 1987.

K. Koffka, "Perception: An Introduction to the Gestalt Theorie", *Psychological Bulletin*, 19, 1922.

K. Lewin, "Field Theory and Experiment in Social Psychology", *American Journal of Sociology*, 44(6), 1939.

L. Giles, *Sun Tzu on the Art of War*, Graham Brash, 1988.

Lord Cullen, *Public Inquiry into the Piper Alpha Disaster*, HMSO, 1990

L. P. Goodstein, H. B. Andersen and S. E. Olsen(eds.), *Tasks, Errors and Mental Models: A Festschrift To Celebrate The 60th Birthday Of Professor Jens Rasmussen*, Routledge, 1988.

M. A. Wallach, N. Kogan and D. J. Bem, "Group influence on individual risk taking", *The Journal of Abnormal and Social Psychology*, 65(2), 1962.

M. D. Rodgers and R. E. Blanchard, "Accident Proneness: A Research Review", Office of Aviation Medicine of the FAA Civil Aeromedical Institute, 1993.

M. Greenwood and H. M. Woods, *A Report on the Incidence of Industrial Accidents with*

Special Reference to Multiple Accidents, Industrial Fatigue Research Board Report No. 4, Her Majesty's Stationery Office, 1919.

M. M. Milter, M. A. Carskadan, C. A. Czeisler, D. F. Dinges and R. C. Graeber, "Catastrophes, Sleep and Public Policy: Consensus Report", *Sleep*, 11, 1998.

N. Johnston, N. McDonald and R. Fuller(eds.), *Aviation Psychology in Practice*, Avebury, 1994.

N. McDonald et al, *Human-Centred Management Guide for Aircraft Maintenance*, Trinity College, 2000.

N. McDonald, S. Cromie and C. Daly, "An Organizational Approach to Human Factors", in B. J. Hayward and A. R. Lowe(eds), *Aviation Resource Management*, Ashgate, 2000.

NUREG/CR-6093, *An Analysis of Operational Experience during Low Power and Shut Down and a Plan for Addressing Human Reliability Assessment Issues*, US Regulatory Commission, 1994.

P. Hudson, *Psychology and Safety*, Universiteit Leiden, 1996.

P. Hudson, R. Lawton, D. Parker and J. Reason, *Bending the Rules* Ⅱ: *Why do people break rules or fail to follow procedures? and What can you do about it?*, Universiteit Leiden, 1995.

P. Kauth, "Changing Schedules: Shifework", *Chromobiology Internatinal*, 14, 1997.

P. M. Gollwitzer and J. A. Bargh(eds.), *The Psychology of Action: Linking Cognition and Motivation to Behavior*, Guilford, 1996.

Quality Interagency Coordination Task Force, *Doing What Counts for Patient Safety: Federal Actions to Reduce Medical Errors and Their Impact*, QuIC, 2000.

R. Free, *The Role of Procedural Violations in Railway Accidents*, University of Manchester, 1994.

R. Lawton and D. Parker, "Individual Differences in Accident Liability: A Review and Integrative Approach", *Human Factors*, 40(4), 1998.

R. Westrum, "Cultures with Requisite Imagination", in J. Wise, D. Hopkin and P. Stager(eds.), *Verification and Validation of Complex Systems: Human Factors Issues*,

Springer-Verlag, 1992.

R. Westrum, "Resilience typology" in E. Hollnagel, D. Woods and N. Leveson(eds.), *Resilience Engineering: Concepts and Precepts*, Ashgate, 2006.

S. Dekker, *The Field Guide to Human Error Investigations*, Routledge, 2017.

S. E. Asch, "Opinions and Social Pressure", *Scientific American*, 193(5), 1955.

S. Freud, *Introductory Lectures on Psychoanalysis*, George Allen, 1992.

SIPM, *The Safety Management System SIPM Guidance*, Vol. Ⅰ, Report EP 92-0100, Shell International Petroleum Maatschppij BV, 1992.

S. Milgram, "Some Conditions of Obedience and Disobedience to Authority", *Human Relations*, 18(1), 1965.

S. Predmore and T. Werner, "Maintenance Human Factors and Error Control", Paper given to 11th Symposium on Human Factors in Aviation Maintenance, 12-13 March 1997.

S. T. Fiske and S. E. Taylor, *Social Cognition: From brains to culture*, 4th, SAGE Publications, 2021.

T. Bendell, J. Kelly, T. Merry and F. *Sims*, *Quality: Measuring and Monitoring*, Centry Business, 1993.

T. Clark, *Nerve: Poise Under Pressure, Serenity Under Stress, and the Brave New Science of Fear and Cool, Little*, Brown and Company, 2011.

T. Orlick, *In Pursuit of Excellence*. 5th ed., Zone of Excellence, 2015.

W. A. Wagenaar and J. Groeneweg, "Accidents at sea: Multiple causes and impossible consequences", *International Journal of Man-Machine Studies*, 27, 1987.

W. B. Johnson, "Human factors in maintenance: an emerging system requirement", *GroundEffects*, 2, 1997.

W. R. Ashby, *An Introduction to Cybernetics*, Chapman & Hall, 1956.

W. R. Taggart, "How to kill off a good CRM program", *The CRM Advocate*, 93, 1993.

찾아보기

ㅈ

ㅊ

ㅋ

ㅌ

ㅍ

저자 소개

정진우

서울대학교 치의예과에 입학한 후 전공 공부보다는 인간의 실존과 사회문제를 고민하면서 다양한 인문사회과학 서적을 열독하였다. 읽고 싶은 책을 마음껏 읽겠다고 휴학을 하기도 하였으나 지적 갈증은 해소되지 않았다. 치의학은 자신의 길이 아니라고 생각하고 5년 다니던 학교를 자퇴하였다. 문민정부 출범 이후로는 이념보다 전문성이 중요한 사회로 본격 접어들었다는 생각에 전문서적을 깊이 있게 탐독하는 데 집중하였다. 남다른 지적 호기심과 대학 시절에 확고하게 형성된 독서 습관은 문계와 이계를 넘나드는 폭넓고 깊이 있는 지식을 습득하는 데 큰 도움을 주었다.

학교를 그만둘 때는 기자를 직업으로 생각하였으나, 현역 군복무를 하는 동안 문민정부의 정치·사회개혁을 보면서 공직에 관심을 갖게 되었다. 곧바로 행정고시에 합격한 후 고용노동부에서 줄곧 20년을 근무하였고, 상당 기간을 산업안전보건부서에서 일하였다. 산재예방정책 업무에 종사하면서 휴먼에러, 안전관계법정책, 안전관리 등의 문제를 다각적으로 생각하고 경험할 수 있었다. 실무적인 지식과 경험이 늘수록 선진국의 안전이론에 대한 궁금증과 갈망이 커져 갔고, 서기관 시절 일본과 독일 이론을 깊이 공부할 수 있는 교토대학교 법정이론과정으로 2년 6개월간 유학 갈 기회를 갖게 되었다. 국내에 돌아온 직후 고려대학교 법학과 박사과정에 들어가 〈산업안전보건법상 근로자의 법적 지위〉로 박사학위를 받았다.

2015년 9월부터 서울과학기술대학교 안전공학과 교수로 재직하고 있다. 안전문제를 융복합적 관점으로 접근하여 분석하는 연구를 주로 하고 있고, 휴먼에러, 안전심리, 안전문화, 안전관계법, 안전관리를 가르치고 있다. 다양한 외국어능력(영어, 독어, 일어)을 바탕으로 글쓰기를 통해 안전이론을 널리 알리고 안전학(Safety Science)의 저변을 확산시키는 일에 매진하고 있으며 이를 큰 보람으로 삼고 있다. 그는 실무 수준에서 벗어나지 못하고 있던 우리나라 안전을 학문 수준으로 끌어올린 안전학 개척자로 평가받고 있다.

그는 아직 학문적으로 빈약하기 이를 데 없는 우리나라 안전학의 정립을 필생의 업으로 생각하고 있다. 이를 위해 안전학에 관하여 많은 사람들이 제대로 학습할 수 있는 책을 쓰고 싶어 한다. 휴먼에러를 다룬 이 책도 그러한 계획을 실천하는 작업의 일환이다. 휴먼에러는 안전학에서 중요한 주제인 만큼, 그의 휴먼에러에 대한 관심은 안전학 연구 초기부터 줄곧 이어져 왔다.

이제까지 출간된 저서로는 《휴먼에러와 안전》 외에 《위험성평가 해설》, 《산업안전보건법론》, 《산업안전보건법》, 《산업안전보건법 국제비교》, 《산업안전관리론 - 이론과 실제》, 《안전관리론》, 《안전과 법 - 안전관리의 법적 접근》, 《안전심리》, 《안전문화 - 이론과 실천》, 《안전보건관리시스템》, 《중대재해처벌법》 등이 있다. 이 중 세 권은 세종도서와 대한민국학술원 우수학술도서로 선정되었다.